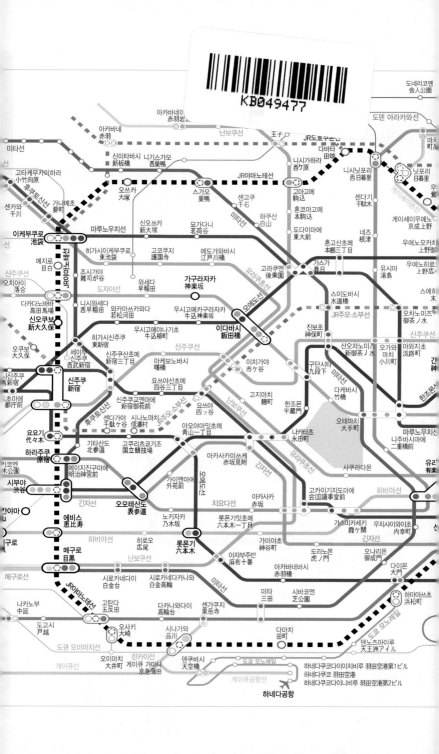

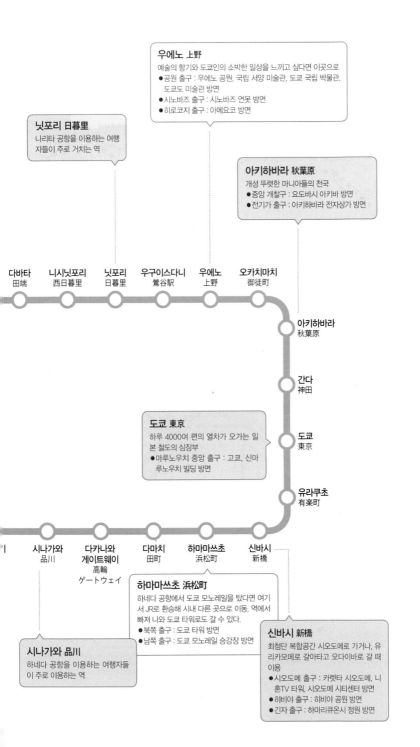

우에노 上野
예술의 향기와 도쿄인의 소박한 일상을 느끼고 싶다면 이곳으로
●공원 출구 : 우에노 공원, 국립 서양 미술관, 도쿄 국립 박물관, 도쿄도 미술관 방면
●시노바즈 출구 : 시노바즈 연못 방면
●히로코지 출구 : 아메요코 방면

닛포리 日暮里
나리타 공항을 이용하는 여행자들이 주로 거치는 역

아키하바라 秋葉原
개성 뚜렷한 마니아들의 천국
●중앙 개찰구 : 요도바시 아키바 방면
●전기가 출구 : 아키하바라 전자상가 방면

다바타 田端	니시닛포리 西日暮里	닛포리 日暮里	우구이스다니 鶯谷駅	우에노 上野	오카치마치 御徒町

아키하바라
秋葉原

간다
神田

도쿄 東京
하루 4000여 편의 열차가 오가는 일본 철도의 심장부
●마루노우치 중앙 출구 : 고쿄, 신마루노우치 빌딩 방면

도쿄
東京

유라쿠초
有楽町

시나가와 品川	다카나와 게이트웨이 高輪 ゲートウェイ	다마치 田町	하마마쓰초 浜松町	신바시 新橋

하마마쓰초 浜松町
하네다 공항에서 도쿄 모노레일을 탔다면 여기서 JR로 환승해 시내 다른 곳으로 이동. 역에서 빠져 나와 도쿄 타워로도 갈 수 있다.
●북쪽 출구 : 도쿄 타워 방면
●남쪽 출구 : 도쿄 모노레일 승강장 방면

시나가와 品川
하네다 공항을 이용하는 여행자들이 주로 이용하는 역

신바시 新橋
최첨단 복합공간 시오도메로 가거나, 유리카모메로 갈아타고 오다이바로 갈 때 이용
●시오도메 출구 : 카렛타 시오도메, 니혼TV 타워, 시오도메 시티센터 방면
●히비야 출구 : 히비야 공원 방면
●긴자 출구 : 하마리큐온시 정원 방면

￺야

하라주쿠

￺쿠

이케부쿠로

￺노

아키하바라

￺역

에비스

니시타카시마타이라
西高島平

와코우시
和光市

도부 도조

유라쿠초선

JR부 유라쿠초선

히카리가오카
光が丘

오에도선

네리마
練馬

세이부 이케부쿠로

나카이
中井 세이부

기치조지 吉祥寺
(미타카역 가는 방향)

JR주오·소부선

오키쿠보
荻窪

고엔지
高円寺

나카노
中野

마루노우치선

히가시나카노
東中野

호난초
方南町

기치조지 吉祥寺
(기치조지역 가는 방향)

게이오 이노카시라선

니가노사가우에
中野坂上

니시신주쿠고초메
西新宿五丁目

메이다이마에
明大前

게이오선

요요기우에하라
代々木上

시모키타자와
下北沢

요요
代々

도큐 덴엔토시선

다이
代官

지유가오카
自由が丘

나카
中目

도큐 오이마치선

도큐 도요코선

오오카야마
大岡山

도

도큐 이케가미선

하타노다이
旗の台

니시마고메
西馬込

아사쿠사선

마고메
馬込

JR

- ▪▪▪▪▪ **JR 야마노테선** JR山手線
- ▪▪▪▪▪ **JR 주오·소부선** JR中央·総武線
- ▪▪▪▪▪ **JR선** JR線

도쿄메트로 東京メトロ

- 긴자선 銀座線
- 마루노우치선 丸の内線
- 히비야선 日比谷線
- 도자이선 東西線
- 지요다선 千代田線
- 유라쿠초선 有楽町線
- 후쿠토신선 副都心線
- 한조몬선 半蔵門線
- 난보쿠선 南北線

도에이선 都營線

- 아사쿠사선 浅草線
- 미타선 三田線
- 신주쿠선 新宿線
- 오에도선 大江戸線

기타 노선

- 사철선 私鉄線
- 도덴아라카와선 都電荒川線
- 유리카모메 ゆりかもめ線
- 닛포리·도네리 라이너

JR 야마노테선

여행자에게 가장 친숙한 노선

야마노테선은 도심을 순환하는 열차로, 신주쿠·시부야·하라주쿠·에비스·시나가와·이케부쿠로 등 유명 관광지를 연결한다. 정차역 수는 30개, 한 바퀴를 도는 데 평균 64분 정도 걸린다. 평균 역간 거리는 다른 노선에 비해 짧은 편이며 열차는 아침 2.5분, 낮 4분, 저녁 3분 간격으로 운행된다.

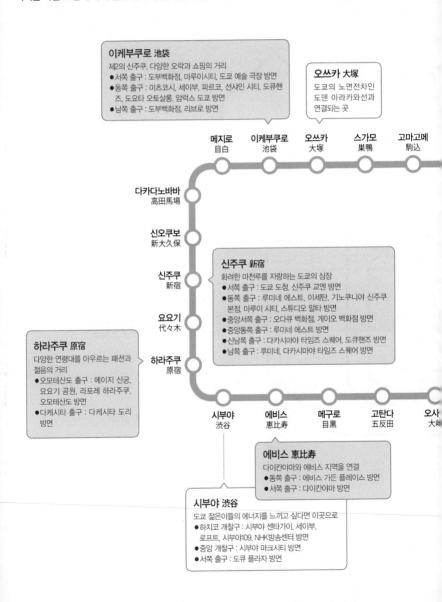

이케부쿠로 池袋
제2의 신주쿠. 다양한 오락과 쇼핑의 거리
● 서쪽 출구 : 도부백화점, 마루이시티, 도쿄 예술 극장 방면
● 동쪽 출구 : 미츠코시, 세이부, 파르코, 선샤인 시티, 도큐핸즈, 도요타 오토살롱, 알럭스 도쿄 방면
● 남쪽 출구 : 도부백화점, 리브로 방면

오쓰카 大塚
도쿄의 노면전차인 도덴 아라카와선과 연결되는 곳

메지로 目白
이케부쿠로 池袋
오쓰카 大塚
스가모 巣鴨
고마고메 駒込

다카다노바바 高田馬場

신오쿠보 新大久保

신주쿠 新宿

요요기 代々木

하라주쿠 原宿

신주쿠 新宿
화려한 마천루를 자랑하는 도쿄의 심장
● 서쪽 출구 : 도쿄 도청, 신주쿠 교엔 방면
● 동쪽 출구 : 루미네 에스트, 이세탄, 기노쿠니야 신주쿠 본점, 마루이 시티, 스튜디오 알타 방면
● 중앙서쪽 출구 : 오다큐 백화점, 게이오 백화점 방면
● 중앙동쪽 출구 : 루미네 에스트 방면
● 신남쪽 출구 : 다카시마야 타임즈 스퀘어, 도큐핸즈 방면
● 남쪽 출구 : 루미네, 다카시마야 타임즈 스퀘어 방면

하라주쿠 原宿
다양한 연령대를 아우르는 패션과 젊음의 거리
● 오모테산도 출구 : 메이지 신궁, 요요기 공원, 라포레 하라주쿠, 오모테산도 방면
● 다케시타 출구 : 다케시타 도리 방면

시부야 渋谷
에비스 恵比寿
메구로 目黒
고탄다 五反田
오사 大崎

에비스 恵比寿
다이칸야마와 에비스 지역을 연결
● 동쪽 출구 : 에비스 가든 플레이스 방면
● 서쪽 출구 : 다이칸야마 방면

시부야 渋谷
도쿄 젊은이들의 에너지를 느끼고 싶다면 이곳으로
● 하치코 개찰구 : 시부야 센터가이, 세이부, 로프트, 시부야109, NHK방송센터 방면
● 중앙 개찰구 : 시부야 마크시티 방면
● 서쪽 출구 : 도큐 플라자 방면

도쿄 지하철·철도 노선도

TOKYO
도쿄

요코하마·가마쿠라·에노시마·하코네

박용준 지음

SIGONGSA

Contents

스페셜 페이지

123 시부야 클럽 거리 · 124 오쿠시부 · 195 세이부 신주쿠선 주변의 가볼 만한 곳 · 202 도쿄 크루즈 · 204 나카미세 · 217 일본 전통 옷 체험 · 228 긴시초 · 255 야나카를 대표하는 3가지 키워드 · 258 아기자기한 갤러리 산책 · 262 귀여운 고양이 잡화 쇼핑 · 310 신바시 · 시오도메 · 314 기요스미시라카와 · 346 나카메구로의 메구로강 변 · 367 오토메로드 · 373 가와고에 · 390 도쿄 돔 시티 · 405 산겐자야 · 447 오다이바의 야경과 불꽃놀이 · 469 간다 · 오차노미즈 · 531 요코하마의 야경 명소 · 569 불꽃놀이 · 570 일본 영화 · 드라마의 배경지 투어 · 600 온천과 료칸 이용법

도쿄 베스트 스폿

218 도쿄 스카이트리 · 316 도요스 시장 · 494 도쿄 디즈니 리조트

저자의 말

일본의 수도인 도쿄는 한국과 가장 가까운 여행지 중 한 곳으로, 한 달을 여행해도 부족할 만큼 다양한 볼거리가 있습니다. 23개 구, 26개 시, 5개 정, 8개 촌으로 이루어져 있으며 인구가 1400만 명에 달할 정도로 거대한 도시입니다. 비행기로 2시간 남짓 걸리며 항공 편수도 많아 한국에서 가장 쉽게 떠날 수 있는 여행지이며, 문화와 음식 등 우리와 비슷한 점이 많아 편안하게 여행을 즐길 수 있습니다.

저는 도쿄에서 10년 정도 생활한 적이 있고 지금도 한 달에 한 번쯤은 찾아가고 있습니다. 도쿄는 도시 대부분이 관광지나 다름 없어서 취재가 쉽지만은 않습니다. 하지만 취재를 할수록 도쿄의 다양한 매력을 발견하게 됩니다. 관광객의 시선으로 바라보니 도쿄에 살 때는 몰랐던 또 다른 재미에 빠져 어느새 취재를 여행처럼 즐기게 되었습니다.

이 책을 마무리하며 도쿄의 이야기와 아름다움을 미처 다 소개하지 못한 것 같아 안타까운 마음이 듭니다. 마음 같아선 다시 1년간 도쿄를 여행하며 더 풍부한 이야기를 담고 싶습니다. 책에서 하지 못한 이야기는 운영하고 있는 블로그에서 차차 소개하려 하며, 그중 좋았던 곳들은 중간중간 책을 다듬을 때마다 채워 넣도록 하겠습니다. 마지막으로 도쿄 취재에 협조해 주신 도쿄의 일본인 친구들, 각 지역의 관광 담당자분들, 함께 프로모션을 진행하며 도쿄의 곳곳을 취재한 글로벌데일리의 이동현 님, 요코하마 관광 컨벤션의 정택양 님, 료칸과 온천 사진을 제공해 주신 호시노 리조트의 아사코 · 이승현님, 도쿄의 정보와 사진을 제공해 주신 JNTO의 이경민 과장님 · 유진 팀장님, 도쿄 블로그 프로모션에 함께하며 자료를 제공해 주신 윤다미, 송은아, 강진아, 방병구 님, 특히 원고가 늦어져도 묵묵히 기다려 주며 책을 만들기 위해 고생하신 시공사 편집부에 감사를 드립니다.

글·사진 박용준

일본 여행과 고양이를 좋아하는 콘텐츠 제작자이며 스토리텔링 콘텐츠 제작사 MY TABLE의 팀장을 맡고 있다. 일본에서 10년 넘게 여행을 즐기고 있으며 지금도 여행은 계속되고 있다. 저서로는 《고양이와 느릿느릿 걸어요》, 《고양이 섬을 걷다》, 공저로는 《도쿄동경》, 《도쿄카페여행 바이블》, 《도쿄 아트 산책》, 《ENJOY 홋카이도》, 《ENJOY 오키나와》, 《저스트고 규슈》, 《저스트고 나고야》 등이 있다.

블로그 likejp.com

취재 협조 JNTO 일본정부관광국 www.japan.travel/ko/kr

저스트고 이렇게 보세요

이 책에 실린 모든 정보는 2023년 10월까지 수집한 정보를 기준으로 했으며, 이후 변동될 가능성이 있습니다. 특히 교통편의 운행 일정과 요금, 관광 명소와 상업 시설의 영업 시간 및 입장료, 물가 등은 현지 사정에 따라 수시로 변동될 수 있습니다. 변경된 내용이 있다면 편집부로 연락 주시기 바랍니다.
편집부 justgo@sigongsa.com

- 지명과 가게·교통 시설 등에 표시된 일본어의 발음은 현지 발음에 최대한 가깝게 표기했습니다.
- 관광 명소, 상업 시설 등의 휴무일은 정기휴일을 기준으로 실었으며, 연말연시나 오본(일본의 추석), 공휴일 등에는 달라질 수 있습니다.
- 입장료, 교통 요금 등은 성인 요금을 기준으로 실었습니다.
- 모든 식당과 상점·호텔 이용 시에는 소비세 10%가 부과됩니다(테이크아웃 시 8%). 이 책에서는 소비세가 포함된 실제 지불 가격을 기준으로 표시합니다.
- 상점과 식당 등의 카드 결제 가능 여부는 현지 상황에 따라 달라질 수 있습니다.
- 숙박 시설의 요금은 일반 객실 요금을 기준으로 실었으며, 1인 요금을 기준으로 할 경우에는 별도로 표시했습니다. 아침·저녁 식사가 포함된 료칸 등의 요금은 2인 1실 기준 1인이 부담해야 할 요금입니다. 예약 시기, 숙박 상품 등에 따라 요금은 달라집니다.
- 도쿄 호텔에서는 1박 요금이 1만 엔 이상일 시 별도의 숙박세가 부과됩니다.
- 일본의 통화는 엔화(¥)이며, 100엔은 약 908원입니다(2023년 10월 기준). 환율은 수시로 변동되므로 여행 전 확인은 필수입니다.

추천 별점

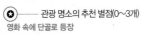

관광 명소의 추천 별점(0〜3개)
영화 속에 단골로 등장
스크램블 교차로
スクランブル交差点
🔊 스크란부루 교사텐 ── 일본어 발음

스마트폰으로 아래 QR코드를 스캔하면 마이저스트고(myJustGo) 홈페이지로 연결됩니다. 원하는 지역을 클릭하면 책에서 소개한 장소들의 위치 정보가 담긴 '구글 지도 Google Maps'를 확인할 수 있습니다.

지도 보는 법

지도 별책 P.8-A
별책부록인 지도책 8쪽 A구역에 찾고자 하는 명소가 있습니다.

나카메구로 메구로강(目黒川)의 봄

요코하마 미나토미라이21(みなとみらい21)의 여름

아사쿠사 센소지(浅草寺)의 가을

하코네 아시노호(芦ノ湖)/湖의 겨울

동 해

오키쇼도

와지마

이시카와현
가나자와
도야마

후쿠이

돗토리현
마츠에
구라요시 돗토리
도요카

시마네현
하마다
마츠다
야마구치현
시모노세키
야마구치
오고리
기타큐슈
후쿠오카
사가
벳푸
오이타
구마모토
야츠시로
히토요시
미야자키현
히로시마현
히로시마
이와쿠니
오카야마현
오카야마
구라시키
가가와현
다카마츠
에히메현
마츠야마
고치현
나카무라
고치
도쿠시마
와카야마
와카야마현
구시모토
효고현
후쿠시마
히메지
아카시
고베
오사카부
오사카
나라
이세
후쿠이현
츠루가
교토부
교토
요카이치
나고야
아이치현
미에 현
시가현
비와호
기후
기후현
나라현
다카야마

쓰시마
(대마도)

이키

사가현

하라도
사세보
가라츠
나가사키현
나가사키

구마모토현

가고시마현
가고시마
마쿠라자키
이부스키
가노야
구시마

다네가시마
야쿠시마

레분토
소야미사키
왓카나이
리시리토
테시오
하마톤베츠
엔베츠
나요로
몬베츠
샤코탄
아사히카와
오타루
아바시리
시레토코미사키
이와나이
기타미
사리
시레토코한토
세타나
삿포로
홋카이도
치토세
후라노
노보리베츠
나카시베츠
다이세
무로란
이케다
네무로한토
에사시
하코다테
오비히로
구시로
네무로
에쿠시마
우라카와
마츠마에
우츠
히로오
에리모미사키
아오모리현
아오모리
히로사키
하치노헤
노시로
오다테
구지
아키타현
아키타
이와테현
츠루오카
요코테
미야코
신요
모리오카
사도가시마
이치노세키
가마이시
야마가타현
야마가타
후루카와
니가타
마츠시마
센다이
미야기현
니가타현
가시와자키
아이즈와카마츠
후쿠시마
조에츠
후쿠시마현
고리야마
군마현
도치기현
이와키
토
닛코
현
마에바시
우츠노미야
미토
고후
사이타마현
나시현
우라노
이바라키현
도쿄도
가나가와현
도쿄
나리타
하코네
2카
요코하마
지바현
아타미
다테야마
이토
가마쿠라 · 에노시마
시모다

{ 베스트 오브 도쿄 }

BEST
OF
TOKYO

각기 다른
개성의 도쿄

일본의 수도이자 약 2000만 명이 모이는 세계적인 대도시 도쿄. 각 동네마다 특징이 있어 한 달을 둘러봐도 질리지 않는다. 개성 넘치는 각 지역을 살펴보며 자신의 여행 취향과 맞는 곳을 골라보자.

도쿄

시부야 · 하라주쿠

10대에서 20대 초반의 젊은이들이 모이는 곳으로 활기차고 개성 있는 가게들이 많다. 외국인 관광객도 많은 지역. 저가 브랜드 숍이 많으며, 갸루(일본 특유의 구릿빛 진한 화장을 한 여성), 교복 차림이나 메이드 복장 등을 한 개성 넘치는 사람들과 만날 수 있다.

1 시부야 2 하라주쿠

아오야마 · 오모테산도

20대 후반에서 40대 초반까지의 여성들이 즐겨 찾는 곳으로 미용실, 카페, 고급 브랜드 상점들이 많이 모여 있다. 완만한 언덕 위의 지역으로 골목골목 숨어 있는 가게가 많다. 미술관, 갤러리 등 문화 시설도 곳곳에 위치해 있다.

아오야마

나카메구로

다이칸야마 · 나카메구로 · 에비스
도쿄 여성들이 가장 살고 싶어 한다는 대표적인 도쿄의 부촌이다. 고급 단독 주택이 많으며 다양한 브랜드 숍과 분위기 좋은 카페, 레스토랑 등이 모여 있다. 나카메구로는 메구로강을 사이에 두고 양옆으로 가게가 모여 있으며 봄에는 벚꽃의 명소로 많은 사람이 모인다.

신주쿠 · 이케부쿠로
도쿄의 가장 큰 번화가 중 하나로 백화점을 비롯한 대형 쇼핑 시설과 이자카야, 클럽 등의 유흥 시설이 많이 모여 있다. 교통의 중심지인 만큼 역 규모가 매우 크며, 오다큐, 세이부, 게이큐 등 도쿄 북서부의 사철(민영 철도) 노선들이 이곳에서 시작한다.

긴자
예부터 백화점 등 상업 시설이 많이 모여 있는 곳으로 유명하며 지금은 일본 브랜드를 비롯해 해외 명품 브랜드의 단독 매장이 모여 있다. 오랜 역사를 자랑하는 식당과 상점이 많으며, 도로가 잘 정비되어 있어 걷기 좋다.

신주쿠

롯폰기
금융, IT 등 일본의 신흥 기업들이 모여 있는 곳으로 고층 빌딩이 즐비하다. 미술관, 박물관 등의 문화 시설이 많이 모여 있으며 클럽 등의 유흥 시설들도 많다. 도쿄 타워를 배경으로 롯폰기 힐즈, 도쿄 미드타운 등의 야경이 멋지며 겨울에는 일루미네이션 명소로도 유명하다.

우에노·아사쿠사
도쿄의 시타마치(下町, 성 주변의 상업 마을) 중 한 곳으로 시장과 상점들이 모여 있다. 도쿄 시민의 생활 모습을 관찰할 수 있으며 과거 일본의 풍경과 만날 수 있는 곳이다.
우에노 공원은 벚꽃 명소로 유명하며, 아사쿠사 주변에서는 스미다강과 도쿄 스카이트리의 풍경을 볼 수 있다.

오다이바
도쿄만의 작은 섬으로 레인보우 브리지라는 큰 다리로 연결된다. 도쿄 데이트 코스 중 한 곳으로 젊은 남녀들이 많이 모인다. 쇼핑과 문화 시설이 많은 것이 특징. 도쿄만과 도쿄 타워를 배경으로 멋진 야경을 감상할 수 있으므로 저녁에 방문하는 것도 좋다.

나카노·고엔지·기치조지
신주쿠를 중심으로 JR 주오선을 따라 서쪽에 위치한 마을들. 각각 대형 아케이드 상가를 중심으로 상권이 발달되어 있으며 카페는 물론 라멘, 튀김 등도 저렴하고 맛있는 음식을 판매하는 가게가 많다. 중고 의류점, 잡화점 같은 아기자기한 가게를 많이 찾아볼 수 있다.

오다이바

가마쿠라 · 에노시마

도쿄의 서남쪽 쇼난 해변을 따라 길게 펼쳐지는 마을. 가마쿠라는 가마쿠라 막부 (1185~1333) 시대의 절과 신사, 상점 거리가 현재까지 잘 보존되어 있다.
또한 에노시마는 쇼난 해안의 작은 섬으로 섬 곳곳에 관광 명소가 있으며 해수욕은 물론 수상 스포츠도 즐길 수 있다.

도쿄 근교

요코하마

도쿄 서쪽에 붙어 있는 가나가와현의 중심 도시로 1800년도 후반부터 일본을 대표하는 항만 도시로 발전해 왔다. 대부분의 관광 명소가 모여 있는 미나토미라이21 외에도 일본 최대 규모의 차이나타운과 유럽의 상인, 관리들이 모여 살던 야마테 등 이국적인 풍경을 만날 수 있다.

하코네

도쿄에서 서쪽으로 80km가량 떨어져 있는 하코네는 곳곳에 온천 지대가 형성되어 있고 화산 활동으로 생성된 호수와 계곡이 절경을 이루는 관광 지역이다. 아름다운 자연 속에서 노천 온천을 즐길 수 있는 여러 온천 료칸이 자리하고 있다.

하코네

도쿄의
사계절

우리나라와 기후 차이가 크지 않은 도쿄는 습도가 높은 한여름을 제외하고 사계절 언제 가도 여행하기 좋다. 특히 겨울에는 기온이 영상인 곳이 대부분이기 때문에 다니기 좋다. 봄 벚꽃, 여름 축제, 가을 단풍, 겨울 일루미네이션 등 개성 넘치는 도쿄의 사계절을 만끽하자.

여름 夏

도쿄의 여름은 6월 중순부터 9월 중순까지이다. 6월 장마와 함께 시작하는 도쿄의 여름은 습하고 무더운 편이다. 장마는 7월 초 정도에 끝나며 그 이후에는 비교적 화창한 날씨가 계속된다.

여름은 축제(마츠리)와 불꽃놀이의 시즌. 7월 하순부터 8월 중순까지 도쿄 곳곳에서 멋진 불꽃놀이 축제가 열린다. 대표적인 불꽃놀이 장소는 스미다강과 타마강, 에도강 주변, 그리고 오다이바와 도쿄만의 해변가이다. 주로 금요일과 토요일 저녁 강변과 해변에서 열린다. 또한 도쿄 시내 곳곳에서 전통 축제인 마츠리가 열려 흥을 돋운다. 8월 중하순에 열리는 하라주쿠 오모테산도 겐키 스파 요사코이와 8월 하순에 열리는 고엔지 아와오도리가 대표적인 여름 마츠리로, 독특한 전통 복장을 입은 사람들이 전통 춤을 추며 거리를 행진한다.

봄 春

도쿄의 봄은 3월에서 6월 초까지로 벚꽃을 비롯한 다양한 꽃이 피어 화사함을 자랑한다. 도쿄에는 공원이 많기 때문에 도심 곳곳에서 아름다운 자연을 만날 수 있다. 도쿄의 벚꽃 시즌은 3월 말부터 4월 초가 절정이며, 해에 따라 1주 정도의 차이가 있다.

지도리가후치 千鳥ヶ淵
고쿄를 중심으로 주변의 산책로가 아름다운 벚꽃 길로 변하며 그 끝에는 도쿄 타워가 보인다. ···→ **별책 P.16-A**

시바 공원 芝公園
도쿄 타워 인근의 공원으로 여러 구역으로 나뉘어 있으며 곳곳에 벚꽃이 피어 있다. ···→ **P.336**

신주쿠 교엔 新宿御苑
일본에서 볼 수 있는 다양한 종류의 벚꽃이 한곳에 모여 있는 곳.
···→ **P.178**

고이시카와 고라쿠엔 小石川後楽園
도쿄 돔 옆의 공원으로 예쁜 일본식 정원과 함께 벚꽃을 감상할 수 있다. ···→ P.391

우에노 공원 上野公園
도쿄의 벚꽃 명소로 유명하다. 공원 한가운데 벚꽃 터널이 생기며 주변 호숫가의 벚꽃도 아름답다. ···→ P.236

소토보리 공원 外濠公園
강을 따라 산책길 양옆에 벚꽃이 피어 있으며 뱃놀이를 하면서 벚꽃을 즐길 수 있다. ···→ P.382

나카메구로 中目黒
나카메구로의 메구로강 변은 야경과 함께 벚꽃을 즐기기 좋은 곳으로 강변을 따라 수많은 벚나무가 심어져 있다.
⋯▸ P.346

요요기 공원 代々木公園
시부야, 하라주쿠와 가까우며 여유롭게 잔디밭에 누워 벚꽃을 감상할 수 있는 곳. ⋯▸ P.132

이노카시라온시 공원 井の頭恩賜公園
중앙의 호수를 중심으로 주변이 벚꽃으로 아름답게 물드는 공원. ⋯▸ P.428

가을 秋

도쿄는 겨울이 춥지 않기 때문에 가을이 긴 편이다. 더위가 가시지 않은 9월 말부터 단풍이 아름답게 물드는 12월 초·중순까지 가을 날씨가 계속되며, 다양한 문화 축제가 열린다.
단풍 시즌은 11월 말부터 12월 중순 정도. 해에 따라 1~2주씩 차이가 나므로, 단풍 가득한 크리스마스를 맞이하는 경우도 있다.

메이지 신궁 가이엔 明治神宮外苑
도쿄의 단풍 명소로 유명. 길 양옆에 가로수로 심은 은행나무가 노랗게 물든다.
⋯▸ P.160

리쿠기엔 六義園
고마고메역 2번 출구에서 바로 시작되는 일본식 정원으로 단풍이 아름다운 곳. 야간에 조명을 밝히는 라이트업 행사도 진행된다. ⋯▸ **별책 P.3-G**

히비야 공원 日比谷公園
도쿄역과 긴자에서 가까우며 넓은 공원 부지 곳곳에서 단풍을
만날 수 있다. ⋯ P.290

요요기 공원 代々木公園
시부야, 하라주쿠 인근의 단풍 명소로 공원까지 가는 길
에도 멋진 단풍길이 펼쳐진다. ⋯ P.132

이노카시리온시 공원 井の頭恩賜公園
중앙의 호수 공원에서 지브리 미술관 근처 숲까지 멋진
단풍 길이 펼쳐진다. ⋯ P.428

하마리큐온시 정원
국가의 특별 명승지로 지정된 하마리큐온시 정원에서는
연못 주변으로 아름다운 단풍을 감상할 수 있다. ⋯ P.313

겨울 冬

도쿄의 겨울은 12월 말부터 2월 말까지다. 기온이 영하로 떨어지는 날이 드물어 우리나라에 비해 따뜻한 편으로 여행하기에 좋다. 12월에서 1월은 비가 거의 내리지 않으며 맑은 날이 지속된다. 가끔 폭설이 내리기도 하나 날씨가 따뜻해 다음 날이면 눈이 거의 녹아버린다.

겨울 도쿄의 저녁은 아름다운 LED 불빛으로 물드는 일루미네이션이 볼만하다. 크리스마스를 앞두고 더욱 화려하게 불을 밝힌다. 도쿄는 겨울 해가 짧기 때문에 오후 5시경부터 야경과 함께 일루미네이션을 감상할 수 있다. 보통 11월 중순부터 12월 말까지 진행되며 1월 말까지 연장하는 곳도 많다.

신주쿠 新宿
신주쿠역 남쪽 출구를 중심으로 신주쿠 서쪽의 고층 빌딩 주변에 다양한 크리스마스 트리와 일루미네이션이 불을 밝힌다.

오다이바 お台場
오다이바에 있는 대부분의 상업 시설에서 일루미네이션을 감상할 수 있으며 도쿄만의 야경과 함께 멋진 풍경이 만들어진다.

오모테산도 表参道
오모테산도 힐즈에는 멋진 트리가, 오모테산도 거리의 가로수에는 오렌지색의 따뜻한 일루미네이션이 빛난다.

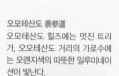

롯폰기 六本木
롯폰기 힐즈, 도쿄 미드타운을 중심으로 거리가 온통 일루미네이션의 불빛으로 물들며 미드타운의 정원에서는 수십만 개의 LED 전구의 일루미네이션 쇼가 펼쳐진다.

시부야 渋谷
시부야역을 시작으로 길을 따라 요요기 공원까지 푸른 LED 일루미네이션이 빛나며 그 끝에는 푸른 동굴이 있다.

도쿄 스카이트리 東京スカイツリー
스카이트리를 중심으로 일루미네이션 장식이 설치되며 주변 건물인 소라마치에도 멋진 일루미네이션 거리가 만들어진다.

에비스 恵比寿
중앙의 거대한 크리스마스트리를 시작으로 에비스 가든 플레이스 곳곳에 멋진 일루미네이션이 빛난다.

마루노우치 丸の内
도쿄역 주변 마루노우치의 고층 빌딩 건물 안에는 다양한 크리스마스트리와 일루미네이션 장식이 설치되며 거리는 다채로운 빛으로 물든다.

도쿄의 월별 이벤트

하츠모우데
시기 1월 1일~4일
장소 메이지 신궁을 비롯한 도쿄의 모든 신사
내용 한 해의 안녕을 빌기 위해
새해 첫날부터 3~4일까지 신사를 찾는다.

도쿄 마라톤
시기 2월 하순
장소 도쿄 도청
내용 도쿄 도청을
시작으로 도쿄 시내를
달리는 마라톤 행사

롯폰기 아트 나이트
시기 5월 하순
장소 롯폰기 힐즈,
도쿄 미드타운, 국립 신미술관
내용 도쿄 아트 트라이앵글로
불리는 문화 행사. 롯폰기의
미술관, 박물관들이 참여.

| 1월 | 2월 | 3월 | 4월 | 5월 | 6월 |

아니메 재팬
시기 3월 하순
장소 도쿄 빅 사이트
내용 일본 최대 규모 애니
메이션 행사로, 다양한 작
품 소개 및 코스프레 등을
감상할 수 있다.

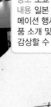

디자인 페스타
시기 5월 중순, 11월 중순
장소 도쿄 빅 사이트
내용 1년에 2번 도쿄의 아티스트
들이 자신의 작품을 소개, 판매
하기 위해 여는 행사.

아사쿠사 산자 마츠리
시기 5월 중순
장소 아사쿠사
내용 일본 에도 시대의 3대
축제 중 하나로 가마를 들고
아사쿠사 일대를 돈다.

가와고에 엔무스비 후린
시기 7월 초순~10월 초순
장소 가와고에 히카와 신사
내용 신사에 수천 개의 풍경을
달아 전시하며 인연을 맺어주
는 축제.

도쿄 모터쇼
시기 10월 말~11월 초
(2년에 1회, 홀수 년)
장소 도쿄 빅 사이트
내용 세계적인 모터쇼 중
하나로 다양한 브랜드의 자
동차들이 소개·전시된다.

신주쿠 하나조노 신사
오오도리 마츠리
시기 11월 초~11월 중순
장소 신주쿠 하나조노 신사
내용 밤새도록 등을 밝히며
야타이(포장마차)가 열린다.
11월에 3번 열린다.

도쿄 게임 쇼
시기 9월 하순
장소 지바 마쿠하리 메세
내용 세계적인 게임 행사로 전 세계
게임 팬들이 한자리에 모인다.

7월 8월 9월 10월 11월 12월

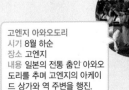

아사쿠사 삼바 카니발
시기 8월 하순
장소 아사쿠사
내용 브라질의 삼바 축제처럼
삼바 복장의 무희들이
아사쿠사의 거리를 행진한다.

하라주쿠 오모테산도
겡키 스파 요사코이
시기 8월 중순~8월 하순
장소 하라주쿠, 오모테산도
내용 일본 각 지역에서 모인
요사코이팀들이 오모테산도
거리를 춤추며 행진한다.

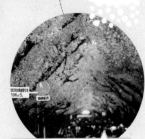

메이지 신궁 가이엔 은행 축제
시기 11월 말~12월 초
장소 메이지 신궁 가이엔
내용 은행나무 가로수길이 노랗게
물들며 많은 사람이 찾는다. 이 기
간에는 다른 곳에서도 다양한 단
풍 축제가 열린다.

고엔지 아와오도리
시기 8월 하순
장소 고엔지
내용 일본의 전통 춤인 아와오
도리를 추며 고엔지의 아케이
드 상가와 역 주변을 행진.

도쿄의 여행 시즌과 날씨

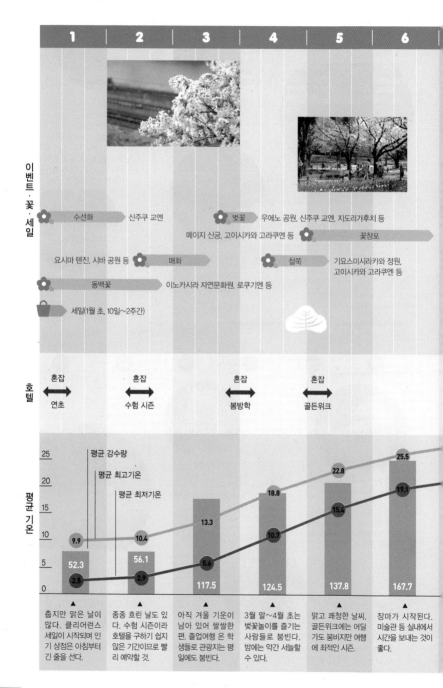

	1	**2**	**3**	**4**	**5**	**6**

이벤트 · 꽃 · 세일

수선화 — 신주쿠 교엔

벚꽃 — 우에노 공원, 신주쿠 교엔, 지도리가후치 등

메이지 신궁, 고이시카와 고라쿠엔 등 — 꽃창포

요시마 텐진, 시바 공원 등 — 매화

철쭉 — 기요스미시라카와 정원, 고이시카와 고라쿠엔 등

동백꽃 — 이노카시라 자연문화원, 로쿠기엔 등

세일(1월 초, 10일~2주간)

호텔

혼잡	혼잡	혼잡	혼잡
연초	수험 시즌	봄방학	골든위크

평균 기온

평균 강수량
평균 최고기온
평균 최저기온

	1월	2월	3월	4월	5월	6월
평균 최고기온	9.9	10.4	13.3	18.8	22.8	25.5
평균 최저기온	2.5	2.9	5.6	10.7	15.4	19.1
평균 강수량	52.3	56.1	117.5	124.5	137.8	167.7

춥지만 맑은 날이 많다. 클리어런스 세일이 시작되며 인기 상점은 아침부터 긴 줄을 선다.

종종 흐린 날도 있다. 수험 시즌이라 호텔을 구하기 쉽지 않은 기간이므로 빨리 예약할 것.

아직 겨울 기운이 남아 있어 쌀쌀한 편. 졸업여행 온 학생들로 관광지는 평일에도 붐빈다.

3월 말~4월 초는 벚꽃놀이를 즐기는 사람들로 붐빈다. 밤에는 약간 서늘할 수 있다.

맑고 쾌청한 날씨. 골든위크에는 어딜 가도 붐비지만 여행에 최적인 시즌.

장마가 시작된다. 미술관 등 실내에서 시간을 보내는 것이 좋다.

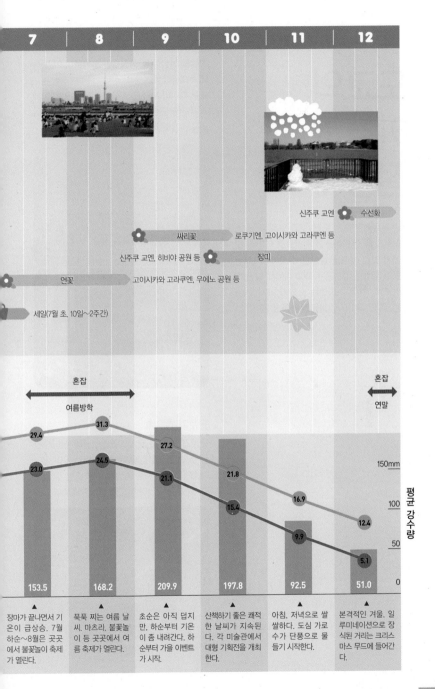

| 7 | 8 | 9 | 10 | 11 | 12 |

신주쿠 교엔 **수선화**

싸리꽃 로쿠기엔, 고이시카와 고라쿠엔 등

신주쿠 교엔, 히비야 공원 등 **장미**

연꽃 고이시카와 고라쿠엔, 우에노 공원 등

세일(7월 초, 10일~2주간)

혼잡

혼잡

여름방학

연말

29.4　31.3

27.2

23.0　24.5

21.1

21.8

150mm

15.4

16.9

100

9.9

12.4

50

5.1

0

153.5　168.2　209.9　197.8　92.5　51.0

평균 강수량

▲ 장마가 끝나면서 기온이 급상승. 7월 하순~8월은 곳곳에서 불꽃놀이 축제가 열린다.

▲ 푹푹 찌는 여름 날씨. 마츠리, 불꽃놀이 등 곳곳에서 여름 축제가 열린다.

▲ 초순은 아직 덥지만, 하순부터 기온이 좀 내려간다. 하순부터 가을 이벤트가 시작.

▲ 산책하기 좋은 쾌적한 날씨가 지속된다. 각 미술관에서 대형 기획전을 개최한다.

▲ 아침, 저녁으로 쌀쌀하다. 도심 가로수가 단풍으로 물들기 시작한다.

▲ 본격적인 겨울. 일루미네이션으로 장식된 거리는 크리스마스 무드에 들어간다.

도쿄의
야경과
전망대

야경이 화려한 도시 도쿄. 도쿄 타워, 도쿄 스
카이트리 등 랜드마크를 배경으로 다양한 장
소에서 멋진 야경을 감상할 수 있다. 도쿄는
서울과 시차는 없지만 동쪽에 위치해 더 일찍
해가 진다. 보통 여름에는 오후 6~7시, 겨울
에는 5시만 되어도 건물들이 불을 밝힌다.

야경이 아름다운 지역

오다이바 お台場

도쿄 연인들의 데이트 코스로 유명하며 도쿄
만을 배경으로 도쿄 타워, 레인보우 브리지,
자유의 여신상 등 상징적인 건물들이 야경 속
에 녹아든다.
또한 다이버 시티 도쿄 플라자 앞에 있는 실제
크기 건담도 불빛을 반짝이며 오다이바의 야
경을 만들어낸다.

롯폰기 六本木

롯폰기 힐즈, 도쿄 미드타운, 국립 신미술관
등 주요 건물과 건물 주변을 꾸며둔 곳이 많아
야경이 아름다우며, 가볍게 한잔 즐길 수 있는
바, 클럽 등도 많아 야경을 즐기기에 좋다.

에비스 恵比寿

에비스 가든 플레이스를 중심으로 건물과 공원이 잘 꾸며져 있으며 야경이 아름답다. 건물 위로 올라가면 도쿄의 전망도 함께 즐길 수 있다.

시부야 渋谷

세계에서 유동 인구가 가장 많은 스크램블 교차로 주변은 현란한 네온사인과 대형 광고판으로 번쩍인다. 상업, 쇼핑 시설이 많아 저녁 늦게까지 불이 꺼지지 않는다.

신주쿠 新宿

남쪽과 서쪽은 고층 빌딩과 새로운 시설들이 잘 정비되어 있고 동쪽은 가부키초를 중심으로 유흥가가 화려하다. 도쿄에서 가장 늦게까지 불이 꺼지지 않는 동네 중 하나.

대표적인 전망대

도쿄는 타워나 고층 빌딩이 많으며 전망대가 있는 시설들도 많다. 대부분 입장료를 받으며, 전망 시설을 예쁘게 꾸며두고 있다.

도쿄 스카이트리 東京スカイツリー

도쿄의 상징인 전망대로 일본에서 가장 높은 건물이며 전망 회랑과 전망 데크로 나뉜다. 도쿄의 모든 건물이 내려다 보이며 전망이 확트여 있지만, 너무 높아 현실감이 없고 날씨가 안 좋으면 전망대 대부분이 구름 속으로 들어간다. → P.218

높이 634m **요금** 전망 데크 2100엔, 세트권(전망 회랑+전망 데크) 3100엔

시부야 스카이
SHIBUYA SKY

지상 47층, 높이 229.71m로 현재 시부야에서 가장 높은 빌딩인 시부야 스크램블 스퀘어의 전망대다. 트여 있는 옥상에 서면 도쿄의 전망이 한눈에 펼쳐진다.

높이 229.71m **요금** 2000엔 **지도** 별책 P.7-K

도쿄 시티 뷰에서 본 도쿄 타워

도쿄 시티 뷰 東京シティビュー

도쿄의 가장 멋진 전망을 감상할 수 있는 곳 중 하나로 롯폰기 힐즈에 있다. 도쿄 타워가 바로 옆에 내려다 보이며 360도 전망을 감상할 수 있다. 추가 요금으로 옥상의 야외 전망대 스카이데크에 입장할 수 있다. ⋯ P.327

높이 218m **요금** 시티뷰 2000엔, 스카이데크 500엔 추가

도쿄 타워 東京タワー

도쿄를 상징하는 전망대로 파리의 에펠탑과 닮았다. 이곳의 전망보다는 도쿄 타워가 보이는 전망을 선호하기 때문에 대부분 인근의 도쿄 시티 뷰(롯폰기 힐즈)를 찾곤 한다. 대신 도쿄 타워 안에는 도쿄 원피스 타워 등 재미있는 테마 시설이 많다. ⋯ P.335

높이 333m **요금** 대전망대 1200엔, 탑데크 투어 3000엔

스카이 서커스 60전망대 SKY CIRCUS サンシャイン60展望台

이케부쿠로의 선샤인 시티 60층 전망대로 도쿄 북부의 전망을 감상하기에 좋다. 최근 리뉴얼하여 전망대 내부가 테마파크처럼 꾸며져 있다. ⋯ P.360

높이 239m **요금** 1200엔

후지 TV 구체 전망대 フジテレビ球体展望室

오다이바와 도쿄만의 전망을 감상할 수 있는 곳으로 높이는 그렇게 높지 않은 편이다. ⋯ P.456

높이 124m **요금** 550엔

무료 전망대

도쿄의 인기 전망대는 대부분 유료이지만, 잘 찾아보면 무료로 전망을 감상할 수 있는 곳도 많다.

분쿄 시빅 센터 文京シビックセンター

도쿄 돔 시티 북쪽의 도쿄 분쿄구의 구청사 건물로 25층을 전망대로 무료 개방하고 있다. 스카이트리, 신주쿠 고층 빌딩, 후지산 등 도쿄의 전망을 감상할 수 있다.

높이 142m **지도** 별책 P.35-D

도쿄 도청 東京都庁

가장 인기 있는 무료 전망대. 신주쿠 도쿄 도청의 전망대로 남쪽과 북쪽 두 곳으로 나뉘어 있다. 일몰과 그 전후 시간에는 사람이 몰려 줄을 서서 올라가기도 한다. ···→ P.178

높이 243m

소라마치 ソラマチ

도쿄 스카이트리 바로 옆의 고층 빌딩. 30~31층에는 작은 전망대가 있다. 이곳에서 스카이트리와 도쿄의 전망을 함께 감상할 수 있다. ···→ P.221

높이 150m

카렛타 시오도메 カレッタ汐留

일본의 광고 대행사 덴츠의 건물로 46, 47층이 개방되어 있어 오다이바, 하마리큐온시 정원, 도쿄만의 야경을 감상할 수 있다. 전망을 감상하며 올라가는 고속 엘리베이터가 재미있다. ···→ P.311

높이 200m

캐롯 타워 Carrot Tower

시부야 서쪽의 활기찬 마을 산겐자야의 건물로 27층에 라디오 방송국 겸 전망대가 있다. 도쿄 서쪽에서 가장 높은 건물 중 하나로 후지산과 함께 탁 트인 전망을 감상할 수 있으며 시부야, 도쿄 타워 쪽의 전망도 멋지다.

높이 124m **지도** 별책 P.2-F

시부야 히카리에 渋谷ヒカリエ

신주쿠의 초고층 빌딩이자 쇼핑몰로 다양한 시설이 들어서 있으며 8, 9층과 11층에서 도쿄 서쪽의 전망을 감상할 수 있다. 시부야의 거리와 스크램블 교차로 등 시부야 주변의 전망이 보인다. ⋯ P.110

높이 180m(전망대는 60~70m)

마루 빌딩 丸ビル

도쿄역 마루노우치 출구 주변에는 고층 빌딩은 많지만 정식으로 운영하는 전망대는 따로 없다. 유일하게 마루 빌딩 36층에 작은 전망 장소가 있으며, 주변의 키테 건물 옥상, 신마루노우치 빌딩 7층 정도에서 전망을 감상할 수 있다. ⋯ P.279

높이 179.2m

에비스 가든 플레이스 타워 恵比寿ガーデンプレイスタワー

에비스 가든 플레이스의 고층 빌딩으로 38, 39층의 레스토랑 주변에서 전망을 감상할 수 있다. 도쿄 타워와 가까우며 시부야, 신주쿠 쪽의 전망도 예쁘다. ⋯ P.344

높이 167m

타워 홀 후나보리 タワーホール船堀

도쿄의 서쪽 후나보리의 전망 타워로 에도가와 구 시민들을 위한 전망대로 설치되었다. 도쿄 스카이트리를 정면으로 바라보며 360도 전망을 감상할 수 있다. **높이** 115m **지도** 별책 P.3-G

아사쿠사 문화 관광 센터 浅草文化観光センター

아사쿠사 거리 중심에 있는 관광 안내소로 8층에 전망 시설이 있다. 도쿄 스카이트리, 센소지 등 주변의 전망이 한눈에 들어온다. ⋯ P.207

높이 38m

THEME
4.

다양한 테마파크

도쿄에는 여러 가지 테마를 활용한 테마파크가 있으며 다채로운 체험을 즐길 수 있다. 대부분 반나절 정도를 투자하면 충분히 즐길 수 있으며 가족이 함께 즐길 수 있는 시설이 많다.

도쿄 시내

미타카의 숲 지브리 미술관
三鷹の森ジブリ美術館

일본을 대표하는 애니메이션 회사인 지브리 스튜디오의 작품을 배경으로 꾸민 미술관. 기치조지의 이노카시라온시 공원 안에 있으며 사전 예약이 필수. → P.430

워너 브라더스 도쿄 해리포터 스튜디오
ワーナー ブラザース スタジオツアー 東京

영화 해리포터의 세계로 들어온 듯, 마법 같은 공간이 펼쳐지는 새로운 도보형 엔터테인먼트 시설. 영화 제작의 놀라운 세계를 체험할 수 있는 다양한 볼거리가 설치되어 있다. 프로그 카페 등 영화 속의 먹을거리를 체험할 수 있는 카페, 레스토랑도 있다.

남코 난자타운
NAMCO ナンジャタウン

남코에서 운영하는 도시형 테마파크. 실내에 다양한 오락 시설을 모아두었다. 공간은 6가지 테마로 나뉘어 있으며 오락, 간식 등 즐길 거리가 다양하다. ···→ P.361

스몰 월드 도쿄
SMALL WORLDS TOKYO

우주 센터, 공항 등을 움직이는 미니어처로 구현한 실내 테마파크. 도쿄는 물론 세계 각 지역의 명소를 미니어처로 만들어 전시하고 있다. ···→ P.459

지유가오카 스위츠 포레스트
自由が丘スイーツフォレスト

 일본 최초의 디저트 테마파크. 디저트의 숲으로 화려하게 꾸며진 공간에 파티시에가 만든 달콤한 케이크와 디저트를 즐길 수 있다. ···→ P.417

도쿄 외곽 및 근교

도쿄 디즈니 리조트
Tokyo Disney Resort

지바현에 위치한 도쿄 디즈니 리조트는 남녀
노소 모두가 즐거운 꿈의 테마파크이다. 어린
이가 좋아하는 어트랙션 중심의 디즈니랜드와
어른이 좋아하는 어트랙션, 쇼 중심의 디즈니
시로 나뉘는데, 입장하는 곳도 다르고 분위기
도 서로 다르다. ⋯→ P.494

에도 도쿄 건축정원
江戸東京たてもの園

도쿄 서쪽의 고가네이 공원 안에 있는 전시 시
설로 일본 에도 시대의 건축물들을 감상하고
이를 배경으로 사진을 찍을 수 있다.

발음 에도 도쿄 타테모노엔
주소 東京都小金井市桜町3-7-1
전화 042-388-3300
개방 09:30~17:30(10~3월은 ~16:30), 폐관 30분 전 입
장 마감
휴무 월요일(공휴일이면 다음 날), 연말연시
요금 400엔
홈페이지 www.tatemonoen.jp
교통 JR 히가시코가네이 武蔵小金井역 북쪽 출구 2·3번
번 정류장에서 버스 승차 5분 소요
지도 별책 P.2-F

산리오 퓨로랜드 Sanrio Puroland

일본인 인기 캐릭터인 헬로 키티가 주인공인
테마파크. 도쿄 서쪽 타마시에 위치하고 있으
며 신주쿠에서 30분 정도 걸린다.

주소 東京都多摩市落合1-31 **전화** 042-339-1111
개방 10:00~17:00(시기와 요일에 따라 변동 있음)
휴무 휴무일은 부정기적이며 꽤 잦은 편이므로 홈페이지
참조 **요금** 변동 요금제(시기에 따라 3600~4900엔)
홈페이지 www.puroland.jp
교통 게이오타마센터 京王多
摩センター역 또는 오다큐타
마센터 小田急多摩センター역
중앙 출구에서 도보 9분
지도 별책 P.2-E

요코하마 호빵맨 어린이 박물관
横浜アンパンマンこどもミュージアム

호빵맨을 테마로 꾸민 어린이 박물관으로 요
코하마 미나토미라이에 있다. 다양한 호빵맨
기념품을 구입할 수 있다. ⋯→ P.518

일본의
국민 요리
라멘

라멘(ラーメン)은 국물에 삶은 중화면을 넣은 일본 요리로, 중화소바(中華そば, 추카소바)라고도 불린다. 라멘은 중국 요리에서 유래했는데, 일본에서는 국민 음식으로 불릴 정도로 널리 사랑받고 있다. 라멘 전문 식당이 많아 어디에서나 쉽게 맛볼 수 있다.

라멘의 종류

라멘은 국물에 사용하는 소스와 국물의 종류에 따라 분류되며, 지역에 따라 분류되기도 한다. 크게 소스에 따라 쇼유 라멘, 시오 라멘, 미소 라멘으로, 국물에 따라 돈코츠(돼지 사골) 라멘, 돈코츠 쇼유 라멘, 교카이(생선, 어패류) 라멘, 토리카라(닭 뼈 육수) 라멘으로 분류된다.

쇼유 라멘 醬油ラーメン

간장으로 맛을 낸 라멘. 도쿄를 대표하는 라멘으로도 알려져 있으며 닭 뼈와 채소를 바탕으로 한 담백한 맛이 특징. 돼지 뼈를 우려낸 국물을 첨가해 국물이 진한 라멘, 해산물을 넣어 산뜻하게 우린 국물이 특징인 라멘 등 지역에 따라 다른 맛의 쇼유 라멘도 있다.

시오 라멘 塩ラーメン

소금으로 맛을 낸 라멘. 깔끔한 맛이 특징으로 간장이나 된장 등을 넣어 향이 강한 국물을 싫어하는 사람들에게 인기 있다.

미소 라멘 味噌ラーメン

된장으로 맛을 낸 라멘. 1950년대 홋카이도 삿포로와 야마가타현 지역에서 탄생한, 역사가 비교적 짧은 라멘이다. 각 지역의 된장에 따라 맛이 크게 달라진다.

돈코츠 라멘 豚骨ラーメン

돼지 뼈를 우려낸 햐얀 국물이 특징. 검은 깨를 넣어 국물을 검게 만든 라멘도 있다. 유래에는 여러 가지 설이 있는데, 규슈 지방의 어느 라멘집에서 돼지 뼈를 우려낼 때 실수로 센 불로 너무 오래 끓여 햐얗고 진한 국물을 만든 것에서 유래했다는 설이 있으나 분명하지는 않다.

교카이 라멘 魚介ラーメン

가츠오부시를 베이스로 각종 해산물을 넣어 국물을 우려낸 라멘. 돈코츠 라멘과 달리 국물이 맑은 것이 특징이다.

츠케멘 つけ麺

1955년 도쿄의 다이쇼켄(나카노)에서 시작한 라멘 요리로 면과 국물을 따로 내어, 면을 짭짤한 국물에 조금씩 찍어 먹는 라멘. 삶은 면을 찬물에 씻어내기 때문에 면발이 탱글탱글한 것이 특징이다. 따뜻한 면, 차가운 면을 고를 수 있는 곳도 있고, 면을 다 먹고 난 후 국물에 육수를 부어 수프처럼 마시는 곳이 있다.

라멘의 가격

일본에서 라멘은 가볍게 먹는 음식보다는 제대로 된 한 끼로 여기는 경우가 많아 가격이 만만치 않은 편이다. 보통 500엔에서 1000엔 사이로 종류와 토핑에 따라 가격이 달라진다.

스시, 본토에서 즐기자

일본 요리 중 빼놓을 수 없는 것이 바로 스시다. 요즘은 한국에서도 비싸지 않은 가격으로 다양한 스시를 맛볼 수 있지만 그래도 일본의 신선한 재료로 만든 것과는 맛의 차이가 확연히 난다. 일본에서 스시를 저렴하게 먹을 수 있는 가장 대표적인 곳이 회전 초밥(回転すし, 카이텐스시) 가게다.

회전 초밥집, 어떻게 고를까?

회전 초밥은 여러 가지 브랜드가 있고 가격대도 다양하지만, 저렴한 곳이라고 해서 맛이 떨어지는 것은 아니다. 그러므로 적당한 가격대의 가게를 고르되, 매체에서 자주 소개되어 관광객이 너무 많은 곳은 주방에서 각 제품에 덜 신경 쓰게 될 수 있으니 피하는 것이 좋다. 현지인 손님이 많은 곳으로 선택하면 성공 확률이 높다.

신선한 스시를 먹으려면

손님이 너무 적은 곳보다는 조금 많은 곳이 회전이 빨라 스시가 신선한 편이다. 하지만 가장 신선한 스시를 먹는 방법은 즉석에서 주문을 하는 것이다. 오픈된 바일 경우 "스미마셍"을 외치고 점원에게 원하는 메뉴를 말하면 즉석에서 만들어 건네준다. 주방이 오픈되지 않은 곳에서는 테이블 위의 버튼을 누르고 원하는 메뉴를 주문하면 자신의 자리 번호를 표시한 스시 접시가 벨트 위로 운반된다.

스시 먹을 때 주의할 점

❶ 스시의 맛을 최대한 즐기기 위해서는 먹는 순서도 중요하다. 대개 맛이 담백한 것부터 기름진 것 순으로 먹는 것이 정석이다. 색깔로 따지면 흰색, 붉은색, 푸른색 생선 순이다.

❷ 간장은 밥이 아닌 생선살에 살짝 묻혀 먹는다. 밥에 묻히면 밥알이 간장을 흡수해 스시가 부스러지고 맛이 달라진다.

❸ 여러 종류의 스시를 먹을 때는 한 가지를 먹은 후 초생강(가리, 가리)을 한 조각 먹는다. 그러면 입 안이 개운해져 생선의 독특한 풍미를 제대로 느낄 수 있다.

❹ 녹차는 반드시 가루부터 넣고 물을 붓는다. 스시는 따뜻한 녹차를 마셔가면서 먹어야 입 안에 남은 생선 냄새와 기름기가 제거되어 스시의 맛을 제대로 느낄 수 있다. 된장국은 되도록 나중에 마시는 것이 좋다.

{ 스시의 종류 }

에비 えび(海老)
살짝 데친 새우. 고소한 맛을 낸다.

아마에비 あまえび(甘海老)
약간 조미를 한 생새우. 씹는 느낌이 좋다.

타마고 たまご(玉子)
달걀. 달콤한 달걀말이를 올린다.

이쿠라 いくら
연어 알. 일본 사람들이 가장 좋아하는 스시 중 하나.

사몬 サーモン
연어. 입에 넣으면 사르르 녹는다.

아나고 あなご
붕장어. 살짝 구운 붕장어와 고소한 소스의 절묘한 조화.

사바 さば(鯖)
고등어. 날것과 데친 것이 있다.

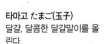

코하다 こはだ
전어. '깨가 서말'이라는 표현이 잘 어울리는 고소한 맛.

엔가와 えんがわ
광어 지느러미 살. 입 안 가득 쫄깃쫄깃한 식감이 느껴진다.

즈케마구로 づけまぐろ
살짝 절인 참치. 마구로(참치살)보다 신선함이 덜한 대신 고소한 맛이 난다.

츠나사라다 つなサラダ
통조림 참치 샐러드. 스시 초보자를 위한 메뉴.

마구로 まぐろ
참치살. 마구로 외에 오토로 おおとろ(참치대뱃살)도 즐겨 먹는다.

이카 いか
오징어. 고소한 뒷맛이 일품.

토리가이 とりがい(鳥貝)
새조개. 레몬즙을 살짝 뿌린 새조개는 단맛이 느껴진다.

호타테가이 ほたてがい
가리비. 특유의 풍미가 느껴진다.

카니사라다 かにサラダ
게살 샐러드. 입가심으로 먹기 좋다.

저렴한
체인 음식점

일본 여행의 큰 즐거움 중 하나가 식도락이지만, 경비를 아껴야 하는 배낭여행에서는 저렴하게 끼니를 해결해야 할 경우도 있을 것이다. 그럴 때에는 간편하게 식사할 수 있는 체인 음식점을 찾는 것이 좋다. 저렴하면서 맛도 괜찮은 일본의 체인 레스토랑을 소개한다.

요시노야 吉野屋

저렴하고 맛있게 한 끼 식사를 할 수 있는 체인 음식점 중 가장 유명한 곳이다. 특히 돈부리(덮밥) 종류가 인기 있다. 규동 380엔, 세트 메뉴 480엔~, 돈부리 330엔, 일부 지점은 24시간 영업.

스키야 すき家

다양한 메뉴를 자랑하는 곳으로 테이블석도 마련되어 있다. 돈부리 350엔~, 카레 380엔~, 세트 메뉴 370엔~, 모닝 세트 280엔~.

마츠야 松屋

규동(소고기덮밥) 전문점으로 돈부리나 카레라이스, 정식 등이 있다. 매우 저렴한 가격에 한 끼 식사를 할 수 있다. 아침 메뉴 350엔~, 정식 500엔~, 규동 290엔~.

스카이락 가스토 ガスト

가벼운 느낌의 패밀리 레스토랑. 이미지에 비해 매우 저렴한 가격과 다양한 메뉴가 특징이다. 식사 300엔~, 햄버그스테이크 380엔~.

오오토야 大戸屋

일본 가정식 요리를 맛볼 수 있는 곳으로 편안한 테이블에서 식사를 즐길 수 있다. 식사 메뉴는 물론이고 디저트 메뉴도 다양하다. 정식 710엔~, 소바 · 우동 450엔~, 돈부리 680엔~.

텐동 텐야 天丼 てんや

텐동(튀김덮밥) 전문점으로 바삭한 튀김과 달짝지근한 소스가 특징이다. 규동에 비해 비싸지만 비교적 저렴하게 튀김을 맛볼 수 있다. 텐동 500엔~, 세트 메뉴 650엔~.

카츠야 かつや

돈가스, 카츠동(돈가스덮밥) 전문 체인점으로 저렴한 가격에 카츠동과 카레 등을 즐길 수 있다. 카츠동 490엔~, 정식 590엔~, 카레 590엔~.

야요이켄 やよい軒

밥과 국에 반찬 3가지 이상으로 구성된 정식 메뉴를 선보이는 곳이다. 주요 반찬은 고로케, 스테이크, 생선구이 등 다양하다. 정식 630엔~, 조식 370엔~, 돈부리 650엔~.

후지소바 富士そば

소바 요리 전문점으로 저렴한 가격에 소바, 우동, 돈부리를 즐길 수 있는 곳이다. 메뉴가 다양하며 요리가 빠르게 나온다. 소바 300엔~, 카레 440엔~, 돈부리 490엔~.

일본의 술 사케

종류가 다양한 니혼슈

사케(酒)는 일본에서 술을 총칭하는 단어이다. 사케에는 니혼슈, 맥주, 위스키, 쇼추(소주), 와인 등이 있다. 서양에서는 니혼슈를 가리켜 사케(Sake)라고 부르기도 한다.

니혼슈 日本酒

청주의 일종으로 제조 방법, 재료, 저장 방법에 따라 종류가 나뉜다. 쌀과 누룩, 물, 양조 알코올로 만든 발효주로 도수가 10~20도 사이이다.

니혼슈는 정미율에 따라 등급을 나눈다. 정미율은 쌀의 겉면을 깎은 후에 남은 정백미의 비율을 말하는 것으로, 정미율이 낮을수록 고급 술로 인정받고 있다. 정미율에 따라 혼조조, 긴조, 다이긴조 세 종류로 나뉘며 다이긴조가 가장 도정을 많이 한 쌀로 빚은 술이기 때문에 고급으로 여긴다. 다이긴조 중에서도 정미율이 40% 이하인 술은 최고급으로 여겨 쉽게 구하기 힘들고 가격도 비싸다. 가끔 이 명칭 앞에 준마이가 붙어 준마이 긴조, 준마이 다이긴조라고 불리는 술이 있는데 준마이는 양조용 알콜이 첨가되지 않고 순쌀로만 만들어낸 술이라는 의미이다.

니혼슈는 주로 상온이나 따뜻하게 마시는 경우가 많은데 술을 데우면 맛과 향이 살아나기 때문이라고 한다. 온도에 따라 명칭이 달라지기도 한다.

니혼슈는 도쿠리 とっくり, 히레 ひれ, 마츠 まつ 등의 용기에 담아 마신다. 도쿠리(병)는 자기로 만든 자그마한 술병으로 술을 데우기 위

해 사용한다. 히레는 술잔인데 이 또한 술을 데울 때 사용한다. 마츠는 주로 나무로 만든 사각 용기로 잔 받침으로 사용하거나 직접 술을 담아 마신다.

원료에 따른 니혼슈의 종류

종류	원료
혼조조 本醸造	정미율 70% 이하의 쌀, 누룩, 물, 양조 알코올로 제조
긴조 吟醸	정미율 60% 이하의 쌀, 누룩, 물, 양조 알코올로 제조
다이긴조 大吟醸	정미율 50% 이하의 쌀, 누룩, 물, 양조 알코올로 제조
준마이 純米	정미율에 관계없이 쌀, 누룩, 물로 제조

온도에 따른 니혼슈의 명칭

온도	명칭
55℃ 이상	토비키리캉 飛び切り燗
50℃ 내외	아츠캉 熱燗
45℃ 내외	초캉 上燗
40℃ 내외	누루캉 ぬる燗
37℃ 내외	히토하타캉 人肌燗
33℃ 내외	히나타캉 日向燗
상온	히야 冷や
15℃ 내외	스즈히에 涼冷え
10℃ 내외	하나히에 花冷え
5℃ 내외	유키히에 雪冷え
−10℃ 내외	미조레 霙

쇼추 焼酎

쇼추는 소주의 일본어로 주로 규슈 지방에서 많이 생산된다. 쇼추는 희석식 쇼추와 증류식

일본의 쇼추 공장

쇼추로 나뉘는데 일본에서는 증류식 쇼추가 많이 생산된다. 증류식이기 때문에 위스키와 같이 도수가 높은 편으로 주로 20~45도로 생산된다. 쇼추는 원료에 따라 종류가 나뉘며 쌀, 보리, 고구마를 주 원료로 하는 곳이 많다.

쇼추의 종류

고메쇼추 米焼酎
쌀로 만든 술. 아키타현, 니가타현 등 북쪽의 산간 지역에서 많이 생산되고 있다.

무기쇼추 麦焼酎
보리로 만든 술. 향이 없고 깔끔하게 마시기 쉬운 술로 알려져 있다. 나가사키현의 이키섬, 오이타현에서 많이 생산되고 있다.

이모쇼추 芋焼酎
고구마로 만든 술. 향이 강하여 호불호가 강하게 나뉜다. 주로 미야자키현, 가고시마현에서 많이 생산된다.

아와모리 泡盛
오키나와의 전통술로 인디카 쌀로 빚은 쇼추의 한 종류다. 도수가 높은 편으로 60도가 넘는 것도 있다.

맥주(비루) ビール

일본인들이 가장 즐겨 마시는 술이다. 주조 회사만 20여 곳, 1000여 종이 넘는 브랜드의 맥주가 판매되고 있다. 아사히 맥주 アサヒビール, 기린 맥주 麒麟ビール, 삿포로 맥주 サッポロビール가 가장 유명하고, 산토리 맥주 サントリービール, 에비스 맥주 恵比寿ビール, 오리온 맥주 オリオンビール도 인기가 높다.

하이볼 ハイボール

하이볼은 칵테일의 한 종류로 리큐어(위스키)에 소다나 토닉 워터를 섞어 마시는 탄산음료다. 최근 일본에서 인기를 모으고 있는 술 중 하나다. 일본에서 제작되는 산토리 위스키를 주로 섞어 마시며 편의점에서 캔으로도 판매한다.

사와 サワー

증류주에 감귤류 등의 산미가 있는 주스와 설탕 등을 넣어 달게 마시는 칵테일의 한 종류로 일본 여성들에게 인기가 있다. 한국의 과일 소주와 비슷한 느낌으로, 주로 탄산수를 첨가하여 시원하게 먹는다. 녹차 사와 緑茶サワー, 우롱 사와ウーロンサワー 등 차 종류와 혼합해 마시기도 한다. 탄산수를 섞어 마시는 것은 추하이 酎ハイ라고도 한다. 추하이는 편의점이나 마트에서 쉽게 찾을 수 있으며, 특히 호로요이ほろよい가 인기 있다.

술의 맛

일본에서 맛으로 술의 종류를 나눌 때는 보통 카라구치 후口와 아마구치 甘口 두 가지로 나눈다. 카라구치는 맵다는 뜻으로 실제 술이 매운 것이 아니라 알코올이 혀나 목을 자극하는 강도가 높아 맵거나 혹은 쓰게 느껴진다는 표현이다. 아마구치는 달다는 뜻으로 실제 맛이 달기보다는 목 넘김이 부드럽고 자극이 없는 순한 맛을 의미한다. 보통 카라구치는 도수가 높은 것이 많고 아마구치는 낮은 술이 많지만, 아마구치도 도수가 높은 경우가 있다.

논알코올 음료

알코올 성분이 없거나 1% 미만의 알코올 성분과 알코올의 향과 맛을 지닌 음료. 논알코올 맥주 ノンアルコールビール, 논알코올 칵테일 ノンアルコールカクテル을 비롯해 대부분의 술이 논알코올 음료로 만들어져 판매된다. 술을 판매하는 곳 어디서든 찾아볼 수 있다.

가볍게
술 한잔
이자카야

일본에서 흔히 찾아볼 수 있는 이자카야 居酒屋는 주류와 함께 간단한 요리를 제공하는 음식점이다. 주류 판매 위주라는 점에서 레스토랑과는 다르며 주로 맥주와 사와, 니혼슈 위주의 주류를 판매한다.

기원

일본의 에도시대 술을 만드는 주정에서 시음 형식으로 술을 맛보며 간단한 안주를 준 것을 시작으로 '계속해서 마신다 居続けて飲む'라는 문장을 줄여 이자케 居酒, 이를 행하는 곳이라고 하여 이자카야 居酒屋라고 불리게 되었다.

분위기

1970년대까지만 해도 일본의 남성 회사원들이 니혼슈를 마시는 장소라는 이미지가 강했으나 최근에는 칵테일, 와인, 사와 등을 판매하고, 안주 메뉴도 풍부해져 여성도 쉽게 찾을 수 있는 곳으로 바뀌었다. 1980년대에 들어서 체인점이 많이 생기고, 그로 인한 가격 인하로 더욱 다양한 연령층이 술을 즐기기 위해 찾는다. 회식이나 데이트 장소로도 이용되고 있다.

종류

최근에는 채소 요리와 칵테일을 전문으로 하는 이자카야, 해산물 요리 전문 이자카야, 낚시를 하며 직접 물고기를 잡아 회를 떠 먹을 수 있는 이자카야, 애니메이션 속의 메이드들이 서빙을 하는 이자카야 등 다양한 테마의 이자카야들이 생겨나기 시작했다. 깔끔하고 세련된 분위기로 여성을 타겟으로 하는 이자카야도 많이 생겨나고 있다.

체인점

일본의 대표적인 이자카야 프랜차이즈로는 와타미 和民, 와라와라 笑笑, 텐구 天狗, 츠바하치 つぼ八, 아마타로 甘太郎, 도마도마 土間土間, 사쿠라수이산 さくら水産, 세카이노 야마짱 世界の山ちゃん, 츠키노 시즈쿠 月の雫 등 100여 가지가 있으며 역 주변, 번화가에서 쉽게 찾아볼 수 있다. 참고로 와타미, 와라와라는 한국에도 매장이 있다. 체인점이 아닌 일반 이자카야도 수없이 많으며 대부분 그 지역의 특산물로 만든 요리와 술을 판매한다.

슈퍼마켓
편의점
쇼핑

마이바스켓토

일본의 마트나 슈퍼마켓에서는 다양한 식료
품과 생활용품을 저렴하게 구입할 수 있다.
한편 편의점은 여행자들이 가장 간편하게 쇼
핑을 할 수 있는 곳이다. 대개 호텔 근처에는
편의점이 있기 때문에 호텔에 들어가면서 간
단한 간식과 술, 음료 등을 구입하면 좋다.
일본은 가격정찰제가 아니므로 판매처마다
가격이 조금씩 다르다. 여기에는 평균 가격을
소개한다.

슈퍼마켓 체인

도쿄 곳곳에서 다양한 슈퍼마켓 체인점을 만날
수 있는데, 주로 역 주변에 위치해 있다. 도쿄
중심부의 슈퍼마켓보다 외곽의 슈퍼마켓이 비
교적 저렴하고 규모도 큰 편이다.

고가, 저가, 식품, 소형 마켓으로 나뉘며 고가
마켓으로는 세이조이시이 成城石井, 키노쿠니
야 紀ノ国屋, 저가 마켓으로는 니쿠노하나마
사 肉のハナマサ, 빅구에 ビッグ・エー, 식품 마
켓으로는 마루에츠 マルエツ, 라이프 ライフ,
이나게야 いなげや, 도큐스토어 東急ストア,
마루쇼 丸正, 소형 마켓으로는 이온이 운영하
는 마이바스켓토 まいばすけっと, 마루에츠푸
치 マルエツプチ 등이 있다.

그 외에도 디스카운트 숍인 돈키호테 ドン・
キホーテ, 다이고쿠야 大黒屋와 100엔숍인 다
이소 Daiso 등에서도 슈퍼마켓 쇼핑을 즐길
수 있다.

편의점 체인

일본의 대표적인 편의점 체인으로는 세븐일레
븐 Seven Eleven, 패밀리마트 Familymart, 로
손 Lawson이 유명하다. 편의점마다 독자적인
브랜드 상품을 앞다투어 출시하고 있으며 제
품의 퀄리티도 꽤 훌륭하다. 참고로 일본 편의
점 안에서는 일반적으로 음식을 먹을 수 없었
지만, 최근 구입한 제품을 먹을 수 있는 이트인
(Eat-in) 매장이 많이 생겨나고 있다.

큐피 명란젓 파스타 소스 216엔~
キューピーパスタソース 明太子
삶은 파스타면에 얹기만 하면 끝.
짭쪼름하면서 고소한 맛이 일품.

후리카케 ふりかけ 108엔~
밥 위에 부어 비벼 먹거나 녹차를
부어 오차즈케로 만들어 먹는다.

컵라면 118엔~
일반 라면 외에 야키소
바, 키츠네 우동, 카레 우
동 등 선택의 폭이 넓다.

생고추냉이 生わさび 120엔~
생고추냉이라서 맛이 좋고 튜브
형이라 간편하다.

마루코메 료테이노 아지 300엔~
マルコメ 料亭の味
라면 분말수프처럼 끓인 물에 타
면 일본식 된장국 완성!

로열 밀크티 1800엔~
ROYAL MILK TEA
뜨겁게 데운 우유에 타기만
하면 맛있는 밀크티가 된다.

고형 카레 カレー 205엔~
초콜릿처럼 잘라 쓸 수 있
어 편하다.

호로요이 ほろよい 130엔~
알코올 도수가 낮은 칵테일 음
료. 복숭아, 청포도, 딸기 등
다양한 맛이 있다.

슈퍼마켓과 편의점에서 파는 달콤한 간식 거리와 디저트류는 일본 여행에서 빼놓을 수 없는 큰 즐거움 중 하나다.

민티아 MINTIA 90엔~
입이 텁텁하거나 마를 때 녹여 먹으면 좋은 민트 사탕. 칼피스, 딸기, 포도 등 다양한 맛이 있다.

퓨레구미 ピュレグミ 120엔~
새콤한 파우더가 뿌려진, 다양한 과일 맛 젤리

오토나노 키노코노야마 190엔~
大人のきのこの山
진한 다크 초콜릿을 넣어 단맛을 줄인, 어른 입맛에 맞춘 초코송이

코로로 コロロ 130엔~
씹으면 톡 터지는 듯한 독특한 식감의 젤리

킷캣 Kitkat 250엔~
우지 말차 맛, 호지차 맛, 사케 맛 등 일본 한정판을 골라보자.

다이소 셀렉트 훈와리메이진 키나코모치 108엔~
ふんわり名人きなこもち
일명 '인절미 과자'. 다이소에서 판매한다.

밸런스파워 BALANCE POWER 290엔~
아침 식사 대용으로 좋은 영양 보조 과자. 블랙카카오 맛이 특히 맛있다.

후지야 홈파이 不二家ホームパイ 190엔~
우리나라의 '엄마손파이'와 비슷하나 버터향이 더 진하다.

부르봉 루만도 140엔~
ブルボンルマンド
여러 겹의 얇은 크레이프 생지에 초콜릿 크림이 발린 과자.

편의점 간식 '콤비니 스위츠'

편의점마다 각자의 독자적인 브랜드로 콤비니 스위츠(コンビニスイーツ, convenience store sweets)를 개발해 판매하고 있으며 매 시즌마다 계절 한정, 지역 한정으로 다양한 제품들이 쏟아져 나온다.

[세븐일레븐] 망고 아이스바 140엔～
まるでマンゴーを冷凍したような食感のアイスバー
과즙이 25% 함유되어 있어 망고 맛이 매우 진하고 진짜 망고와 비슷한 쫀득한 식감으로 인기.

[로손] 샤킷또 콘마요네즈 100엔～
シャキッと！コーンマヨネーズ
마요네즈와 콘이 절묘한 맛의 조화를 이룬다. 전자레인지에 살짝 데워 먹으면 더 맛있다.

[로손] 모치 롤케이크 315엔～
もち食感ロール
구마모토의 유명한 우유 산지인 오소 오구니의 저지(Jersey) 우유로 만든 크림이 듬뿍 들어가 있다.

[세븐일레븐] 레즌 샌드 354엔～
濃厚クリームのレーズンサンド
쫀득한 건포도와 진한 버터 크림을 사브레 쿠키 사이에 넣은 샌드. 차게 해서 먹으면 더 맛있다.

[세븐일레븐] 두유 말차 푸딩 175엔～
豆乳抹茶プリン
진한 두유와 우지 말차가 들어간 부드러운 식감의 푸딩

[세븐일레븐] 팜 더 스트로베리 194엔～
PARM THE STRAWBERRY
달콤한 딸기 아이스크림 위에 뿌려진 말린 딸기칩의 상큼한 맛의 조화가 일품.

[세븐일레븐] 달걀 샌드위치 216엔～
コク旨こだわりの玉子サンド
편의점 샌드위치의 대표 인기 메뉴.
부들부들한 달걀 샐러드가 가득 들어 있다.

드러그 스토어 쇼핑

번화가 어디서나 쉽게 만날 수 있는 드러그 스토어. 화장품뿐 아니라 생필품과 음료, 과자 등을 저렴하게 구입할 수 있다. 간식거리는 일반 슈퍼마켓보다 싸게 판매하는 경우도 있다. 일본은 가격정찰제가 아니기 때문에 바로 옆 드러그 스토어끼리도 가격이 다르다. 알뜰 쇼핑을 위해서는 몇 군데 들러 가격을 비교해 보는 것이 좋다. 여기에는 평균 가격을 소개한다.

드러그 스토어 체인

드러그 스토어 체인으로는 일본 전국에 지점을 내고 있는 마츠모토 키요시가 가장 유명하다. 그 외에도 파워 드러그원즈, 스기 드럭, 코쿠민, 드러그세가미 등 다양한 체인이 존재한다. 일반 드러그 스토어 외에도 돈키호테, 로프트, 플라자, 이온 몰 등에서도 화장품과 의약품 등을 판매하고 있다.

쇼핑 노하우

대형 매장의 경우 대부분 면세가 가능하며(여권 제시, 5000엔 초과 구입 시), 면세를 위한 계산대가 따로 마련된 곳도 많다. 또한 가게마다 특정 제품을 세일하는 경우가 많으니 가격표를 잘 살펴보는 것이 좋다. 특히 입구에 나와 있는 제품은 거의 특가 세일 제품인 경우가 많다. 구입하고자 하는 상품이 있다면 휴대폰으로 사진을 캡처해 두었다가 직원에게 찾아 달라고 하자.

드러그 스토어의 추천 아이템

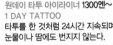

원데이 타투 아이라이너 1300엔~
1 DAY TATTOO
타투를 한 것처럼 24시간 지속되며
눈물이나 땀에도 번지지 않는다.

죠키데 홋토 아이마스크 1060엔~
蒸気でホットアイマスク
눈에 온기를 주어 피로를 덜어 주는
아이마스크

휴족 시간 休足時間 600엔~
여행으로 피곤한 다리에 붙이면 마
사지를 받은 듯 가뿐해진다.

로이히 츠보코 ロイヒ壺膏 615엔~
어르신 선물용으로 좋은 동전 크기
의 파스

사카무케아 サカムケア 620엔~
연고처럼 바르는 액체 반창고. 물
에 닿아도 상처가 따갑지 않다.

아이봉 アイボン 860엔~
화장품 잔여물이나 먼지 등 눈
에 들어온 이물질을 세척해 주
는 눈 전용 세안제

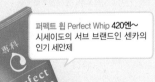

퍼펙트 휩 Perfect Whip 420엔~
시세이도의 서브 브랜드인 센카의
인기 세안제

브로네 포인트 커버 750엔~
Braune Point Cover
흰머리에 마스카라처럼 살살
빗으면 감쪽같이 커버된다.

비오레 UV 아쿠아 리치 900엔~
Biore UV Aqua Rich
SPF 50+의 자외선 차단제와 수
분 에센스가 하나로 된 제품

무히 팟치 A ムヒパッチA 410엔~
벌레 물린 곳에 붙여서 가려움을 방
지하는, 동전 크기의 미니 파스

비세 립 앤 치크 크림 1400엔~
Visee リップ&チーク クリーム
가성비 좋은 색조 화장품 비세의 립·치
크 겸용 크림. 맑게 발색되는 것이 장점.

부드러운 치간 브러시 680엔~
やわらか歯間ブラシ
고무로 만들어 자극이 적은
부드러운 치간 칫솔

아이스 데오도란트 보디 페이퍼 350엔~
アイスデオドラントボディーペーパー
땀으로 끈적거리는 피부를 시원하게 닦을 수
있는 남성용 보디 페이퍼

비오레 후쿠다케 코튼 700엔~
Biore ふくだけコットン
아이 메이크업 리무버가 적셔진 화장솜.
워터프루프 마스카라까지 지울 수 있다.

에비타 장미 폼클렌징 1300엔~
EVITA Beauty Whip Soap
쫀쫀한 거품이 장미 모양으로 나오는
재미난 폼클렌저

카베진 キャベジン 2080엔~
양배추 성분으로 위염 등에 도움을 주는 제품

네츠사마 시트 熱さまシ-ト 320엔~
이마에 붙이면 열을 내려준다. 성인용과 어린이용이 있다.

노도메루 누레 마스크 300엔~
のどめ-るぬれマスク
목이 건조해지지 않도록 가습 효과를 주는 마스크

코튼 부케 Cotton Bouquet 370엔~
핑크색이라는 이유만으로 사고 싶어지는 면봉

오로나인H オロナインH 320엔~
스테로이드 성분이 들어 있지 않은 만능 피부질환 연고

사론 파스 サロンパス 800엔~
일본의 국민 파스. 크기가 작아 여기저기 붙이기 좋다.

오타이산 太田胃散 650엔~
일본의 국민 소화제. 성인은 물과 함께 한 스푼 먹으면 된다.

구내염 패치 860엔~
口内炎パッチ大正A
입안이 곪았을 때 연고 대용으로 간단히 붙이는 제품

기념품
퍼레이드

일본 여행을 기념하기 위한 작은 선물로, 각 지역의 특산물이나 재미있고 실용적인 상품을 골라보자. 특산물은 역 주변, 버스터미널 등 주로 교통 시설 주변과 번화가의 기념품점에서 쉽게 찾을 수 있다. 또한 일부 기념품은 공항 면세점에서 좀 더 저렴하게 살 수 있다. 가족이나 친구, 애인을 위한 선물로도 좋고, 나에게 주는 선물로도 훌륭하다.

로이스 생 초콜릿

생크림을 혼합해 매우 부드럽고, 리큐어를 0.9% 첨가해 초콜릿의 풍미를 높였다. 여러 가지 맛이 있지만 밀크 초콜릿(Au Lait)이 가장 인기 있다. 가격 800엔. 하네다, 나리타 공항 면세점에서 판매.

스타벅스 머그 · 텀블러

도시 이름과 풍경 그림이 들어가 있어 컬렉터들에게 인기. 봄에 출시되는 벚꽃 디자인의 한정판도 매년 화제다. 먼저 일본 스타벅스 카드를 구입해 결제하면 카드는 기념품으로 가질 수 있다. 텀블러 2700엔 전후.

도쿄 바나나

부드러운 케이크 안에 바나나를 갈아 만든 달콤한 크림이 들어 있는 과자로 도쿄 기념품으로 인기가 높다. 초콜릿, 쿠키 등 관련 상품이 많이 나온다. 8개 들이 박스 1080엔.

지브리 캐릭터 상품

애니메이션 스튜디오인 지브리의 인형, 잡화, 액세서리 등을 구입할 수 있다. 미타카의 숲 지브리 미술관(P.430), 도쿄 캐릭터 스트리트 (P.275), 동구리 공화국 등에서 살 수 있다. 토토로 인형 890엔~.

커피 원두

도쿄의 여러 커피 전문점에서는 원두와 머그잔 등 커피 관련 상품을 구입할 수 있다. 대표적인 전문점으로는 블루 보틀 커피(P.315), 카페 키츠네, 푸글렌 도쿄(P.125) 등이 있다. 블루 보틀 커피 원두 1500엔~.

디즈니 캐릭터 상품

도쿄 디즈니 리조트(P.494)는 물론 시부야의 디즈니 스토어(P.115) 등에서 다양한 디즈니 캐릭터 상품을 구입할 수 있다.

도라에몽 캐릭터 상품

도쿄 인근 가와사키에는 도라에몽의 작가 후지코 F. 후지오 미술관(P.530)이 있으며 이곳에서 다양한 도라에몽 상품을 구입할 수 있다. 또한 도쿄의 각 캐릭터 숍, 도라에몽을 방영하는 롯폰기 아사히 TV의 테레아사 숍(P.329)에서도 찾아볼 수 있다.

백화점 손수건

백화점 잡화 매장에서는 선물용으로 좋은 브랜드 손수건을 저렴한 가격에 구입할 수 있다. 주로 미츠코시, 이세탄, 다이마루 등 대형 백화점에 많이 있으며 코치, 비비안 웨스트우드, 랑방 등의 상품을 찾아볼 수 있다. 손수건 1000엔 전후.

니혼슈

나리타, 하네다 공항 면세점의 주류 매장에서는 고급 니혼슈(日本酒)를 살 수 있으며 시중에 잘 팔리지 않는 한정 술도 구입할 수 있다. 구보타 久保田, 닷사이 獺祭, 오토코야마 男山 등이 인기다. 니혼슈 3000엔~.

도쿄의
다양한 쇼핑

다양하고 개성 있는 상품이 넘치는 도쿄는 쇼핑을 즐기기에 아주 좋은 곳이다. 일본 문화나 일본 제품에 관심이 있다면 품목별 전문 상점을 방문해 보자. 여성들이 좋아하는 인테리어와 생활 잡화 전문점, 각종 캐릭터 상점. 마니아를 위한 만화와 애니메이션 관련 상점 등 다양한 상점이 즐비해 쇼핑이 즐겁다.

대표적인 쇼핑 지역

젊은이들의 쇼핑 천국 시부야

도쿄 젊은이들의 문화를 한눈에 보고 싶다면 시부야를 추천한다. 고급 백화점부터 저렴한 잡화점까지 모두 한곳에 자리하고 있어서 쇼퍼들의 천국과 같다. 시부야역 앞의 시부야 109(P.112)는 도쿄의 젊은 여성들에게 인기 있는 브랜드가 모여 있는 쇼핑센터로 액세서리와 구두, 화장품, 잡화 등의 패션 브랜드 숍 90여 곳이 모여 있다. 인근에는 남성용품 전문인 109 맨즈도 있으며, 젊은 층을 타깃으로 하는 트렌디한 브랜드가 다수 입점되어 있다.

특별한 서비스와 편리한 면세 시스템 속에서 여유로운 쇼핑을 즐기고 싶다면 세이부 소고(P.112)로 가자. 시부야에서 가장 큰 백화점으로, 여성복 중심의 A관과 남성복 중심의 B관, 일본 최대 문구 전문점 로프트가 있는 로프트관, 일본 대표 라이프 숍 무인양품이 있는 모비다관으로 나뉘며, 모든 건물이 연결 통로로 이어져 편리하게 오갈 수 있다.

남녀노소 모두 좋아하는 디즈니 캐릭터들이 한곳에 모인 디즈니 스토어(P.115) 역시 시부야의 필수 쇼핑 코스. 키덜트들의 쇼핑 성지로, 입구에서부터 디즈니 분위기가 물씬 풍긴다. 귀여운 인테리어와 소품들로 디즈니 만화 속 성처럼 꾸며진 건물은 디즈니 작품 속에 들어간 것 같은 착각에 빠지게 한다.

개성 있고 트렌디한 숍이 모여 있는
나카메구로 · 다이칸야마

나카메구로와 다이칸야마는 전철로 한 정거장 거리로 완만한 언덕을 사이에 두고 있다. 최근 일본에서 인기를 모으는 브랜드 숍은 다 모여 있다고 해도 과언이 아닐 정도로, 복합 쇼핑몰이 아닌 단독 브랜드 숍이 많아 둘러보는 재미가 있다.

나카메구로와 다이칸야마에 있는 츠타야 서점을 랜드마크로 삼고 그 주변을 천천히 둘러보자. 다이칸야마에서는 자연스러운 분위기가 매력적인 쇼핑 시설 로그로드 다이칸야마 (P.348)를 시작으로 세인트 제임스(P.348) 등의 매장을 만날 수 있다. 역 바로 앞에는 일본에 공장이 있어 한국보다 훨씬 저렴한 러쉬 LUSH가 있으며 예쁜 모자를 구경할 수 있는 카시라 CA4LA 등 잡화와 액세서리 가게도 많이 모여 있다.

도시 개발 계획으로 들어선 다이칸야마 어드레

스(P.347)에서는 고급 아동복과 브랜드 숍을 만날 수 있으며 건너편 다이칸야마 티 사이트의 츠타야 서점(P.345)에서는 책은 물론 책과 관련된 상품을 쇼핑할 수 있다.

도쿄 최대, 최다를 자랑하는
쇼핑 천국 신주쿠

신주쿠는 도쿄의 백화점이 대부분 모여 있으며 상점들도 많아 쇼핑을 즐기기에 편리하다. 다카시마야 타임스스퀘어(P.182)는 신주쿠를 대표하는 가장 큰 백화점으로 고급 백화점인 다카시마야와 유니클로, 도큐핸즈, 기노쿠니야 서점 등 전 세계적으로 유명한 일본 브랜드 숍이 빠짐없이 들어서 있다.

타임즈스퀘어 맞은편의 프랑프랑(P.187)은 젊은 도시 여성을 타깃으로 한 고급스럽고 실용적인 생활용품과 인테리어 용품이 가득한 곳으로 멋진 라이프 스타일을 제안한다. 신주쿠를 대표하는 또 하나의 백화점인 이세탄 (P.185)은 1886년에 오픈해 1933년에 신주쿠로 이전했다. 주로 명품과 고급 브랜드 숍이 모여 있고 남성 패션 전용의 맨즈관이 따로 있다.

신주쿠 가부키초의 없는 것이 없는 만능 쇼핑몰 돈키호테(P.186)도 큰 인기를 모으고 있다. 명품부터 건강용품과 화장품, 식품, 전자제품 등 다양한 제품을 판매하고 있으며 다른 가게에 비해 비교적 가격이 저렴하다.

또한 신주쿠역 신남쪽 출구에 새로 생긴 뉴우먼(P.183)도 인기 쇼핑 스폿이다. 블루 보틀 커피, 조엘 로부숑 카페, 토라야 카페 등 도쿄의 인기 카페와 뷰티, 라이프스타일 브랜드가 모여 있다. 이외에도 루미네, 오다큐 백화점, 게이오 백화점, 마루이 등 백화점만 둘러봐도 하루가 금방 지날 정도로 쇼핑을 즐기기에 좋다.

메종 드 리퍼

다이칸야마 어드레스

하라주쿠

개성 넘치는 힙스터들의 거리
하라주쿠

'하라주쿠 패션'이라는 말이 있을 정도로 도쿄에서 가장 핫한 패션 거리. 일본 특유의 유니크하고 트렌디한 하이패션의 진수를 볼 수 있다. 거리 어디에서나 독특하고 다양한 패션의 젊은이들을 만날 수 있다. 다케시타 도리를 중심으로 10대가 즐겨 찾는 상점이 모여 있고, 뒷골목인 우라하라주쿠에는 20~30대를 위한 상점이 가득하다. 하라주쿠에서도 오모테산도는 젊은 감성의 카페와 숍이 모여 있는 골목으로 인기가 많다. 도큐 플라자(P.136)는 오모테산도와 하라주쿠가 만나는 지점에 자리한 복합 쇼핑센터로, 일본 인기 브랜드가 모여 있는 컬렉트 숍인 유머 숍을 비롯해 트렌디한 스타일의 매장이 입점되어 있다.

도큐 플라자 바로 옆에는 10~20대를 타깃으로 한 한층 더 젊은 감각의 쇼핑몰, 라포레 하라주쿠(P.138)도 자리하고 있다. 맞은편으로 브랜드 숍과 중고 숍 등 다양한 상점이 모여 있는 캣 스트리트, 오른쪽 언덕에는 오모테산도 힐스(P.158)가 있으며, 이곳부터는 고급 명품 브랜드 거리로 변신한다. 언덕 위는 아오야마로 다이칸야마와 비슷하게 골목마다 브랜드 숍이 모여 있고, 중간중간 고가의 브랜드 상점도 보인다.

럭셔리와 트렌드의 감각적인 조화
긴자

도쿄에 첫 백화점이 들어서던 때, 긴자는 상류층의 쇼핑 거리였다. 최신 부티크와 고급 백화점이 거리를 메우고 있어 일본의 고급스러운 쇼핑 문화를 엿볼 수 있다. 본래 도쿄에서 가장 물가가 높은 지역이라 방문객 연령대가 높은 것으로 알려져 있었지만, 점차 젊은 층을 상대로 하는 숍들이 늘어나 최근에는 젊은이들도 많이 찾는다.

긴자 입구에 들어서면 깔끔한 외관의 복합 쇼핑몰, 마로니에 게이트 긴자(P.296)가 가장 먼저 눈에 띈다. 이곳의 5~9층에는 각종 아이디어 생활용품을 판매하는 일본 대표 라이프 숍 도큐핸즈의 긴자점인 긴자핸즈가 입점해 있다. 다른 도큐핸즈에 비해 고가의 상품을 선보이고 있는데, 센스 있는 아이디어 상품이 많아 인기다.

미츠코시, 마츠야 등 백화점을 따라 걸어 내려가다 보면 지금 긴자에서 가장 핫한 긴자 식스(P.293)를 만날 수 있다. 대규모 고급 백화점으로 대부분 명품이나 고가 브랜드가 입점해 있으며, 6층의 츠타야 서점, 스타벅스 등 휴게 공간이 많다. 긴자 식스의 맞은편에는 대규모의 유니클로가 있으며 유니클로와 연결되어 있는 꼼데가르송의 편집 숍 도버 스트리트 마켓 긴자(P.299)도 둘러볼 만하다.

긴자에서 방향을 살짝 틀어 유라쿠초 쪽으로 향하면 젊은 여성들을 위한 몰인 루미네와 마루이, 멋진 외관과 트렌디한 상점이 입점해 있는 도큐 플라자 긴자(P.295)가 나온다. 도큐 플라자 건너편의 한큐 맨즈 도쿄는 긴자에서 유일한 남성복 전문 백화점이다.

다케시타 도리

긴자의 명품 매장들

아이템별 쇼핑

도쿄 곳곳에 지점이 있는 북 오프 Book-off 가 있다.

음반

J-POP에 관심이 있다면 음반점에 들러보자. 장르별 CD 외에 DVD, 음악 관련 잡화도 찾아 볼 수 있다. 전국적인 체인을 가진 대형 음반 전문점으로 타워 레코드 Tower Record가 있으며 대여점인 츠타야와 츠타야 서점도 찾 아볼 수 있다. 조금 더 전문적이고 깊이 있는 음악이나 인디 음악을 찾는다면 디스크 유니 언 Disc Union도 좋다.

책

출판 문화가 발달한 일본에는 대형 서점은 물 론이고 개성 있는 소형 서점도 다양하다. 대형 서점으로는 키노쿠니야 紀伊國屋, 준쿠도 ジ ュンク堂 등이 있다. 조금 특별한 서점을 만나 고 싶다면, 책과 관련된 잡화를 판매하며 재미 있게 꾸며 둔 빌리지 뱅가드(P.398), 출판사가 운영하는 시부야 퍼블리싱 앤드 북셀러즈 (P.124), 가구라자카의 카모메 북스(P.386) 등 을 찾으면 좋다.

가장 인기 있는 서점으로는 다이칸야마를 시 작으로 일본 서점 문화를 바꾼 츠타야 서점 TSUTAYA을 들 수 있다. 스타벅스와 연계하 여 음료를 즐기며 책을 감상할 수 있고, 책과 관련된 다양한 테마의 상품도 판매하고 있 다. 중고 책을 전문으로 취급하는 곳으로는

전자제품

일본 전자제품을 사고 싶다면 초대형 전자상 가에 가보자. 이곳에서는 모든 제품을 직접 만 져보고 체험해 볼 수 있다. 대형 전자상가로는 요도바시 아키바(P.475), 빅 카메라(P.366), 라 비 등이 있으며 돈키호테나 이온 AEON 등의 쇼핑몰에도 전자제품 코너가 있다. 또한 아키 하바라 골목은 우리나라의 용산 전자상가와 비슷하여 컴퓨터 관련 용품을 비롯해 다양한 전자제품을 찾을 수 있다.

빌리지 뱅가드

빅 카메라

1, 2 무인양품(무지) 3 로프트 4 프랑프랑

잡화 · 인테리어

잡화 쇼핑의 천국인 일본에서 프랜차이즈 숍은 물론 일반 상점도 많이 찾아볼 수 있다. 상품 종류가 다양하며 가격도 저렴한 편. 대형 프랜차이즈 숍으로는 로프트(P.113), 핸즈(P.114), 무인양품(P.113), 프랑프랑(P.187), 플라잉 타이거 코펜하겐 Flying Tiger Copenhagen 등이 있으며 저렴한 가격대의 잡화점인 모모 내추럴 Momo Natural, 내추럴 키친 Natural Kitchen, 스리 코인즈 3 Coins, 아소코 Asoko 등도 인기가 많다.

화장품

국내에 수입되는 고급 브랜드 제품은 국내 면세점에서 구입하는 것이 가장 저렴하다. 고급

브랜드는 백화점과 면세점에서 판매하기 때문에, 일본 브랜드라 해도 국내 면세점과 가격이 비슷하거나 좀 더 비싸다. 다만 국내에 수입되지 않는 브랜드나 일본 한정 제품이라면 고민해 보는 것도 좋다.
중저가 제품과 아이디어 상품은 드러그 스토어에서 쉽게 구입할 수 있으며 돈키호테에도 화장품 코너가 있다. 일본은 정찰제가 아니기 때문에 가게마다 가격이 달라 잘 비교하고 구입하는 것이 좋다.

주방용품

고급 제품은 백화점에서 구입할 수 있다. 저렴한 제품을 찾는다면 주방용품 전문상가인 아사쿠사의 갓파바시 도구 상점가(P.208)를 둘러봐도 좋다. 가정용 제품부터 식당용 제품까

긴자의 시세이도 매장

갓파바시 도구 상점가

지 다양하게 갖추고 있다. 그 외에도 도큐핸즈, 로프트, 무인양품, 프랑프랑, 애프터눈티 리빙, 내추럴 키친 등의 잡화 숍에서도 주방용품을 찾을 수 있다.

육아용품

육아용품 전문 매장으로는 한국 엄마들에게 잘 알려져 있는 아카짱 혼포와 일본 및 세계 유명 브랜드의 인기 육아용품과 장난감이 모여 있는 토이저러스 Toys R us가 있다. 백화점이나 이온몰 같은 대형 마트에서도 아동·육아용품을 찾아볼 수 있다.

아까짱 혼포 긴시초점
赤ちゃん本舗錦糸町店

주소 東京都墨田区錦糸2-2-1
전화 03-3829-5381 **영업** 10:00~21:00 **휴무** 무휴 **홈페이지** www.akachan.jp **교통** JR 긴시초 錦糸町역, 도쿄메트로 한조몬선 긴시초역 북쪽 출구에서 도보 1분

만화 · 애니메이션 · 취미

도쿄의 만화, 애니메이션 중심지를 묻는다면 아키하바라와 나카노 브로드웨이(P.486)를 꼽을 수 있다. 둘 다 엄청난 규모로 애니메이션의 성지라 불릴 정도로 다양하고 깊이 있는 문화를 자랑한다. 아키하바라에는 게마즈(P.473), 코토부키야(P.473), 애니메이트(P.475) 등 수많은 전문 숍이 있으며 메이드 카페도 많다. 나카노는 만다라케(P.487)를 중심으로 마니악한 가게들이 많이 모여 있다.

캐릭터 쇼핑

캐릭터의 천국 일본에는 특정 캐릭터를 다루는 전문 상점은 물론 여러 캐릭터를 한자리에 모은 장난감 숍이나 피규어 전문 숍이 많다. 특히 애니메이션, 피규어 캐릭터 쪽은 아키하바라와 나카노 브로드웨이에 많이 모여 있으며 애니메이션을 방송한 방송사에도 숍이 많다. 도쿄역 지하에는 도쿄 캐릭터 스트리트(P.276)라는 캐릭터 전문 상점 거리가 있는데 일본의 모든 캐릭터들이 한자리에 모여 있다. 이외에도 지브리 미술관(P.430), 요코하마 호빵맨 어린이 뮤지엄(P.518) 등 캐릭터를 주인공으로 한 테마파크에서도 찾아볼 수 있다. 또한 요도바시 카메라나 빅 카메라 같은 전자제품 상가의 장난감 코너와 도큐핸즈, 로프트 같은 생활 잡화 전문점에서도 일부 제품을 찾아볼 수 있다.

BEST 01 PLAN

공항과 도심 간의 짧은 거리가 장점

하네다 공항 이용 2박 3일

도심과 가까운 김포와 하네다 공항을 이용하는 일정으로, 이동 시간이 짧고 교통이 편리하여
알차게 여행을 즐길 수 있다. 단, 나리타 공항에 비해 기본 항공 요금이 조금 비싼 편이며 저가 항공이 없다.
도쿄 모노레일, 게이큐선 등 공항에서 도심으로의 이동도 편리하다.

{ DAY 1 }

11:00 하네다 공항 도착
⋮

11:40 도쿄 시내로 출발
⋮

12:20 호텔 도착, 짐 맡기기
⋮

12:50 아사쿠사역 도착
⋮

13:00 점심 식사
⋮

14:10 아사쿠사 문화 관광 센터
⋮

14:30 가미나리몬
⋮

14:40 나카미세
⋮

15:00 센소지
⋮

15:40 수상 버스 선착장
⋮ 도쿄 크루즈 히미코 1720엔

16:40 오다이바 도착
⋮

16:50 오다이바 해변 공원
⋮

17:20 아쿠아 시티 오다이바
⋮

17:50 오다이바의 일몰 · 야경 감상
⋮

18:00 저녁 식사
⋮

19:00 다이버 시티의 실제 크기 건담
⋮

19:20 다이바역 출발
⋮ 유리카모메 330엔

19:40 신바시역 도착

아사쿠사 문화 관광 센터

다이버 시티의 실제 크기 건담

{ DAY 2 }

10:00 나카메구로

⋮

10:10 메구로강변

⋮

10:50 다이칸야마

⋮

11:00 다이칸야마 티 사이트

⋮

11:40 점심 식사

⋮

12:40 나카메구로역 출발

⋮ 도쿄메트로 히비야선 180엔

12:50 롯폰기역 도착

⋮

13:00 도쿄 미드타운

⋮

14:00 국립 신미술관

⋮

15:00 롯폰기 힐즈

⋮

16:00 도쿄 시티 뷰

⋮ 도쿄 시티 뷰는 일몰 전후로 사람이 몰리기 때문에
⋮ 줄을 설 수도 있다. 조금 일찍 찾아 천천히
↓ 낮과 밤의 전망을 감상하는 것이 좋다.

17:30 저녁 식사

⋮ 롯폰기의 레스토랑도 좋고 인근의 히로오,
↓ 아자부주반, 에비스에도 멋진 식당들이 많다.

18:30 롯폰기역 출발

⋮ 도쿄메트로 히비야선 170엔

18:40 에비스역 도착

⋮

18:50 에비스 가든 플레이스

{ DAY 3 }

10:00 도쿄역 도착

⋮

10:10 도쿄 캐릭터 스트리트

⋮

10:40 마루 빌딩

⋮

11:10 키테

⋮

11:40 도쿄역 출발

⋮ JR 야마노테선 150엔

11:50 유라쿠초역 도착

⋮

12:00 마루이, 루미네

⋮

12:30 점심 식사

⋮

13:30 도큐 플라자 긴자

⋮

14:00 긴자 식스

⋮

15:00 긴자 거리

⋮

16:30 유라쿠초역 출발

⋮ JR 야마노테선 150엔

16:40 하마마쓰초역 환승

⋮ 도쿄 모노레일 500엔

17:10 하네다 공항 도착

공항과 도심 간 거리가 멀지만 항공 예약이 좀 더 수월

나리타 공항 이용 2박 3일

나리타 공항은 하네다에 비해 규모가 크고 다양한 항공사와 한국의 여러 공항에서 취항하고 있다.
단 공항과 도심 간의 거리가 제법 먼 편이며 도심까지의 교통비도 상당하다.
최근에는 1000엔에 도쿄역까지 운행하는 게이세이 버스가 생겨 경비를 절약할 수 있다.

{ DAY 1 }

11:00 나리타 공항 도착

↓

12:00 도쿄 도심으로 이동

↓

13:00 도쿄역 도착

↓

13:10 점심 식사

↓

14:00 도쿄역 출발

↓

14:30 호텔 체크인 또는 짐 맡기기

↓

15:00 하라주쿠역 도착

↓ 하라주쿠와 오모테산도, 시부야는 걸어가도
좋을 정도로 가깝고 가는 길에 볼거리가 많다.

15:10 다케시타 도리

↓

15:50 우라하라주쿠

↓

16:10 오모테산도 힐즈

↓

16:40 캣 스트리트

↓

17:40 시부야

↓

18:00 저녁 식사

↓ 일본의 최대 번화가인 시부야 또는 신주쿠에서 맛있는
저녁을 먹고 가볍게 술 한잔을 즐기자.

19:00 시부야 히카리에

↓

19:30 시부야역 출발

↓ JR 야마노테선 170엔

19:40 신주쿠역 도착

↓

19:50 오모이데 요코초

↓

20:10 가부키초

↓

20:30 신주쿠 골덴가이

저녁 시간을 보내는 방법

술을 마시고 싶으면 신주쿠, 클럽에 가고 싶다
면 시부야가 좋다. 신주쿠 가부키초는 유흥가이
기 때문에 거리 분위기나 호스트 등을 살짝 구
경만 하고, 술은 신주쿠 골덴가이나 오모이데
요코초 등 관광객이 많은 곳에서 즐기자.

가부키초

{ DAY 2 }

10:40 기치조지역 도착

⋮

11:00 이노카시라온시 공원

⋮ 지브리 미술관을 예매했다면 지브리 미술관으로 직행.
　그렇지 않다면 공원을 여유롭게 둘러보자.

12:00 점심 식사

⋮

13:00 하모니카 요코초, 선로드 상점가

⋮

14:00 기치조지역 출발

⋮ JR 주오선 180엔

14:10 고엔지역 도착

⋮

14:20 고엔지 북쪽 출구 상점가

⋮

15:00 고엔지 남쪽 출구 아케이드 상점가

⋮

15:40 고엔지역 출발

⋮ JR 주오선 150엔

15:50 나카노

⋮

16:00 나카노 산모루 상점가

⋮

16:30 나카노 브로드웨이

⋮

17:30 저녁 식사

⋮ 나카노에는 도쿄의 유명 라멘 가게들이 모여
　있으며 상점가의 가게들은 비교적 저렴한 편이다.

18:30 나카노역 출발

⋮ JR 주오선 170엔

18:40 신주쿠역 도착

⋮

18:50 도쿄 도청

{ DAY 3 }

10:00 신주쿠 서던 테라스

⋮

**10:30 신주쿠 다카시야마 타임즈 스퀘어,
도큐핸즈, 유니클로, 프랑프랑**

⋮

11:30 뉴우먼

⋮

12:00 점심 식사

⋮

13:00 신주쿠 교엔

⋮

14:00 신주쿠 산초메

⋮

15:00 나리타 공항으로 이동

⋮

16:40 나리타 공항 도착

신주쿠의 새로운 명소, 뉴우먼

신주쿠역 신남쪽 출구에 생긴 쇼핑몰 뉴우먼은
20대 중후반의 고객을 대상으로 한 트렌디한
상점과 카페, 레스토랑이 많다. 뉴우먼 4층에는
고속버스 터미널이 있으며 이곳에서 하네다,
나리타 공항은 물론 도쿄 인근 관광지로도 이
동할 수 있다. 나리타 공항까지는 요금이 제법
비싸지만, 짐이 많고 환승 없이 편하게 가고 싶
다면 이곳을 이용하는 것이 좋다.

신주쿠역과 연결된 뉴우먼

쇼퍼홀릭을 위한 짧은 일정

도쿄 쇼핑 투어 2일

개성 있고 아이디어 넘치는 상품을 다양하게 찾을 수 있는 도쿄.
여행 내내 쇼핑만 다녀도 모자랄 정도로 쇼핑 시설이 많다. 거대한 백화점, 쇼핑몰은 물론
아기자기하고 귀여운 상점들까지 도쿄의 쇼핑은 무궁무진하다.

{ DAY 1 }

10:00 신주쿠역 도착

신주쿠에는 일본의 거의 모든 백화점이 모여 있다 해도
과언이 아니다.

10:10 이세탄 신주쿠

11:00 마루이 신주쿠

12:00 점심 식사

13:00 신주쿠 다카시마야 타임즈 스퀘어

14:00 뉴우먼

15:00 신주쿠역 출발

JR 야마노테선 150엔

15:10 하라주쿠역 도착

하라주쿠, 시부야, 오모테산도, 아오야마는 도보로
10~15분 정도의 거리.

15:20 다케시타 도리

15:50 우라하라주쿠

16:30 오모테산도 힐즈

17:00 오모테산도

17:30 아오야마

18:00 저녁 식사

19:00 시부야

우라하라주쿠

마루이 신주쿠

구제나 저렴한 잡화 쇼핑을 원한다면

일반적으로 하라주쿠는 10대, 시부야는 20대,
아오야마는 30대가 쇼핑을 즐긴다. 하지만 본
인 취향에 따라 오후 시간대의 아오야마, 오모
테산도를 건너뛰고 시모키타자와, 고엔지 등을
찾는 것도 좋다. 시모키타자와는 신주쿠와 시
부야에서, 고엔지는 신주쿠에서 지하철로 환승
없이 연결된다.

{ DAY 2 }

10:00 다이칸야마역 도착

다이칸야마, 나카메구로, 에비스는 백화점이나
큰 쇼핑몰은 없지만 최신 트렌드의 브랜드 매장들을
곳곳에서 찾아볼 수 있다.

10:30 다이칸야마 티 사이트

11:00 다이칸야마 골목 쇼핑

11:30 나카메구로

12:00 점심 식사

13:00 나카메구로역 출발

도쿄메트로 히비야선 180엔

13:10 롯폰기역 도착

롯폰기는 도쿄 미드타운을 중심으로 비교적 가격이
높은 고급 브랜드 숍이 모여 있다.

13:20 도쿄 미드타운

14:00 롯폰기 힐즈

14:50 롯폰기역 출발

도쿄메트로 히비야선 180엔

15:00 긴자역 도착

긴자는 모든 거리가 쇼핑가로, 특히 명품 브랜드 매장
이 모여 있다

15:10 긴자 식스

16:00 도큐 플라자 긴자

17:00 루미네

17:30 마로니에 게이트 긴자

18:00 긴자 로프트

긴자에는 로프트, 도큐핸즈, 이토야, 분쿄도 등 문구
전문 상점들도 많이 모여 있다.

18:30 저녁 식사

19:30 이토야

다이칸야마

롯폰기 힐즈

도큐 플라자 긴자

이토야

도쿄에서 가까운 온천 마을

하코네 온천 여행 2일

도쿄 시내에는 테마파크 외에 이렇다 할 온천 시설이 없지만
발걸음을 조금만 옮기면 자연 속의 푸근한 온천 마을과 만날 수 있다.
하코네의 온천 료칸에서 여유롭게 온천을 즐기며 몸과 마음을 리프레시 하자.

{ DAY 1 }

10:10 신주쿠역 출발
⋮ 오다큐 특급 로만스카 2470엔

12:00 하코네유모토역 도착
⋮

12:10 점심 식사
⋮

13:10 호텔 또는 료칸 체크인
⋮

13:40 하코네유모토역
⋮ 하코네 등산 전차 460엔

14:50 고우라역
⋮ 하코네 등산 케이블카 430엔

15:00 소운잔역
⋮ 하코네 로프웨이 1500엔
  (로프웨이는 날씨에 따라 운행을 하지 않는
  경우도 많으니 주의)

15:20 오와쿠다니
⋮ 오와쿠다니에서는 수명을 늘려주는 검은 달걀을
  맛보도록 하자.

15:40 오와쿠다니역
⋮ 하코네 로프웨이 1500엔

16:00 도겐다이역
⋮

16:10 도겐다이항
⋮ 하코네 해적선 1200엔

16:40 모토하코네항
⋮

16:50 아시노호
⋮

17:00 모토하코네
⋮ 하코네 등산 버스 1080엔

17:40 하코네유모토
⋮

18:00 료칸 또는 호텔에서 저녁 식사

아시노호

료칸에서 저녁 식사

도쿄 근교의 온천

도쿄 근교에는 하코네, 쿠사츠, 닛코 등의 온천
지역이 있으며 가장 편하게 찾을 수 있는 곳은
하코네이다. 하코네는 신주쿠에서 오다큐선으
로 편하게 갈 수 있으며 하코네 프리패스를 이
용하면 교통비를 절감할 수 있다.

{ DAY 2 }

08:00 온천욕
⋮

09:00 료칸 또는 호텔에서 조식
⋮

10:00 숙소 체크아웃
⋮

10:20 하코네유모토
⋮ 하코네 등산 버스 750엔

11:00 센고쿠하라
⋮ 하코네에는 미술관과 박물관이 많이 모여 있어
이를 둘러보는 것도 즐겁다.

11:10 하코네 유리의 숲 미술관
⋮

12:00 점심 식사
⋮

13:00 어린왕자 박물관
⋮

13:50 센고쿠하라
⋮ 하코네 등산 버스 750엔

14:40 하코네유모토역
⋮ 하코네 등산 전차 460엔

15:20 조코쿠노모리역
⋮

15:30 조각의 숲 미술관
⋮

16:20 조코쿠노모리역
⋮ 하코네 등산 전차 460엔

17:00 하코네유모토역 출발
⋮ 오다큐 특급 로만스카 2470엔
배가 고프다면 로만스카의 열차 도시락(에키벤)을 먹
어보는 것도 좋다.

18:40 신주쿠역 도착
⋮

18:50 저녁 식사

온천욕

어린왕자 박물관

조각의 숲 미술관

오다큐 특급 로만스카

숙소 체크아웃 후 관광을 할 때

하코네에서 잡은 료칸이 역에서 가까우면 그
곳에 짐을 맡기고, 그렇지 않다면 하코네유모
토역의 코인로커에 맡기자. 온천을 충분히 만
끽했다면 오전에 도쿄 시내로 돌아가는 것도
좋다.

BEST **05** PLAN

마니아들을 위한 특별한 여행

애니메이션 · 캐릭터 투어 1일

캐릭터와 애니메이션의 천국 일본. 도쿄에는 다양한 캐릭터 전문점과
테마파크, 애니메이션 관련 시설이 있다. 오다이바의 실제 크기 건담을 비롯해
캐릭터가 하나의 랜드마크가 된 지역도 많이 있다.

10:00 도쿄역 도착

10:10 도쿄 캐릭터 스트리트

도쿄역 지하에 있는 도쿄 캐릭터 스트리트에는
일본의 모든 캐릭터들이 모여 있다.

11:00 도쿄역 출발

JR 야마노테선 150엔

11:10 아키하바라역 도착

일본 애니메이션의 성지 아키하바라는
반드시 방문한다.

12:00 점심 식사

13:00 건담 카페

13:30 아키하바라역 출발

JR 소부선 230엔

14:00 나카노역 도착

나카노 산모루 상점가 끝에는 진정한 마니아들이
모인다는 나카노 브로드웨이가 있다.

14:10 나카노 브로드웨이

15:30 나카노역 출발

JR 주오선 170엔

15:40 신주쿠역 환승

린카이선 520엔

도쿄 캐릭터 스트리트

아키하바라의 건담 카페

아키하바라 전자상가

나카노 브로드웨이

16:10 도쿄텔레포트역 도착

⋮

16:20 다이버 시티 도쿄 플라자

⋮

16:30 실제 크기의 건담

⋮

실제 크기의 건담

17:00 오다이바카이힌코엔역 출발

⋮ 유리카모메 330엔

17:20 시오도메역 환승

⋮ 도에이 오에도선 180엔

17:30 아카바네바시역 도착

⋮

17:40 도쿄 타워

⋮

도쿄 원피스 타워

17:50 저녁 식사

⋮ 도쿄 원피스 타워 내 〈원피스〉를 테마로 한
레스토랑에서 식사를 해도 좋다.

18:40 도쿄 원피스 타워

도쿄 원피스 타워의 레스토랑

아키하바라의 신나는 피규어 쇼핑

BEST **06** PLAN

봄 여행의 하이라이트

도쿄 벚꽃 투어 1일

공원이 많은 도쿄는 벚꽃이 아름답기로도 유명하다. 아침 햇살을 맞으며 빛나는 벚꽃 길,
만개한 벚꽃 아래에서 즐기는 점심 식사, 조명이 벚꽃을 아름답게 비추는 밤의 라이트업까지,
하루를 온전히 벚꽃 감상에 빠져 보낼 수 있다.

이노카시라온시 공원

08:00 기치조지 도착

벚꽃 시즌에는 사람이 몰리기 때문에
조금 이른 아침에 찾으면 좋다.

08:10 이노카시라온시 공원

이노카시라온시 공원은 호수와 함께 벚꽃을 감상하는
곳으로 유명하다.

09:00 기치조지역 출발

JR 주오선 230엔

09:20 신주쿠역 도착

09:30 신주쿠 교엔

상당히 넓은 부지를 공원으로 꾸며 놓은
곳으로 다양한 식물, 특히 일본에서 자라는
대부분의 벚꽃을 볼 수 있다.

11:00 신주쿠역 출발

JR 야마노테선 210엔

11:30 우에노역 도착

11:40 점심 식사

12:40 우에노 공원

벚꽃 터널로 유명하며 벚나무 아래에서
식사나 음료와 함께 벚꽃을 즐기는 사람이 많다.

13:20 시노바즈 연못

14:00 우에노역 출발

도쿄메트로 긴자선 니혼바시역으로 이동, 니혼바시에
서 도자이선 환승 180엔

14:20 구단시타역 도착

14:30 지도리가후치(고쿄)

도쿄 타워를 배경으로 한
연못과 벚꽃 산책로가 아름다운 곳

15:30 구단시타역 출발

도쿄메트로 도자이선 180엔

15:40 가구라자카역 도착

15:50 소토보리 공원

강변을 지나는 주오선, 소부선 등 JR 열차와 벚꽃을
함께 감상할 수 있는 곳

16:50 이다바시역 출발

JR 소부선 170엔

17:00 요요기역 도착

벚꽃 명소인 요요기 공원은 요요기역에서
메이지 신궁을 통해 가는 방법과 한 정거장 더 간 후
하라주쿠역에서 가는 방법이 있다.

17:30 요요기 공원

공원에서 오쿠시부를 따라 걸으면 시부야.
왔던 방향으로 돌아가면 하라주쿠가 나온다.

18:00 저녁 식사

신주쿠 교엔

우에노 공원

지도리가후치(고쿄)

요요기 공원

저녁의 라이트업

도쿄의 대부분의 벚꽃 명소가 해 진 후 벚꽃에
조명을 비추는 라이트업을 한다. 낮에 보는 벚
꽃과는 또 다른 로맨틱한 분위기를 느낄 수 있
다. 낮에 방문했던 곳 중에 특별히 좋았던 곳
을 저녁 라이트업 때 다시 방문해도 좋다.

애니메이션 속의 장면을 찾아 떠나는 여행

〈너의 이름은〉 성지 순례 1일

일본 애니메이션 〈너의 이름은〉으로 큰 인기를 모은 신카이 마코토 감독은 자신이 살고 있는
도쿄 곳곳을 애니메이션 속에 옮겨 두었다. 〈초속 5센티미터〉의 요요기와 신주쿠, 〈언어의 정원〉의 신주쿠 교엔,
〈너의 이름은〉의 스가 신사, 롯폰기 등 도쿄 곳곳이 작품의 배경이 되었다.

세이토쿠 기념 회화관

스가 신사

10:00 신주쿠역 도착

배경 장소 신주쿠역, 신주쿠역 남쪽 출구, 세이부 신
주쿠역 앞, 신주쿠 서던 테라스의 스타벅스, 신주쿠
고층 빌딩 거리

12:00 점심 식사

13:00 신주쿠역 출발

JR 소부선 150엔

13:10 요요기역 도착

배경 장소 요요기역 플랫폼

13:20 요요기역 출발

JR 소부선 150엔

13:30 센다가야역 도착

배경 장소 센다가야역 앞 대합실

13:40 센다가야역 출발

JR 소부선 150엔

13:50 요쓰야역 도착

배경 장소 요쓰야역 앞
요쓰야역부터는 도보로 이동한다. 요쓰야역,
스가 신사, 시나노마치역, 메이지 신궁 가이엔의
세이토쿠 기념 회화관 순서로 걷다 보면 가이엔마에
역과 아오야마잇초메역이 나온다.

14:10 스가 신사

배경 장소 스가 신사 須賀神社 골목길,
스가 신사 계단

14:50 시나노마치역

배경 장소 시나노마치역 앞 육교

15:10 메이지 신궁 가이엔의
세이토쿠 기념 회화관

도쿄 시티 뷰

15:40 아오야마잇초메역

도에이 오에도선 180엔

15:50 롯폰기역 도착

배경 장소 국립 신미술관, 도쿄 시티 뷰

스가 신사의 계단

16:10 국립 신미술관

17:00 롯폰기 힐즈

시나노마치역 앞 육교

17:20 도쿄 시티 뷰

주인공 타키와 오쿠데라 선배가 데이트를 즐겼던
롯폰기 힐즈의 도쿄 시티 뷰. 아름다운 도쿄의 전망을
감상할 수 있다.

18:00 저녁 식사

애니메이션 개봉 후 연인의 신사가 된
스가 신사
須賀神社

〈너의 이름은〉의 엔딩을 장식하는 계단 장면이 나오는 곳
이 바로 스가 신사다. 요쓰야역과 시나노마치역 사이 요
쓰야 언덕 위에 자리하고 있다. 신사로 올라가는 계단 입
구가 두 곳 있으며 그중 서쪽 계단이 마지막 장면에 등장
했다. 〈너의 이름은〉 개봉 이후 수많은 팬들이 방문하고
있으며, 연인의 성지, 사랑이 이뤄지는 신사로 거듭나고
있다.

주소 東京都新宿区須賀町5 **전화** 03-3351-7023 **홈페이지** www.sugajinjya.org **교통** JR 주오선 · 소부선, 도쿄메트
로 난보쿠선 · 마루노우치선 요쓰야 四谷역에서 도보 10분

BEST **08** PLAN

맛있는 커피와 디저트를 찾아서

도쿄 카페 산책 1일

한때 카페 붐이 일었을 정도로 도쿄에는 다양한 콘셉트의 카페가 많다.
도쿄의 예쁜 카페를 찾아다니다 보면 하루가 금방 지나 버린다. 맛있는 브런치, 예쁜 디저트 등
식사를 즐기기에도 좋은 도쿄 카페 여행 일정을 소개한다.

09:00 기요스미시라카와의 블루 보틀 커피에서 모닝 커피

블루 보틀 커피의 일본 최초 매장은
기요스미시라카와에 있다. 지금은 동네 전체가
카페 거리로 조성되어 있다.

10:00 기요시미시라카와역 출발

도쿄메트로 한조몬선 210엔

10:30 오모테산도역 도착

오모테산도 카페 투어 카페 키츠네, 글라시엘,
블루 보틀 커피, 퀼 페 봉, 빵토 에스프레소토, 아오야
마 플라워 마켓 티 하우스
대부분의 인기 있는 카페는 오모테산도와
아오야마 쪽 골목에 숨어 있으며 하나하나 찾아보는
재미가 있다.

12:00 카페 런치 즐기기

13:00 오모테산도역 출발

도쿄메트로 한조몬선 · 긴자선 180엔

13:10 시부야역 도착

13:20 오쿠시부

오쿠시부 카페 투어 캐멀백 샌드위치 앤드 에스프레
소, 푸글렌 도쿄, 토미나가 테라스
오쿠시부는 시부야의 안쪽 골목이며 푸글렌 도쿄를
중심으로 주변에 카페들이 많이 모여 있다.

기요스미시라카와의 블루 보틀 커피

아오야마 플라워 마켓 티 하우스

푸글렌 도쿄

15:00 시부야역 출발

: 도큐 도요코선 140엔

15:10 다이칸야마역 도착

: 다이칸야마는 스타벅스가 있는 다이칸야마 티 사이트
: 를 중심으로 곳곳에 크고 작은 카페들이 있다.

16:00 다이칸야마역 출발

: 도큐 도요코선 180엔

다이칸야마 티 사이트

16:10 지유가오카역 도착

지유가오카의 산책로

: 지유가오카에서는 커피를 테이크아웃하여
: 산책로에서 즐기기 좋다. 커피와 어울리는 달콤한
: 디저트 가게들도 많다.

17:10 지유가오카역 출발

: 도큐 도요코선 180엔

17:20 나카메구로역 도착

: 나카메구로에는 메구로강 변을 따라
: 예쁜 카페와 레스토랑이 많이 모여 있어 커피는 물론
: 식사를 즐기기에도 좋다.

18:00 저녁 식사

:

19:00 나카메구로역 출발

하브스의 밀 크레이프

: 도쿄메트로 히비야선 180엔

19:10 롯폰기역 도착

: 도쿄 미드타운과 롯폰기 힐즈의 크고 작은 카페,
: 딘 앤 델루카, 토라야, 조엘 르부숑 등 유명 카페와
: 레스토랑 그리고 겹겹이 과일과 생크림이 듬뿍 들어간
: 밀 크레이프로 유명한 하브스 등 다양한 카페를
: 만날 수 있다.

START TRAVEL

도쿄 가는 법

한국에서 도쿄로 가려면 항공편을 이용해야 하며, 도쿄에는 나리타, 하네다 두 곳의 국제공항이 있다. 비행 시간은 2시간에서 2시간 30분 정도 소요되며 공항별로 하루 10편 이상이 왕복한다.

하네다 공항 羽田空港

우리나라의 김포 공항과 연결되는 공항으로, 도쿄 도심에서 가장 가까운 국제공항이다. 김포~하네다 노선은 한국과 일본의 국적기인 대한항공, 아시아나항공, ANA항공, JAL항공이 운항하며 대한항공은 JAL과, 아시아나는 ANA와 공동 운항도 하고 있다. 각 항공사별로 오전, 오후, 저녁에 3편이 운행되고 있어 편수가 많지만, 수요도 많아 요금이 비싸고 미리 예약하지 않으면 표를 구하기도 힘들다. 김포 공항은 밤 12시 이후 문을 닫기 때문에 새벽에 출발하려면 인천~하네다 노선을 이용해야 한다. 대한항공은 스카이팀, 아시아나항공과 ANA는 스타얼라이언스, JAL은 원월드에 속하기 때문에, 연계 노선을 이용할 때에는 가맹회사가 많은 스타얼라이언스인 아시아나항공과 ANA가 유리하다.

하네다 공항
홈페이지 www.haneda-airport.jp/inter/kr
김포 공항
홈페이지 www.airport.co.kr/gimpo

나리타 공항 成田空港

도쿄 도심과 거리가 떨어져 있지만 대한항공, 아시아나항공, ANA, JAL의 국적기와 제주항공, 티웨이항공, 이스타항공, 에어부산, 에어서울, 피치항공 등 수많은 LCC(저가 항공) 회사들이 나리타 공항을 이용하고 있다. 하루 20편이 넘는 항공편이 운항하고 있으며 인천 공항, 김해 공항, 대구 공항, 제주 공항과 연결된다. 공항별 소요 시간은 대부분 2시간 전후로 10~20분 정도의 차이가 있다. 하네다에 비해 취항하는 항공사가 많아 요금이 좀 더 저렴하고 다양한 편이며 표도 쉽게 구할 수 있다.

나리타 공항
홈페이지 www.narita-airport.jp/kr
인천 공항
홈페이지 www.airport.kr

일본 입국하기

짧아서 아쉽기까지 한 비행을 마치고 도쿄의 국제공항에 도착한다. 짐을 챙겨 들고 비행기에서 내리자. 먼저 가야 할 곳은 입국 심사장. 안내판을 보거나 다른 여행자들을 따라 눈치껏 이동하면 길 잃을 염려는 없다. 입국 절차에 어려울 것은 없지만, 몇 가지만 알아두자.

① 기내에서 입국 서류 작성

중요! 입국신고서와 휴대품신고서 작성하기

탑승 후 시간이 조금 지나면 승무원이 입국신고서와 휴대품신고서를 나눠 준다. 입국 서류는 영어로 미리 작성해 놓자. 외국인등록증명서 번호를 제외한 모든 칸을 채워야 하고, 영문 이름은 여권과 동일하게 쓴다.

② 공항 도착

바로 입국 심사대로 이동

하네다 또는 나리타 공항에 도착하면 기내에 들고 탄 짐을 잘 챙긴 후, 입국 심사대로 이동한다. 입국 심사대에서는 'Foreigner'라고 적힌 곳에 줄을 선다. 이때 직원이 일본어나 영어로 입국신고서의 모든 칸을 작성하라고 알려주는데, 착실히 안내에 따르도록 하자.

③ 입국 심사

입국 심사 받기

입국 심사대에 서면 여권과 입국신고서를 제출하자. 그리고 직원의 지시에 따라 지문 날인과 사진 촬영을 한다. 입국신고서를 제대로 작성했다면 보통은 질문 없이 여권에 입국 스탬프를 찍은 후 입국신고서는 가져가고 여권을 돌려준다.

심사관이 여행 목적, 체류일수, 체류지 등에 대해 물어보면, 영어나 일본어로 말하면 된다. 여행 목적은 관광이라는 뜻의 '사이트싱(Sightseeing)' 또는 '캉코(觀光)'라고 하면 된다. 정확한 체류일수가 정해지지 않았다면 3개월 이내로 대답하자.

④ 수하물 찾기

위탁수하물로 맡긴 짐 찾기

위탁수하물을 맡긴 사람은 컨베이어벨트로 짐을 찾으러 간다. 전광판에서 비행기 편명을 찾아 수취대를 확인하고, 1층으로 내려가 컨베이어벨트에서 짐이 나오길 기다린다. 짐을 다 찾으면 세관 신고대로 간다.

⑤ 세관 검사

세관 검사를 무사히 받으면 입국 과정은 끝!

세관 신고할 물건이 없는 사람은 면세대 Nothing to Declare로 가서 검사원에게 여권과 미리 작성한 휴대품신고서를 제시한다. 만약 과세 대상 물건이 있거나 위험물, 반입 금지된 식물이나 식품류가 있으면 압수, 과세, 방역 검사 등을 거쳐야 하니 주의한다.

입국 수속 온라인 서비스
비지트 재팬 웹

입국 수속 시 입국 심사, 세관 신고, 면세 구입 등을 웹으로 사전 등록 할 수 있는 서비스. 등록을 위해 항공권, 여권, 이메일 주소가 필요하다.

홈페이지 vjw-lp.digital.go.jp/ko

⑥ 목적지로 이동

목적지로 이동하기

세관 검사까지 마치고 자동문을 나오면 공항 도착 로비가 나온다. 도쿄 시내로 갈 사람은 지하철이나 버스를 타자.
고속버스는 가는 도시에 따라 타는 곳이 달라지니 관광 안내소에 먼저 문의하자. 공항에는 관광 안내소를 비롯해 레스토랑 등 각종 편의 시설이 잘 되어 있다.

일본 입국 서류 작성하는 법

2016년 일본의 출국신고서가 폐지되어 이제는 입국신고서만 제출하게 되었다. 서류 작성 방법은 기존과 크게 다르지 않다. 휴대품신고서는 기존과 동일하게 세관 통과 시 제출해야 한다.

〈입국신고서〉

外国人入国記録 DISEMBARKATION CARD FOR FOREIGNER 외국인 입국기록
英語又は日本語で記載して下さい。Enter information in either English or Japanese. 영어 또는 일본어로 기재해 주십시오.　　　　[ARRIVAL]

氏 名 Name 이름	Family Name 英文 성 Kim	Given Names 英文 이름 Mi Jin

生年月日 Date of Birth 생년월일	Day 日 일 1 2 Month 月 월 1 9 Year 年 년 8 8	現住所 Home Address 현 주 소	国名 Country name 나라명 South Korea	都市名 City name 도시명 Seoul

渡航目的 Purpose of visit 도항 목적	☑観光 Tourism 관광　☐商用 Business 상용　☐親族訪問 Visiting relatives 친척 방문　☐その他 Others 기타 ( )	航空機便名・船名 Last Flight No./Vessel 도착 항공기 편명・선명 ANA333
		日本滞在予定期間 Intended length of stay in Japan 일본 체재 예정 기간 7 days

日本の連絡先 (Intended address in Japan) 일본의 연락처
Hotel Gracery Shinjuku
TEL 전화번호 03-6833-1111

裏面の質問事項について、該当するものに✓を記入して下さい。Check the boxes for the applicable answers to the questions on the back side.

1. 日本での退去強制歴・上陸拒否歴の有無
Any history of receiving a deportation order or refusal of entry into Japan
일본에서의 강제퇴거 이력・상륙거부 이력 유무
☐ はい Yes 예　☑ いいえ No 아니오

2. 有罪判決の有無（日本での判決に限らない）
Any history of being convicted of a crime (not only in Japan)
유죄판결의 유무 (비단 내외의 모든 판결)
☐ はい Yes 예　☑ いいえ No 아니오

3. 規制薬物・銃砲・刀剣類・火薬類の所持
Possession of controlled substances, guns, bladed weapons, or gunpowder
규제약물・총포・도검류・화약류의 소지
☐ はい Yes 예　☑ いいえ No 아니오

以上の記載内容は事実と相違ありません。I hereby declare that the statement given above is true and accurate. 이상의 기재 내용은 사실과 틀림 없습니다.
署名 Signature 서명　김미진

〈휴대품신고서〉

❶ 숙소를 반드시 적는다
자신이 머무는 호텔명과 호텔 전화번호를 반드시 적어야 한다. 참고로, 일반 가정집 주소를 적는 경우 심사 시간이 매우 길어지는 경우도 있다.
실제 묵는 곳의 주소를 미처 알아 오지 못했다면 가이드북에 있는 호텔이라도 적자. 공란으로 두면 입국 심사 시 미심쩍은 눈길과 함께 질문 공세에 시달리며, 최악의 경우 입국이 거절될 수도 있다.

❷ 사인은 여권과 같은 것으로!
입국신고서 하단에는 사인을 한다. 이때 사인은 여권에 한 것과 동일하게 하자. 입국 심사장에서 두 개의 사인을 대조해 보는데, 이것이 눈에 띄게 다르다면 최악의 경우 여권 위조범으로 몰릴 수도 있다.

❸ 모든 칸을 꼼꼼히 적자!
하단에는 마약 소지, 전과, 일본 입국 거부 전력 등을 묻는 질문이 적혀 있다. 모두 'No'에 체크한다.

Access

하네다 공항에서 시내 가는 법

하네다 국제공항은 도쿄 도심과 가까워 20~30분 정도면 도착한다. 교통수단은 JR과 연계되는 도쿄 모노레일, 도에이 지하철과 연계되는 게이큐선, 그리고 리무진 버스가 있다.

도쿄 모노레일 Tokyo Monorail

◎ 공항과 시내를 연결하는 가장 빠른 교통편
◎ 종점 하마마쓰초역에서 JR 야마노테선으로 환승 가능

하네다 공항과 도쿄 시내를 연결하는 가장 빠르고 편리한 교통수단이다. 모노레일의 종점인 하마마쓰초역에서 JR 야마노테선으로 갈아탈

수 있기 때문에 신주쿠와 시부야 등으로 이동하기 편리하다. 배차 간격이 짧아 기다리는 시간을 줄일 수 있다는 것도 장점이다.

하마마쓰초역 하차 500엔, 14~20분

자동발매기 이용 방법

❶ 영어(또는 한글) 모드를 선택한다.
❷ 도착역을 선택한다.
❸ 2인 이상이면 인원 수를 선택한다.
❹ 표시된 요금을 넣는다.
❺ 표와 거스름돈이 나온다.

{ 이용 방법 }

도착 로비로 나오면 왼쪽은 모노레일, 오른쪽은 게이큐 전철과 연결된다.

자동발매기에서 티켓을 구입한다. 하마마쓰초역은 490엔.

개찰구를 통과해 2번 플랫폼으로 간다.

JR선 표지판을 따라 이동한다.

종점인 하마마쓰초역에서 하차.

열차의 목적지를 확인한 후 모노레일 탑승.

JR 티켓을 구입한 후 개찰구를 통과한다.

원하는 목적지행 플랫폼을 확인한 후 승차.

게이큐 전철 Keikyu

◎ 도쿄 모노레일보다 저렴
◎ JR 시나가와역, 신바시역과 연결

도쿄 모노레일보다 시간은 좀 더 걸리지만 요금이 저렴하다. JR 야마노테선으로 갈아탈 수 있는 시나가와역과 신바시역을 연결하고 있어 신주쿠, 시부야 등으로 쉽게 이동할 수 있다. 같은 플랫폼에서 목적지가 다른 열차가 운행되므로 탑승하기 전에 열차의 목적지가 시나가와 행인지 반드시 확인해야 한다. 시나가와역에 내려 'JR선 환승' 표지판을 따라가면 JR 야마노테선으로 갈아탈 수 있다.

시나가와역 하차 300엔, 13~19분

리무진 버스 Airport Limousine

◎ 시내 주요 역과 호텔에 정차
◎ 도로 정체 시 시간이 많이 걸려

도쿄 모노레일과 게이큐 전철에 비해 요금이 비싸지만 도쿄 시내 주요 역과 호텔에 정차하므로 편리하게 갈 수 있다. 공항에서 밤 2시 전후까지 운행되므로 심야 도착 시에도 이용할 수 있다. 공항 1층에서 탈 수 있으며, 티켓은 도착 로비 2층의 승차권 카운터나 1층 자동발매기에서 구입할 수 있다.

신주쿠 하차 1300엔, 40분 이상
이케부쿠로 하차 1300엔, 60분 이상

{ 하네다 공항~도쿄 각 지역의 교통수단 한눈에 보기 }

하네다 공항	도쿄 모노레일 500엔, 14~20분	하마쓰초
	게이큐 전철 300엔, 13~19분	시나가와
	리무진 버스 1300엔, 40분 이상 / 도쿄 모노레일 500엔+JR 야마노테선 210엔 총 50분	신주쿠
	리무진 버스 1300엔, 60분 이상	이케부쿠로
	리무진 버스 1000엔, 40분 이상	도쿄
	리무진 버스 1100엔, 50분 이상 / 도쿄 모노레일 500엔 + JR 야마노테선 210엔 총 36분	시부야

Access

나리타 공항에서 시내 가는 법

나리타 국제공항은 도쿄 도심으로부터 약 60km 거리인 지바현 나리타시에 있다. 제1터미널과 제2터미널, 제3터미널로 나뉘며, 철도를 이용해 시내로 가는 경우 1터미널과 2, 3터미널의 역이 다르니 주의하자. 각 터미널 간에는 5∼8분 간격으로 무료 셔틀버스가 운행되고 있다.

게이세이 본선 Keisei

◎ 공항∼시내 교통편 중 가장 저렴
◎ 짐이 적거나 시간 많은 여행자에게 추천

시간은 오래 걸리지만 요금이 가장 저렴하다. 종점인 우에노역과 그 전 정거장인 닛포리역에서 JR 또는 지하철로 갈아탈 수 있다. JR 야마노테선으로 갈아탄다면 닛포리역에서, 지하철로 갈아타거나 도쿄, 우에노 방면으로 간다면

우에노역에서 내리는 것이 좋다. 열차는 특급, 쾌속, 보통으로 나뉘어 운행된다. 정차하는 역의 수가 달라 소요시간에 차이가 있는데(특급이 가장 빠르다), 요금은 모두 동일하다. 지정석이 아니라 일반 전철 좌석구조이므로 짐이 많다면 불편할 수 있다.

닛포리역 하차 특급 1050엔, 70분
우에노역 하차 특급 1050엔, 75분

{ 이용 방법 }

입국장을 나와 '게이세이선 · JR선 승차장' 표지판을 따라간다.

에스컬레이터를 타고 지하로 내려가면 게이세이 전철 매표소가 보인다.

매표소 옆 자동발매기에서 티켓을 구입한다(매표소는 스카이라이너 티켓만 판매).

게이세이선 입구를 지나 개찰구를 통과한다.

이용하는 열차와 목적지에 맞는 플랫폼으로 이동한다.

전철의 행선지를 다시 한번 확인하고 승차한다.

목적지에 하차한 후 환승할 노선으로 이동한다.

자동발매기에서 티켓을 구입, 목적지에 맞는 플랫폼에서 승차한다.

게이세이 스카이라이너
Keisei Skyliner

◎ 지정 좌석제라 편하고 빠름
◎ 게이세이 본선 요금의 2배

게이세이 본선과 같은 전철회사에서 운영하는 노선이다. 노선은 게이세이 본선과 동일하지만 주요 역만 정차하므로 빨리 갈 수 있다. 무엇보다 지정 좌석제로 운영되고 있어 편하게 갈 수 있다는 것이 장점이다. 대신 요금은 게이세이 본선의 2배 정도다. 운행 편수는 1시간에 3편. 홈페이지에서 예약 시 270엔 할인 받을 수 있다.

홈페이지 www.keisei.co.jp/keisei/tetudou/skyliner/kr/skyliner/index.php
닛포리역 하차 2570엔, 38분 **우에노역 하차** 2570엔, 43분

게이세이 액세스 특급
Keisei Access 特急

◎ 아사쿠사, 긴자, 도쿄 스카이트리로 갈 때 편리

스카이라이너보다 시간은 좀 더 걸리지만 저렴한 요금으로 도쿄 시내까지 이동할 수 있다. 특히 아사쿠사, 긴자, 니혼바시, 오시아게(도쿄 스카이트리)와 바로 연결되어 이 지역을 관광하려면 액세스 특급이 편리하다.

오시아게(도쿄 스카이트리)역 하차 1190엔, 58분
아사쿠사역 하차 1310엔, 1시간 2분
히가시긴자역 하차 1350엔, 1시간 14분

나리타 익스프레스
Narita Express(N'EX)

◎ 시내로 가는 교통편 중 가장 빨라
◎ 비싼 요금과 긴 배차 간격이 단점

JR에서 운영하는 공항 특급 노선으로 도쿄 시내로 진입하는 교통편 중에 가장 빠르다. 도쿄, 시나가와, 신주쿠, 이케부쿠로, 요코하마역까지 한 번에 갈 수 있다는 것도 장점이다.
전 좌석 지정 좌석제이며 각 차량에 여행 가방을 놓을 수 있는 공간이 마련되어 있어 편리하다. 단, 요금이 비싸고 배차 간격이 30~60분으로 긴 것이 단점이다. 나리타 익스프레스를 이용하려면 좀 더 저렴한 N'EX 도쿄 왕복 티켓을 구입할 것.

일반 승차권(편도)
도쿄역 하차 3070엔, 59분
신주쿠역 하차 3250엔, 1시간 30분
시부야역 하차 3250엔, 1시간 25분
요코하마역 하차 4370엔, 1시간 30분

N'EX 도쿄 왕복 티켓

도쿄는 물론 요코하마, 가마쿠라까지 갈 수 있다. 나리타 익스프레스 승차 후 도중에 개찰구를 나가지 않으면 지정 구간(홈페이지 참조) 내의 JR 역에서 하차할 수 있다.

요금 12세 이상 4070엔, 6~11세 2030엔
홈페이지 www.jreast.co.jp/multi/ko/nex

빠른 이동 시간과 편안한 좌석이 장점

에어포트 버스 TYO-NRT

◎ 무척 저렴한 요금
◎ 도쿄역, 긴자로 갈 때 편리

나리타 공항과 도쿄역, 긴자를 가장 저렴하게 연결하는 리무진 버스로 하루 100편 이상 20분 간격으로 운행하고 있다.

홈페이지 tyo-nrt.com/kr
도쿄역 하차 1300엔, 1시간 5분

리무진 버스 Airport Limousine

◎ 노선이 다양하고 주요 역, 호텔과 연결
◎ 비싼 요금과 도로 정체의 가능성이 단점

짐이 많거나 숙소까지 바로 운행되는 노선이 있다면 리무진 버스를 이용하는 것도 괜찮다. 공항 1층 도착 로비의 매표소에서 티켓을 구입한 후 건물 밖에 있는 승차장에서 탈 수 있다.

도쿄역 하차 2800엔, 70분 이상
신주쿠역 하차 3200엔, 80분 이상

{ 나리타 공항~도쿄 각 지역의 교통수단 한눈에 보기 }

나리타 공항

노선	도착지
게이세이 본선 특급 1050엔, 70분	닛포리
게이세이 본선 특급 1050엔, 75분 / 게이세이 스카이라이너 2570엔, 43분	우에노
게이세이 액세스 특급 1310엔, 1시간 2분	아사쿠사
게이세이 액세스 특급 1350엔, 1시간 14분	히가시긴자
나리타 익스프레스 3250엔, 1시간 30분 / 리무진 버스 3200엔, 80분 이상	신주쿠
게이세이 버스 1300엔, 1시간 10분 / 나리타 익스프레스 3070엔, 59분	도쿄

Transportation

도쿄의 시내 교통

도쿄 시내 구석구석을 연결하는 전철과 지하철은 원하는 곳까지 빠르고 정확하게 갈 수 있어 여행자들이 애용하는 교통수단이다. 도쿄의 전철은 크게 JR과 사철로 나뉘며, 지하철은 도쿄메트로와 도에이 지하철이 있다.

도쿄의 전철과 지하철은 시내 곳곳을 연결하지만, 노선이 워낙 많고 요금을 징수하는 방식이 우리나라와 조금 달라 복잡하게 느껴진다는 것이 흠이라면 흠이다.

일본 지하철은 민간 회사가 운영하고 있기 때문에 노선에 따라 요금 체계가 모두 다르다. 따라서 갈아탈 경우 티켓을 새로 구입해야 하고, 환승은 각 노선의 전용 개찰구를 이용해야 한다.

주오선

제이알 JR

JR(Japan Railways) 그룹에서 운영하는 노선으로 대부분의 시내 주요 지역과 번화가를 경유하기 때문에 도쿄 여행에서 가장 유용한 교통수단으로 꼽힌다. 인기가 많은 만큼 출퇴근 시간에 가장 혼잡한 노선이기도 하다.

JR의 노선은 무척 많지만 그중에서도 여행자들이 주로 접하는 노선은 야마노테선 山手線, 주오선 中央線, 소부선 総武線 정도. 이 3가지 노선만으로도 도쿄의 웬만한 유명 관광지에 갈 수 있다.

각 노선의 열차는 색깔로 구분되는데 야마노테선은 연두색, 주오선은 주황색, 소부선은 노란색이다.

요금 1~2정거장 150엔, 3~4정거장 170엔, 5~8정거장 180엔, 9~14정거장 210엔 등

야마노테선

지하철 地下鉄

JR이 닿지 않는 지역을 갈 때 이용하면 편리하다. JR에 비해 노선이 복잡한 탓에 처음에는 까다롭게 느껴지지만, 도심 구석구석을 연결하고 있어 일단 익숙해지면 오히려 더 편리하다.
도쿄 시내의 지하철 노선은 도쿄메트로 9개 노선과 도에이 지하철 4개 노선이 있다. 각각 운영하는 회사가 다르기 때문에 서로 환승할 경우 티켓을 새로 구입해야 한다.

도쿄메트로 Tokyo Metro
요금 1∼6km 180엔, 7∼11km 210엔, 12∼19km 260엔, 20∼27km 300엔, 28∼40km 330엔

도에이 지하철 Toei Subway
요금 1∼5km 180엔, 5∼10km 220엔, 10∼16km 280엔

사철 私鉄

도쿄 도심과 외곽을 연결하는 민영 철도 노선이다. 도쿄 모노레일, 유리카모메 등도 여기에 포함된다. 장거리 노선이 대부분이며 역 사이의 거리도 긴 편이다. 열차는 정차하는 역에 따라 급행, 쾌속, 보통으로 나뉘어 운행된다. 등급만 다를 뿐 요금은 동일하니 좀 더 빠른

쾌속 또는 급행열차를 이용하면 시간을 절약할 수 있다.
주요 노선은 도큐 도요코선, 오다큐선, 게이오 이노카시라선, 게이세이선, 게이큐선 등이다.

요금 노선에 따라 다르다. 130∼140엔부터 시작되며 거리에 따라 차등 적용된다.

시내버스 バス

전철과 지하철이 닿지 않는 지역을 오가는 데 주로 이용된다. 하지만 대부분의 관광지와 유명 지역은 전철과 지하철역 주변에 모여 있으므로 여행자가 버스를 이용할 일은 별로 없다. 만약 버스를 이용하려면 기본적인 일본어 한자와 발음을 숙지하는 것이 좋다. 구간별로 요금이 적용되는 버스도 있지만 기본요금은 210엔이다.

택시 タクシー

이용하기 편리하나 요금이 비싼 것이 흠이다. 기본요금은 1km당 500엔이며, 이후 255m당 100엔씩 올라간다. 밤 11시 이후에는 심야 할증 요금이 붙는다. 3∼4명이 가까운 거리를 이용할 때 유용하다. 대부분의 택시 뒷좌석 문은 자동으로 열리고 닫히니 참고한다.

JR 야마노테선을 마스터하자

야마노테선은 JR 노선 중 여행자들에게 가장 친숙한 노선이다. 도심을 순환하는 열차로 신주쿠, 시부야, 하라주쿠, 에비스, 시나가와, 이케부쿠로 등 웬만한 유명 관광지를 연결한다. 정차역 수는 30개, 일주하는 데 평균 64분 정도 걸린다. 역간 평균 거리는 다른 노선에 비해 짧은 편이며 열차는 아침 2.5분, 낮 4분, 저녁 3분 간격으로 운행된다.

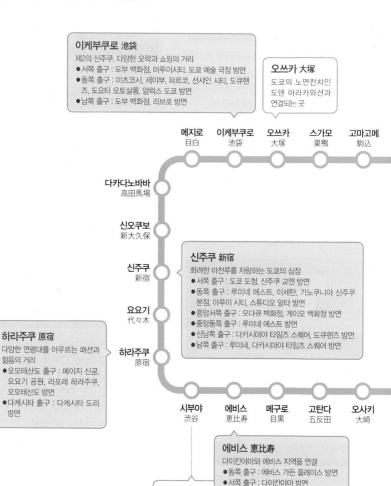

이케부쿠로 池袋
제2의 신주쿠. 다양한 오락과 쇼핑의 거리
● 서쪽 출구 : 도부 백화점, 마루이시티, 도쿄 예술 극장 방면
● 동쪽 출구 : 미츠코시, 세이부, 파르코, 선샤인 시티, 도큐핸즈, 도요타 오토살롱, 암럭스 도쿄 방면
● 남쪽 출구 : 도부 백화점, 리브로 방면

오쓰카 大塚
도쿄의 노면전차인 도덴 아라카와선과 연결되는 곳

메지로 目白 　이케부쿠로 池袋 　오쓰카 大塚 　스가모 巣鴨 　고마고메 駒込

다카다노바바 高田馬場

신오쿠보 新大久保

신주쿠 新宿

요요기 代々木

하라주쿠 原宿

신주쿠 新宿
화려한 마천루를 자랑하는 도쿄의 심장
● 서쪽 출구 : 도쿄 도청, 신주쿠 교엔 방면
● 동쪽 출구 : 루미네 에스트, 이세탄, 기노쿠니야 신주쿠 본점, 마루이 시티, 스튜디오 알타 방면
● 중앙서쪽 출구 : 오다큐 백화점, 게이오 백화점 방면
● 중앙동쪽 출구 : 루미네 에스트 방면
● 신남쪽 출구 : 다카시마야 타임즈 스퀘어, 도큐핸즈 방면
● 남쪽 출구 : 루미네, 다카시마야 타임즈 스퀘어 방면

하라주쿠 原宿
다양한 연령대를 아우르는 패션과 젊음의 거리
● 오모테산도 출구 : 메이지 신궁, 요요기 공원, 라포레 하라주쿠, 오모테산도 방면
● 다케시타 출구 : 다케시타 도리 방면

시부야 渋谷 　에비스 恵比寿 　메구로 目黒 　고탄다 五反田 　오사키 大崎

에비스 恵比寿
다이칸야마와 에비스 지역을 연결
● 동쪽 출구 : 에비스 가든 플레이스 방면
● 서쪽 출구 : 다이칸야마 방면

시부야 渋谷
도쿄 젊은이들의 에너지를 느끼고 싶다면 이곳으로
● 하치코 개찰구 : 시부야 센타가이, 세이부, 로프트, 시부야 109, NHK방송센터 방면
● 중앙 개찰구 : 시부야 마크시티 방면
● 서쪽 출구 : 도큐 플라자 방면

우에노 上野

예술의 향기와 도쿄인의 소박한 일상을 느끼고 싶다면 이곳으로
● 공원 출구 : 우에노 공원, 국립 서양 미술관, 도쿄 국립 박물관, 도쿄도 미술관 방면
● 시노바즈 출구 : 시노바즈 연못 방면
● 히로코지 출구 : 아메요코 방면

닛포리 日暮里

나리타 공항을 이용하는 여행자들이 주로 거치는 역

니시닛포리
西日暮里

우구이스다니
鶯谷駅

다바타
田端

닛포리
日暮里

우에노
上野

오카치마치
御徒町

아키하바라 秋葉原

개성 뚜렷한 마니아들의 천국
● 중앙 개찰구 : 요도바시 아키바 방면
● 전기가 출구 : 아키하바라 전자상가 방면

아키하바라
秋葉原

간다
神田

도쿄 東京

하루 4000여 편의 열차가 오가는 일본 철도의 심장부
● 마루노우치 중앙 출구 : 고쿄, 신마루노우치 빌딩 방면

도쿄
東京

유라쿠초
有楽町

시나가와
品川

다카나와
게이트웨이
高輪
ゲートウェイ

다마치
田町

하마마쓰초
浜松町

신바시
新橋

신바시 新橋

최첨단 복합공간 시오도메로 가거나, 유리카모메로 갈아타고 오다이바로 갈 때 이용
● 시오도메 출구 : 카렛타 시오도메, 니혼TV 타워, 시오도메 시티센터 방면
● 히비야 출구 : 히비야 공원 방면
● 긴자 출구 : 하마리큐온시 정원 방면

하마마쓰초 浜松町

하네다 공항에서 도쿄 모노레일을 탔다면 여기서 JR로 환승해 시내 다른 곳으로 이동. 역에서 빠져나와 도쿄 타워로도 갈 수 있다.
● 북쪽 출구 : 도쿄 타워 방면
● 남쪽 출구 : 도쿄 모노레일 승강장 방면

시나가와 品川

하네다 공항을 이용하는 여행자들이 주로 이용하는 역

Transportation

지하철 타는 법

일본은 지하철과 철도가 엄격하게 구분되어 있으므로, 이를 잘 구별해야 한다. 예를 들어 도쿄메트로(지하철) 우에노역은 일본의 대표적인 철도 JR의 우에노역과 도보로 5분 이상 떨어진 곳에 위치하기 때문이다.

노선도에서 하차할 역에 표시된 요금을 확인한다. 현재 위치는 빨간색으로 표시되어 있다. 규모가 큰 역은 노선이 복잡하게 얽혀 있으므로 노선 이름과 색깔, 가는 방향 3가지를 모두 파악한다.

자동발매기에서 영어(또는 한글) 모드를 선택한다. 화면에서 요금을 선택한다(Ticket 버튼을 누른 후 요금을 선택해야 할 수도 있다).

2명 이상일 경우 사람 모양의 버튼을 누르면 함께 계산된다.

투입구에 돈을 넣으면 승차권과 거스름돈이 나온다.

개찰구를 통과해 플랫폼으로 간다. 노선과 가는 방향 확인은 필수!

개찰구를 나가기 전에 정산기가 있다

목적지를 중간에 변경하거나 갈아탈 경우에는 요금 정산을 해야 한다. 내린 역에서 정산기에 표를 넣으면 정산 요금이 화면에 표시된다. 정산 요금을 투입구에 넣으면 정산된 새로운 표가 나온다. 이 정산표가 있어야 개찰구를 통과할 수 있다.

정산이 번거롭다면 1일 승차권이나 스이카, 파스모 카드(금액 안에서 자동 정산)를 이용하자. 만일 스이카, 파스모 카드의 잔액이 부족하면 이 정산기에서 충전할 수 있다.

지하철과 버스에서 지켜야 할 에티켓

일본에서는 지하철이나 버스에서 전화 통화를 하지 않는 것이 기본 예의다. 휴대폰은 진동 모드로 해두고, 연락은 문자메시지를 보내는 것으로 대신하자.

Pass

도쿄 여행에 유용한 패스

서울과 도쿄의 체감 물가가 비슷해졌다고는 하지만 도쿄의 교통비만큼은 여전히 비싸다. 각 열차 운영회사에서는 교통비 절감에 조금이나마 도움을 주는 교통 패스를 발행하고 있다. 여행 동선에 맞춰 꼼꼼히 따져보고 패스 구매 여부를 결정하자.

스이카 Suica · 파스모 Pasmo

우리나라의 티머니와 비슷한 충전식 교통 카드로, JR에서 발행한다. 일정 금액을 충전해 사용하는데, JR을 비롯한 거의 대부분의 지하철과 사철, 버스를 이용할 수 있다. 도쿄 및 근교뿐 아니라 일본 전국 대부분에서 사용 가능하며, 제휴를 맺은 편의점과 음식점 등에서도 쓸 수 있다. 이용 가능한 곳에는 IC 마크가 부착되어 있다.

대중교통을 이용할 때는 개찰기 상단의 카드 그림이 있는 곳에 카드를 대면 된다. 요금 할인 폭은 미미하지만, 대중교통을 이용할 때마다 일일이 티켓을 끊어야 하는 번거로움이 없다는 것이 가장 큰 장점이다. 카드 잔액을 환불 받으려면 수수료(210엔)을 지불해야 하므로 모두 사용하거나 IC카드로 결제 가능한 편의점 등에서 다 써버리는 것도 방법이다. 카드 구입은 JR역의 매표소와 자동발매기에서 할 수 있다. 카드 구입은 1000엔부터 가능하며, 보증금 500엔을 뺀 금액이 충전된다. 보증금은 카드를 반환하면 돌려받을 수 있다. 충전은 JR역과 지하철역의 자동발매기에서 할 수 있다.

도쿠나이 패스 都区内パス

하루 종일 JR 노선을 무제한으로 이용할 수 있는 1일권. 사용일의 막차 시간까지 사용할 수 있다. 도쿠나이 패스 이용 구간을 벗어난 경우에는 JR 노선이라 해도 해당 구간의 요금을 별도로 내야 한다. JR 각 역의 매표소나 자동발매기에서 구입할 수 있다.

요금 760엔(어린이 380엔)

도쿄메트로 24시간권 Tokyo Metro 24-hour Ticket

9개 노선을 운영하는 도쿄메트로의 전 노선을 하루 동안 마음껏 이용할 수 있는 승차권. 사용 개시부터 24시간 동안 유효하다. 도쿄메트로 각 역 자동발매기에서 구입할 수 있다.

요금 600엔(어린이 300엔)

도쿄 서브웨이 티켓 Tokyo Subway Ticket

사용 개시부터 24시간, 48시간, 72시간에 한해 도쿄메트로 전 구간 및 도에이 지하철 전 구간을 이용할 수 있는 승차권이다. 외국인 관광객에게만 발행되며 국내 여행사, 등록된 호텔, 하네다 공항, 나리타 공항의 관광 안내소, 도쿄 주요 역의 정기권 발매소 등에서 구입할 수 있다.

요금 24시간 800엔(어린이 400엔), 48시간 1200엔(어린이 600엔), 72시간 1500엔(어린이 750엔)

도쿄 프리 킷푸 Tokyo 1-Day Ticket

하루 동안 JR(도쿄도 23구 내), 도쿄메트로, 도에이 지하철, 닛포리 · 도네리 라이너를 자유롭게 이용할 수 있는 승차권. JR, 도쿄메트로, 도에이 지하철 각 역의 자동발매기와 정기권 발매소에서 구입할 수 있다.

요금 1600엔(어린이 800엔)

TOKYO
★ 도쿄 ★

시부야

渋谷

도쿄 젊은이들의 거리이자 쇼핑·문화의 중심지

도쿄 젊은이들의 문화를 한눈에 보고 싶다면 단연 시부야가 으뜸이다. 고급 백화점부터 저렴한 잡화점까지 한곳에 자리 잡고 있어서 쇼핑을 좋아하는 사람에게는 천국이며, 여러 곳을 돌아다니기 귀찮은 사람에게도 제격인 장소다. 세계에서 가장 유동 인구가 많은 스크램블 교차로를 중심으로 길이 나뉘며 그 주변에 대형 상업 시설들이 모여 있다. 골목길을 따라 안으로 들어가면 스페인자카, 오쿠시부 등 아기자기한 카페와 잡화점이 모여 있는 거리와 만나게 된다. 그뿐만 아니라 대형 서점이나 분카무라 같은 문화 시설도 있어서 쇼핑을 통해 여러모로 만족스러운 시간을 보낼 수 있다. 하라주쿠나 오모테산도, 다이칸야마로 이동하기도 편리해 지나는 길에 들러도 좋다.

여행 포인트		이것만은 꼭 해보자	위치
관광	★★☆	☑ 시부야의 상징인 스크램블 교차로 건너 보기	
사진	★★☆	☑ 마루이, 시부야 109 등 시부야의 대표 쇼핑몰에서 쇼핑 즐기기	
쇼핑	★★★		
음식점	★★★	☑ 테이크아웃 커피를 마시며 오쿠시부 둘러보기	
야간 명소	★★☆		

기치조지 · 신주쿠 · 우에노
★시부야
지유가오카 · 오다이바
하네다 공항 ·

시부야 가는 법

SHIBUYA

{ 시부야의 주요 역 }

JR 시부야역	도쿄메트로	도큐 도요코선	게이오
渋谷	긴자선 시부야역	시부야역	이노카시라선
	渋谷	渋谷	시부야역
			渋谷

신주쿠와 함께 도쿄 교통의 중심인 시부야는 대부분의 관광지와 연결되어 있다. 도큐 도요코선을 이용하면 다이칸야마(3분, 130엔), 나카메구로(5분, 130엔), 지유가오카(9분, 160엔)와 함께 둘러보기 편하고 멀리는 요코하마(27분, 270엔)까지 연결된다. 기치조지(게이오 이노카시라선 급행 18분, 200엔), 시모키타자와(게이오 이노카시라선 4분, 130엔)로의 이동도 편리하며 도쿄 스카이트리(도쿄메트로 한조몬선 30분, 240엔, 오시아게 押上역 하차)와도 환승 없이 바로 연결된다.

{ 각 지역에서 시부야로 가는 법 }

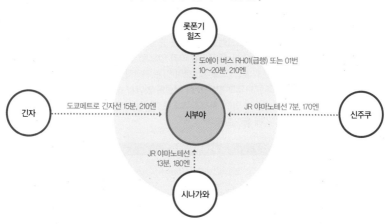

{ 공항에서 시부야로 가는 법 }

시부야 추천 코스

스크램블 교차점

1 하치코 동상

⋮ 도보 2분

2 스크램블 교차점

⋮ 도보 2분

3 시부야 센타가이

⋮ 도보 1분

4 스페인자카

⋮ 도보 2분

5 디즈니 스토어

⋮ 도보 1분

6 시부야 모디

⋮ 도보 5분

7 시부야 히카리에

시부야 센타가이

스페인자카

도보 여행 팁

시부야는 워낙 많은 상점이 빼곡하게 들어서 있기 때문에 계획 없이 무작정 갔다가는 시간을 많이 빼앗기기 십상이다. 또한 늘 많은 사람으로 길도 복잡해서 자칫하면 길을 잃기 쉽다. 하지만 역을 중심으로 손가락처럼 뻗어 있는 다섯 개의 큰길만 알아두면 문제 없이 다닐 수 있으니 출발하기 전에 미리 익혀두자. 하라주쿠, 아오야마, 요요기 등 주변 관광지는 도보로 이동할 수 있다.

시부야
한눈에 보기

메이지 도리

1 하라주쿠로 가는 길

시부야역 동쪽 출구인 미야마스자카 출구를 나오면 만나는 도로인 메이지 도리는 하라주쿠와 연결된다. 약 1.2km 거리로 하라주쿠까지 도보로 15분 정도 걸리며 가는 길에는 유명 브랜드 상점이 모여 있다. 메이지 도리 옆 골목길 중간 지점부터 시작되는 거리는 유명한 캣 스트리트다.

2 시부야 클럽 거리

시부야 109 뒤편 언덕길에는 아시아, 아톰 등 도쿄를 대표하는 클럽을 필두로 크고 작은 30여 개의 클럽이 모여 있다. 춤보다는 다양한 장르의 음악을 즐기기 위한 클럽이 많다.

요요기 공원

요요기코엔역

3 오쿠시부

도큐 백화점

2 시부야 클럽 거리

신센역

③ **오쿠시부**

시부야 북쪽 요요기 공원으로 가는 길의 끝에는 최근 도쿄에서 화제인 가게들이 모여 있으며 이 주변을 '오쿠시부(奥渋)'라고 부른다. 세련된 카페, 레스토랑이 많고 사람이 북적거리는 시부야와는 또 다른 모습을 자랑하고 있다.

④ **시부야 중심가**

시부야역에서 스크램블 교차점을 건너면 시부야 센타가이를 시작으로 상점, 식당이 모여 있는 거리가 펼쳐진다. 세이부 백화점, 로프트, 도큐핸즈 등 대형 쇼핑 시설이 있으며 골목골목 재미있는 상점이 많다.

시부야 센타가이

⑤ **하치코 개찰구**

JR 시부야역의 하치코 출구를 나오면 세계에서 유동 인구가 가장 많은 스크램블 교차점이 펼쳐진다. 출구 한편에는 영화 〈하치 이야기〉의 주인공인 개 '하치'의 동상이 세워져 있다. 이 주변은 만남의 장소로 유명하다. 하치코 동상 옆에는 대형 흡연 장소가 있어 공기가 좋지 않으니 주의할 것.

하라주쿠역

메이지진구마에역

국립 요요기 경기장

① 하라주쿠로 가는 길

시부야 히카리에

아오야마로 가는 길 ⑥

④ 시부야 중심가

⑤ 하치코 개찰구

시부야역

스파이럴

⑥ **아오야마로 가는 길**

시부야역 동쪽 출구 정면으로 보이는 언덕(미야마스자카)을 올라 아오야마 도리를 걸어가면 아오야마, 오모테산도와 연결된다. 오모테산도까지는 도보로 10~15분 정도 걸리며 가는 길에는 어린이의 성, Ao, 스파이럴 같은 문화 공간이 있다.

시부야의 관광 명소
SIGHTSEEING

⭐⭐
시부야 만남의 장소
하치코 동상
ハチ公像
🔊 하치코 죠

충견 하치의 동상이 서 있는 광장은 시부야의 대표적인 만남의 장소다. 하치는 1923년에 태어난 아키타현 출신의 개로 주인이 죽은 뒤에도 매일 역 앞에서 주인을 기다린 충견으로 유명하다. 일본 국립 과학 박물관에 하치의 박제가 보존되어 있으며 하치의 이야기는 일본은 물론이고 할리우드 등에서 영화로 제작되기도 했다.

교통 JR 시부야 渋谷역 하치코 ハチ公 출구에서 도보 1분 **지도** 별책 P.7-G

⭐⭐⭐
영화 속에 단골로 등장
스크램블 교차로
スクランブル交差点
🔊 스크란부루 교사텐

JR 시부야역 하치코 출구 앞의 교차로로 세계 1위의 유동 인구를 자랑할 정도로 사람이 많이 지나다니는 곳이다. 다양한 영화와 드라마의 배경이 된 곳으로 도쿄의 대표적인 풍경으로 자주 등장한다. 주변에는 수많은 상점이 눈에 들어온다.

교통 JR 시부야 渋谷역 하치코 ハチ公 출구에서 도보 1분 **지도** 별책 P.7-G

★★★

시부야의 중심 상점가

시부야 센타가이
渋谷センター街

스크램블 교차로의 스타벅스 옆 거리로 수많은 상점과 음식점들이 모여 있다. 시부야에서 가장 번화한 곳으로 주로 학생을 비롯한 젊은 층이 많이 찾는다.

교통 JR 시부야 渋谷역 하치코 ハチ公 출구에서 도보 2분 **지도** 별책 P.6-F

★★

요요기 공원으로 가는 길

시부야 코엔 도리
渋谷公園通り

마루이 시티에서 시작해 요요기 공원까지 이르는 오르막길로 파르코, 갭, 유니클로, 무인양품 등의 패션 매장뿐만 아니라 디즈니 스토어와 애플 스토어 등 볼거리가 많다.

교통 JR 시부야 渋谷역 하치코 ハチ公 출구에서 도보 4분 **지도** 별책 P.7-G

★

일본 최초의 대형 복합 문화 시설

분카무라
文化村

1989년에 세워진 일본 최초의 대형 복합 문화 시설로 도큐 백화점 본점과 연결되어 있다. 음악 홀과 공연장, 갤러리와 극장뿐 아니라 카페와 아트 숍까지 자리하고 있어 한곳에서 다양한 이벤트를 즐길 수 있다. 사전에 공연이나 이벤트 정보를 찾아보고 가는 것이 좋다.

주소 東京都渋谷区道玄坂2-24-1 **전화** 03-3477-9111 **영업** 10:00~19:00 **휴무** 1/1 **홈페이지** www.bunkamura.co.jp **교통** JR 시부야 渋谷역 하치코 ハチ公 출구에서 도보 7분 **지도** 별책 P.6-E

★★

스페인 언덕이라 불리는 계단 길

스페인자카
スペイン坂

붉은 블록이 100m가량 깔려 있는 계단 길로 메인 스트리트와는 달리 작고 저렴한 숍이 오밀조밀 모여 있다. 중간에 스페인 국기가 걸려 있는 레스토랑과 멋진 유럽풍 레스토랑이 눈길을 끈다. 도쿄 FM의 오픈 스튜디오와 소극장이 있다.

교통 JR 시부야 渋谷역 하치코 ハチ公 출구에서 도보 5분 **지도** 별책 P.6-F

★★★
시부야의 핫플레이스
시부야 미야시타 파크
Miyashita Park

미야시타 파크의 전신인 미야시타 공원(宮下公園)은 1953년 시부야 인근 약 2만 평의 대지에 조성된 공원이다. 공원 건물은 JR야마노테선 선로와 메이지 거리(明治通リ) 사이의 폭 35m, 길이 330m 규모로 1층과 3층에는 상업 시설, 옥상에는 카페와 공원을 조성했으며 북쪽 끝에는 18층 높이의 시퀀스 미야시타 파크(Sequence MIYASHITA PARK) 호텔이 들어섰다. 도쿄 시부야 한복판에 주변이 탁 트인 4층 높이의 공원과 다양한 문화 시설 및 상업 시설이 들어서며 젊은이들이 찾는 도쿄의 새로운 핫플레이스로 변모하였다.

공원 중앙에는 스타벅스가 있고 야경도 아름다워 도쿄의 젊은 커플들이 데이트 장소로 많이 찾는다. 이곳의 스타벅스는 일본의 유명 스트리트 패션 디자이너 후지와라 히로시(藤原ヒロシ)의 브랜드인 프라그먼트 디자인(Fragment Design)과 협업한 매장이다. '카페인을 충전하러 오는 공간'이라는 뜻에서 미국 주유소 콘셉트로 디자인했으며 텀블러, 티셔츠 등 프라그먼트 디자인과 스타벅스의 컬래버레이션 상품을 찾아볼 수 있다. 공원 곳곳에는 도라에몽의 미래의 문, 시부야의 상징인 시바견의 오브제 등 재미있는 볼거리도 숨어 있다. 특히 해 질 녘에는 많은 사람이 자유롭게 공원을 이용하는 모습을 볼 수 있다.

미야시타 파크 건물 1층부터 3층까지의 복합 문화 공간은 남쪽과 북쪽 두 건물로 나뉜다. 3층은 최근 도쿄에서 인기 있는 레스토랑의 지점이, 2층은 전시 공간과 쇼핑 시설이, 1층 북쪽은 루이비통, 구찌, 발렌시아가 등 럭셔리 브랜드 숍이 모여 있다. 메종 키츠네, KITH 등 최근에 인기인 힙한 숍과 컬래버레이션한 카페도 찾아볼 수 있다.

1층 남쪽엔 홋카이도에서 오키나와까지 일본 전 지역의 다양한 요리를 맛볼 수 있는 시부야 요코초(渋谷横丁)가 있다. 시부야 요코초는 거리에서 술과 음료를 마실 수 있는 포장마차 같은 것으로 저녁이 되면 이곳을 찾는 사람들로 불야성을 이룬다. 오키나와, 규슈, 오사카, 홋카이도 등 17곳의 일본요리 전문점과 한국과 중국요리 전문점도 각각 위치해 있다.

건물 곳곳에 앉아서 쉴 수 있는 공간이 마련되어 있으며 층별로 더 맛차 도쿄, 브레드, 에스프레소 앤 마치아와세 등 인기 카페도 많아 도쿄 젊은이들의 발길이 끊이지 않는다. 상업 시설이지만 곳곳에 나무와 담쟁이 덩굴로 녹지를 마련해 도시의 열기를 식혀준다.

주소 東京都渋谷区神宮前6-20-10 **전화** 03-6712-5630 **영업** 08:00~23:00(가게에 따라 다름) **휴무** 무휴 **홈페이지** www.miyashita-park.tokyo **교통** JR 시부야 渋谷역 미야마스자카 宮益坂 출구에서 도보 3분. 도쿄메트로 시부야역 B2번 출구에서 도보 3분 **지도** 별책 P.7-G

✪✪✪
시부야의 NEW 랜드마크
시부야
스크램블 스퀘어
渋谷スクランブルスクエア

시부야 스크램블 스퀘어는 시부야역과 바로 연결되는 복합 상업 시설의 마천루로 지상 47층, 지하 7층, 높이 229.71m로 현재 시부야에서 가장 높은 빌딩이다. 동관, 중앙동, 서관으로 구성되어 있으며 2019년 동관이 먼저 개장했고, 서관과 중앙동은 2027년 오픈 예정이다. 지하 2층에서 13층까지는 상업 시설과 레스토랑으로, 17~44층은 사무실로 구성되어 있으며, 일본 기업과 공유 사무실이 입주해 있다. 최고층은 전망 시설인 시부야 스카이(SHIBUYA SKY)로 옥상이 개방되어 있어 시부야 주변과 도쿄의 전망을 한눈에 감상할 수 있다. '교류를 통한 새로운 탄생이 세계로'라는 콘셉트로 시부야의 새로운 랜드마크로 자리 잡고 있다.

주소 東京都渋谷区渋谷2-24-12 **전화** 03-4221-4280 **영업** 10:00~21:00(가게에 따라 다름) **휴무** 무휴 **홈페이지** www.shibuya-scramble-square.com **교통** JR 시부야 · 도쿄메트로 시부야 渋谷역과 바로 연결 **지도** 별책 P.7-K

도쿄 시티뷰를 한눈에

시부야 스카이
SHIBUYA SKY

시부야 스크램블 스퀘어 45층, 46층 및 옥상에는 전망 시설 시부야 스카이(SHIBUYA SKY)가 있다. 아래로는 스크램블 교차로가 내려다보이며, 도쿄 타워 등의 고층 빌딩이 어우러진 가장 도쿄다운 풍경을 감상할 수 있다.

전화 03-4221-0229 **영업** 10:00~22:30 **휴무** 무휴 **요금** 2000엔(중 · 고등학생 1600엔, 초등학생 1000엔, 3~5세 600엔) **홈페이지** www.shibuya-scramble-square.com/sky **교통** JR 시부야 · 도쿄메트로 시부야 渋谷역과 바로 연결

쇼핑
SHOPPING

게임 마니아 취향 저격 쇼핑몰

시부야 파르코
渋谷 PARCO

2019년 리뉴얼된 복합 쇼핑 시설로 180여 개의 브랜드 숍이 모여 있다. 특히 6층의 사이버 스페이스 시부야에는 닌텐도 도쿄, 포켓몬 센터 시부야, 캡콤 스토어, 점프 숍 등 일본의 게임, 애니메이션 캐릭터를 만나고 상품을 구매할 수 있는 공간이 있어 인기가 높다. 다양한 공연과 이벤트 등 문화 행사가 자주 열리기 때문에 아이쇼핑만으로도 충분히 즐겁다.

주소 東京都渋谷区宇田川町15-1 **전화** 03-3464-5111 **영업** 11:00~21:00(가게 마다 다름) **휴무** 무휴 **카드** 가능 **홈페이지** shibuya.parco.jp **교통** JR 시부야 渋谷역 하치코 ハチ公 출구에서 도보 7분. 도쿄메트로 A6a, A6b 출구에서 도보 7분 **지도** 별책 P.6-B

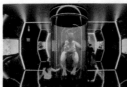

편하게 둘러보기 좋은 쇼핑몰

시부야 후쿠라스
渋谷フクラス

시부야역 바로 앞의 새로운 18층의 건물로 다양한 상점이 입점해 있다. 그중에서 가장 규모가 큰 도큐 플라자 시부야에는 일본의 조금 특별한 쌀 가게인 아코메야, 페퍼 로봇이 주문을 받고 서빙을 하는 페퍼 팔러(Pepper PARLOR) 등 이색적인 숍들이 자리한다. 17층에는 옥상 정원 시부니와(SHIBU NIWA)와 루프톱 바가 있어 시부야의 전망을 감상할 수 있다. 단, 17, 18층의 레스토랑을 이용해야 입장 가능하다.

주소 東京都渋谷区道玄坂1-2-3 **전화** 03-3464-8109 **영업** 10:00 ~23:00(가게마다 다름) **휴무** 무휴 **홈페이지** www.shibuya-fukuras.jp **교통** JR 시부야 渋谷역 서쪽 출구에서 고가로 연결 **지도** 별책 P.7-K

시부야의 대표 쇼핑 명소

시부야 히카리에
渋谷ヒカリエ

시부야 신문화지구 프로젝트의 일환으로 세워진 오피스 빌딩 겸 복합 쇼핑몰로, 2012년 오픈했다. 네이버 라인(Line)의 본사가 있는 오피스 구역을 제외한 건물 대부분은 '싱크스(ShinQs)'라는 복합 쇼핑몰이 들어서 있다. 7~8층에는 최근 인기 있는 레스토랑들이 입점해 있으며 8층에는 아트 갤러리와 시부야 동쪽 풍경이 한눈에 들어오는 무료 전망대가 있다.

주소 東京都渋谷区渋谷2-21-1 **전화** 03-5468-5892 **영업** 10:00~21:00(6~7층 레스토랑 11:00~23:30) **휴무** 무휴 **카드** 가능 **홈페이지** www.hikarie.jp **교통** JR · 도쿄메트로 긴자선 · 게이오 이노카시라선 시부야 渋谷역 2층 연결 통로로 연결, 도큐 도요코선 · 덴엔토시선 또는 도쿄메트로 한조몬선 · 후쿠토신선 시부야역 15번 출구로 연결 **지도** 별책 P.7-K

7개 테마의 문화 시설

크리에이티브
스페이스 8
Creative Space 8

시부야 히카리에 8층에는 디자인 프로젝트이자 디자인 서적을 발행하는 D&DEPARTMENT가 운영하는 문화 시설이 들어서 있다. 갤러리, 아트 숍, 식당 등 7가지 시설이 운영된다.

전화 03-6418-4718 **홈페이지** www.hikarie8.com/home.shtml **위치** 시부야 히카리에 8층

1 코트
2 큐브 1, 2, 3
3 아트 갤러리
4 d47 뮤지엄
5 d47 디자인 트래블 스토어
6 d47 쇼쿠도
7 크리에이티브 라운지

전통과 모던이 한자리에

클라스카 갤러리 & 숍 DO
CLASKA Gallery & Shop DO

도쿄의 디자인 호텔인 클라스카에서 운영하는 디자인 갤러리 숍. 과거와 현재가 공존하는 새로운 시점의 라이프 스타일을 보여주는 곳이다. 일본 전통 수공예품부터 디자이너 작품까지 다양한 상품들이 진열되어 있다.

전화 03-6434-1663 홈페이지 do.claska.com 위치 시부야 히카리에 4층

도쿄의 인테리어를 엿볼 수 있다

이데 숍 바리에테
IDEE SHOP VARIETE

'일상생활의 다양성을 즐긴다'라는 테마의 인테리어 전문 편집 숍. 특정 스타일에 한정하지 않고 다양한 잡화와 패브릭을 중심으로 사용감이 좋은 가구가 모여 있다.

전화 03-6434-1641 홈페이지 www.idee.co.jp 위치 시부야 히카리에 5층

유명 파티시에의 케이크 전문점

파티스리 사다하루 아오키 파리
patisserie
Sadaharu AOKI paris

일본을 대표하는 파티시에 사다하루 아오키의 케이크 전문점. 특히 마카롱과 타르트가 유명하다. 다른 여러 백화점에도 지점이 있다. 이곳 시부야 히카리에 한정 제품인 마카롱 모양의 오방떡이 인기 있다.

전화 03-6434-1809 홈페이지 www.sadaharuaoki.jp 위치 시부야 히카리에 지하 2층

젊은 도쿄 여성들의 쇼핑 1번지

시부야 109

渋谷 109 🔊 시부야 이치마루큐

일본의 젊은 여성들이 선호하는 브랜드가 모여 있는 빌딩. 여성 의류를 중심으로 액세서리와 구두, 화장품, 잡화 등을 취급하는 90여 개의 점포가 있다. 입구 앞에서는 다양한 이벤트가 열리며, 시부야 109의 건물 외벽의 광고는 현재 일본에서 누가 가장 인기가 있는지 짐작할 수 있는 척도가 된다. 남성용품 전문인 109 맨즈는 다른 건물에 있는데, 시부야역 하치코 출구 바로 건너편에 위치해 있다.

주소 東京都渋谷区道玄坂2-29-1 **전화** 03-3477-5111 **영업** 10:00~21:00(레스토랑 ~22:00) **휴무** 1/1 **카드** 가능 **홈페이지** www.shibuya109.jp **교통** JR 시부야 渋谷역 하치코 ハチ公 출구에서 도보 3분. 도쿄메트로 시부야역 1번·3번 출구에서 도보 1분 **지도** 별책 P.6-F

시부야에서 가장 큰 백화점

세이부 소고

SEIBU SOGO

시부야의 초대형 백화점으로 시부야역 앞 건널목에 위치해 있다. 여성복 중심의 A관과 남성복 중심의 B관, 시부야 로프트가 있는 로프트관, 무인양품이 있는 모비다관으로 나뉘며 모든 건물이 연결 통로를 통해 이어진다. 고급 브랜드와 상품들이 많아 이용 연령층이 높으며 백화점보다는 기노쿠니야 서점, 로프트, 무인양품 등의 부대 시설을 이용하러 찾는 사람들이 많다.

주소 東京都渋谷区宇田川町21-1 **전화** 03-3462-0111 **영업** 10:00~ 21:00 (일요일·공휴일 ~20:00) **휴무** 1/1 **카드** 가능 **홈페이지** www.sogo-seibu.jp/shibuya **교통** JR 시부야 渋谷역 하치코 ハチ公 출구에서 도보 4분. 도쿄메트로 시부야역 3번·6번 출구에서 도보 3분 **지도** 별책 P.7-G

일본 최대 규모를 자랑하는 잡화 전문점

로프트
LOFT

대형 문구·잡화 전문점 로프트의 시부야 지점으로, 6층 건물 전체를 매장으로 사용한다. 문구 이외에도 센스 있는 인테리어 소품과 잡화가 가득하다. 인테리어 소품이나 문구용품 등은 기능도 뛰어나고, 디자인도 세련된 것이 많다. 1층 문구·선물, 2층 미용·건강, 3~4층 가정·디자인, 5층 디자인, 6층 아트·컬처로 나뉘어 있다.

주소 東京都渋谷区宇田川町21-1 전화 03-3462-3807 영업 10:00~21:00(2층 시부야 시티라운지 11:00~23:00) 휴무 1/1 카드 가능 홈페이지 www.loft.co.jp 교통 JR 시부야 渋谷역 하치코 ハチ公 출구에서 도보 4분. 도쿄메트로 시부야역 3번·6번 출구에서 도보 3분. 세이부 소고 로프트관 지도 별책 P.6-F

일본 최대 무인양품 매장

무인양품(무지)
MUJI

생활용품 전문인 무인양품의 시부야 매장으로, 6층 건물 전체를 이용하고 있다. 다른 무인양품 매장에 비해 재고가 많은 편이며 상품도 다양하다. 2층에는 카페 겸 레스토랑인 무지 카페가 있어 쇼핑을 즐기다 잠시 쉬어 가기 좋다. 한국에도 무인양품이 있지만 일본이 가격이 저렴한 편이며 상품 종류도 많아 한 번쯤 들러보면 좋다.

주소 東京都渋谷区宇田川町21-1 전화 03-3770-1636 영업 10:00~21:00 휴무 1/1 카드 가능 홈페이지 www.muji.com/jp 교통 JR 시부야 渋谷역 하치코 ハチ公 출구에서 도보 4분. 도쿄메트로 시부야역 3번·6번 출구에서 도보 3분. 세이부 소고 모비다관 지도 별책 P.6-F

생활에
재미를 더하는 잡화 천국
핸즈
HANDS

문구와 아이디어 상품 등 다양한 생활 잡화를 취급하는 전문 몰. 생활에 필요한 물건이라면 없는 것이 없을 정도로 상품이 다양하며 아이디어 상품이 많아 둘러만 보아도 즐겁다. 나선형 구조로 되어 있어 건물을 빙글빙글 돌아 내려가면서 구경하면 편하다. 최상층의 핸즈 카페는 계절별로 다른 테마로 단장하며, 매번 바뀌는 다양한 메뉴를 즐길 수 있다.

주소 東京都渋谷区宇田川町12-18 **전화** 03-5489-5111 **영업** 10:00~20:30(레스토랑 ~22:00) **휴무** 1/1 **카드** 가능 **홈페이지** shibuya.tokyu-hands.co.jp **교통** JR 시부야 渋谷역 하치코 ハチ公 출구에서 도보 6분 **지도** 별책 P.6-B

없는 게 없는 대규모 복합 시설
시부야 스트림
渋谷ストリーム

시부야 스트림은 도큐 도요코선의 열차역이 지하로 들어가면서 생긴 빈터에 지은 건물로, 2018년 9월에 오픈한 대규모 복합 시설이다. 약 30개의 점포가 모여 있으며 위워크 오피스를 비롯한 오피스, 호텔 등이 입점해 있다. 고가 육교로 시부야역과도 바로 연결된다.

주소 東京都渋谷区渋谷3-21-3 **영업** 09:00~23:30(가게마다 다름) **휴무** 무휴 **홈페이지** shibuyastream.jp **교통** 도쿄메트로 시부야역 C2 출구와 바로 연결 **지도** 부록 P.7-K

마루이 백화점의 변신
시부야 모디
Shibuya MODI

주소 東京都渋谷区神南1-21-3 **전화** 03-4336-0101 **영업** 11:00~21:00(레스토랑 ~23:30) **휴무** 1/1 **카드** 가능 **홈페이지** shibuya.m-modi.jp **교통** JR 시부야 渋谷역 하치코 ハチ公 출구에서 도보 4분 **지도** 별책 P.7-G

마루이 시티 백화점을 20~30대의 젊은 층을 타깃으로 리뉴얼했다. 기존 마루이 백화점보다 한 단계 업그레이드된 느낌으로, 마루이에서 실험적으로 운영하는 쇼핑 시설이다. 중저가 수입 브랜드와 일본 오리지널 브랜드 제품이 많으며 카페와 레스토랑도 충실하다. 건물 입구에서 대각선 위치에 기존의 마루이 백화점이 보인다.

시부야의 상징이자 만남의 장소
큐프런트
QFRONT

JR 시부야역에서 나오면 가장 먼저 눈에 들어오는 건물. 하치코 동상 주변과 함께 시부야에서 만남의 장소로 사랑받는 곳이다. 건물에는 초대형 멀티비전이 부착되어 있어 다양한 광고 영상이 방송되고 있으며 축구나 일본 국가 대표 경기가 있을 때에는 이 주변에서 응원을 하곤 한다. 건물 안에는 음반, 서적, DVD, 게임을 대여·판매하는 츠타야가 입점해 있으며, 1층과 2층에는 스타벅스가 있다. 이 스타벅스는 세계에서 방문객이 가장 많은 스타벅스 중 하나로, 스크램블 교차로를 바라보며 음료를 즐길 수 있는 2층은 자리 잡기 경쟁이 치열하다.

주소 東京都渋谷区宇田川町21-6 **전화** 03-3770-2301(스타벅스) **영업** 06:30~다음 날 04:00 **휴무** 무휴 **카드** 가능 **교통** JR 시부야 渋谷역 하치코 ハチ公 출구에서 도보 1분. 도쿄메트로 시부야역 3번·6번 출구에서 바로 **지도** 별책 P.7-G

디즈니 캐릭터들이 한곳에
디즈니 스토어
Disney Store

디즈니 캐릭터 상품을 판매하는 전문 숍으로 입구부터 디즈니의 분위기가 물씬 풍긴다. 디즈니 만화 속 성처럼 꾸며진 건물은 귀여운 인테리어와 소품들로 가득해 만화 속 주인공이 된 듯한 착각에 빠지게 한다. 디즈니의 팬들과 어린아이들에게 인기가 좋으며 구경만 해도 즐겁다.

주소 東京都渋谷区宇田川町20-15 **전화** 03-3461-3932 **영업** 10:00~21:30 **휴무** 무휴 **카드** 가능 **홈페이지** store.disney.co.jp **교통** JR 시부야 渋谷역 하치코 ハチ公 출구에서 도보 4분 **지도** 별책 P.7-G

애플의 제품을 한자리에

애플 시부야
Apple 渋谷

세계에서 가장 먼저 애플의 신제품을 만날 수 있는 애플 스토어 중 하나로, 수많은 애플 팬들이 이곳을 찾는다. 환율에 따라 다르지만 일본은 가장 저렴하게 애플의 상품을 구매할 수 있는 나라 중 하나이기도 하다. 이러한 이점 덕에 아이폰이나 영문 키보드의 아이맥 등을 구입하기 위해 해외에서 이곳을 찾는 사람도 상당히 많다.

주소 東京都渋谷区神南1-20-9 **전화** 03-6415-3300 **영업** 10:00~21:00 **휴무** 무휴 **카드** 가능 **홈페이지** www.apple.com/jp **교통** JR 시부야 渋谷역 하치코 ハチ公 출구에서 도보 5분. 도쿄메트로 시부야역 3번·6번 출구에서 도보 4분 **지도** 별책 P.7-C

돈키호테의 확장판

메가 돈키호테
MEGA ドン・キホーテ

24시간 만물상 돈키호테의 대형 버전. 일본에 있는 상품이라면 없는 게 없을 정도로 다양한 상품들이 진열되어 있으며 가격도 저렴한 편이다. 지하 1층부터 6층까지를 매장으로 이용하고 있다. 맞은편에는 일반 돈키호테 매장도 있어 규모를 비교해 보며 쇼핑을 즐기는 것도 좋다.

주소 東京都渋谷区宇田川町28-6 **전화** 03-5428-4086 **영업** 24시간 **휴무** 무휴 **카드** 가능 **홈페이지** www.donki.com **교통** JR 시부야 渋谷역 하치코 ハチ公 출구에서 도보 4분. 도쿄메트로 시부야역 3번·6번 출구에서 도보 3분 **지도** 별책 P.6-F

돈키호테 할인 쿠폰

돈키호테에서 구입한 대부분의 상품은 면세가 적용되며 온라인 할인쿠폰 링크에서 쿠폰을 받으면 1만 엔 이상 구매 시 추가로 5% 할인을 받을 수 있다.

마니아들의 천국
만다라케
MANDARAKE

기괴한 모형으로 꾸며진 입구를 지나 지하로 내려가면 수많은 취미용품이 눈에 들어온다. 중고 취미용품을 사고팔 수도 있는데, 가격이 상당한 편이다. 주로 애니메이션, 피규어, 게임, 장난감 등의 중고 상품이 많으며 80~90년대는 물론 60년대 추억의 상품까지도 발견할 수 있다.

주소 東京都渋谷区宇田川町31-2 **전화** 03-3477-0777 **영업** 12:00~20:00 **휴무** 무휴 **카드** 가능 **홈페이지** mandarake.co.jp **교통** JR 시부야 渋谷역 하치코 ハチ公 출구에서 도보 4분. 도쿄메트로 시부야역 3번·6번 출구에서 도보 3분 **지도** 별책 P.6-F

시부야의 연결 통로이자
복합 쇼핑몰
시부야 마크시티
渋谷マークシティ

JR 시부야역과 게이오 전철 시부야역, 도쿄메트로 긴자선을 연결하는 곳으로 이곳에서 게이오 열차가 출발한다. JR 시부야역과 도큐 백화점을 연결하는 통로에서는 스크램블 교차로를 내려다볼 수 있다. 광장 한가운데에는 오카모토 타로의 작품이 진열되어 있다. 수많은 상점과 레스토랑이 들어서 있어 쇼핑을 즐기는 사람도 많다.

주소 東京都渋谷区道玄坂1-12-1 **전화** 03-5458-9171 **영업** 10:00~21:00 **휴무** 무휴 **카드** 가능 **홈페이지** www.s-markcity.co.jp **교통** JR 시부야 渋谷역 하치코 ハチ公 출구에서 도보 1분(역 2층 연결 통로로 연결). 도쿄메트로 시부야역 5번 출구에서 도보 1분. 게이오 이노카시라선 시부야역과 직접 연결 **지도** 별책 P.6-J

인기 만화 〈원피스〉의 캐릭터 숍
원피스
무기와라 스토어
ONE PIECE 麦わらストア

일본 4개 도시에 지점이 있는 〈원피스〉 캐릭터 전문 숍으로, 이곳이 본점이다. 다양한 〈원피스〉 캐릭터 상품이 보기 좋게 진열되어 있다. 또한 주인공 루피 등 캐릭터들의 대형 오브제가 곳곳에 전시되어 있어 기념사진을 찍기 좋다.

주소 東京都渋谷区神南1-23-10 6층 **전화** 03-6416-922 **영업** 10:00~21:00 **휴무** 무휴 **홈페이지** www.mugiwara-store.com/store/5153 **교통** JR 시부야 渋谷역 하치코 ハチ公 출구에서 도보 2분 도쿄메트로 시부야역 A7b, A12 출구에서 도보 1분 **지도** 별책 P.7-G

독보적인 접근성
이케아 시부야
IKEA 渋谷

창고형 매장에서 조립식 가구와 생활용품을 판매하는 스칸디나비아 체인점 이케아의 시부야 지점. 이케아는 보통 교외에 매장이 있지만 이곳은 도쿄의 중심인 시부야에 위치해 접근성이 뛰어나다. 1층부터 7층까지 생활 소품이 진열되어 있으며 7층에는 이케아 레스토랑이 있다.

주소 東京都渋谷区宇田川町24-1 **영업** 10:00~21:00 **휴무** 무휴 **홈페이지** www.ikea.com/jp/ja/stores/shibuya **교통** JR 시부야 渋谷역 하치코 ハチ公 출구에서 도보 4분, 도쿄메트로 시부야역 A6a, A6b 출구에서 도보 3분 **지도** 별책 P.6-F

조금 특별한 ABC 마트
ABC 마트
그랜드 스테이지
ABC-MART Grand Stage

다양한 브랜드의 신발을 모아 판매하는 ABC 마트의 스페셜 숍으로 규모가 크다. 다양한 신발 브랜드의 한정 상품, 컬래버레이션 상품과 만나볼 수 있다. 그 외에도 신발에 어울리는 잡화·패션 상품 등을 살펴볼 수 있다. 주변에 일반 ABC 마트도 있으니 함께 구경하면 좋다.

주소 東京都渋谷区宇田川町23-8 **전화** 03-5784-4361 **영업** 12:00~21:00 **휴무** 무휴 **카드** 가능 **홈페이지** www.abc-mart.com/grandstage **교통** JR 시부야 渋谷역 하치코 ハチ公 출구에서 도보 4분 **지도** 별책 P.6-F

기본에 충실한 햄버그스테이크

히키니쿠토 고메
挽肉と米

시부야의 도겐자카 계단 언덕길의 한 작은 건물에 숨어 있는 숯불 햄버그스테이크 가게. 단일 메뉴 (1600엔)로 총 3개의 숯불 햄버그스테이크(90g)에 다양한 양념을 곁들여 먹을 수 있다. 가마솥에서 갓 지은 맛있는 밥과 된장국, 날달걀이 제공된다. 인기가 좋아 예약이 필수이다. 홈페이지에서 사전 예약을 하거나 직접 방문해 번호표를 받을 수 있다.

주소 東京都渋谷区道玄坂2-28-1 3F **영업** 11:00~21:00 **휴무** 수요일 **홈 페이지** www.hikinikutocome.com **교통** JR 시부야 渋谷역 하치코 ハチ公, 서쪽 출구에서 도보 7분, 도쿄메트로 시 부야역 A0 출구에서 도보 2분 **지도** 별 책 P.6-F

서서 먹는 푸짐한 스테이크

이키나리 스테이크
いきなり!ステーキ

양질의 소고기 스테이크를 저렴한 가격에 맛볼 수 있는 스테이크 전문점. 런치 타임에는 300g이 넘는 소고기 스테이크를 1500엔 정도에 맛볼 수 있어 고기를 좋아하는 사람들에게 환영받는다. 테 이블을 줄이고 회전율을 높인 것이 특징으로, 사람이 많을 때는 서서 먹어야 할 수도 있다. CAB 와 일드 스테이크 CABワイルドステーキ 1350엔(300g), 와일드 햄버그 ワイルドハンバーグ 1100엔 (300g). 밥, 샐러드, 수프가 함께 제공된다.

주소 東京都渋谷区宇田川町33-13 **전화** 03-6416-3329 **영업** 11:00~23:00 **휴무** 무휴 **홈페이지** ikinaristeak. com/shopinfo/shibuya-centergai **교통** JR 시부야역 하치코 ハチ公 출구에서 도보 8분, 도쿄메트로 A3a 출구에서 도보 4분 **지도** 별책 P.6-F

1 서서 즐기는 스테이크
2 푸짐한 스테이크 런치

취향 따라 골라 먹는
건강한 한 끼
비오 카페
Bio Cafe

스페인자카에 자리한 오가닉 미용 카페. 오가닉 재료와 잡곡으로 만든 요리와 디저트를 내놓는 곳으로, 잡곡을 이용한 빵과 디저트, 웰빙 음료 등이 여성들에게 인기가 높다. 계절에 따라 메뉴가 바뀌는 런치는 5가지(1280~1500엔)가 있어 취향에 따라 선택해서 맛볼 수 있다.

주소 東京都渋谷区宇田川町16-14 **전화** 050-5868-2321 **영업** 11:00~23:00 **휴무** 무휴 **카드** 가능 **홈페이지** www.biocafe.jp **교통** JR 시부야 渋谷역 하치코 ハチ公 출구에서 도보 4분. 도쿄메트로 시부야역 3번·6번 출구에서 도보 3분 **지도** 별책 P.6-F

시부야를 대표하는 만두집
시부야 교자
渋谷餃子

시부야 센타가이에 위치한 교자 전문점. 물만두, 군만두, 튀김만두 등 다양한 교자를 저렴한 가격에 맛볼 수 있다. 교자 이외에도 볶음밥, 부추볶음 등 간단한 중화요리와 저렴한 가격의 런치, 세트 메뉴도 있다. 교자 餃子 290엔~. 원코인 정식(밥, 교자, 수프, 숙주볶음) ワンコイン定食 500엔.

주소 東京都渋谷区宇田川町30-3 **전화** 03-5428-5050 **영업** 11:00~다음 날 05:00 **휴무** 무휴 **카드** 가능 **홈페이지** www.mpkitchen.co.jp **교통** JR 시부야 渋谷역 하치코 ハチ公 출구에서 도보 4분. 도쿄메트로 시부야역 3번·6번 출구에서 도보 3분 **지도** 별책 P.6-F

1 건물 2층에 위치
2 교자 6개가 1인분
3 혼자 식사하기 좋은 카운터석

입에서 사르르 녹는 행복한 팬케이크
시아와세노 팬케이크
幸せのパンケーキ

시아와세는 일본어로 행복이라는 뜻. 이곳의 부드러운 팬케이크를 먹으며 행복을 느껴보자. 첨가물을 사용하지 않고, 신선한 달걀과 홋카이도산 우유, 발효 버터를 사용하여 20분간 천천히 구워낸다. 온도와 시간을 측정하며 정성스럽게 굽기 때문에 기다리는 시간은 감안해야 한다. 시아와세노 판케키(행복한 팬케이크) 幸せのパンケーキ 1100엔.

주소 東京都渋谷区道玄坂1-18-8 **전화** 03-3462-6666 **영업** 10:30~20:30(토·일요일·공휴일 10:00~20:30) **휴무** 부정기 **카드** 가능 **홈페이지** magia.tokyo **교통** JR 시부야 渋谷역 하치코 ハチ公 출구에서 도보 8분. 도쿄메트로 시부야역 2번 출구에서 도보 4분 **지도** 별책 P.6-l

---

1 작지만 매력적인 커피 전문점
2 메인 메뉴는 스페셜티 커피

인스타그램에서 인기인 커피 전문점
어바웃 라이프 커피 브루어스
ABOUT LIFE COFFEE BREWERS

시부야 도겐자카 언덕의 끄트머리에 위치한 커피 전문점. 많은 사람들이 사진을 찍어 SNS에 올리면서 유명해졌다. 2평 남짓의 작은 공간에 센스 있는 인테리어가 돋보인다. 산지, 농장, 로스팅 등을 까다롭게 따진 스페셜티 커피가 주 메뉴이며 직접 로스팅한 커피 원두도 판매하고 있다. 드립 커피 400엔(아이스 430엔).

주소 東京都渋谷区道玄坂1-19-8 **전화** 03-6809-0751 **영업** 08:30~20:30(토·일요일·공휴일 09:00~19:00) **휴무** 무휴 **홈페이지** www.about-life.coffee **교통** JR 시부야 渋谷역 하치코ハチ公 출구에서 도보 9분. 도쿄메트로 시부야역 2번 출구에서 도보 5분 **지도** 별책 P.6-l

**일본의 인기 아이돌
아라시가 소개한 맛집**

모우얀 카레

もうやんカレー

일본의 다양한 맛 대결 프로그램에서 4번이나 1위를 차지한 카레 전문점. 일본의 인기 아이돌 아라시의 프로그램에서도 소개되어 아라시 맛집으로도 알려져 있다. 7가지의 과일과 채소를 듬뿍 넣고 하루 종일 약한 불로 익혀낸 다음 25가지의 스파이스를 넣어 카레의 맛과 향을 낸다. 이것을 다시 4~5일간 숙성한 다음 가열하는 과정을 거치는데, 카레를 만드는 데만 2주가 걸린다고 한다. 가게 곳곳에는 만화책이 가득 쌓여 있어 기다리는 시간이 지루하지 않다. 런치는 뷔페 형식이며, 1000엔으로 원하는 카레를 마음껏 먹을 수 있다.

주소 東京都渋谷区渋谷1-7-5 **전화** 03-6805-1994 **영업** 11:30~15:30, 18:00~23:30 **휴무** 일요일 **카드** 가능 **홈페이지** moyan.jp **교통** JR 시부야 渋谷역 하치코 ハチ公 출구에서 도보 4분. 도쿄메트로 시부야역 11번 · 12번 출구에서 도보 7분 **지도** 별책 P.7-H

3

1 리액션 좋은 주인 아저씨
2 만화빙과 비슷한 실내 분위기
3 모우안 카레

**신선한 재료로 인기 높은
초밥 전문점**

우메가오카 스시노
미도리

梅丘寿司の美登利

신선한 재료, 풍부한 양, 저렴한 가격으로 항상 줄이 길게 늘어선 인기 절정의 초밥 전문점. 테이블석과 카운터석으로 구분되어 있으며 밖에서 기다리는 손님을 위한 배려도 세심하다. 특히 인기가 많은 아나고 초밥은 도시락으로도 판매하고 있다. 특상 스시(토쿠죠 니기리) 特上にぎり 1600엔~.

주소 東京都渋谷区道玄坂1-12-3 **전화** 03-5458-0002 **영업** 11:00~22:00(토 · 일요일 · 공휴일 ~21:00) **휴무** 무휴 **홈페이지** www.sushinomidori.co.jp **교통** JR 시부야 渋谷역 하치코 ハチ公 출구에서 도보 4분. 도쿄메트로 시부야역 2번 · 5번 출구에서 도보 2분 **지도** 별책 P.6-J

깔끔한 일본 정통 초밥을
맛볼 수 있다.

춤과 음악이 있는 곳
시부야 클럽 거리

시부야는 롯폰기와 함께 도쿄 클럽 문화의 중심지로, 수많은 클럽들이 모여 있다. 어둠이 내려앉으면 작은 골목 안에 숨어 있던 클럽의 조명이 하나둘씩 켜진다. 클럽이 모여 있는 곳은 도겐자카 언덕 골목 부근으로, 이곳을 '시부야 클럽 거리'라고 부른다. 시부야 클럽 거리에서 흘러나오는 음악과 테크니컬한 디제잉은 도쿄 음악의 트렌드를 이끈다고 할 수 있다.

클럽의 하이라이트 시간대는 주로 밤 10시 이후이지만, 게스트에 따라 운영 시간이 다르니 홈페이지에서 스케줄을 확인하는 것은 필수다. 비용은 1인당 3000엔 이상이며 또한 클럽 입장 시 신분 확인이 필요하니 여권을 꼭 지참할 것. 밤늦은 시간인 만큼 안전에 주의하는 것도 잊지 말자.

교통 JR 시부야 渋谷역 하치코 ハチ公 출구에서 도보 4분. 도쿄메트로 시부야역 1번 출구에서 도보 4분. 게이오 이노카시라선 시부야역에서 도보 4분 **지도** 별책 P.6-I

인기 클럽

〈 아톰 도쿄 ATOM TOKYO 〉
주소 東京都渋谷区円山町2-4
전화 03-3464-0703
영업 수~토요일 22:00~다음 날 05:00
휴무 부정기
홈페이지 atom-tokyo.com
지도 별책 P.6-I

〈 웜 Womb 〉
주소 東京都渋谷区円山町2-16
전화 03-5459-0039
영업 목~토요일 22:30~다음 날 04:30(이벤트에 따라 다름)
휴무 부정기
홈페이지 www.womb.co.jp
지도 별책 P.6-I

〈 할렘 Harlem 〉
주소 東京都渋谷区円山町2-4
전화 03-3461-8806
영업 수~토요일 22:00~다음 날 05:00 **휴무** 부정기
홈페이지 www.harlem.co.jp
지도 별책 P.6-I

〈 클럽 아시아 Club Asia 〉
주소 東京都渋谷区道玄坂2-21-7
전화 03-5458-2551
영업 수~토요일 19:00~다음 날 05:00 **휴무** 부정기
홈페이지 asia.iflyer.jp
지도 별책 P.6-E

한적한 거리에 예쁜 가게들이 옹기종기

오쿠시부
奥渋

오쿠시부는 '안쪽(奥, 오쿠)의 시부야'를 뜻하는 일본어 줄임말로, 분카무라에서 요요기 공원까지의 골목길을 가리킨다. 이 일대는 '가미야마초(神山町)'라 불리는데, 대사관이 모여 있는 주택가로 시부야에 비해 한적하고 여유로운 분위기를 느낄 수 있다. 길을 따라 걷다 보면 옹기종기 모여 있는 작고 예쁜 카페와 레스토랑, 잡화점이 보인다. 마음에 드는 카페에서 음료를 테이크아웃해 요요기 공원에서 즐기는 것도 추천한다. 길의 양 끝에는 시부야역과 요요기코엔역이 있다.

교통 JR 시부야 渋谷역 하치코 ハチ公 출구에서 도보 12분. 또는 도쿄메트로 요요기코엔 代々木公園역 1번·2번 출구에서 도보 3분. 오다큐 오다와라선 요요기하치만 代々木八幡역 남쪽 출구에서 도보 4분 **지도** 별책 P.5−C

추천 가게

출판사가 운영하는 서점
시부야 퍼블리싱 앤드 북셀러즈
SHIBUYA PUBLISHING & BOOKSELLERS

출판사가 운영하는 서점으로, 출판과 판매가 한곳에서 이뤄지고 있다. 이곳에서 직접 만든 독특한 디자인의 잡지, 최신 도쿄 트렌드를 알 수 있는 정보지가 많이 놓여 있다.

주소 東京都渋谷区神山町17-3 **전화** 03−5465−0588 **영업** 11:00~23:00(일요일 ~22:00) **휴무** 연말연시 **홈페이지** www.shibuyabooks.co.jp **지도** 별책 P.5−A

런치가 즐거운 카페
토미가야 테라스
Tomigaya TERRACE

오쿠시부 입구에 자리한 비스트로 카페. 세련된 분위기 덕분에 시부야의 젊은 여성들이 즐겨 찾고 있다. 테라스석에서는 반려동물과 함께 식사를 할 수 있으며 오픈된 공간에서 거리를 바라보며 시간을 보낼 수 있다. 런치는 1000엔으로 양이 제법 많은 편이다.

주소 東京都渋谷区富ヶ谷1-14-13 **전화** 03-6407-9384 **영업** 11:30~24:00 **휴무** 부정기(월 2회 정도) **홈페이지** www.instagram.com/terracetomigaya **지도** 별책 P.5-A

독특하고 맛있는 달걀 샌드위치
캐멀백 샌드위치 앤드 에스프레소
Camelback
Sandwich & Espresso

최근 인스타그램에서 유명해진 가게. 고추냉이가 약간 들어간 짭짤한 달걀 샌드위치가 맛있다. 가게 내부 사진 촬영은 금지되어 있으니 주의할 것. 에그 오믈렛 샌드위치 Egg Omelet Sandwich 380엔.

주소 東京都渋谷区神山町42-2 **전화** 03-6407-0069 **영업** 10:00~19:00 **휴무** 월요일 **홈페이지** www.camelback.tokyo **지도** 별책 P.5-A

푸글렌 해외 1호점
푸글렌 도쿄
Fuglen Tokyo

1 흰색 2층 건물의 푸글렌 도쿄
2 아이스 라테
3 칵테일 바 분위기의 실내

노르웨이 오슬로에서 시작한 인기 카페로, 푸글렌은 노르웨이어로 '새'라는 뜻이다. 오쿠시부 지점이 해외 1호점이며 낮에는 카페, 밤에는 칵테일 바로 바뀐다. 가격은 비싼 편이다. 아이스 라테 アイスラテ 620엔.

주소 東京都渋谷区富ヶ谷1-16-11 **전화** 03-3481-0884 **영업** 월~화요일 08:00~22:00, 수~목요일 08:00~다음 날 01:00, 금요일 08:00~다음 날 02:00, 토요일 10:00~다음 날 02:00, 일요일 10:00~다음 날 01:00 **휴무** 무휴 **홈페이지** www.fuglen.com **지도** 별책 P.5-A

하라주쿠

原宿

도쿄에서 가장 핫한 젊음의 거리

도쿄의 개성 넘치는 멋쟁이들이 모이는 곳으로 일본 패션의 진수를 볼 수 있는 지역이다. 거리는 독특하고 다양한 패션의 젊은이들로 붐비며, 메이지진구 입구 다리 주변에는 주말마다 코스튬 플레이를 즐기는 무리를 만날 수 있다. 역 앞으로 길게 뻗어 있는 다케시타 도리를 중심으로 10대 타깃의 상점이 모여 있고, 뒷골목인 우라하라주쿠에는 20~30대를 위한 상점들이 많다. 캬리 파뮤 파뮤('일본의 레이디가가'로 불리는 여성 아이돌 가수) 등 귀여움을 내세운 연예인들의 활약으로 하라주쿠 패션이 크게 인기를 모으면서 관광객이 한층 늘어났다.

여행 포인트		이것만은 꼭 해보자		위치

관광	★☆☆
사진	★★★
쇼핑	★★★
음식점	★★☆
야간 명소	★☆☆

☑ 메인 스트리트인
  다케시타 도리 걷기
☑ 우라하라주쿠,
  캣 스트리트에서 쇼핑
☑ 메이지 신궁 숲길
  산책하기

신주쿠 • • 우에노
시부야 • • 하라주쿠
지유가오카 •
  • 오다이바
하네다 공항 •

하라주쿠 가는 법

{ 하라주쿠의 주요 역 }

JR 하라주쿠역
原宿

도쿄메트로
지요다선
메이지진구마에역
明治神宮

도쿄메트로
후쿠토신선
메이지진구마에역
明治神宮

위의 3개 역에 하차하면 하라주쿠의 중심 거리로 바로 갈 수 있다. 주변의 요요기(도보 5분), 시부야 (도보 15분), 오모테산도(도보 5분)와는 도보로 이동해도 좋을 정도로 가깝다.

{ 각 지역에서 하라주쿠로 가는 법 }

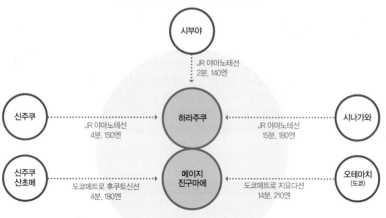

시부야

JR 야마노테선
2분, 140엔

신주쿠

JR 야마노테선
4분, 150엔

하라주쿠

시나가와

JR 야마노테선
15분, 180엔

신주쿠
산초메

도쿄메트로 후쿠토신선
4분, 180엔

메이지
진구마에

도쿄메트로 지요다선
14분, 210엔

오테마치
(도쿄)

고풍스러운 분위기의 JR 하라주쿠역

JR 하라주쿠역 다케시타 출구

하라주쿠 추천 코스

1 하라주쿠역

도보 1분

2 진구바시

도보 3분

3 메이지 신궁

도보 10분

4 요요기 공원

도보 10분

5 다케시타 도리

도보 2분

6 우라하라주쿠

도보 3분

7 캣 스트리트

메이지 신궁

요요기 공원

다케시타 도리

캣 스트리트

도보 여행 팁

하라주쿠는 신주쿠와 시부야 사이에 위치해 교통이 편리하며 시부야까지는 구경하면서 천천히 걸어가도 좋을 거리다.

하라주쿠의 메인 스트리트인 다케시타 도리는 걷기 힘들 정도로 사람이 많이 몰리기 때문에 주말보다는 평일에 여행하기 좋다.

Zoom in
HARAJUKU

하라주쿠
한눈에 보기

① 요요기 공원

도쿄 젊은이들의 휴식 공간으로 날씨가 좋은 날 이곳에서 여유를 즐기는 사람들을 많이 볼 수 있다. 주말에는 이벤트와 공연도 많이 열려 즐거움이 배가된다.

③ 메이지 신궁

① 요요기 공원

② 다케시타 도리

10대 소녀 취향의 상점이 늘어서 있는 거리로 패션 테마는 귀여움이다. 10대 타깃이기 때문에 저렴하고 독특한 상품들을 많이 찾을 수 있다. 거리에서 먹는 달콤한 크레이프는 이곳의 명물.

③ 메이지 신궁

숲으로 둘러싸인 일본 최대 규모 신사다. 자갈이 깔려 있는 고즈넉한 숲길을 산책할 수 있다.

역을 기점으로 달라지는 분위기

하라주쿠는 JR 하라주쿠역을 중심으로 서쪽과 동쪽의 분위기가 크게 바뀐다. 서쪽은 요요기 공원, 메이지 신궁 등 공원과 신사가 대부분이어서 녹지가 많고 한적한 편이며 반대편은 수많은 상점들이 밀집한 번화가다.

4 캣 스트리트

시부야로 이어지는 메이지 도리의 뒷길로 과거 시부야강이 흐르던 곳이다. 부티크 잡화점 등이 모여 있으며 길가에 서서 수다를 떨고 있는 젊은이들의 여유로운 풍경을 볼 수 있다.

가로 방향으로 뻗어 있는 메이지 도리

5 메이지 도리

하라주쿠의 대표적인 쇼핑 거리로 도로를 따라 시부야와 연결된다. 일본 오리지널 브랜드와 해외 유명 브랜드 숍들이 모여 있다.

하라주쿠역

2 다케시타 도리

6 우라하라주쿠

메이지진구마에역 7 도큐 플라자

오모테산도

5 메이지 도리

4 캣 스트리트

아오야마 북 센터

6 우라하라주쿠

줄여서 '우라하라'라고도 불리는 하라주쿠의 뒷골목으로 패션 숍과 개성 있는 미용실 등이 모여 있다. 비교적 한적한 주택가로 20~30대의 젊은 층이 즐겨 찾는다.

7 도큐 플라자

메이지 도리 교차로에 새로 생긴 건물. 입구 앞의 공터는 만남의 장소로 애용된다. 거울로 된 독특한 입구가 특징이며 주변에 일본 연예 기획사의 스카우터들이 많다.

SIGHTSEEING

하라주쿠의 관광 명소

★★

도쿄에서
가장 많은 사람이 찾는 신사

메이지 신궁

明治神宮 🔊 메이지 진구

메이지 일왕과 그의 부인 쇼켄 왕후를 기리기 위해 1920년 건립된 신사다. 약 70만 ㎡의 부지에 일본 전국 각지에서 보내온 나무를 심어 숲을 이루었으며 길에는 자갈이 깔려 있다. 계절에 따라 다양한 이벤트가 열리고, 주말에는 일본 전통 혼례를 볼 수도 있다. 본당으로 가는 길에 있는 화원에는 '키요마사노이도(清正井)'라는 우물이 있다. 이곳에서 손을 씻고 우물 사진을 찍어 스마트폰 대기 화면으로 사용하면 행운이 찾아온다고 하여 많은 사람이 몰린다. 새해 첫날의 행사인 하츠모우데(初詣, 12월 31일 저녁~1월 3일) 기간에는 약 100만 명의 참배객이 찾아온다.

주소 東京都渋谷区代々木神園町 1 - 1 **전화** 03-3379-5511 **개방** 일출~일몰 **휴무** 무휴 **요금** 입장 무료, 화원과 보물 전시실 500엔 **홈페이지** www.meijijingu.or.jp **교통** JR 야마노테선 하라주쿠 原宿역 오모테산도 表参道 출구에서 도보 3분. 또는 도쿄메트로 지요다선 · 후쿠토신선 메이지진구마에 明治神宮前역 2번 출구에서 도보 3분 **지도** 별책 P.8-A

★★

도쿄 젊은이들의 여유로운 쉼터

요요기 공원

代々木公園 🔊 요요기 코-엔

주소 東京都渋谷区代々木神園町2-1 **전화** 03-3469-6081 **개방** 5/1~10/15 은 05:00~20:00, 10/16~4/30은 05:00~17:00 **휴무** 무휴 **교통** JR 야마노테선 하라주쿠 原宿역 오모테산도 表参道 출구에서 도보 5분. 또는 도쿄메트로 지요다선 요요기코엔 代々木公園역 4번 출구에서 도보 1분 **지도** 별책 P.8-A

도쿄 젊은이들의 공원 문화를 살펴볼 수 있는 복잡한 도심 속의 오아시스 같은 공원. 넓게 펼쳐진 잔디 공원과 중앙의 호수, 분수 광장 주변에는 앉아서 휴식을 취하는 사람들로 가득하다. 공연과 퍼포먼스 등 다양한 이벤트와 주말에는 벼룩시장이 열린다. 봄에는 벚꽃, 가을에는 단풍의 명소로 사랑받고 있다.

✪
주말 코스프레의 작은 명소
진구바시
神宮橋

하라주쿠와 요요기 공원, 메이지 신궁을 연결하는 철길 위의 작은 다리. 주말이 되면 애니메이션 캐릭터, 뮤지션 등의 특이한 화장과 복장을 따라하고 코스프레(코스튬 플레이)를 하고 있는 광경을 쉽게 볼 수 있다.

주소 東京都渋谷区神宮前1-18 **교통** JR 야마노테선 하라주쿠 原宿역 오모테산도 表参道 출구에서 도보 1분, 또는 도쿄메트로 지요다선 · 후쿠토신선 메이지진구마에 明治神宮前역 2번 출구에서 도보 1분 **지도** 별책 P.8-E

✪✪✪
하라주쿠의 문화 중심 거리
다케시타 도리
竹下通り

홈페이지 www.takeshita-street.com **교통** JR 야마노테선 하라주쿠 原宿역 다케시타 竹下 출구에서 도보 1분. 또는 도쿄메트로 지요다선 · 후쿠토신선 메이지진구마에 明治神宮前역 2번 출구에서 도보 3분 **지도** 별책 P.8-B

하라주쿠역 다케시타 출구부터 약 400m의 직선 거리로 좁은 골목 사이로 수많은 상점들이 늘어서 있다. 언제나 많은 사람들로 붐비며 자유분방하고 개성 넘치는 분위기가 매력적이다. 주로 10대들이 좋아할 만한 의류, 액세서리, 팬시상품부터 일본 아이돌 사진, 코스프레 용품에 이르기까지 특이하고 저렴한 상품을 찾을 수 있다.

✪

하라주쿠의 뒷골목 패션 일번지

우라하라주쿠

裏原宿

다케시타 도리에서 오모테산도 힐즈로 넘어가기 전의 골목길. 우라하라주쿠는 하라주쿠의 뒷골목을 일컫는 말로 줄여서 '우라하라'라고 부르기도 한다. 고풍스러운 스타일의 패션 숍과, 미용실, 옷가게들이 모여 있으며 주로 20대 이상의 젊은 층이 이곳을 찾는다.

홈페이지 urahara.org **교통** JR 야마노테선 하라주쿠 原宿역 다케시타 竹下 출구에서 도보 7분. 또는 도쿄메트로 지요다선 · 후쿠토신선 메이지진구마에 明治神宮前역 5번 출구에서 도보 4분 **지도** 별책 P.8-F

✪✪

하라주쿠와 시부야를 연결하는 쇼핑 산책로

캣 스트리트

キャットストリート

도쿄에서 가장 패셔너블한 거리 중 하나로 시부야와 하라주쿠를 연결하는 거리다. 완만하게 굽은 길을 따라 저층 건물이 길게 늘어서 있다. 하라주쿠의 다른 거리에 비해 한적한 편이며 골목 사이사이 예쁜 식당들을 찾을 수 있다. 젊은 디자이너의 감각으로 꾸민 상점이 줄지어 있어 산책과 쇼핑을 동시에 즐길 수 있다. 최근에는 다양한 브랜드의 플래그십 스토어가 경쟁하듯이 들어서고 있다.

교통 JR 야마노테선 하라주쿠 原宿역 오모테산도 表参道 출구에서 도보 7분. 또는 도쿄메트로 지요다선 · 후쿠토신선 메이지진구마에 明治神宮前역 4번 출구에서 도보 3분. 또는 오모테산도역 A-1 출구에서 도보 4분 **지도** 별책 P.8-B · I

⭐⭐
다양한 작품이 모이는
렌털 스페이스 갤러리
디자인 페스타 갤러리
Design Festa Gallery

우라하라주쿠의 한적한 골목 중앙에 있는 독특한 구조의 갤러리. 유료로 그림이나 사진, 조각 등 작품을 전시할 수 있는 공간을 대여해 주며 작품을 판매할 수도 있다. 2~3층에는 사무실과 숙식할 수 있는 공간이 있어 세계 여러 나라의 아티스트들이 이곳에 머물면서 작품을 선보이고 있다. 갤러리는 동관과 서관, 두 건물로 나뉘며 건물 사이에는 카페 겸 바와 맛있는 철판 요리 전문점 사쿠라테이(さくら亭)가 있다.

주소 東京都渋谷区神宮前3-20-2 **전화** 03-3479-1442 **개방** 11:00~20:00 **휴무** 무휴 **홈페이지** www.designfestagallery.com **교통** JR 야마노테선 하라주쿠 原宿역 다케시타 竹下 출구에서 도보 7분. 또는 도쿄메트로 메이지진구마에 明治神宮前역 5번 출구에서 도보 5분 **지도** 별책 P.8-B

하라주쿠 골목에 숨어 있는
민속화 박물관
오타 기념 미술관
太田記念美術館
🔊 오타 키넨 비쥬츠칸

일본 전통 회화의 하나인 우키요에(浮世絵)는 14~19세기 일본의 서민 생활을 기조로 하여 제작된 회화 양식으로 일반적으로 목판화를 일컫는다. 이곳은 우키요에 작품을 전시하는 곳으로 일본의 대표적인 우키요에 작가인 오타 세이조(太田清蔵)의 작품을 중심으로 1만 점 이상의 컬렉션을 보유하고 있다.

주소 東京都渋谷区神宮前1-10-10 **전화** 03-5777-8600 **개방** 10:30~17:30 **휴무** 월요일(공휴일인 경우 다음 날), 연말연시, 전시 교체 기간 **요금** 700엔(대학생·고등학생 500엔), 특별전 1000엔 **홈페이지** ww.ukiyoe-ota-muse.jp **교통** JR 야마노테선 하라주쿠 原宿역 오모테산도 表参道 출구에서 도보 5분. 또는 도쿄메트로 메이지진구마에 明治神宮前역 5번 출구에서 도보 3분 **지도** 별책 P.8-F

⭐
언제나 새롭고 독특한 전시
와타리움 미술관
ワタリウム美術館
🔊 와타리움 비쥬츠칸

스위스의 건축가 마리오 보타(Mario Botta)가 설계한 독특한 건물 외관으로도 유명한 미술관. 전시실은 계단이 아닌 엘리베이터로 2~4층을 오르내리며 관람하게 되어 있다. 전시마다 작품 분위기에 맞추어 벽과 바닥의 모습을 바꾼다고 한다.

주소 東京都渋谷区神宮前3-7-6 **전화** 03-3402-3001 **개방** 11:00~19:00 **휴무** 월요일(공휴일 제외), 연말연시 **요금** 1000엔(학생 800엔) **홈페이지** www.watarium.co.jp **교통** JR 야마노테선 하라주쿠 原宿역 다케시타 竹下 출구에서 도보 12분. 또는 도쿄메트로 메이지진구마에 明治神宮前역 5번 출구에서 도보 10분 **지도** 별책 P.9-C

하라주쿠와 오모테산도 사이의 복합 쇼핑몰

도큐 플라자
Tokyu Plaza

오모테산도와 하라주쿠가 만나는 하라주쿠 사거리의 복합 상업 시설. 그린 프로젝트의 일환으로 건물 곳곳에 나무가 심어져 있다. 사방이 거울로 둘러싸인 독특한 입구와 개방된 테라스 공간은 새로운 명소로 인기가 많다. 쇼핑 시설도 충실하며, 녹음이 우거진 옥상 테라스는 휴식 공간으로 사랑받고 있다.

주소 東京都渋谷区神宮前4-30-3 **전화** 03-3497-0418 **영업** 11:00~21:00(카페·레스토랑 ~23:00) **휴무** 부정기 **카드** 가능 **홈페이지** omohara.tokyu-plaza.com **교통** JR 야마노테선 하라주쿠 原宿역 오모테산도 表参道 출구에서 도보 5분. 도쿄메트로 메이지진구마에 明治神宮前역 5번 출구에서 도보 2분 또는 오모테산도 表参道역 A-2 출구에서 도보 7분 **지도** 별책 P.8-F

일본 인기 브랜드가 한자리에

유머 숍
Humor Shop

전화 03-6438-9315
영업 11:00~21:00 카드 가능
홈페이지 www.a-net.com/hmr
위치 도큐 플라자 4층

주카(Zucca), 츠모리 치사토(Tsumori Chisato) 등 일본의 인기 브랜드들을 만날 수 있는 셀렉트 숍. 20대를 타깃으로 한 캐주얼 하면서도 고급스러운 디자인과 재미있는 캐릭터 디자인 등 다양한 패션 아이템들이 가득하다.

호주 시드니에서 온
캐주얼 다이닝

빌즈
Bills

전화 03-5772-1133
영업 08:30~23:00 카드 가능
홈페이지 bills-jp.net
위치 도큐 플라자 7층

최근 도쿄에서 가장 인기 있는 브런치 레스토랑 중 한 곳이다. 도심 속 자연을 느낄 수 있는 옥상 테라스에서 식사를 즐길 수 있어 세련된 도쿄 여성들이 많이 찾는다. 추천 메뉴는 리코타 치즈 팬케이크 リコッタパンケーキ 1400엔.

하라주쿠의 작은 쉼터

스타벅스 도큐 플라자
오모테산도 하라주쿠점
STARBUCKS COFFEE

전화 03-5414-5851
영업 8:30~23:00
카드 가능
홈페이지 www.starbucks.co.jp
위치 도큐 플라자 옥상

도큐 플라자 옥상에 위치한 스타벅스로 나무가 우거진 옥상 테라스에서 잠깐의 여유를 즐길 수 있다. 나무 사이로 편안한 좌석이 놓여 있으며 하라주쿠 전망도 감상할 수 있다.

하라주쿠 패션 트렌드의 중심
라포레 하라주쿠
ラフォーレ原宿

유행의 발신지인 하라주쿠와 오모테산도의 경계에 자리하고 있는 라포레는 가장 트렌디한 곳이다. 쇼핑하기 좋은 동선과 규모에 비해 넓고 독특한 실내는 어느 한 곳 빼놓을 수 없을 만큼 감각적인 제품으로 가득하다. 6층 규모의 건물 안에는 10~20대를 타깃으로 한 일본 유명 브랜드가 입점해 있고, 패션 숍 외에도 레코드 숍, 서점, 전시장, 카페가 있어 복합 문화 공간의 성격을 띠고 있다.

주소 東京都渋谷区神宮前1-11-6 **전화** 03-3475-0411 **영업** 11:00~21:00 **휴무** 1/1 **카드** 가능 **홈페이지** www.laforet.ne.jp **교통** JR 야마노테선 하라주쿠 原宿역 오모테산도 출구에서 도보 5분. 또는 도쿄메트로 메이지진구마에 明治神宮前역 5번 출구에서 도보 1분 **지도** 별책 P.8-F

하라주쿠의 100엔 숍
다이소
DAISO

다이소의 하라주쿠 지점으로, 다케시타 도리 중간에 위치해 있다. 다른 다이소에 비해 넓고 상품이 다양하다. 관광객의 방문이 많은 만큼 외국인 관광객이 즐겨 찾는

상품이 많아 저렴한 선물이나 도쿄 여행 기념품을 구입하기 좋다.

주소 東京都渋谷区神宮前1-19-24 **전화** 03-5775-9641 **영업** 10:00~21:00 **휴무** 무휴 **카드** 가능 **홈페이지** www.daiso-sangyo.co.jp **교통** JR 야마노테선 하라주쿠 原宿역 다케시타 竹下 출구에서 도보 2분 **지도** 별책 P.8-A

캣 스트리트 입구의 명품 쇼핑몰
자이루
Gyre

자이루는 소용돌이라는 의미. 독특한 나선형 외관의 복합 쇼핑몰이다. 지상 5층, 지하 2층 규모의 건물에는 인테리어 숍과 패션 숍, 레스토랑이 입점해 있다. 1층과 2층에는 불가리, 샤넬, 꼼데가르송 등 유명 패션 브랜드 숍이 있으며, 3층에는 뉴욕 현대 미술관의 MoMA 디자인 스토어를 세계 최초로 오픈했다. 이곳의 불가리 매장에 있는 카페에서 음료를 즐길 수 있다.

주소 東京都渋谷区神宮前5-10-1 **전화** 03-3498-6990 **영업** 11:00~20:00(레스토랑 11:30~24:00) **휴무** 무휴 **카드** 가게에 따라 다름 **홈페이지** gyre-omotesando.com **교통** 도쿄메트로 메이지진구마에 明治神宮前역 4번 출구에서 도보 2분 **지도** 별책 P.8-F

세계의 캐릭터 상품들이 한곳에

키디 랜드
Kiddy Land

전 세계의 캐릭터 상품들이 모여 있는 가게로 지하 1층부터 4층까지 전부 캐릭터 상품들로 가득 차 있다. 헬로키티, 리락쿠마, 스누피, 미피 등의 인기 캐릭터는 물론 디즈니, 지브리의 캐릭터 상품들도 볼 수 있다.

주소 東京都渋谷区神宮前6-1-9 **전화** 03-3409-3431 **영업** 11:00~21:00(토 · 일요일 · 공휴일 10:30~21:00) **휴무** 무휴 **카드** 가능 **홈페이지** www.kiddyland.co.jp/harajuku **교통** JR 야마노테선 하라주쿠 原宿역 오모테산도 表参道 출구에서 도보 6분 **지도** 별책 P.8-F

장인이 만드는 명품 안경

마스나가 1905
Masunaga 1905

미술관을 연상케 하는 세련된 건물에 자리한 안경 전문점. 세계 3대 안경 생산지 중 하나인 후쿠이현에서 세공 장인이 직접 가공하는 렌즈로 만든 명품 안경을 선보인다. Kazuo Kawasaki, G.M.S 등 전문 디자이너의 고급 안경을 볼 수 있다. 오더메이드는 시간이 걸리기 때문에 해외로도 배송해 준다.

주소 東京都港区北青山2-12-34 **전화** 03-3403-1905 **영업** 11:00~20:00 **휴무** 첫 번째, 세 번째 화요일 **카드** 가능 **홈페이지** www.masunaga1905.jp **교통** JR 야마노테선 하라주쿠 原宿역 다케시타 竹下 출구에서 도보 12분. 도쿄메트로 메이지진구마에 明治神宮前역 5번 출구에서 도보 10분 **지도** 별책 P.9-D

1 다양한 디자인을 고를 수 있는 매장
2 마스나가 1905의 고급 안경

전 세계 작가들과 컬래버레이션한 티셔츠

디자인 티셔츠 스토어 그라니프
Design Tshirts Store Graniph

멋진 일러스트가 들어간 티셔츠를 전문으로 판매하는 상점. 전속 일러스트 작가의 작품을 티셔츠로 만든다. 또한 전 세계 여러 작가의 다양한 작품과 컬래버레이션한 디자인 상품을 제작하며, 숍에는 티셔츠 외에도 셔츠, 후드 등의 옷과 잡화, 액세서리 등이 진열되어 있다. 상점 내부 갤러리에서는 새로운 상품이나 작가의 작품 전시가 열린다.

주소 東京都渋谷区神宮前6-12-17 전화 03-6419-3053 영업 11:00~20:00 휴무 1/1 카드 가능 홈페이지 www.graniph. com 교통 JR 야마노테선 하라주쿠 原宿역 오모테산도 表参道 출구에서 도보 8분. 또는 도쿄메트로 메이지진구마에 明治神宮前역 7번 출구에서 도보 1분 지도 별책 P.8-E

귀여운 상점들이 한곳에

큐트 큐브 하라주쿠
Cute Cube Harajuku

다케시타 도리 한복판에 위치한 3층 건물로 귀여움을 테마로 한 복합 쇼핑몰. 아기자기한 소녀 취향의 브랜드 숍과 잡화점이 모여 있다. 잡화·패션 상점은 물론 수백 가지 사탕을 판매하는 캔디 숍, 창작 오므라이스 레스토랑, 귀여운 캐릭터 카페 등 식사를 하면서 쉬어 갈 장소도 마련되어 있다.

주소 東京都渋谷区神宮前1-7-1 영업 10:00~20:00(3층 11:00~21:00) 휴무 무휴 카드 가게마다 다름 홈페이지 cutecube-harajuku.jp 교통 JR 야마노테선 하라주쿠 原宿역 다케시타 竹下 출구에서 도보 4분. 또는 도쿄메트로 메이지진구마에 明治神宮前역 5번 출구에서 도보 5분 지도 별책 P.8-B

10대 소녀 취향의
아기자기한 쇼핑몰

소라도
SoLaDo

느긋하고 편안하게 쇼핑과 식사를 즐길 수 있는 패션·푸드 쇼핑몰로 다케시타 도리의 끄트머리에 위치해 있다. 소라도는 'Solar(태양)에서 Do(행동)하라'라는 뜻과 음계의 '솔, 라, 도'를 이미지화한 이름으로, 넘치는 밝은 빛이라는 의미를 가진다. 하라주쿠 특유의 귀여운 패션 숍은 물론 디저트 뷔페인 스위트 파라다이스(Sweet Paradise)를 비롯해 타코야키, 케밥, 타피오카 티 등을 파는 음식점과 카페도 많다.

주소 東京都渋谷区神宮前1-8-2 전화 03-6440-0568 영업 10:30~20:30(토·일요일·공휴일 ~21:00) 휴무 1/1 카드 가게마다 다름 홈페이지 www.solado.jp 교통 JR 야마노테선 하라주쿠 原宿역 다케시타 竹下 출구에서 도보 5분 지도 별책 P.8-B

다양한 브랜드 제품을
취급하는 편집 숍

래그태그 하라주쿠
RAGTAG 原宿

브랜드 편집 숍이지만 중고 명품, 구제 옷도 취급하고 있어 일본 명품 브랜드 신상품과 구제 상품을 골고루 만나볼 수 있다. 주로 디자이너 브랜드와 하이 브랜드 상품이 많으며 꼼데가르송, 이세이 미야케, 메종 키츠네 등 브랜드 제품을 조금 저렴하게 구매할 수 있다. 3층 건물로 규모도 상당히 크고 제품도 다양하다.

주소 東京都渋谷区神宮前6-14-2 전화 03-6419-3770 영업 11:00~20:00 휴무 무휴 홈페이지 www.ragtag.jp 교통 도쿄메트로 메이지진구마에 明治神宮前역 4번 출구에서 도보 3분 지도 별책 P.8-F

개성 있는 캐릭터 소품의 천국

팝마트

POP MART

중국에 본사를 두고 있는 최대 규모의 중국 아트토이 브랜드로 전 세계 아티스트와 협업하여 다양한 아트 상품을 제작 · 판매한다. 케니윙, 푸키, 디무, 캐싱룽 등 해외 여러 아티스트와 협업하고 있으며 한국 작가인 초코사이다, 이슬기와도 협업하고 있다. 하라주쿠 매장에서는 산리오, 세서미 스트리트 등과 컬래버레이션한 제품도 판매하고 있다.

주소 東京都渋谷区神宮前6-29-10 **전화** 03-6427-2533 **영업** 11:00~20:00 **휴무** 무휴 **홈페이지** www.popmart.co.jp
교통 JR 야마노테선 하라주쿠 原宿역 오모테산도 表参道 출구에서 도보 7분 **지도** 별책 P.8-E

아디다스의 전통 그대로

아디다스 오리지널

Adidas Originals

2001년부터 시작한 아디다스 브랜드 중 하나로 개성 강한 젊은 세대들을 위한 제품이 많다. 초창기의 아디다스 스포츠화를 재현한 스탠스미스(Stansmith, 전 세계적으로 4천만 개 이상의 판매고를 올린, 아디다스에서 가장 많이 팔린 신발)를 비롯해 과거 인기를 모았던 제품들을 재해석한 상품들이 많다.

다양한 컬래버레이션 상품과 디자인을 만날 수 있는 아디다스 오리지널

주소 東京都渋谷区神宮前5-17-4 **전화** 03-5464-5580 **영업** 12:00~20:00 **휴무** 1/1 **카드** 가능 **홈페이지** japan.adidas.com/originals **교통** 도쿄메트로 지요다선 · 후쿠토신선 메이지진구마에 明治神宮前역 4번 출구에서 도보 3분 **지도** 별책 P.8-F

브랜드 컬래버레이션 슈즈의 컬렉트 숍

킥스 랩

Kicks Lab

나이키 한정 모델, 특히 조던 시리즈 한정 모델을 주로 판매하는 슈즈 컬렉트 숍. SUPREME×VANS, JEREMY SCOTT×ADIDAS, J_CREW×NEW BALANCE 등 인기 신발 브랜드의 다양한 컬래버레이션 모델을 찾아볼 수 있다. 일본 연예인과 할리우드 스타도 종종 찾을 정도로 인기가 있다.

주소 東京都渋谷区神宮前4-32-4 **전화** 03-6459-2124 **영업** 12:00~20:00 **휴무** 무휴 **카드** 가능 **홈페이지** store.kickslab.com **교통** JR 야마노테선 하라주쿠 原宿역 다케시타 竹下 출구에서 도보 7분. 또는 도쿄메트로 메이지진구마에 明治神宮前역 5번 출구에서 도보 4분 **지도** 별책 P.8-F

도쿄에서 만나는 파리 감성

A.P.C. 하라주쿠 언더그라운드

A.P.C. HARAJUKU UNDERGROUND

'제작과 창조 워크숍(Atelier de Production et de Création)'의 약칭 아페쎄(A.P.C.)는 1987년 튀니지 출신 패션 디자이너 '장 투이투(Jean Touitou)'가 파리에서 설립한 기성복 브랜드다. 가공하지 않은 데님 청바지, 작지만 실용적인 클러치 백 등이 인기가 높다. '버틀러 프로젝트'라는 재미있는 시스템이 있어, 입다가 멋스럽게 낡은 청바지를 매장에 반납하면 새 제품을 반값에 구입할 수 있다.

주소 東京都渋谷区神宮前4-27-6 **전화** 03-5775-7216 **영업** 11:00~19:00 **휴무** 무휴 **홈페이지** www.apcjp.com **교통** 도쿄메트로 메이지진구마에 明治神宮前역 4번 출구에서 도보 5분 **지도** 별책 P.8-F

다양한 음료를 맛보며 즐기는 여유로운 시간
네스카페 하라주쿠
Nescafe Harajuku

네슬레에서 운영하는 플래그십 스토어. 네스카페, 마일로, 킷캣 등의 네슬레 제품을 구입하거나 카페에서 맛볼 수 있다. 음료와 식사, 디저트 등 메뉴가 다양하며 공간이 넓어 여유롭게 시간을 보내기 좋다. 네스카페 골드 브랜드 머신을 이용해 만든 다양한 커피와 음료를 마음껏 맛볼 수 있는 원데이 프리 머그 1Dayフリーマグ(500엔) 메뉴도 있다.

주소 東京都渋谷区神宮前1-22-8 전화 03-5772-2038 영업 11:00~21:00 휴무 무휴 카드 가능 홈페이지 nestle.jp/entertain/cafe 교통 JR 야마노테선 하라주쿠 原宿역 다케시타 竹下 출구에서 도보 3분 지도 별책 P.8-A

하라주쿠의 대표 간식 크레이프
마리온 크레페
Marion Crepes

다케시타 도리 일대에는 크레이프 가게가 특히 많은데, 그중에서 가장 인기 있는 크레이프 전문점이다. 얇게 부친 팬케이크에 과일, 생크림 아이스크림 등을 올린 후 콘 모양으로 말아서 주는데, 하루에 1000개 넘게 팔릴 정도로 인기가 많다. 주말이면 줄이 길게 늘어서 진풍경을 이룬다. 크레페 350엔~.

주소 東京都渋谷区神宮前1-6-15 전화 03-3401-7297 영업 11:00~20:00 휴무 무휴 홈페이지 www.marion.co.jp 교통 JR 야마노테선 하라주쿠 原宿역 다케시타 竹下 출구에서 도보 3분 지도 별책 P.8-B

달콤한 무지갯빛 향연

토티 캔디 팩토리
TOTTI CANDY FACTORY

다케시타 도리를 걷다 보면 흔히 볼 수 있는 무지갯빛 디저트를 판매하는 상점. 톡톡 튀는 콘셉트로 방송에서도 여러 번 소개되었다. 무지개색으로 꾸며진 상점 안에서 색색의 다양한 메뉴를 맛볼 수 있으며 사진을 찍어 SNS에 올리기도 좋다. 하라주쿠 레인보우 1000엔, 레인보우 컵 코튼캔디 650엔.

주소 東京都渋谷区神宮前1-16-5 2F **전화** 03-3403-7007 **영업** 10:00~19:00 **휴무** 무휴 **홈페이지** www.totticandy.com **교통** JR 하라주쿠 原宿역 다케시타 竹下 출구에서 도보 3분 **지도** 별책 P.8-A

작지만 알찬 동네 카페

배기지 커피
BAGGAGE COFFEE

우라하라주쿠 골목 안쪽에 위치한 작은 카페로 아침부터 영업하기 때문에 하라주쿠, 오모테산도 카페 투어 시 첫 가게로 방문하기 좋다. 향긋한 드립 커피는 물론 차와 과일주스, 아이스크림 등의 메뉴와 카늘레, 스콘, 파운드케이크 등 커피와 함께 즐길 수 있는 달콤한 디저트도 준비되어 있다. 드립 커피 550엔~, 카늘레 430엔.

주소 東京都渋谷区神宮前3-14-17 **전화** 03-6432-9431 **영업** 08:00~18:00 **휴무** 무휴 **홈페이지** www.baggage cafemarket.com **교통** 도쿄메트로 메이지진구마에 明治神宮前역 4번 출구에서 도보 7분 **지도** 별책 P.9-G

<h3 align="center">일본식 퓨전 죽을 맛볼 수 있는 카페</h3>

<h1 align="center">비오 오지얀 카페</h1>

Bio Ojiyan Cafe

하라주쿠 골목에 숨어 있는 카페 겸 레스토랑으로 일식과 양식을 조화시킨 퓨전 건강 요리를 맛볼 수 있다. 좁은 입구에 비해 실내가 상당히 넓으며 카페 곳곳에 잡화를 진열 · 판매하고 있다. 육수를 넣고 푹 끓여낸 일본식 죽 오지야를 비롯해 든든한 런치 메뉴와 카페 메뉴가 다양하다. 참치와 명란을 올린 오지야 おじや(M 사이즈) 800엔.

주소 東京都渋谷区神宮前4-26-28 **전화** 03-3746-5990 **영업** 12:00～21:00 **휴무** 무휴 **교통** JR 야마노테선 하라주쿠 原宿역 오모테산도 表参道 출구에서 도보 8분 **지도** 별책 P.8-F

<h3 align="center">푸짐하게 즐기는 일본식 철판 요리 전문점</h3>

<h1 align="center">사쿠라테이</h1>

さくら亭

디자인 페스타 갤러리의 양 건물 사이에 위치한 철판구이 전문점. 오코노미야키, 야키소바 등 일본의 대표적인 철판 요리와 도쿄의 철판 요리인 몬자야키가 인기가 높다. 철판 요리를 만들어 먹는 방법이 그림으로 자세하게 설명되어 있으며 가격도 저렴하여 관광객이 많이 찾는다. 제한 시간 동안 요리를 마음껏 맛볼 수 있는 타베호다이 食べ放題는 대식가들에게도 환영받는다. 90분 동안 맛볼 수 있는 사쿠라테이 런치 타베호다이 さくら亭のランチ食べ放題 1600엔.

주소 東京都渋谷区神宮前3-20-1 **전화** 03-3479-0039 **영업** 11:00～24:00 **휴무** 무휴 **카드** 가능 **홈페이지** www.sakuratei.co.jp **교통** JR 야마노테선 하라주쿠 原宿역 다케시타 竹下 출구에서 도보 7분. 또는 도쿄메트로 메이지진구마에 明治神宮前역 5번 출구에서 도보 5분 **지도** 별책 P.8-B

일러스트가 가득한 실내에서 직접 만들어 먹는 오코노미야키

하라주쿠의 인기 만두 가게
하라주쿠 교자 로우
原宿餃子楼

하라주쿠의 젊은이들 사이에서 유명한 만두 전문점이다. 이곳의 인기 메뉴는 군만두로, 한쪽 면을 바싹 구워 내오는 것이 특징이다. 겉보기에는 좀 딱딱해 보이지만 실제 먹어보면 전혀 그렇지 않다. 군만두와 찐만두의 중간 형태로 바삭하고 부드러운 식감을 동시에 느낄 수 있어 좋다. 군만두(야키교자, 6개) 焼餃子 290엔.

주소 東京都渋谷区神宮前6-2-4 **전화** 03-3406-4743 **영업** 11:30~다음 날 04:30 **휴무** 무휴 **교통** JR 야마노테선 하라주쿠 原宿역 오모테산도 表参道 출구에서 도보 7분. 도쿄메트로 메이지진구마에 明治神宮前역 4번 출구에서 도보 3분 또는 오모테산도 表参道역 A-1 출구에서 도보 4분 **지도** 별책 P.8-F

맛있는 수제 햄버거 전문점
더 그레이트 버거
THE GREAT BURGER

세련된 수제 햄버거 전문점. 고르곤졸라 버거 ゴルゴンゾーラバーガー(1150엔)가 인기 있다. 바삭하게 구운 빵과 치즈가 흠뻑 녹아 있는 패티는 군침이 돌게 한다. 평일 오후 4시 이전에 찾으면 음료가 포함된 런치 세트를 1000엔에 먹을 수 있다.

주소 東京都渋谷区神宮前6-12-5 **전화** 03-3406-1215 **영업** 11:30~23:00 **휴무** 무휴 **카드** 5000엔 이상 가능 **홈페이지** www.the-great-burger.com **교통** 도쿄메트로 메이지진구마에 明治神宮前역 4번 출구에서 도보 4분 또는 오모테산도 表参道역 A-1 출구에서 도보 4분 **지도** 별책 P.8-E

깔끔한 인테리어의 가게에서 맛보는 수제 버거

캣 스트리트의 명물 타코야키

와라타코
笑たこ

캣 스트리트를 걷다보면 삼각형의 좁고 길쭉한 건물이 보이는데 이곳은 오래 전부터 유명한 타코야키 가게다. 겉은 바삭하고 속은 부드러운 재미있는 식감과 고소한 맛이 인기 비결. 토핑에 따라 명란, 소금, 파 등 여러 가지 맛이 있으며 달걀 지단을 올린 오므타코 オムたこ(8개 600엔)라는 재미있는 메뉴도 있다. 타코야키(8개) たこ焼き 500엔~.

주소 東京都渋谷区神宮前5-11-3 **전화** 03-3409-8787 **영업** 12:00~21:00 **휴무** 무휴 **교통** 도쿄메트로 메이지진구마에 明治神宮前역 4번 출구에서 도보 4분 또는 오모테산도 表参道역 A-1 출구에서 도보 4분 **지도** 별책 P.8-F

하라주쿠 뒷골목의 퓨전 우동 전문점

우동 이로하
うどん伊呂波

우라하라주쿠에 위치한 우동 전문점. 전통 일본식 우동은 물론 이탈리아식 퓨전 우동도 맛볼 수 있어 하라주쿠의 젊은 여성들에게 인기가 높다. 오오모리(곱빼기)가 보통 사이즈와 가격이 같다. 우동과 일본식 죽 조우스이 雑炊을 함께 먹으면 더욱 좋다. 아보카도와 새우가 들어간 일본풍 크림 우동(아보카도토 에비노 와후 쿠리무 우동) アボカドと海老の和風クリームうどん 1080엔.

주소 東京都渋谷区神宮前4-28-26 **전화** 03-6804-5778 **영업** 12:00~22:00 **휴무** 무휴 **카드** 가능 **교통** JR 야마노테선 하라주쿠 原宿역 다케시타 竹下 출구에서 도보 7분. 도쿄메트로 지요다선·후쿠토신선 메이지진구마에 明治神宮前역 5번 출구에서 도보 5분 **지도** 별책 P.8-F

1 아보카도와 새우가 들어간
일본풍 크림 우동
2 가게 입구

여성들에게 사랑받는 깔끔한 라멘
아후리
Afuri

깔끔하고 담백한 맛으로 여성들에게 인기 있는 라멘 전문점. 가게의 이름 아후리는 도쿄 남서쪽의 아후리산(阿夫利山)에서 따왔으며 이 산에서 솟아나는 천연수로 라멘 수프를 만든다고 한다. 오픈형 주방으로 라멘이 만들어지는 과정을 엿볼 수 있다. 유자 시오라멘(유즈 시오라멘) 柚子塩ラーメン 1290엔, 면과 국물이 따로 나오는 유자 간장 츠케멘(유즈 츠유 츠케멘) 柚子露つけ麺 1490엔.

주소 東京都渋谷区千駄ヶ谷3-63-1 전화 03-6438-1910 영업 10:30~다음 날 03:00 휴무 무휴 홈페이지 afuri.com 교통 JR 야마노테선 하라주쿠 原宿역 다케시타 竹下 출구에서 도보 3분. 또는 도쿄메트로 지요다선·후쿠토신선 메이지진구마에 明治神宮前역 2번 출구에서 도보 5분 지도 별책 P.8-A

30년 넘게 영업 중인 규슈 돈코츠 라멘 전문점
규슈 잔가라 라멘
九州じゃんがららあめん

가늘고 꼬들꼬들한 면과 진한 돼지 사골 육수가 어우러진 전통 규슈 돈코츠 라멘 전문점. 30년 가까이 하라주쿠 입구에서 라멘을 판매하고 있다. 육수가 진하고 양이 제법 많은 편이라 한 그릇만 먹어도 배가 부르다. 매운 맛 라멘인 카라퐁 からぽん (980엔~)과 최근 도쿄에서 인기 있는 비벼 먹는 라멘 마제짱 まぜちゃん(780엔~)도 판매하고 있다. 대표 메뉴는 돈코츠 라멘인 규슈 잔가라 九州じゃんがら 1080엔.

주소 東京都渋谷区神宮前1-13-21 전화 03-3404-5572 영업 10:45~24:00(토·일요일·공휴일 10:00~24:00) 휴무 무휴 홈페이지 kyushujangara.co.jp 교통 JR 야마노테선 하라주쿠 原宿역 오모테산도 表参道 출구에서 도보 1분. 도쿄메트로 메이지진구마에 明治神宮前역 3번 출구에서 도보 1분 지도 별책 P.8-E

하라주쿠 한정 롤케이크를 맛보자

콜롬뱅
Colombin

일본 최초의 프랑스 과자점인 콜롬뱅(1924년 도쿄 오오모리에 오픈)의 하라주쿠 지점으로, 차와 디저트를 즐길 수 있는 찻집이다. 하라주쿠 지점 한정의 하라주쿠 롤 原宿ロール(1100엔), 하라주쿠야키 쇼콜라 原宿焼きショコラ(713엔~) 등을 판매하고 있다. 양봉도 직접하고 있어 벌꿀 관련 메뉴도 많다.

주소 東京都渋谷区神宮前6-29-4 **전화** 03-3400-3838 **영업** 10:00~21:00(일요일 · 공휴일 ~20:00) **휴무** 무휴 **카드** 가능 **홈페이지** www.colombin.co.jp **교통** JR 야마노테선 하라주쿠 原宿역 오모테산도 表参道 출구에서 도보 3분. 또는 도쿄메트로 메이지진구마에 明治神宮前역 6번 출구에서 도보 1분 **지도** 별책 P.8-E

하라주쿠의 콘셉트 스타벅스

스타벅스 커피 오모테산도 비 사이드
STARBUCKS COFFEE 表参道 B-SIDE

하라주쿠와 오모테산도 사이에 위치한 스타벅스로, '도심의 오아시스, 여유롭고 느긋하게 보내는 공간'을 콘셉트로 하고 있다. 일본 각 지역의 특징과 테마를 콘셉트로 한 13곳의 스타벅스 중 한 곳이며, 음악가이자 프로듀서로 활동하는 후지와라 히로시가 기획했다. 거리 광경이 보이는 테라스석, 초록빛 풍경을 볼 수 있는 2층 등에 자리 잡고 앉으면 번잡한 하라주쿠에서 잠깐의 여유를 즐길 수 있다.

주소 東京都渋谷区神宮前5-11-2 **전화** 03-3797-6821 **영업** 08:00~22:00 **휴무** 무휴 **카드** 가능 **홈페이지** www.starbucks.co.jp/store/concept/b-side **교통** JR 야마노테선 하라주쿠 原宿역 오모테산도 表参道 출구 도보 8분. 도쿄메트로 메이지진구마에 明治神宮前역 4번 출구에서 도보 4분 또는 오모테산도 表参道역 A-1 출구에서 도보 3분 **지도** P.8-F

폭신폭신 부드러운 식감
레인보우 팬케이크
Rainbow Pancake

1 레인보우 팬케이크
2 의류·잡화점 2층에 위치
3 팬케이크 반죽을 만드는 모습

행복을 테마로 한 팬케이크 전문점. 첫 번째 행복은 하와이의 하늘에 걸린 아름다운 무지개 풍경, 또 다른 행복은 일상생활 속에서 맛있는 요리를 맛보며 웃음 짓는 행복이라고 한다. 하와이에서는 무지개를 6색으로 표현한다고 해 가게 로고의 무지개도 6색인 것이 특징. 독특한 소스와 부드러운 팬케이크가 잘 어울린다. 마카다미아 너츠 소스 팬케이크 マカダミアナッツソースパンケーキ 1350엔.

주소 東京都渋谷区神宮前4-28-4　전화 03-6434-0466　영업 1층 09:30~21:00, 2층 10:00~18:00　휴무 화요일(공휴일이면 다음 날)　홈페이지 www.rainbowpancake.net 교통 JR 야마노테선 하라주쿠 原宿역 다케시타 竹下 출구에서 도보 8분. 도쿄메트로 메이지진구마에 明治神宮前역 5번 출구에서 도보 4분 지도 별책 P.8-F

하와이의 인기 팬케이크
에그슨 싱스
Eggs' N Things

1 생크림 가득한 팬케이크
2 하라주쿠 골목의 에그슨 싱스
3 에그슨 싱스 앞에 늘어선 긴 행렬

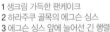

1974년 하와이에서 시작한 캐주얼 레스토랑으로, 부드러운 크림이 듬뿍 올려진 팬케이크가 인기 메뉴. 산뜻한 인테리어와 점원들의 화사한 복장에 하와이에서 런치를 즐기는 착각에 빠지게 된다. 팬케이크, 와플, 크레이프, 오믈렛 등 산뜻하고 깔끔한 메뉴가 많다. 인기가 높아 주말에는 1~2시간 줄을 설 수도 있다. 딸기, 휘핑크림과 마카다미아 팬케이크 ストロベリー、ホイップクリームとマカダミアナッツ 1370엔.

주소 東京都渋谷区神宮前4-30-2　전화 03-5775-5735　영업 09:00~22:30(토·일요일·공휴일 08:00~22:30)　휴무 무휴　카드 가능　홈페이지 www.eggsnthingsjapan.com 교통 JR 야마노테선 하라주쿠 原宿역 오모테산도 表参道 출구에서 도보 7분. 도쿄메트로 메이지진구마에 明治神宮前역 5번 출구에서 도보 3분 지도 별책 P.8-F

오모테산도 · 아오야마

表参道·青山

트렌디한 상점들이 모여 있는 여유로운 거리

오모테산도는 하라주쿠와 시부야, 아오야마를 연결하는 완만한 언덕길이다. 루이비통과 구찌, 불가리, 크리스찬 디올 등 고급 브랜드가 모여 있는 화려한 거리이기도 하다. 건축가 안도 다다오가 설계한 첨단 쇼핑몰인 오모테산도 힐즈가 언덕길 중턱에 있으며 골목마다 독특한 상점이 모여 있다.

오모테산도의 끝에 위치한 아오야마는 예부터 일본의 부유층들이 모여 살던 지역으로 언덕 아래로 시부야와 연결된다. 좁은 골목이 많으며 사이사이 트렌디한 카페, 부티크, 고급 상점과 미용실이 자리 잡고 있다. 높은 건물은 없지만 독특하고 화려한 건물이 많아 가볍게 둘러보기도 좋다.

여행 포인트		이것만은 꼭 해보자		위치

		☑ 대표 랜드마크인
관광	★★☆	오모테산도 힐즈 둘러보기
사진	★★☆	☑ 오모테산도, 아오야마의
쇼핑	★★★	뒷골목 둘러보기
음식점	★★★	☑ 메이지 신궁 가이엔의
야간 명소	★☆☆	은행나무 길 걷기

우에노

•기치조지 •신주쿠

•★오모테산도 · 아오야마

지유가오카 하라주쿠

•오다이바

하네다 공항•

오모테산도 · 아오야마 가는 법

{ 오모테산도 · 아오야마의 주요 역 }

도쿄메트로
지요다선
오모테산도역
表参道

도쿄메트로
한조몬선
오모테산도역
表参道

도쿄메트로
긴자선
오모테산도역
表参道

아오야마와 오모테산도는 JR 열차가 다니지 않으므로 도쿄메트로를 이용해 오모테산도역 중심으로 둘러보면 편하다. 시부야, 하라주쿠, 롯폰기 등 도쿄의 유명 관광지와 인접해 있어 도보로 이동이 가능하며, 멀어도 지하철 한두 정거장이면 갈 수 있다. 특히 하라주쿠(메이지진구마에역)는 지하철 한 정거장 거리(1분, 170엔)이므로 걸어가는 것이 더 편하다.

{ 각 지역에서 오모테산도 · 아오야마로 가는 법 }

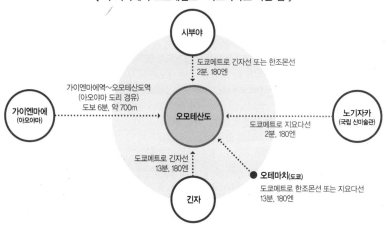

시부야

도쿄메트로 긴자선 또는 한조몬선
2분, 180엔

가이엔마에역~오모테산도역
(아오야마 도리 경유)
도보 6분, 약 700m

가이엔마에
(아오야마)

오모테산도

노기자카
(국립 신미술관)

도쿄메트로 지요다선
2분, 180엔

도쿄메트로 긴자선
13분, 180엔

● 오테마치(도쿄)
도쿄메트로 한조몬선 또는 지요다선
13분, 180엔

긴자

{ 주변 지역을 연결하는 미니버스 }

치이 버스 ちぃばす

롯폰기 힐즈를 중심으로 아카사카, 아오야마, 도쿄 타워, 신바시, 오모테산도, 아자부주반을 연결하는 버스. 요금은 전 구간 100엔. 치이 버스와 오다이바 레인보우 버스 9개 노선을 하루 동안 무제한으로 이용할 수 있는 1일 승차권도 판매한다(500엔, 차내에서 판매). **홈페이지** www.fujiexpress.co.jp/chiibus

하치코 버스 八公バス

시부야, 하라주쿠, 오모테산도, 아오야마, 요요기를 연결하는 버스로 귀여운 강아지 하치코 그림이 그려져 있다. 전 구간 100엔. **홈페이지** www.city.shibuya.tokyo.jp/kurashi/kotsu/hachiko/hachiko_about.html

오모테산도 · 아오야마 추천 코스

1 오모테산도 힐즈

⋮ 도보 3분

2 기타아오야마 골목

⋮ 도보 3분

3 아오 Ao

⋮ 도보 2분

4 스파이럴

⋮ 도보 2분

5 미나미아오야마 거리

⋮ 도보 3분

6 오모테산도역

오모테산도 힐즈

기타아오야마 골목

스파이럴

미나미아오야마 거리

함께 둘러보면 좋은 지역

아오야마와 오모테산도는 지역이 넓고
언덕과 골목이 많아 큰 건물을 중심으
로 주변을 둘러보며 조금씩 이동하는
것이 좋다. 인접한 시부야와 하라주쿠,
그리고 조금 거리가 있지만 롯폰기까
지 함께 둘러볼 수 있다.

오모테산도 · 아오야마
한눈에 보기

① 오모테산도 힐즈

오모테산도를 대표하는 건물로, 오모테산도의 메인 스트리트에 위치해 있다. 주변 거리에서는 다양한 명품 브랜드 숍을 찾아볼 수 있다.

② 가이엔마에

은행나무 가로수길로 가을이 되면 거리가 노랗게 물든다. 테라스가 있는 카페와 레스토랑이 많다.

③ 기타아오야마 골목

복잡한 골목길 곳곳에 미용실, 잡화점, 카페, 레스토랑이 숨어 있다. 20대 이상의 손님들이 많이 찾는다.

⑥ 우라하라주쿠

메이지진구마에역

오모테산도

① 오모테산도 힐즈

③ 기타아오야마 골목

④ 미나미아오야마 거리

유럽 수입품을 중심으로 한 고품격 셀렉트 숍이 많으며 고급 브랜드의 실험적인 매장이 모여 있다. '우라아오야마'라고도 하며 여성들에게 인기 있는 잡화점과 카페도 많다.

② 가이엔마에 방향 →

가이엔마에역

킬러 도리 ⑥

⑤ 하라니혼 도리

애플 스토어

오모테산도역

미나미아오야마 거리 ④

⑤ 하라니혼 도리

오모테산도 애플 스토어 옆 골목길로 다양한 상점이 모여 있다. 레스토랑과 카페가 많고, 다른 거리에 비해 한적한 편이라 걷기 좋다.

⑥ 킬러 도리

킬러 도리는 멋스러운 옷 가게가 많아 구경하며 걷기 좋은 코스다. 아오야마 도리에서 하라주쿠역까지 이어지며, 중간에 와타리움 미술관과 우라하라주쿠로 이어지는 길이 있다.

오모테산도 · 아오야마의 관광 명소

SIGHTSEEING

⭐⭐⭐
오모테산도를 대표하는 건축물

오모테산도 힐즈
表参道ヒールズ

나선형 통로를 둘러싸고 고급 상점들이 자리하고 있다.

일본을 대표하는 건축가 안도 다다오의 설계로 만들어진 복합 쇼핑몰. 보통 건축물과는 다르게 주변 가로수 높이에 맞추어 건물 높이를 제한하였으며 쇼핑몰과 주거 공간이 조화를 이루었다. 지하 3층부터 지상 3층까지 연결된 '스파이럴 슬로프'라는 나선형 통로 사이에는 시원하게 트인 공간이 있고, 수많은 고급 상점이 그 주변을 둘러싸고 있다. 다양한 명품 매장뿐 아니라 갤러리, 고급 레스토랑이 다수 입점해 있어 오모테산도의 랜드마크로 자리 잡고 있다.

주소 東京都渋谷区神宮前4-12-10 **전화** 03-3497-0310 **영업** 11:00~21:00(레스토랑 ~23:00, 카페 ~22:30), 일요일은 1시간 일찍 폐점 **휴무** 무휴 **카드** 가능 **홈페이지** www.omotesandohills.com **교통** 도쿄메트로 긴자선 · 한조몬선 · 지요다선 오모테산도 表参道역 A2 출구에서 도보 2분 **지도** 별책 P.8-F

1 쇼핑하지 않더라도 둘러보고 싶은 쇼핑몰 2 겨울에는 일루미네이션으로 장식된다.

⭐
봄의 정원이 아름다운 미술관

네즈 미술관

根津美術館 🔊 네즈 비쥬츠칸

일본 도부 철도의 사장이었던 네즈 가이치로가 수집한 소장품을 전시하기 위해 그의 사후인 1940년에 설립된 미술관이다. 미술관에는 회화, 조각, 도예 등 다양한 동양 고미술품이 전시되어 있으며, 건물 주변으로 아름다운 일본식 정원이 꾸며져 있다. 봄에는 정원에서 보랏빛 등나무꽃과 붓꽃을 감상할 수 있으며 미술관 내에서도 붓꽃 그림을 찾아볼 수 있다. 7천여 점의 작품을 보유하고 있으며 기획전과 상설전이 열린다. 미술관 카페도 인기가 있다.

주소 東京都港区南青山6-5-1 **전화** 03-3400-2536 **개방** 10:00~17:00 **휴무** 일요일, 전시 교체 기간, 연말연시 **요금** 1300엔(특별전 1500엔) **홈페이지** www.nezu-muse.or.jp **교통** 도쿄메트로 긴자선·한조몬선·지요다선 오모테산도 表参道역 A5 출구에서 도보 8분 **지도** 별책 P.9-L

일본인이 사랑한 아티스트 오카모토 타로

오카모토 타로 기념관

岡本太郎記念館 🔊 오카모토 타로 키넨칸

일본 예술가 오카모토 타로의 아틀리에 겸 자택을 개조해 갤러리 겸 기념관으로 사용하고 있다. '예술은 폭발이다'라는 말로 유명한 오카모토 타로는 오사카 만국 박람회의 〈태양의 탑〉 등 다양한 작품을 남겼다. 이 기념관에는 오카모토 타로의 조각, 데생, 스케치 등을 전시·보존하고 있는데, 아틀리에가 있는 1층은 그가 사용한 도구를 전시하고, 2층은 유화와 조각 등을 전시한다. 관내에서는 사진 촬영을 할 수 있다.

주소 東京都港区南青山6-1-19 **전화** 03-3406-0801 **개방** 10:00~18:00 **휴무** 화요일, 연말연시 **요금** 650엔(초등학생 300엔) **홈페이지** www.taro-okamoto.or.jp **교통** 도쿄메트로 긴자선·한조몬선·지요다선 오모테산도 表参道역 A5 출구에서 도보 7분 **지도** 별책 P.9-L

✪
독특한 구조의 전시 공간과
인테리어 숍이 한곳에
스파이럴
Spiral

아오야마의 복합 문화 시설로 갤러리, 카페, 레스토랑, 레코드
숍, 인테리어 숍 등이 들어선 9층 건물이다. 일본 건축가 마키 후
미히코가 디자인했으며 1층과 3층을 연결하는 독특한 구조의 전
시 공간인 스파이럴 가든에서는 생활과 예술의 융합이라는 테마
로 이벤트와 전시를 열고 있다. 가구, 식기, 문구 등을 판매하는
인테리어 잡화점인 스파이럴 마켓이 인기 있다.

주소 東京都港区南青山5-6-23 **전화** 03-3498-1171 **영업** 11:00~20:00(카페
~23:00) **휴무** 무휴 **카드** 가능 **홈페이지** www.spiral.co.jp **교통** 도쿄메트로 긴
자선·한조몬선·지요다선 오모테산도 表参道역 B1·B3 출구에서 도보 1분 **지도** 별
책 P.9-K

✪
은행나무 단풍의 명소
메이지 신궁 가이엔
明治神宮 外苑

메이지 신궁 바깥에 있는 정원 가이엔 앞 가로수 길에는 테라스가
있는 카페와 레스토랑이 모여 있다. 가을이 되면 거대한 은행나무
가로수 길은 온통 노랗게 물든다. 도쿄를 대표하는 단풍 명소 중 한
곳으로 많은 관광객이 찾는다.

주소 東京都港区北青山2-1 **교통** 도쿄메트로 긴자선 가이엔마에 外苑前역 4번
출구에서 도보 1분. 또는 도쿄메트로 긴자선·한조몬선·도에이 오에도선 아오야
마잇초메 青山一丁目역 3번 출구에서 도보 1분 **지도** 별책 P.9-D

✪
오모테산도의 만남의 장소
애플 스토어
오모테산도
Apple Store 表参道

오모테산도역 바로 앞의 애
플 스토어. 통유리로 된 매장
은 지상, 지하로 나뉘며 애플
의 다양한 제품과 신제품을
직접 체험해 볼 수 있다. 일
본은 세계에서도 가장 먼저

애플의 제품이 출시되며 가격도 저렴한 편이기 때문에 외국인 관광
객들도 많다.

주소 東京都渋谷区神宮前4-2-13 **전화** 03-6757-4400 **영업** 10:00~21:00 **휴
무** 무휴 **홈페이지** www.apple.com/jp/retail/omotesando **교통** 도쿄메트로 긴
자선·한조몬선·지요다선 오모테산도 表参道역 A2 출구 앞 **지도** 별책 P.9-G

쇼핑
SHOPPING

아오야마의 복합 문화 쇼핑몰
아오
Ao

2009년에 오픈한 쐐기 형태의 독특한 빌딩. 고층 빌딩과 5층의 저층 건물로 지어진 복합 건물에는 일본의 대형 서점 체인인 기노쿠니야를 비롯해 패션, 인테리어, 뷰티, 생활 잡화 등 30여 곳의 상점이 입점해 있다.

주소 東京都港区北青山 3-11-7 **전화** 03-6427-9161 **영업** 11:00~20:00(레스토랑 ~23:00) **휴무** 무휴 **홈페이지** www.ao-aoyama.com **교통** 도쿄메트로 긴자선·한조몬선·지요다선 오모테산도 表参道역 B2 출구에서 도보 1분 **지도** 별책 P.9-K

개성 있는 디자인·예술 전문 서점
아오야마 북센터
Aoyama Book Center

일본에 여러 지점이 있는 아오야마 북센터의 본점으로 'ABC'라고도 부른다. 주로 디자인이나 미술, 사진 등 예술 분야 서적을 취급하고 있어 디자인이나 예술에 관심이 있는 이들이 주로 찾는다. 도서 판매 외에도 해외의 책이나 새로운 디자인 북을 소개하는 다양한 전시 활동도 함께 하고 있다.

주소 東京都渋谷区神宮前5-53-67 **전화** 03-5485-5511 **영업** 11:00~22:00 **휴무** 무휴 **홈페이지** www.aoyamabc.jp **교통** 도쿄메트로 긴자선·한조몬선·지요다선 오모테산도 表参道역 B2 출구에서 도보 3분 **지도** 별책 P.8-J

현대적 디자인의 독창적 브랜드
언리얼 에이지
Anrealage

패션 디자이너 모리나가 쿠니히코(森永邦彦)가 2003년 설립한 브랜드로 브랜드명은 일상(REAL), 비일상(UNREAL), 시대(AGE)의 단어를 조합하여 만들었다. 색상, 무늬, 소재, 모양이 각기 다른 크고 작은 천 조각을 이어 붙인 패치워크 디자인과 구, 삼각뿔, 정육면체 등의 조형을 기본으로 한 디자인 제품을 소개하고 있으며, 최근에는 최신 기술과 소재를 접목한 다양한 디자인을 선보이고 있다. UV 라이트(태양광)을 맞으면 색이 변하는 소재인 포토크로믹 제품이 인기다.

주소 東京都港区南青山4-9-3 **전화** 03-6447-1400 **영업** 11:00〜20:00 **휴무** 월〜목요일 **홈페이지** www.anrealage.com
교통 도쿄메트로 한조몽선·치요다선·긴자선 오모테산도 表参道역에서 도보 10분, 가이엔마에 外苑前역에서 도보 5분 **지도** 별책 P.9-H

영국 명품 패션 브랜드의 플래그십 스토어
비비안 웨스트우드 플래그십 스토어
Vivienne Westwood Flagship Store

비비안 웨스트우드의 도쿄 플래그십 스토어로 오모테산도와 아오야마 사이 골목길에 위치해 있다. 지하 1층과 1층에서 비비안 웨스트우드의 다양한 패션 아이템을 전시·판매하고 있으며 2층에서는 이벤트가 종종 열린다. 영국과 프랑스의 전통 복식에 기반한 여성 의류 및 액세서리를 선보이며 비비안 웨스트우드의 월드 컬렉션과 일본 한정 컬렉션을 함께 전시하고 있다. 장신구와 펜던트가 다양하고 뛰어난 디자인이 많다. 매장 안에서 사진 촬영을 할 수 있고, 공간이 넓어 여유롭게 쇼핑을 즐길 수 있다.

주소 東京都港区北青山3-8-17 **전화** 03-3486-3498 **영업** 11:00〜20:00 **휴무** 무휴 **카드** 가능 **홈페이지** www.viviennewestwood-tokyo.com **교통** 도쿄메트로 한조몽선·치요다선·긴자선 오모테산도 表参道역에서 도보 3분 **지도** 별책 P.9-K

눈에 띄는 독특한 건축물로 유명

프라다 부티크

Prada Boutique Aoyama

프라다의 콘셉트 스토어로 아오야마 명품 거리의 랜드마크다. 건물 이름은 '프라다 에피센터'이며 베이징 올림픽 주경기장을 설계한 스위스의 건축가이자 사무소인 헤르초그 앤드 드 뫼롱(Herzog & de Meuron)이 설계한 것으로 유명하다. 쇼핑이라는 테마를 건축을 통해 해석하고 표현한 작품으로 통유리로 된 외벽과 독특한 실내 구조가 인상적이다. 프라다 부티크를 중심으로 까르띠에, 꼼데가르송, 바오바오 등 다양한 브랜드 숍들이 모여 있다.

주소 東京都港区南青山5-2-6 **전화** 03-6418-0400 **영업** 11:00~20:00 **휴무** 무휴 **카드** 가능 **교통** 도쿄메트로 긴자선 · 한조몬선 · 지요다선 오모테산도 表参道역 A5 출구에서 도보 1분 **지도** 별책 P.9-L

아오야마 명품 거리에서 단연 돋보이는 건물이 바로 프라다 부티크이다.

꼼데가르송의 모든 라인을 만나보자

꼼데가르송

Comme des Garcon

일본 디자이너 레이 가와쿠보가 만든 아방가르드 패션 브랜드로 일본은 물론 우리나라에서도 상당히 인기 있다. 일본에서는 줄여서 '갸르송'이라고 부르며 일본 전역에 매장이 있다. 국내에서 인기 있는 하트 로고의 플레이 라인은 꼼데가르송의 13개 라인 중 하나로 가장 가격이 저렴하며 디자인도 다른 라인과 상당한 차이가 있다.

주소 東京都港区南青山5-2-1 **전화** 03-3406-3951 **영업** 11:00~20:00 **휴무** 무휴 **홈페이지** comme-des-garcons.com **교통** 도쿄메트로 긴자선 · 한조몬선 · 지요다선 오모테산도 表参道역 A5 출구에서 도보 1분 **지도** 별책 P.9-L

커피계의 애플

블루 보틀 커피
Blue Bottle Coffee

미국 스페셜티 커피의 대표격인 곳으로, 깔끔한 공간에서 양질의 커피를 즐길 수 있다. '신선한 원두로 맛있는 커피를 만든다'라는 목표로 운영하며 48시간 안에 로스팅한 원두만을 사용한다. 드립 커피 ドリップ コーヒー 550엔.

주소 東京都港区南青山3-13-14 **영업** 08:00~19:00 **휴무** 무휴 **카드** 가능 **홈페이지** store.bluebottlecoffee.jp **교통** 도쿄 메트로 긴자선·한조몬선·지요다선 오모테산도 表参道역 A4 출구에서 도보 1분 **지도** 별책 P.9-L

눈길을 사로잡는 화려한 과일 타르트
퀼 페 봉
Qu'il Fait Bon

프랑스어로 '이 얼마나 명랑한가'라는 뜻의 퀼 페 봉은 그 이름처럼 명랑한 분위기의 카페다. 커다란 유리 쇼케이스 안에는 세계 각지에서 온 엄선된 재료로 만든 타르트가 20가지 이상 진열되어 있다. 바삭한 식감의 타르트와 버터 향 가득한 파이는 뛰어난 맛을 자랑한다. 계절 과일 타르트 季節のフルーツタルト 1조각 860엔.

주소 東京都港区南青山3-18-5 **전화** 03-5414-7741 **영업** 11:00~20:00 **휴무** 1/1 **카드** 가능 **홈페이지** www. quil-fait-bon.com **교통** 도쿄메트로 긴자선·한조몬선·지요다선 오모테산도 表参道역 A4 출구에서 도보 1분 **지도** 별책 P.9-L

유럽풍 야외 테이블 좌석이 인기
아니베르세르 카페
Anniversaire Cafe

주소 東京都港区北青山3-5-30 **전화** 03-5411-5988 **영업** 11:00~22:00 (토·일요일·공휴일 09:00~22:00) **휴무** 무휴 **카드** 가능 **홈페이지** cafe.anniversaire.co.jp **교통** 도쿄메트로 긴자선·한조몬선·지요다선 오모테산도 表参道역 A2 출구에서 도보 1분 **지도** 별책 P.9-G

오모테산도와 아오야마 일대를 대표하는 매력적인 카페 중 하나. 오모테산도 거리 중간에 위치해 있다. 고급스러운 거리 분위기와 어우러진 야외 테이블은 오모테산도를 지나는 이들의 발길을 이끈다. 매일 바뀌는 런치 메뉴와 직접 구운 케이크가 인기 있다. 주말에는 이곳에서 결혼식이 열리기도 한다. 아이스 커피 アイスコーヒー 800엔.

1 결혼식을 위한 화려한 샹들리에
2 카페의 야외 테이블도 인기

빵과 에스프레소 한잔의 여유

팡토 에스프레소토

パンとエスプレッソと (BREAD, ESPRESSO &)

'BREAD, ESPRESSO &'라고 적힌 하얀 간판이 인상적인 카페 겸 베이커리. 진한 에스프레소와 담백한 베이커리가 조화를 이룬다. 유리창 너머로 빵을 만드는 모습을 직접 볼 수 있다. 귀엽고 아기자기한 빵들이 많다. 오사카, 후쿠오카, 유후인 등 일본의 유명 관광지에 지점이 있다. 버터가 듬뿍 들어간 사각형 식빵인 무 ムー 330엔, 에스프레소 エスプレッソ 350엔.

주소 東京都渋谷区神宮前3-4-9 **전화** 03-5410-2040 **영업** 08:00~20:00 **휴무** 두 번째 월요일(공휴일이면 다음 날) **카드 가능 홈페이지** www.bread-espresso.jp **교통** 도쿄메트로 긴자선 · 한조몬선 · 지요다선 오모테산도 表参道역 A2 출구에서 도보 5분 **지도** 별책 P.9-G

최고급 돼지고기로 만드는 돈가스

돈카츠 마이센

とんかつ まい泉

일본 최고급 돼지고기로 돈가스를 만드는 전문점으로, 아오야마 매장이 본점이다. 가고시마의 흑돼지고기를 두툼하게 썰어 바삭하게 튀겨낸 돈가스는 마이센 특제 소스와 궁합이 좋다. 식빵 사이에 돈가스를 끼워 잘라낸 돈가스 샌드위치도 인기가 높다. 로스카츠 정식 ロースかつ定食 1850엔, 히레카츠 샌드(샌드위치) ヒレかつサンド 560엔~.

주소 東京都渋谷区神宮前4-8-5 **전화** 0120-428-485 **영업** 11:00~22:45 **휴무** 1/1 **카드 가능 홈페이지** mai-sen.com **교통** 도쿄메트로 긴자선 · 한조몬선 · 지요다선 오모테산도 表参道역 A2 출구에서 도보 4분 **지도** 별책 P.9-G

최고급 돼지고기로 만드는 돈가스와 돈가스 샌드위치가 인기.

메종 키츠네에서 운영하는 카페

카페 키츠네
CAFE KITSUNE

아오야마 골목의 작은 카페로 의류 브랜드 메종 키츠네에서 운영하는 곳이다. 직원들은 메종 키츠네의 옷을 입고 서비스하고 있으며 깔끔하고 차분한 공간이 매력적이다. 유모차는 출입이 제한되며, 반려동물과 함께할 경우 야외 좌석을 이용할 수 있다. 직접 로스팅한 원두와 귀여운 여우 모양 쿠키도 판매하고 있다. 아메리카노 アメリカーノ 700엔.

주소 東京都港区南青山3-15-9 **전화** 03-5786-4842 **영업** 09:00〜19:00 **카드** 불가 **홈페이지** shop.kitsune.fr/stores **교통** 도쿄메트로 긴자선 · 한조몬선 · 지요다선 오모테산도 表参道역 A4, A5 출구에서 도보 2분 **지도** 별책 P.9-L

화려한 꽃밭에서 즐기는 티타임

아오야마 플라워 마켓 티 하우스
Aoyama Flower Market Tea House

1993년 도쿄 아오야마에 첫 매장을 오픈한 생화 전문점. 일본 전국 80여 곳에 매장이 있다. 실내는 다양한 꽃들로 화려하게 꾸며져 있으며 작고 예쁜 라이프 스타일 부케가 큰 인기를 모으고 있다. 이곳 아오야마점은 매장 안쪽에 꽃 속에 파묻혀 차를 즐길 수 있는 티 카페가 있어 특별함을 더한다. 차와 디저트 등 꽃이 들어간 다양한 메뉴를 맛볼 수 있다. 장미 홍차 バラの紅茶 770엔, 장미 젤리 ばらのゼリー 770엔.

주소 東京都港区南青山5-4-41 **전화** 03-3400-0887 **영업** 10:00〜21:00 **휴무** 무휴 **홈페이지** www.afm-teahouse.com/aoyama **교통** 도쿄메트로 긴자선 · 한조몬선 · 지요다선 오모테산도 表参道역 B3 출구에서 도보 5분 **지도** P.9-L

케이크보다 더 예쁜 아이스크림 케이크
글라시엘
Glaciel

매장에서 직접 만드는 아이스크림 전문점으로, 홋카이도의 인기 과자점인 르타오(LeTAO)에서 운영한다. 글라시엘은 프랑스어로 아이스크림 조리사를 뜻하는 글라시에와 아이스크림을 뜻하는 글라스, 하늘이라는 뜻의 시엘을 합쳐 만든 단어다. 예쁜 아이스크림 케이크, 생 아이스크림, 쿠키 등 카페 메뉴도 충실하다. 아이스크림 케이크 3000엔~.

주소 東京都港区北青山3-6-26　**전화** 03-6427-4666　**영업** 12:00~19:00　**휴무** 무휴　**홈페이지** www.glaciel.jp　**교통** 도쿄메트로 긴자선·한조몬선·지요다선 오모테산도 表参道역 B2 출구에서 도보 2분　**지도** 별책 P.9-K

귀여운 테디베어와 함께 커피 한잔
랄프즈 커피
ラルフズ コーヒー 表参道

의류 브랜드 랄프 로렌이 운영하는 카페로 오모테산도의 랄프 로렌 매장 앞에 있다. 귀여운 랄프 로렌의 테디베어 캐릭터가 가득한 공간에서 다양한 카페 메뉴를 즐길 수 있다. 커피 잔이 크고 양이 많은 편이다. 맑은 날에는 오모테산도 거리를 볼 수 있는 야외 테라스 자리가 인기다. 라테 ラテ 693엔, 초코칩 쿠키 チョコレートチップクッキー 550엔.

주소 東京都渋谷区神宮前4-25-15　**전화** 03-6438-5803　**영업** 10:00~19:00　**휴무** 무휴　**홈페이지** www.ralphlauren.co.jp　**교통** 도쿄메트로 지요다선 메이지진구마에 明治神宮前역 4번 출구에서 도보 3분　**지도** 별책 P.8-F

나라 요시토모의 캐릭터로 꾸며진 작은 공간
에이투지 카페
A to Z Cafe

일본의 유명 일러스트레이터 나라 요시토모가 디자인한 카페. 깔끔하고 정갈한 일본 가정식 메뉴와 다양한 카페 메뉴를 맛볼 수 있다. 카페 중앙에는 나라 요시토모의 작업 공간을 그대로 옮겨온 작은 방이 있다. 런치는 6가지 메뉴 중에 하나를 고를 수 있으며 메인 요리, 밥과 수프, 사이드 디시, 음료 하나가 제공된다. 1300~1500엔.

주소 東京都港区南青山5-8-3 **전화** 03-5464-0281 **영업** 11:30~23:30 **휴무** 12/31~1/2 **카드** 가능 **홈페이지** www.dd-holdings.jp/shops/atoz/minamiaoyama# **교통** 도쿄메트로 긴자선·한조몬선·지요다선 오모테산도 表参道 B5 출구에서 도보 2분 **지도** 별책 P.9-K

나라 요시토모의
작업 공간처럼 꾸며 놓은 카페

피에르 에르메의 마카롱 전문점
피에르 에르메 파리
Pierre Hermé Paris

프랑스의 유명 파티시에 피에르 에르메의 가게로 마카롱이 인기 있다. 형형색색의 마카롱은 쇼케이스 안에 진열되어 있어 직접 보면서 고를 수 있는데, 종류만 20가지에 달한다. 유럽 스타일의 고급스러운 매장 분위기와 아기자기하게 진열된 스위츠 제품들은 보는 것만으로도 즐겁다. 마카롱 3개 1512엔~.

주소 東京都渋谷区神宮前5-51-8 **전화** 03-5485-7766 **영업** 11:00~20:00 **휴무** 부정기 **카드** 가능 **홈페이지** www.pierreherme.co.jp **교통** 도쿄메트로 긴자선·한조몬선·지요다선 오모테산도 表参道역 B2 출구에서 도보 3분 **지도** 별책 P.9-K

피에르 에르메의 유명한 마카롱 외에도 초콜릿, 쿠키, 케이크 등 디저트가 다양하다.

신주쿠
新宿

도쿄 교통의 중심이자 고층 빌딩의 도시

도쿄의 심장이라고 할 수 있는 신주쿠에는 도쿄 도청을 비롯해 크고 작은 기업들이 밀집해 있다. 일본에서 유동 인구가 가장 많은 곳이며 교통 또한 복잡하다. 신주쿠는 JR 신주쿠역을 중심으로 고층 빌딩이 많은 니시신주쿠와 일본 최대의 환락가인 가부키초, 백화점·쇼핑몰이 늘어서 있는 히가시신주쿠로 나뉜다. 쇼핑과 유흥을 즐기기에 좋고, 도쿄 도청 전망대를 비롯한 관광 명소와 공원 등 즐길 거리가 다양하다. 빠르게 둘러봐도 반나절은 걸릴 정도로 지역이 넓고 역 출구가 100개가 넘을 정도로 많기 때문에 계획을 잘 세워서 둘러보도록 하자.

여행 포인트		이것만은 꼭 해보자		위치

관광	★★★
사진	★★☆
쇼핑	★★★
음식점	★★☆
야간 명소	★★☆

☑ 신주쿠의 고층 빌딩에서
　도쿄의 전망 감상하기
☑ 다양한 백화점에서 쇼핑 즐기기
☑ 오모이데 요코초, 신주쿠 골덴가
　이에서 가볍게 술 한잔

신주쿠　우에노
시부야　하라주쿠
지유가오카
오다이바
하네다 공항

신주쿠 가는 법

{ 신주쿠의 주요 역 }

JR 신주쿠역 新宿	도쿄메트로 마루노우치선 신주쿠역 新宿	도쿄메트로 마루노우치선 신주쿠산초메역 新宿三丁目	도쿄메트로 후쿠토신선 신주쿠산초메역 新宿三丁目

도쿄 교통의 중심지인 신주쿠역은 수많은 노선이 연결된다. 각 역은 거리가 떨어져 있기 때문에 목적지에 가까운 역을 선택하여 이동하면 된다. 하네다 공항, 나리타 공항으로 가는 리무진 버스는 JR 신주쿠역 서쪽 출구에서 승하차한다.

{ 각 지역에서 신주쿠로 가는 법 }

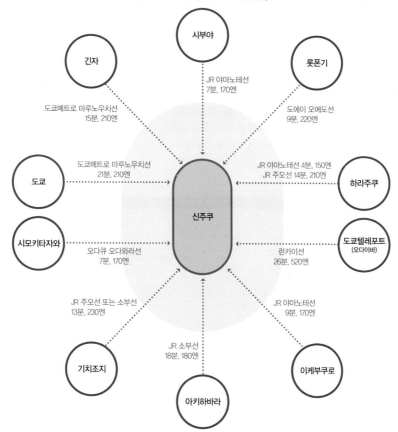

신주쿠역 동쪽 출구. 역 안에 루미네 쇼핑몰이 있다.　　　신주쿠역 플랫폼

{ 공항에서 신주쿠로 가는 법 }

하네다 공항	하네다 공항	리무진 버스 35~75분, 1300엔		JR 신주쿠역 서쪽 출구
	하네다 공항	도쿄모노레일 13분, 500엔 → 하마마쓰초	JR 야마노테선 24분, 210엔	신주쿠
나리타 공항	나리타 공항	나리타 익스프레스 1시간 25분, 3250엔		신주쿠
	나리타 공항	리무진 버스 85~145분, 3200엔		JR 신주쿠역 서쪽 출구

신주쿠의 리무진 버스 정거장
신주쿠 고속버스 터미널, 신주쿠역 서쪽 출구 24번, 게이오 플라자 호텔, 하얏트 리젠시 도쿄, 파크 하얏트 도쿄, 신주쿠 워싱턴 호텔, 힐튼 도쿄, 호텔 선루트 플라자 신주쿠, 오다큐 호텔 센추리 서던 타워, 히가시신주쿠역
홈페이지 www.limousinebus.co.jp/area/haneda/shinjuku.html

수많은 노선이 연결되는 신주쿠역

가부키초 한복판에서 만나는 고질라 동상, 신주쿠 토호 빌딩

서민적인 분위기의 선술집 거리, 오모이데 요코초

신주쿠 추천 코스

1 신주쿠역 동쪽 출구

도보 3분

2 신주쿠 산초메

도보 7분

3 가부키초

도보 7분

4 오모이데 요코초

도보 3분

5 신주쿠 모자이크

도보 3분

6 신주쿠 서던 테라스

도보 3분

7 도쿄 도청

가부키초

오모이데 요코초

신주쿠 서던 테라스

도쿄 도청

출퇴근 시간은 피하자

JR 열차 플랫폼만 16개나 될 정도로 교통이 복잡하며, 출퇴근 시간에는 상상을 초월할 만큼 혼잡하기 때문에 이 시간대에 이동하는 것은 피하는 것이 좋다.

신주쿠
한눈에 보기

① 신주쿠 고층 빌딩군

신주쿠 서쪽 고층 빌딩 밀집 지역. 도쿄 도청, 신주쿠 파크 타워, 신주쿠 미츠이 빌딩, 신주쿠 센터 빌딩 등 40층 이상의 고층 빌딩이 모여 있다. 전망 좋은 레스토랑이 있고, 옥상에서도 무료로 전망을 감상할 수 있어 관광객들이 많다.

② 신주쿠 서던 테라스

신주쿠역 철길 위로 신주쿠의 서쪽과 동쪽을 연결하는 다리가 놓여 있으며 넓은 광장처럼 큰 길이 고층 건물 사이에 펼쳐진다. 스타벅스를 비롯한 대형 카페가 있으며 겨울에는 일루미네이션으로 장식된다.

③ 신주쿠 모자이크

신주쿠역 남쪽 출구와 서쪽 출구를 연결하는 게이오 백화점과 루미네 백화점 사이의 거리로, 작고 아기자기한 상점들이 많다. 겨울이 되면 일루미네이션이 볼만하다.

오쿠보역
신오쿠보역
니시신주쿠역
루미네
도초마에역
신주쿠 모자이크 ③
게이오 백화점
신주쿠역
도쿄 도청
신센신주쿠역
① 신주쿠 고층 빌딩군
② 신주쿠 서던 테라스
미나미신주쿠역

④ 스튜디오 알타

신주쿠역 동쪽 출구 쪽에 위치한, 거대한 전광판이 설치되어 있는 복합 쇼핑몰. 다양한 패션 숍과 레스토랑이 모여 있다. 신주쿠에서 만남의 장소로 이용되고 있어 건물 입구 주변에는 언제나 많은 사람으로 붐빈다.

히가시신주쿠역

⑤ 가부키초

④ 스튜디오 알타

⑥ 신주쿠산초메

신주쿠산초메역 (이세탄마에)

신주쿠 교엔

⑤ 가부키초

수많은 유흥업소가 모여 있는 일본 최대 번화가. 저녁이 되면 신주쿠 토호 빌딩을 중심으로 이 일대가 도쿄 최대의 환락가로 바뀐다. 아침까지 영업하는 식당, 술집이 많지만 불건전한 유흥업소들도 많으므로 깊숙이 들어가지 않는 것이 좋다.

⑥ 신주쿠 산초메

도쿄메트로 신주쿠산초메역 주변 지역으로 이세탄, 마루이 등 백화점과 상업 시설들이 있다. 골목마다 식당과 술집들도 많다.

SIGHTSEEING

신주쿠의 관광 명소

●●

도쿄 시민들의 쉼터

신주쿠 교엔

新宿御苑

도쿄의 국민 공원으로 불리며 100년 넘게 도쿄 시민들에게 사랑받아 온 공원. 58.3ha의 넓은 면적을 자랑하며 봄에는 벚꽃, 가을에는 단풍 명소로 유명하다. 중앙의 넓은 잔디 정원에는 여유로운 시간을 보내는 사람들로 가득하다. 일본 전통 정원과 프랑스 정원, 영국 정원, 아열대 온실로 나뉘며 매년 11월에는 국화 전시가 열린다. 일본 애니메이션 〈언어의 정원〉의 배경이 된 곳이기도 하다.

주소 東京都新宿区内藤町11 **전화** 03-3341-1461 **개방** 09:00~16:00(온실 09:30~15:30) **휴무** 월요일, 연말연시 **요금** 500엔(학생 · 65세 이상 250엔, 초등학생 이하 무료) **홈페이지** fng.or.jp/shinjuku **교통** 도쿄메트로 마루노우치선 신주쿠교엔마에 新宿御苑前역 1번 출구에서 도보 1분. JR 신주쿠 新宿역 신남쪽 출구에서 도보 5분 **지도** 별책 P.11-L

●●●

무료로 감상하는
도쿄의 아름다운 전망

도쿄 도청

東京都庁 🔊 도쿄 도초

지상 48층, 지하 3층으로 이루어진 높이 243.4m의 건물로 한때 일본에서 가장 높은 건물로 알려져 있었다. 일본의 유명 건축가 단게 겐조(丹下健三)의 대표작이다. 남쪽과 북쪽의 최고층에는 각각 전망대가 설치되어 있다. 도쿄 도심이 한눈에 내려다보이며 날씨가 좋으면 후지산도 보인다. 요금을 받지 않는데다 다른 전망대에 비해 늦은 시간까지 개방해 일몰 시간 전에는 관광객들로 긴 행렬을 이룬다. 32층의 직원 식당은 방문객도 이용할 수 있다.

주소 東京都新宿区西新宿2-8-1 **전화** 03-5320-7890 **개방** 북전망실 09:30~23:00, 남전망실 09:30~17:30 **휴무** 연말연시(공통), 두 번째 · 네 번째 월요일(북전망실), 첫 번째 · 세 번째 화요일(남전망실) **교통** 도에이 오에도선 도초마에 都庁前역 E1 · A4 출구에서 도보 1분. JR 신주쿠 新宿역 남쪽 · 서쪽 출구에서 도보 10분 **지도** 별책 P.11-G

★
〈LOVE〉 등 유명한 조형물을 감상
신주쿠 아이랜드 타워
新宿アイランドタワー

신주쿠 고층 빌딩 중 한 곳으로 건물 앞 광장에는 조형물 〈LOVE〉가 설치되어 있다. 미국 현대 미술가인 로버트 인디애나의 작품으로 뉴욕에서도 볼 수 있으며 일본 드라마나 영화에 자주 등장한다. 이외에도 건물 주변에서 다양한 작가들의 설치 미술 작품을 감상할 수 있다. 지하 원형 광장에서는 종종 미니 라이브 콘서트가 열린다. 주변 식당에서 음식을 테이크아웃해 즐기는 사람들도 볼 수 있다.

주소 東京都新宿区西新宿6-5-1 **전화** 03-3348-1177 **홈페이지** www.shinjuku-i-land.com **교통** 도에이 오에도선 도초마에 都庁前역 A6 출구에서 도보 3분. 도쿄메트로 마루노우치선 니시신주쿠 西新宿역 2번 출구에서 도보 3분. JR 신주쿠 新宿역 서쪽 출구에서 도보 9분 **지도** 별책 P.10-D

★
신주쿠 번화가 속의 작은 쉼터
하나조노 신사
花園神社 🔊 하나조노 진자

신주쿠 산초메 백화점 사이에 위치한 작은 신사로 고층 빌딩 사이에 숨어 있다. 다양한 축제가 열리는 곳으로 11월에는 2~3번의 큰 축제가 열린다. 특히 11월의 유일(酉日, 닭의 날)에 열리는 '도리노이치(酉の市)'는 매년 60만 명이 넘는 인파가 몰리는 유명한 축제다. 축제 기간에는 약 300개의 노점이 열리며 전야제를 시작으로 저녁 늦게까지 진행된다. 날짜는 매년 달라지므로 방문 전 확인하자.

주소 東京都新宿区新宿5-17-3 **전화** 03-3209-5265 **홈페이지** www.hanazono-jinja.or.jp **교통** 도쿄메트로 마루노우치선 신주쿠 新宿역 B10 출구에서 도보 5분. 마루노우치선 · 후쿠토신선 · 도에이신주쿠선 신주쿠산초메 新宿三丁目역 E1 출구에서 도보 2분. JR 신주쿠역 동쪽 출구에서 도보 10분 **지도** 별책 P.10-F

최대 번화가인 신주쿠 한복판에 자리한 작은 신사. 11월 축제 때는 많은 사람들이 모인다.

서민적인 선술집에서 가볍게 한잔!
오모이데 요코초
思い出横丁

신주쿠역 서쪽 출구 쪽에 위치한, 선술집이 밀집한 작은 골목. 2차 세계대전 후 역 주변에 노점상이 들어서면서 허름한 상가가 형성된 곳으로 세월이 흐른 지금도 여전히 저렴한 가격과 옛 맛을 그대로 유지하고 있다. 좁은 골목에 40여 개의 작은 가게가 모여 있으며, 저녁이면 가게에서 굽는 야키토리(꼬치구이)의 연기와 향으로 가득하다.

교통 JR 신주쿠 新宿역 서쪽 출구에서 도보 2분 **지도** 별책 P.10-E

도쿄 최대의 환락가
가부키초
歌舞伎町

일본의 3대 번화가 중에서도 가장 번화한 곳으로 수많은 유흥업소가 모여 있다. 주로 식당, 술집 등이 자리하고 있지만 불건전한 업소들도 많기 때문에 너무 깊숙이 들어가지 않는 것이 좋다. 저녁 시간이 되면 호객을 하러 거리에 나선 호스트들을 쉽게 볼 수 있다.

교통 JR 신주쿠 新宿역 동쪽 출구에서 도보 4분 **지도** 별책 P.10-C

놀 거리 많은 복합 엔터테인먼트 시설
도큐 가부키초 타워
Tokyu Kabukicho Tower

신주쿠 가부키초의 중심에 우뚝 선 빌딩으로 높이 225m, 지상 48층, 지하 5층의 대형 건물이다. 숙박, 영화관, 극장, 라이브 홀 등이 모여 있는 복합 엔터테인먼트 시설로, 다채로운 즐길 거리를 접할 수 있다. 두 개의 호텔과 게임 엔터테인먼트 시설 남코 도쿄(namco TOKYO), 엔터테인먼트 푸드 홀, 신주쿠 가부키홀, 가부키 요코초 등이 입점해 있다.

주소 東京都新宿区歌舞伎町1-29-1 **영업** 10:00~22:00(가게마다 다름) **휴무** 무휴 **홈페이지** tokyu-kabukicho-tower.jp **교통** JR 신주쿠 新宿역 동쪽 출구에서 도보 6분. 세이부신주쿠선 세이부신주쿠 西武新宿역에서 1분 **지도** 별책 P.10-E

✪

고층 빌딩 속 여유로운 공간

신주쿠 서던 테라스
新宿サザンテラス

🔊 신주쿠 사잔 테라스

신주쿠역 신남쪽 출구에서 요요기 방면으로 뻗어 있는 공간으로, 광장처럼 넓고 탁 트여 있다. 스타벅스 등 커피를 마시며 쉬어 갈 수 있는 공간이 많으며 프랑프랑 등의 상점들도 있다. 중앙의 다리를 통해 신주쿠 동쪽으로 갈 수 있고, 다리를 건너면 타임즈스퀘어(도큐핸즈)로 이어진다. 11월 중순부터 2월 중순까지는 저녁에 일루미네이션으로 불을 밝혀 신주쿠의 야경을 멋지게 수놓는다.

주소 東京都渋谷区代々木2-2-1 **홈페이지** www.southernterrace.jp **교통** JR 신주쿠 新宿역 남쪽·신남쪽 출구에서 도보 2분 **지도** 별책 P.11-H

✪

가부키초의 새로운 랜드마크

신주쿠 토호 빌딩
Shinjuku Toho Bldg

🔊 신주쿠 토호 비루

코마 극장이 있던 자리에 들어선 고층 빌딩. 저층에는 12개의 스크린을 갖춘 멀티플렉스 극장 토호 시네마즈 신주쿠가, 고층부에는 시티 호텔이 들어서 있다. 극장 앞 광장은 젊은이들이 모이는 장소로 유명하고, 건물 한편에는 고질라 동상이 설치되어 있어 기념사진을 찍는 관광객들이 많다.

주소 東京都新宿区歌舞伎町1-19-1 **전화** 050-6868-5063(극장) **홈페이지** www.toho.co.jp/shinjukutoho **교통** JR 신주쿠 新宿역 동쪽 출구에서 도보 10분. 또는 도쿄메트로 마루노우치선 신주쿠역 B13 출구에서 도보 8분 **지도** 별책 P.10-E

신주쿠 상점가를 걷다 보면
만나게 되는 고층 빌딩.
고질라 동상이 있어 눈에 띈다.

3D 고양이가 뛰노는 명소

크로스 신주쿠
스페이스
クロス新宿スペース

만남의 장소인 신주쿠역 동쪽 출구 광장 맞은편 건물로 대형 3D LED 전광판이 설치되어 있다. 건물에는 고양이 카페가 있으며 전광판에는 3D 고양이 영상이 오전 7시부터 오후 8시까지 15분 간격으로 나온다. 화질은 살짝 아쉽지만 귀여운 고양이에게 계속 눈길이 간다.

주소 東京都新宿区新宿3-23-18 **전화** 03-6821-1440 **영업** 07:00~25:00(전광판) **휴무** 무휴 **홈페이지** shinjuku.xspace.tokyo **교통** JR 신주쿠 新宿역 동쪽 출구에서 1분 **지도** 별책 P.10-E

신주쿠를 대표하는 복합 쇼핑몰
신주쿠 다카시마야 타임즈 스퀘어
新宿高島屋タイムズスクエア

신주쿠에서 가장 큰 쇼핑 타운으로, 고급 백화점인 다카시마야, 유니클로, 도큐핸즈, 기노쿠니야 서점
이 입점해 있다. 건물 바로 뒤에 우뚝 솟아 있는 도코모 시계 타워와 함께 신주쿠를 상징하는 풍경으
로 알려져 있다. 최상층의 레스토랑 파크에는 고급 레스토랑들이 즐비해 다양한 요리를 즐길 수 있다.

주소 東京都渋谷区千駄ヶ谷5-24-2 **전화** 03-5361-1111 **영업** 10:00~20:00(금·토요일 ~20:30) **휴무** 1/1 **홈페이지**
www.takashimaya.co.jp/shinjuku/timessquare **교통** JR 신주쿠 新宿역 신남쪽·미라이나타와 新南·ミライナタワー 출구
에서 도보 1분 **지도** 별책 P.11-H

20대 취향의 쇼핑몰
신주쿠 마이로드
Shinjuku Myload

JR 신주쿠역 서쪽, 남쪽 출구에 인접한 복합 쇼핑몰. 상품 가격
이 대부분 100엔인 실용적인 생활 소품 숍 내추럴 키친
(Natural Kitchen)을 비롯해 20대 여성 취향의 브랜드 매장들
이 많이 입점해 있다. 마이로드에 있는 남쪽 신주쿠와 서쪽 신
주쿠를 연결하는 통로를 모자이크 도리라고 부르며 이곳에서
는 크리스마스 일루미네이션 쇼 등 다양한 이벤트가 열린다.

주소 東京都新宿区西新宿1-1-3 **전화** 03-3349-5611 **영업** 10:00~21:00(레스
토랑 11:00~22:00) **휴무** 1/1 **홈페이지** www.shinjuku-mylord.com **교통**
JR·도쿄메트로·도에이선·오다큐선·게이오선 신주쿠 新宿역과 연결(남쪽 출구)
지도 별책 P.11-H

여성들을 위한 새로운 쇼핑몰
뉴우먼
Newoman

최근 공사를 마친 신주쿠역 신남쪽 출구와 연결된 쇼핑몰. 일본 뿐 아니라 해외에서 인기 있는 뷰티·라이프 스타일 브랜드가 많아 성인 여성들의 발길이 끊이지 않는다. 블루 보틀 커피, 조엘 로부숑 카페, 토라야 카페 등 도쿄의 인기 카페와 레스토랑이 모여 있어 쉬었다 가기도 좋다. 개방된 옥상에서는 신주쿠의 전망을 무료로 감상할 수 있다. 건물 안에 신주쿠 고속버스 터미널이 있다.

주소 東京都渋谷区千駄ヶ谷5-24-55 **전화** 03-3352-1120 **영업** 11:00〜21:30 (상점에 따라 다름) **휴무** 1/1 **홈페이지** www.newoman.jp **교통** JR·도쿄메트로·도에이선·오다큐선·게이오선 신주쿠 新宿역과 연결(JR 신주쿠역 신남쪽 출구) **지도** 별책 P.11-H

신주쿠역과 바로 연결되는 젊은 감각의 백화점
루미네
Lumine

JR 신주쿠역과 바로 연결되는 백화점으로 위치에 따라 루미네 1(서쪽 출구), 루미네 2(남쪽 출구), 루미네 EAST(동쪽 출구)로 나뉜다. 일본의 20〜30대 여성들이 즐겨 찾는 백화점으로 고가 브랜드보다는 중저가의 감각적인 브랜드와 아기자기한 잡화점, 달콤한 디저트를 판매하는 카페, 레스토랑이 입점해 있다.

주소 東京都新宿区西新宿1-1-5 **전화** 03-3348-5211 **영업** 11:00〜22:00(레스토랑 〜23:00) **휴무** 1/1 **홈페이지** www.lumine.ne.jp **교통** JR·오다큐선·게이오선 신주쿠 新宿역 남쪽 출구에서 도보 1분. 또는 게이오선 루미네 출구에서 바로 연결 **지도** 별책 P.11-H

오다큐 전철이 운영하는 백화점
오다큐 백화점
小田急百貨店

오다큐 백화점 별관

민영 철도(사철) 회사인 오다큐 전철에서 운영하는 백화점으로 1962년에 오픈해 오랜 역사를 자랑한다. 신주쿠역 서쪽 출구와 바로 연결되어 있어 접근성이 뛰어나다. 인터내셔널 부티크를 비롯해 유명 브랜드 숍이 입점해 있다. 별관인 하루크(HALC)에는 일본의 대형 전자 쇼핑몰인 빅 카메라와 대형 스포츠웨어 상설 매장이 있다.

주소 東京都新宿区西新宿1-1-5 전화 03-3342-1111 영업 10:00~20:00(레스토랑 11:00~22:30) 휴무 1/1 홈페이지 www. odakyu-dept.co.jp 교통 JR · 도쿄메트로 · 도에이선 · 오다큐선 · 게이오선 신주쿠 新宿역과 연결(중앙 서쪽, 서쪽 출구) 지도 별책 P.11-H

게이오 전철이 운영하는 백화점
게이오 백화점
京王百貨店

1964년에 오픈한 백화점으로, 도쿄 서부 지역 교통의 중심인 게이오 전철이 운영한다. 신주쿠역 서쪽 출구와 바로 연결되어 있으며 다양한 상품들을 구경할 수 있다. 백화점 최상층에서는 매주 다양한

이벤트가 열리는데, 주로 일본 각 지역에서 생산한 특별한 상품들을 판매한다.

주소 東京都新宿区西新宿1-1-4 전화 03-3342-2111 영업 10:00~20:00(레스토랑 11:00~22:00) 휴무 1/1 홈페이지 info. keionet.com/shinjuku 교통 JR · 도쿄메트로 · 도에이선 · 오다큐선 · 게이오선 신주쿠 新宿역 서쪽 출구와 연결 지도 별책 P.11-H

> ### 철도 회사가
> ### 백화점을 운영한다고?!
> 과거 일본에서는 철도 회사가 사업 확장으로 백화점을 운영하는 일이 많았다. 사철(민영 철도)이 많은 신주쿠에도 오다큐(小田急), 게이오(京王) 등 철도 회사가 운영하는 백화점이 많다. 세이부(西部), 게이큐(京急), 도큐(東急) 역시 도쿄 철도 회사의 백화점이다. 오사카에도 한신(阪神), 한큐(阪急) 같은 철도 회사의 백화점이 있다.

도쿄의 대표 셀렉트 숍
빔스
Beams

전 세계의 다양한 디자인 상품, 캐주얼웨어, 잡화, 액세서리 등을 모아둔 셀렉트 숍. 지하 1층부터 지상 6층까지 건물 전체를 사용하며, 층마다 다른 콘셉트로 상품이 진열되어 있다. 최상층인 6층에서는 여러 아티스트의 작품들이 전시되어 있다.

주소 東京都新宿区新宿3-32-6 **전화** 03-5368-7300 **영업** 11:00~20:00 **휴무** 1/1 **홈페이지** www.beams.co.jp **교통** 도쿄메트로 마루노우치선 · 후쿠토신선 · 도에이 신주쿠선 신주쿠산초메 新宿三丁目역 E9 · A2 출구에서 도보 1분 **지도** 별책 P.11-H

신주쿠에서 가장 오래된 백화점
이세탄 신주쿠
伊勢丹新宿

1886년 창업, 1933년에 신주쿠로 이전했다. 신주쿠에서 가장 오래된 백화점으로 고가 브랜드 숍이 많다. 계절마다 바뀌는 화려한 쇼윈도는 디스플레이만 보러 오는 사람이 있을 정도로 특별하다. 남성 패션 전문의 맨즈관이 따로 있어 남성용품을 쇼핑하기에도 좋다. 지하의 식품 매장인 '데파치카(テパ地下)'에서는 일류 파티시에의 디저트 등 고급 요리를 맛볼 수 있다.

주소 東京都新宿区新宿3-14-1 **전화** 03-3352-1111 **영업** 10:30~20:00 **휴무** 1/1~1/2 **홈페이지** isetan.mistore.jp/store/shinjuku **교통** 도쿄메트로 마루노우치선 · 후쿠토신선 · 도에이 신주쿠선 신주쿠산초메 新宿三丁目역 B3 · B4 · B5 출구에서 도보 1분 **지도** 별책 P.11-H

신주쿠 산초메의 초대형 백화점
신주쿠 마루이
新宿マルイ

신주쿠에만 점포가 3개나 있는 대형 백화점. 여성 패션 전문점인 본관, 남성 패션 전문점인 MEN, 커플, 가족이 쇼핑을 즐길 수 있는 ANNEX로 나뉜다. 특히 여성들을 위한 전문 라이프 스타일 숍이 인기 있으며 도쿄 최대의 옥상 정원을 자랑하는 본관도 사랑받고 있다.

주소 東京都新宿区新宿3-30-13 **전화** 03-3354-0101 **영업** 11:00~21:00(지하 1층 07:00~23:00) **휴무** 1/1 **홈페이지** www.0101.co.jp/003 **교통** 도쿄메트로 마루노우치선 · 후쿠토신선 · 도에이 신주쿠선 신주쿠산초메 新宿三丁目역 A4 · A2 출구에서 도보 1분 **지도** 별책 P.11-H

유니클로와 빅 카메라의 만남

빅쿠로
ビックロ

신주쿠 동쪽 출구의 대형 가전 상가인 빅 카메라와 일본 최대 의류 브랜드인 유니클로의 컬래버레이션으로 생긴 상점. 1층부터 3층까지는 유니클로 제품을, 나머지 층에는 빅 카메라의 가전을 판매하고 있다. 층별로 제품마다 함께 구입하면 좋은 의류와 가전 등이 전시되어 있어 쉽고 빠르게 쇼핑을 할 수 있고, 한꺼번에 구매하여 할인, 면세를 받기도 편리하다.

주소 東京都新宿区新宿3-29-1 **전화** 03-5363-5741 **영업** 10:00~22:00 **휴무** 무휴 **교통** 도쿄메트로 마루노우치선·후쿠토신선·도에이 신주쿠선 신주쿠산초메 新宿三丁目역 A5 출구에서 도보 1분 **지도** 별책 P.11-H

없는 게 없는 만능 쇼핑몰

돈키호테
ドン・キホーテ

시장과 같이 복잡하지만 찾는 물건이 쉽게 눈에 띄는 독특한 진열 방식의 대형 할인 마트. 건강용품, 화장품, 식품, 전자 제품 등은 물론 명품까지 없는 게 없을 정도로 다양한 제품을 판매하고 있으며 비교적 가격도 저렴하다. 쉽게 볼 수 없는 독특한 상품들이 가득하고 24시간 영업하고 있어 관광객으로 항상 붐빈다. 신주쿠 북쪽 오오쿠보에 좀 더 큰 지점이 있다.

주소 東京都新宿区歌舞伎町1-16-5 **전화** 03-5291-9211 **영업** 24시간 **휴무** 무휴 **홈페이지** www.donki.com **교통** JR 신주쿠 新宿역 동쪽 출구에서 도보 5분 **지도** 별책 P.10-E

등산용품 주력의
스포츠용품 전문점
이시이 스포츠
ICI 石井スポーツ

다양한 브랜드의 스포츠용품이 한곳에 모여 있는 전문 상점. 신주쿠 이외에도 도쿄 곳곳에 지점이 있는데, 지점마다 전문적으로 취급하는 상품이 다르다. 신주쿠점은 등산용품 전문점으로 스포츠웨어부터 전문 등산 장비까지 다양하게 진열되어 있다.

주소 東京都新宿区西新宿1-10-1 **전화** 03-3346-0301 **영업** 11:00~20:00 **휴무** 1/1 **홈페이지** www.ici-sports.com **교통** JR 신주쿠 新宿역 서쪽·남쪽 출구에서 도보 3분 **지도** 별책 P.11-G

볼거리 가득한 인테리어 전문 숍
프랑프랑
Francfranc

2층 규모의 단독 매장

도시에 사는 25세 도시 여성을 타깃으로 하는, 톡톡 튀는 컬러와 감성적인 디자인 제품을 판매하는 인테리어 숍. 실용적이고 저렴한 주방용품부터 심플한 디자인의 가전제품과 다양한 패브릭에 이르기까지 멋있고 기능적인 상품이 가득하다.

주소 東京都渋谷区代々木2-2-1 **전화** 03-5333-7701 **영업** 11:00~22:00 **휴무** 1/1 **홈페이지** www.francfranc.com **교통** JR 신주쿠 新宿역 남쪽·신남쪽 출구에서 도보 2분, 신주쿠 서던 테라스 내에 위치 **지도** 별책 P.11-K

신주쿠의 카메라용품 전문점
맵 카메라
Map Camera

전 세계의 다양한 카메라를 비교해 보고 살 수 있는 곳. 가격도 저렴하다. 두 건물에 매장이 있는데, 한 곳에서는 신품, 다른 한 곳에서는 중고 제품을 판매한다. 특히 중고 제품은 종류가 다양하고 상태도 좋은 편이다. 사진에 관심이 있다면 꼭 한번 들러보도록 하자.

주소 東京都新宿区西新宿1-12-5 **전화** 03-3342-3381 **영업** 10:30〜20:30 **휴무** 1/1 **홈페이지** www.mapcamera.com **교통** JR 신주쿠 新宿역 서쪽·남쪽 출구에서 도보 5분 **지도** 별책 P.11-G

전문가를 위한 문구 전문점
세카이도
世界堂

조형 재료, 디자인용품, 설계·제도용품, 만화용품, 미술용품, 문구류 등을 판매하는 문구점이다. 6층 건물 전체가 없는 게 없을 정도로 다양한 상품으로 가득하다. 만화, 디자인, 미술 분야 종사자나 지망생에게 추천할 만한 곳이다.

주소 東京都新宿区新宿3-1-1 **전화** 03-5379-1111 **영업** 09:30〜21:00 **휴무** 1/1 **홈페이지** www.sekaido.co.jp **교통** 도쿄메트로 마루노우치선·후쿠토신선 또는 도에이 신주쿠선 신주쿠산초메 新宿三丁目역 C1 출구에서 도보 1분 **지도** 별책 P.11-ㄴ

스시 대회에서 우승한 회전 초밥 전문점
누마즈코
沼津港

100여 종의 다양한 초밥을 맛볼 수 있는 회전 초밥 전문점. 깔끔한 매장에서 저렴한 가격에 맛있는 초밥을 먹을 수 있다. 이곳의 조리장은 일본 TV 챔피온 스시 대회에서 우승한 경력이 있다. 독특한 모양과 장식을 한 초밥도 찾아볼 수 있다. 스시 한 접시 110엔~.

주소 東京都新宿区新宿3-34-16 **전화** 03-5361-8228 **영업** 11:00~22:30 **휴무** 무휴 **홈페이지** www.numazuko.com **교통** JR 신주쿠 新宿역 중앙 동쪽·동쪽 출구에서 도보 3분 **지도** 별책 P.11-H

책과 함께 맥주를 즐기는 카페
브루클린 팔러
Brooklyn Parlor

신주쿠 마루이 건물 1층의 카페 겸 레스토랑. 기본 콘셉트는 북 카페로 곳곳에 다양한 서적을 진열·판매하고 있으며, 읽어볼 수도 있다. 술, 커피, 디저트, 요리 등 메뉴 구성이 다양하다. 매주 화요일 저녁에는 세계에서 활약하는 DJ가 등장하는 이벤트를 개최한다. 오리지널 브랜드 커피 オリジナルブレンドコーヒー 650엔.

주소 東京都新宿区新宿3-1-26 **전화** 03-6457-7763 **영업** 11:30~23:30 **휴무** 무휴 **홈페이지** www.brooklynparlor.co.jp **교통** JR 신주쿠 新宿역 신남쪽 출구에서 도보 4분 **지도** 별책 P.11-I

인기 라멘 체인 멘야 무사시의 본점

멘야 무사시
麵屋 武蔵

건더기가 푸짐하며 큼지막한 고기가 함께 나오는 라멘 전문점. 신주쿠를 시작으로 도쿄 곳곳에 매장을 냈다. 매장별로 메뉴가 조금씩 다른 것이 특징. 신주쿠 지점에서는 멘야 무사시 라멘의 기본이 되는 닭 뼈와 돼지 뼈를 우려낸 국물과 가츠오부시, 멸치로 우려낸 해물 국물, 두 가지 국물의 라멘을 맛볼 수 있다. 무사시 라멘 武蔵ら麺 1200엔.

주소 東京都新宿区西新宿7-2-6 **전화** 03-3363-4634 **영업** 11:00~22:30 **휴무** 무휴 **홈페이지** www.menya634.co.jp **교통** JR 신주쿠 新宿역 서쪽 출구에서 도보 4분 **지도** 별책 P.10-E

영화 〈우동〉의 사누키 우동을 맛보다

도쿄 멘츠우단
東京麵通団

일본 시코쿠 지역의 사누키 우동을 널리 알리고 맛을 연구하는 모임에서 만든 우동 전문점. 쫄깃하고 탱글탱글한 면발의 사누키 우동을 맛볼 수 있다. 먼저 우동을 선택하고 토핑으로 튀김을 따로 주문한다. 우동은 차가운 것과 따뜻한 것 두 종류가 있으며 국물 없이 비벼 먹는 우동도 있다. 카케 우동 かけうどん 374엔.

주소 東京都新宿区西新宿7-9-15 **전화** 03-5389-1077 **영업** 08:00~23:30 (토·일요일·공휴일 10:00~) **휴무** 무휴 **홈페이지** www.mentsu-dan.com **교통** JR 신주쿠 新宿역 서쪽 출구에서 도보 4분 **지도** 별책 P.10-E

신주쿠의 야경과 함께 맛있는 돈가스를

돈카츠 이세
とんかつ伊勢

신주쿠 NS 빌딩 최상층에 있는 돈가스 전문점. 창가 자리에 앉으면 도쿄 도청이 보이는 신주쿠의 전망을 감상하며 식사를 즐길 수 있다. 신주쿠의 번화가보다 한적한 편이며 가격도 그다지 비싸지 않다. 히레카츠 정식 ヒレカツ定食 940엔.

주소 東京都新宿区西新宿2-4-1 **전화** 03-3344-4660 **영업** 11:00~21:30 **휴무** 2월 네 번째 · 8월 첫 번째 일요일 **교통** 도에이 오에도선 도초마에 都庁前역 A2 출구 도보 5분. JR 신주쿠 新宿역 남쪽 · 서쪽 출구에서 도보 8분 **지도** 별책 P.11-G

신주쿠 고층 빌딩의 최상층에서 도쿄 전망을 감상하며 식사할 수 있다.

가루이자와에서 온 인기 레스토랑

사와무라 베이커리
SAWAMURA

도쿄 근교 휴양지 가루이자와의 인기 레스토랑 사와무라의 도쿄 지점이다. 천연 효모를 넣어 만든 여러 가지 빵을 맛볼 수 있는 베이커리, 빵과 함께 깔끔한 요리를 즐길 수 있는 레스토랑으로 나뉜다. 영업 시간이 길어 아침 식사를 하거나 밤에 술과 요리를 즐겨도 좋다. 베이커리에서 판매하는 커피도 맛있고, 특히 런치는 긴 줄이 생길 정도로 인기 있다. 런치는 코스와 피자, 파스타, 햄버거 등이 있으며 가격은 1000~3000엔이다. 사와무라 브랜드 커피 沢村ブランドコーヒー 660엔.

주소 東京都渋谷区千駄ヶ谷 5-24-55 **전화** 03-5362-7735 **영업** 07:00~23:00 **휴무** 무휴 **카드** 가능 **홈페이지** www.b-sawamura.com/shops/shinjuku.php **교통** JR 신주쿠 新宿역 신남쪽 출구에서 바로 연결. 뉴우먼 2층 **지도** 별책 P.11-H

두 가지 맛의 돈코츠 라멘을 즐기다

라멘 즌도우야

ラー麺 ずんどう屋

간사이의 히메지에서 시작한 돈코츠 라멘 전문점. 진한 돈코츠 (돼지 사골) 국물의 라멘과 후쿠오카 지역의 포장마차에서 주로 나오는 맑고 가벼운 국물의 돈코츠 라멘 중 원하는 것을 골라 맛 볼 수 있다. 주말에는 24시간 영업을 한다. 아지타마 라멘 味玉 らーめん 920엔.

주소 東京都新宿区歌舞伎町2-39-3 **전화** 03-6302-1814 **영업** 11:00~다 음 날 06:00(금·토요일 24시간) **휴 무** 무휴 **홈페이지** www.zundouya. com **교통** JR 신주쿠 新宿역 동쪽 출 구에서 도보 12분 **지도** 별책 P.10-E

깔끔한 샐러드 우동이 인기

산고쿠이치

三国一

1969년 오픈한 우동 전문점으로 나베 우동, 야키 우동 등 다양 한 우동을 맛볼 수 있다. 특히 우동 위에 채소를 듬뿍 올린 사 라다 우동(샐러드 우동) サラダうどん(1100엔)이 여성들에게 인기가 있다.

주소 東京都新宿区新宿3-24-8 **전화** 03-3354-3591 **영업** 11:00~23:00 **휴무** 무 휴. **홈페이지** www.sangokuichi.co.jp/shops/shop_east.html **교통** JR 신주쿠 新宿역 동쪽 출구에서 도보 4분 **지도** 별책 P.10-E

깔끔한 시오 라멘의 압도적 인기
야키아고 시오 라멘 타카하시 신주쿠 본점
焼きあご塩らー麺 たかはし 新宿本店

도쿄 라멘의 격전지 중 하나인 신주쿠에서
높은 평점과 인기를 모으고 있다. 도쿄 다
른 지역에도 곳곳에 지점이 있다. 야키아
고(焼きあご)라는 구운 날치로 육수를 낸
시오 라멘은 호불호가 크게 갈리지 않는
깔끔하고 시원한 맛을 자랑한다. 야키아고
시오 라멘 焼きあご塩らー麺 900엔.

주소 東京都新宿区歌舞伎町1-27-3 **전화** 03-6457-3328 **영업**
10:00~다음 날 04:30 **휴무** 무휴 **홈페이지** takahashi-ramen.
com **교통** JR 신주쿠 新宿역 동쪽 출구에서 7분. 도쿄메트로 마루노
우치선 신주쿠 新宿역 B13 출구에서 도보 5분 **지도** 별책 P.10-E

푸짐한 생선회와 마른 안주 등을 곁들여 술 한잔 기울이기 좋은 이자카야

24시간 영업하는 해산물 전문 이자카야
니혼센교코카루이 도우코카이
日本鮮魚甲殻類同好会

24시간 종일 영업해 언제든 찾아갈 수 있는 이자카야로, 니혼슈,
소주, 과실주 등 다양한 일본 술과 해산물 요리를 맛볼 수 있다.
일본 분위기가 물씬 나는 가게에서 현지인들과 어울리며 신선한
해산물과 부드러운 니혼슈 한잔을 즐겨보자. 마구로사시모리(참
치회 모둠) 鮪刺し盛り 1299엔.

주소 東京都新宿区歌舞伎町1-22-3
전화 03-5287-2568 **영업** 24시간 **휴
무** 무휴 **교통** JR 신주쿠 新宿역 동쪽
출구에서 도보 6분. 도쿄메트로 마루노
우치선 신주쿠역 B13 · B12 출구에서 도
보 4분 **지도** 별책 P.10-E

닭꼬치와 함께 시원한 맥주 한잔

토리요시
鳥良

주소 東京都新宿区西新宿1-10-2 **전화** 050-3085-7081 **영업** 17:00~24:00 **휴무** 무휴 **교통** JR 신주쿠新宿역 서쪽·남쪽 출구에서 도보 1분 **지도** 별책 P.11-G

야키토리(닭꼬치)와 테바사키(닭날개구이) 전문점으로, 저녁에 맥주가 생각날 때 들러 닭꼬치를 안주 삼아 가볍게 한 잔하기 좋다. 아오야마, 기치조지 등에도 매장을 두고 있으며 모던한 인테리어와 전통적인 소품이 잘 어울린다. 테바사키 手羽先 5개 549엔.

테바사키와 양념 테바사키

신선한 채소 요리 레스토랑

노우카노 다이도코로
農家の台所

일본 각 지역의 농장에서 재배한 신선한 채소를 직접 공수해 요리한다. '농가의 부엌'이라는 뜻의 가게 이름처럼 식재료에 대한 자세한 설명과 재배한 농부의 사진이 붙어 있어 흥미를 더한다. 샐러드 바에서는 직접 고른 채소를 즉석에서 잘라준다. 오반자이고젠(런치) おばんざい御膳 1680엔.

주소 東京都新宿区新宿3-5-3 **전화** 03-3226-4831 **영업** 11:00~15:00, 18:00~23:00 **휴무** 연말연시 **홈페이지** www.noukanodaidokoro.com **교통** 도쿄메트로 마루노우치선·후쿠토신선·도에이 신주쿠선 신주쿠산초메 新宿三丁目역 E4 출구에서 도보 1분 **지도** 별책 P.11-I

손님의 대부분이 여성이다. 선택한 채소를 그 자리에서 바로 잘라준다.

전철 타고 떠나는 작은 여행
세이부 신주쿠선 주변의 가볼 만한 곳

세이부 신주쿠 西部新宿선은 세이부 그룹에서 운영하는 노선이며 종점인 신주쿠를 시작으로 도쿄 서북쪽 지역과 연결된다. 세이부신주쿠역 건물에는 복합 쇼핑센터인 페페와 신주쿠 프린스 호텔이 위치해 있으며 역 주변에 상점들이 모여 있다.

역과 연결된 쇼핑센터
페페
PePe

대규모 100엔숍인 Can☆do, ABC 마트, 무인양품, 지유, 핸즈 비 등의 대형 매장들이 들어서 있으며 30여 개의 브랜드 숍들이 모여 있다.

주소 東京都新宿区歌舞伎町1-30-1 **전화** 03-3232-7777 **영업** 11:00~10:00 **휴무** 무휴 **교통** 세이부신주쿠 西武新宿역 내에 위치 **지도** 별책 P.10-E

역 앞에 건담이!
가미이구사역
上井草駅

도쿄 서북쪽의 한적한 주택가에 위치해 있으며, 근처에 애니메이션 〈건담〉의 제작사인 선라이즈의 본사와 치히로 미술관 등이 있다. 역 앞 광장에 건담 동상이 세워져 있는 등 마을 곳곳에서 건담에 관련된 풍경을 찾아볼 수 있다.

교통 세이부신주쿠역 西武新宿역에서 전철로 20분(220엔) **지도** 별책 P.38-F

동화 작가의 미술관
치히로 미술관
ちひろ美術館
🔊 치히로 비쥬츠칸

《창가의 토토》의 일러스트로 널리 알려진 일본의 동화 작가 이와사키 치히로의 미술관. 그녀가 살던 집을 개조해 미술관으로 꾸몄다. 3개의 전시실과 다목적 홀에서는 다양한 일러스트, 동화책 전시가 열리고 있다.

주소 東京都練馬区下石神井4-7-2 **전화** 03-3995-0612 **개방** 10:00~17:00 **휴무** 월요일(공휴일이면 다음 날), 12/28~1/1 **요금** 800엔 **홈페이지** www.chihiro.jp **교통** 가미이구사 上井草역 북쪽 출구에서 도보 7분 **지도** 별책 P.38-F

아사쿠사

浅草

시내 한복판에서 만나는 옛 일본의 거리

도쿄에서 가장 오래된 절인 센소지 앞으로 과거 모습을 간직한 상점 거리가 길
게 늘어서 있다. 옛 모습이 그대로 남아 있어 전통적인 일본의 모습을 엿볼 수
있다. 오랜 전통의 가게가 많이 모여 있으며 맛집도 많다. 관광객을 위한 시설들
이 대부분이나 조금 깊숙이 들어가면 지역 주민의 생활 모습을 관찰할 수 있는
가게들이 많이 있다. 아사쿠사의 한편에는 스미다강이 흐르며 강을 따라 산책로
와 공원이 조성되어 있다. 공원은 봄 벚꽃의 명소이며 여름에는 도쿄에서 가장
큰 규모의 불꽃 축제인 스미다강 불꽃 축제가 열려 많은 사람들이 모여든다.

여행 포인트		이것만은 꼭 해보자	위치

관광	★★★
사진	★★☆
쇼핑	★★☆
음식점	★★★
야간 명소	★☆☆

☑ 나카미세 상점가에서
쇼핑 즐기기
☑ 아사쿠사 문화 관광 센터,
스미다강 변에서 도쿄 스카이트리를
배경으로 사진 찍기
☑ 오랜 전통의 맛집 방문하기

아사쿠사
•우에노
신주쿠•
시부야• •하라주쿠
지유가오카•
•오다이바
하네다 공항•

아사쿠사 가는 법

{ 아사쿠사의 주요 역 }

도쿄메트로 긴자선 아사쿠사역 浅草

도에이 아사쿠사선 아사쿠사역 浅草

도부 스카이트리 라인 아사쿠사역 浅草

도부 스카이트리 라인(3분, 160엔)으로 도쿄 스카이트리에 갈 수 있으며, 도쿄메트로 긴자선은 우에노, 시부야와 연결, 도에이 아사쿠사선은 하네다 공항, 나리타 공항과 연결된다. 갓파바시 도구 거리는 아사쿠사역보다 한 정거장 전인 긴자선 타와라마치역에서 내리면 가깝다. 오다이바로는 수상버스(50분, 1720엔)를 타고 이동할 수 있다.

{ 각 지역에서 아사쿠사로 가는 법 }

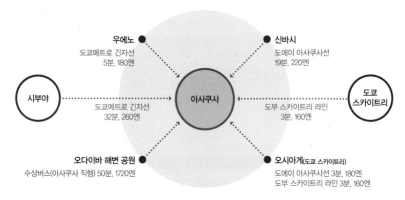

{ 공항에서 아사쿠사로 가는 법 }

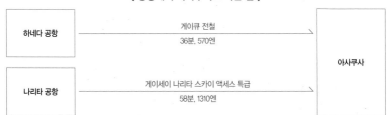

※아사쿠사행 리무진 버스는 긴시초, 도요스를 경유해 시간이 많이 걸리기 때문에 열차를 이용하는 편이 더 낫다. 리무진 버스 이용 시 하네다 공항 80분(1000엔), 나리타 공항 140분(2900엔) 정도 소요된다.

Course
ASAKUSA

아사쿠사 추천 코스

1 아사쿠사역

    도보 2분

2 가미나리몬

    도보 1분

3 나카미세

    도보 1분

4 센소지

    도보 20분

5 갓파바시 도구 거리

    도보 20분

6 아사쿠사역

가미나리몬

나카미세

센소지

도보 여행 팁

아사쿠사는 센소지를 중심으로 주변 거리를 관광하는 것이 일반적이다. 시간이 된다면 고양이 신사인 이마도 신사, 주방용품 전문 상가인 갓파바시 도구 거리를 함께 둘러보면 좋다. 아사쿠사에서 강 건너 보이는 도쿄 스카이트리까지는 걸어서 15분 정도 걸리며 가는 길에 여러 가지 볼거리가 있어 걷는 길이 즐겁다.

갓파바시 도구 거리

아사쿠사
한눈에 보기

① 가미나리몬 · 나카미세 · 센소지

센소지의 가미나리몬에서 상점가인 나카미세를 지나 본당에 이르는 길이 아사쿠사 관광의 중심지다. 나카미세에는 길 양쪽에 100여 개의 상점이 늘어서 있어 언제나 많은 사람으로 붐빈다. 나카미세의 지붕은 개폐식으로 비가 와도 안심하고 쇼핑을 즐길 수 있다.

1 가미나리몬
2 나카미세
3 센소지 본당

② 아사쿠사 하나야시키

도쿄에서 가장 오래된 놀이동산 중 하나로 소소한 놀이 기구들이 설치되어 있다. 놀이동산 인근에는 상점 거리가 조성되어 있으며 주민들이 모여 술을 마시는 가게들도 많다.

③ 갓파바시 도구 거리

아사쿠사 왼편의 상점 거리로 다양한 조리 도구와 요리 관련 상품들을 만날 수 있다. 거대한 양식 요리사 모형이 세워져 있는 니이미 상점(ニイミ)부터 시작되며 대부분이 주방용품 전문 상점이다.

④ 스미다 공원

아사쿠사 오른편을 흐르는 스미다 강은 강폭이 제법 넓어 많은 배들이 다닌다. 오다이바를 비롯해 도쿄의 다른 관광지를 연결하는 수상 버스가 출발하는 곳이기도 하다. 강변에는 공원들이 조성되어 있는데, 봄에는 벚꽃 명소로 사랑받고, 여름에는 도쿄에서 가장 큰 규모의 축제인 스미다강 불꽃 축제가 열린다.

아사쿠사, 오다이바, 도요스, 시오도메를 연결하는 수상버스
도쿄 크루즈
TOKYO CRUISE

스미다강과 도쿄만을 항해하는 수상버스로, 이동하면서 도쿄의 멋진 풍경을 감상할 수 있다. 아사쿠사~오다이바 노선을 이용하는 승객이 대부분이며 12척의 수상버스가 운행하고 있다. 그중 우주선 모양의 수상버스 '히미코(ヒミコ)'는 〈은하철도 999〉의 작가 마쓰모토 레이지가 디자인해 인기가 높다. 히미코 내부에서 〈은하철도 999〉의 캐릭터를 만날 수 있으며 애니메이션 성우들이 안내 방송을 한다.

주소 東京都台東区花川戸1-1-1 **전화** 012-977311 **운행** 09:30~19:00(30~40분 간격으로 운행, 계절·노선에 따라 시간이 다르므로 홈페이지 확인) **휴무** 화요일 **홈페이지** www.suijobus.co.jp **교통** 도쿄메트로 긴자선·도에이 아사쿠사선 아사쿠사 浅草역 5번 출구에서 도보 1분 **지도** 별책 P.12-F

〈 노선별 요금 〉

	노선	소요 시간	요금
수상버스	아사쿠사~하마리큐 浜離宮	35분	1040엔
	아사쿠사~도요스 豊洲	35분	1200엔
	아사쿠사~오다이바 해변 공원 お台場海浜公園	70분	1720엔
히미코	아사쿠사~오다이바 해변 공원 お台場海浜公園	50분	1720엔

아사쿠사의 관광 명소

SIGHTSEEING

★★

아사쿠사의 입구이자 수호문

가미나리몬

雷門

주소 東京都台東区浅草2-3-1 **전화** 03-3842-0181 **교통** 도쿄메트로 긴자선 · 도에이 아사쿠사선 아사쿠사 浅草역 1번 출구에서 도보 1분 또는 A4 출구에서 도보 3분 **지도** 별책 P.12-E

액운을 막아주는 센소지의 수호문인 가미나리몬(번개 문)은 아사쿠사의 상징과도 같은 곳이다. 특히 가미나리몬의 중앙에 달린 무게 100kg이 넘는 거대한 붉은색 제등은 아사쿠사의 랜드마크로 유명하다. 일본 전통 문화나 역사를 설명하는 팸플릿, 책자 등에도 단골로 등장한다.

★★★

100년 역사를 자랑하는
전통 상점가

나카미세

仲見世

가미나리몬에서 센소지 본당까지 이어지는 300m 정도의 거리에 좌우로 늘어선 가게들이 보인다. 이 상점 거리를 나카미세라고 부르는데, 일본 에도 시대부터 국가에서 특별히 관리하는 전통 상점가이며 아사쿠사에서 가장 인기 있는 관광 명소다. 대부분 100년 이상의 역사를 자랑하는 가게로 대를 이어 전통 식품이나 민예품 등을 팔고 있다.

홈페이지 www.asakusa-nakamise.jp **교통** 도쿄메트로 긴자선 · 도에이 아사쿠사선 아사쿠사 浅草역 1번 출구에서 도보 1분 또는 A4 출구에서 도보 3분 **지도** 별책 P.12-D

수많은 상점이 늘어서 있는 상점가 나카미세 끝에는 센소지의 정문이 있다.

100년 전통의 가게들이 늘어선

나카미세

仲見世

아사쿠사를 대표하는 인형 빵

기무라야 닌교야키

木村家人形焼

가미나리몬, 센소지, 오층탑 등 아사쿠사의 상징을 '닌교야키(人形焼き)'라는 빵으로 만들어 판매한다. 닌교야키는 인형 빵이라는 뜻으로 우리나라의 호두 과자, 풀빵과 비슷하다. 나카미세에는 기계를 이용하여 대량으로 닌교야키를 만들어 싸게 파는 곳이 많은데 이 집은 전통 방식을 고수해 가격이 비싼 편이다. 8개들이 600엔~.

주소 東京都台東区浅草2-3-1 전화 03-3844-9754 영업 09:30~18:30 휴무 무휴 홈페이지 www.asakusa-umai. ne.jp/umai/kimuraya.html

장인이 만드는 전통 부채

분센도

文扇堂

100년 이상의 역사를 이어온 부채 전문점. 장인이 직접 손으로 만든 고급 부채를 판매한다. 모양과 무늬가 다양한 부채는 아사쿠사 여행 기념품으로 좋다. 부채 扇子 1680엔~.

주소 東京都台東区浅草1-30-1 전화 03-3844-9711 영업 10:30~18:00 휴무 매월 20일 이후 월요일 홈페이지 www. asakusa-nakamise.jp/shop-3/bunsendo

전통 장난감과 인형

스케로쿠
助六

에도 시대의 완구와 취미용품이 3000종 이상 진열되어 있다. 손으로 빚어 만든 소박한 도기 인형이 가득하다. 행운을 부르는 고양이 마네키네코, 출산 축하 선물인 자루견 등 선물용 인형도 관광객의 눈길을 끈다.

주소 東京都台東区浅草2-3-1 **전화** 03-3844-0577 **영업** 10:00~18:00 **휴무** 무휴 **카드** 가능

바삭한 모나카와
시원한 아이스크림의 조화

아사쿠사
초우친 모나카
浅草ちょうちんもなか

바삭바삭한 과자 안에 다양한 맛의 아이스크림이 들어 있는 모나카 전문점. 찹쌀로 만들어 고소하고 바삭한 모나카 과자에는 아사쿠사의 상징인 카미나리몬의 제등(提灯, 초우친)이 그려져 있다. 모나카 안에 들어가는 아이스크림은 8가지 중에서 하나를 고를 수 있다. 아이스 모나카 アイスもなか 350엔.

주소 東京都台東区浅草2-3-1 **전화** 03-3842-5060 **영업** 10:00~17:30 **휴무** 무휴 **홈페이지** www.cyouchinmonaka.com

콩가루를 묻힌 당고

키비당고 아즈마
きびだんご あづま

키비당고는 일본식 경단으로, 삶은 당고에 즉석에서 콩가루를 묻혀 판매한다. 함께 판매하는 시원한 말차와도 궁합이 좋다. 당고는 귀여운 토끼가 그려진 포장에 담겨 나온다. 당고 だんご(꼬치 5개) 350엔, 말차 150엔.

주소 東京都台東区浅草1-18-1 **전화** 03-3843-0190 **영업** 09:00~19:00 **휴무** 무휴

⭐⭐
도쿄에서 가장 오래된 절

센소지
浅草寺

도쿄를 대표하는 불교 사찰 중 한 곳으로 628년에 세워진, 도쿄에서 가장 오래된 절이다. 2차 세계
대전 때 소실된 후 본전은 1958년에, 오층탑은 1973년에 재건되었다. 동서남북 각 입구에는 대형
제등이 달려 있고 중앙 입구인 가미나리몬이 가장 크다. 본당 동쪽의 니텐몬 二天門은 중요 문화재
로 지정되어 있다.

주소 東京都台東区浅草2-3-1 **전화** 03-3842-0181 **개방** 본당 06:00~17:00 **휴무** 무휴 **홈페이지** www.senso-ji.jp **교통** 도
쿄메트로 긴자선·도에이 아사쿠사선 아사쿠사 浅草역 1번 출구에서 도보 8분 **지도** 별책 P.12-D

★
아사쿠사 주민들의 시장

신나카미세
新仲見世

나카미세 오른편에 있는 상점 거리로, 나카미세와 평행하게 뻗어 있다. 관광지인 나카미세와는 다르게 전통 상품보다는 생활용품을 파는 가게가 주를 이룬다. 옷 가게, 신발 가게들이 즐비하고 식당도 많다. 아케이드 상가이므로 비가 와도 여유롭게 둘러볼 수 있다.

주소 東京都台東区浅草1-39-2 **전화** 03-3844-5400 **홈페이지** www.asakusa-shinnaka.com **교통** 도쿄메트로 긴자선·도에이 아사쿠사선 아사쿠사 浅草역 1번 출구에서 도보 1분 **지도** 별책 P.12-D

★
아사쿠사를
조망할 수 있는 관광 센터

아사쿠사
문화 관광 센터
浅草文化観光センター
🔊 아사쿠사 분카 간코우 센터

가미나리몬 맞은편에 있는 관광 안내소로 아사쿠사의 유적, 전통 예능, 행사 등의 정보와 자료는 물론 도쿄의 관광 정보를 얻을 수 있다. 8층에는 전망 테라스가 있어 센소지, 나카미세의 풍경과 도쿄 스카이트리, 아사히 맥주 건물 등이 보이는 아사쿠사의 전망을 감상할 수 있다.

주소 東京都台東区雷門2-18-9 **전화** 03-3842-5566 **개방** 09:00~20:00 (8층 전망 테라스 ~22:00) **휴무** 무휴 **교통** 도쿄메트로 긴자선·도에이 아사쿠사선 아사쿠사 浅草역 2번 출구에서 도보 1분 **지도** 별책 P.12-F

★

일본 제일의 조리 기구 전문 거리

갓파바시 도구 거리

かっぱ橋道具街 🔊 갓파바시 도구가이

일본 메이지 시대 말기부터 형성되기 시작한 골동품 거리로, 지금은 주방용품 전문 상가로 유명하다. 아사쿠사 도리와 갓파바시 도리가 만나는 곳을 중심으로 800m 정도 이어지는 거리에 170여 개의 상점들이 모여 있다. 양식, 일식 구별할 것 없이 다양한 조리 기구가 판매되고 있으며 식기와 주방용품 등도 많다. 특히 주방용 칼을 전문으로 하는 유명한 가게들이 많다.

주소 東京都台東区松が谷3-18-2 **전화** 03-3844-1225 **홈페이지** www.kappabashi.or.jp **교통** 도쿄메트로 긴자선 · 도에이 아사쿠사선 아사쿠사 浅草역 1번 출구에서 도보 13분. 도쿄메트로 긴자선 다와라마치 田原町역 3번 출구에서 도보 6분 **지도** 별책 P.12-A

1 주방용품 전문점 **2** 거리의 시작점인 니이미 상점의 거대한 동상

일본에서 가장 오래된 유원지

아사쿠사 하나야시키

浅草花やしき

1853년 개장한 놀이동산으로 일본에서 가장 오래된 유원지로 알려져 있다. 2차 세계 대전 당시에 대부분이 유실되었으나 1947년에 다시 복구하였다. 일본 최초의 롤러코스터 등 최초로 생긴 놀이 기구들이 많지만 재미는 소소하다.

주소 東京都台東区浅草2-28-1 **전화** 03-3842-8780 **개방** 10:00~18:00 **휴무** 무휴 **요금** 입장료 1000엔(초등학생 500엔), 프리패스 2300엔(초등학생 2000엔) **홈페이지** www.hanayashiki.net **교통** 도쿄메트로 긴자선 · 도에이 아사쿠사선 아사쿠사 浅草역 6번 출구에서 도보 8분 **지도** 별책 P.12-A

1 하나야시키의 입구
2 귀여운 팬더 우체통

⭐ 일본 마네키네코의 발상지
이마도 신사
今戸神社
🔊 이마도 진자

일본 행운의 상징인 고양이상 '마네키네코(招き猫)'를 처음 만들었다는 신사. 한 할머니가 가난 때문에 키우던 고양이를 버렸는데 이 고양이가 꿈에 나타나서 자신의 형상을 만들어 팔면 복을 받게 될 거라는 이야기를 해준다. 이후 할머니는 고양이 모양의 토기 인형을 만들어 신사의 참배객에게 판매하게 되었는데, 이 인형이 마네키네코의 시작이라고 한다.

주소 東京都台東区今戸1-5-22 **전화** 03-3872-2703 **개방** 09:00~17:00 **휴무** 무휴 **홈페이지** imadojinja1063. crayonsite.net **교통** 도쿄메트로 긴자선·도에이 아사쿠사선 아사쿠사 浅草역 1번 출구에서 도보 15분 또는 6번 출구에서 13분 또는 A4 출구에서 도보 17분 **지도** 별책 P.12-B

아사쿠사를 알리는 황금빛 빌딩
아사히 맥주 빌딩
アサヒビールタワー
🔊 아사히 비루 타와

스미다강 건너편에 자리한 아사히 맥주 건물. 스카이트리가 생기기 전까지 아사쿠사의 대표 명소였고, 지금도 이곳을 배경으로 기념사진을 찍는 사람이 많다. 건물은 맥주 거품과 유리컵에 담긴 맥주를 형상화했다. 사실 황금색 거품 모양은 똥 같다고 하며 '응꼬(똥)'라고 부르는 사람들이 많다. 실내에는 아사히 맥주를 마실 수 있는 레스토랑과 술집이 있다.

주소 東京都墨田区吾妻橋1-23-1 **전화** 03-5608-5277 **영업** 레스토랑 11:30~15:00, 17:00~22:00(일요일·공휴일 11:30~16:00, 17:00~22:00) **휴무** 무휴 **교통** 도쿄메트로 긴자선·도에이 아사쿠사선 아사쿠사 浅草역 5번 출구에서 도보 5분 **지도** 별책 P.12-F

맛집
RESTAURANT

맛있는 새우튀김을 올린 튀김덮밥

다이고쿠야
大黒家

1887년 오픈한 튀김덮밥 전문점으로 130년 동안 한결같은 맛을 지키고 있다. 이곳의 튀김은 참기름을 사용해 노랗게 튀겨 맛이 더 고소하고 향이 좋다. 새우튀김 4개를 밥 위에 올린 에비텐동 海老天丼(2200엔)이 인기 있다. 맛과 양념이 진한 편이며 새우튀김 이외에도 돈가스 등 다양한 튀김 요리와 덮밥 요리를 맛볼 수 있다. 옛 건물을 그대로 사용하는 본점과 인근에 새로 지은 별관이 있다.

주소 東京都台東区浅草1-38-10 **전화** 03-3844-1111 **영업** 11:10~20:30(토요일·공휴일 ~21:00) **휴무** 무휴 **홈페이지** www.tempura.co.jp **교통** 도쿄메트로 긴자선·도에이 아사쿠사선 아사쿠사 浅草역 1번 출구에서 도보 3분 **지도** 별책 P.12-C

1 새우튀김덮밥인 에비텐동
2 다이고쿠야 별관
3 다이고쿠야 본점
4 본점에 생긴 긴 행렬

일본 최초의 바

카미야 바
神谷バー

1938년에 개업한 일본 최초의 바. 현지 사람들이 많이 찾는다. 이곳에서 개발한 브랜디에 진, 와인, 큐라소 등을 넣은 칵테일 덴키브란 電気ブラン(350엔~)은 도수가 40%에 육박해 마시면 전기가 오를 만큼 독하다고 하며, 독한 술을 좋아하는 사람들에게 인기가 높다.

주소 東京都台東区浅草1-1-1 **전화** 03-3841-5400 **영업** 11:30~22:00 **휴무** 화요일 **카드** 가능 **홈페이지** www.kamiya-bar.com **교통** 도쿄메트로 긴자선·도에이 아사쿠사선 아사쿠사 浅草역 1번 출구에서 도보 1분 **지도** 별책 P.12-F

1 카미야 바의 테이크아웃 코너
2 칵테일 덴키브란

부드럽고 달콤한 푸딩

아사쿠사 실크 푸린
淺草シルクプリン

매일 아침 이바라키에서 공수해 오는 우유와 달걀, 홋카이도산 생크림으로 만든 진하고 부드러운 푸딩을 판매한다. 실크처럼 부드러운 식감을 유지하기 위해 1도 단위로 온도를 조절해 가며 스팀 오븐에서 단숨에 구워낸다. 진한 푸딩에 어울리는 캐러멜 소스와 함께 먹는다. 실크푸딩 シルクプリン 490엔.

주소 東京都台東区浅草1-4-11 **전화** 03-5828-1677 **영업** 11:00~21:00 **휴무** 무휴 **홈페이지** www.testarossacafe.net **교통** 도쿄메트로 긴자선·도에이 아사쿠사선 아사쿠사 浅草역 1번 출구에서 도보 2분 **지도** 별책 P.12-E

1 골목 안의 작은 가게
2 부드러운 실크푸딩

일본을 대표하는 스키야키 전문점

이마한
今半

1895년 창업한 스키야키 전문점. 일본에서 가장 유명한 스키야키 가게로 알려져 있다. 스키야키는 얕고 동그란 냄비 위에 쇠고기, 대파, 곤약, 배추, 두부 등을 올리고 양념 소스를 뿌려 졸여 먹는 전통 요리로 불고기와 비슷하다. 아사쿠사에는 본점과 별관인 이마한 벳칸(今半別館)이 있다. 스키야키덮밥 すき焼き丼 1870엔~(하루 20인분 한정), 스키야키 히루젠(런치 메뉴) すき焼き昼膳 4400엔~.

주소 東京都台東区西浅草3-1-12 **전화** 03-3841-1114 **영업** 11:30~21:30 **휴무** 무휴 **카드** 가능 **홈페이지** www. asakusaimahan.co.jp **교통** 도쿄메트로 긴자선·도에이 아사쿠사선 아사쿠사 浅草역 1번 출구에서 도보 8분 **지도** 별책 P.12-C

추억의 쇼유 라멘
요로이야
与ろゐ屋

아사쿠사에서 태어나 아사쿠사에서 자란 사장이 1991년 문을 연 전통 라멘 가게. 도쿄의 라멘인 쇼유(醬油, 간장) 라멘을 판매한다. 주로 1960~80년대에 인기를 끌었던 추억의 라멘 맛을 즐길 수 있다. 유자 향이 살짝 나는 깔끔한 국물이 맛있다. 라멘 ラーメン 900엔~.

주소 東京都台東区浅草1-36-7 **전화** 03-3845-4618 **영업** 11:00~20:30 **휴무** 무휴 **홈페이지** yoroiya.jp **교통** 도쿄메트로 긴자선 · 도에이 아사쿠사선 아사쿠사 浅草역 1번 출구에서 도보 7분 또는 6번 출구에서 도보 5분 **지도** 별책 P.12-D

도라에몽이 좋아하는 도라야키
카메주
亀十

일본의 전통 간식인 도라야키 전문점. 도라야키는 밀가루, 달걀, 설탕을 섞은 반죽을 둥글 납작하게 구워 두 쪽을 맞붙이고, 그 사이에 팥소를 넣은 빵이다. 〈도라에몽〉의 작가인 후지코 F. 후지오가 좋아했던 빵으로, 그의 작품 속에서도 도라에몽이 좋아하는 빵으로 나온다. 옛 방식 그대로 구워내며 속은 홋카이도산 팥으로 꽉 차 있다. 도라야키 どら焼き 390엔.

주소 東京都台東区雷門2-18-11 **전화** 03-3841-2210 **영업** 10:00~20:30 **휴무** 1/1 **교통** 도쿄메트로 긴자선 · 도에이 아사쿠사선 아사쿠사 浅草역 2번 출구에서 도보 1분 **지도** 별책 P.12-F

1 도라야키 **2** 카메주 입구 **3** 다양한 일본 전통 과자

아사쿠사에서 맛보는 나고야의 명물 장어 요리
아사쿠사 우나테츠
浅草うな鐵

나고야의 전통 장어 요리 히츠마부시를 맛볼 수 있는 가게. 장어, 닭 꼬치 요리도 있다. 일본산 장어만을 사용하며, 달달한 타레(양념)를 듬뿍 묻혀 숯불(비장탄)에 굽는다. 나고야와는 다르게 소금으로만 간한 시오히츠마부시 塩ひつまぶし는 이곳에서만 맛볼 수 있다. 아사쿠사 히츠마부시 浅草ひつまぶし 4080엔~.

주소 東京都台東区花川戸1-2-11 **전화** 03-5830-3302 **영업** 11:15~22:00 **휴무** 무휴 **카드** 가능 **홈페이지** www. hitsumabushi.com **교통** 도쿄메트로 긴자선 · 도에이 아사쿠사선 아사쿠사 浅草역 5번 출구에서 도보 1분 **지도** 별책 P.12-F

1, 2 가게 이름이 쓰인 노렌(커튼)이 입구에 걸려 있다. **3** 히츠마부시

아사쿠사역 인근의 회전 초밥 전문점
간소즈시
元祖寿司

수산 시장인 도요스 시장에서 매일 아침 공수하는 신선한 생선으로 초밥을 만든다. 제철 생선으로 만든 초밥이 많으며 회전 초밥 가게라 가격도 저렴한 편이다. 아사쿠사역 5번 출구에서 나오면 바로 보여 찾기도 쉽다. 초밥 한 접시 寿司 138엔~.

주소 東京都台東区花川戸1-2-3 **전화** 03-3841-9997 **영업** 11:00~21:30 **휴무** 무휴 **홈페이지** www.gansozushi.com **교통** 도쿄메트로 긴자선 · 도에이 아사쿠사선 아사쿠사 浅草역 5번 출구에서 바로 **지도** 별책 P.12-F

신선한 재료로 만드는 초밥을 저렴하게 맛볼 수 있는 회전 초밥 식당. 무난하게 식사하기 좋다.

200년 이상
장어를 구워 온 가게
코마가타 마에가와
駒形前川

아사쿠사에서도 손꼽히는 전통 장어 요리 맛집. 일본에서 가장 맛이 좋다는 도네강의 자연산 장어를 사용한다. 아사쿠사를 끼고 흐르는 스미다강 변에 위치해, 강 위에 물든 석양을 바라보며 저녁 식사를 즐길 수 있다. 장어덮밥인 우나주(5300엔~)가 인기 있는데 가격은 비싼 편이다. 평일 런치에는 조금 저렴하게 맛볼 수 있다. 평일 런치 우나주 3500엔.

장어덮밥인 우나주

주소 東京都台東区駒形2-1-29 **전화** 03-3841-6314 **영업** 11:30~21:00 **휴무** 무휴 **카드** 가능 **홈페이지** www1.odn.ne.jp/unagimaekawa **교통** 도쿄메트로 긴자선·도에이 아사쿠사선 아사쿠사 浅草역 A2-a 출구에서 도보 1분 **지도** 별책 P.12-E

하루에 3천 개가 팔리는 메론빵
아사쿠사 카게츠도
浅草 花月堂

아사쿠사의 명물로 통하는 메론빵 가게. 두 손으로 잡아도 될 정도로 다른 메론빵에 비해 크기가 크다. 아사쿠사에 4곳의 지점이 있으며 본점은 센소지 뒤편에 위치해 있다. 일본의 방송에 여러 번 소개되었을 정도로 유명하다. 점보 메론빵 ジャンボめろんぱん 280엔.

주소 東京都台東区浅草2-7-13 **전화** 03-3847-5251 **영업** 09:00~17:00 **휴무** 무휴 **홈페이지** www.asakusa-kagetudo.com **교통** 도쿄메트로 긴자선·도에이 아사쿠사선 아사쿠사 浅草역 1번 출구에서 도보 8분 또는 6번 출구에서 도보 6분, 또는 A4 출구에서 도보 10분 **지도** 별책 P.12-C

아사쿠사의 명물 메론빵은 산책하며 간식으로 먹기 좋다.

창업 180년의 전통 튀김집

산사다
三定

에도 시대부터 이어져 온 덴푸라 전문점. 180년 전 서민들이 즐겨 먹던 덴푸라의 맛을 그대로 간직하고 있는 곳이다. 여러 가지 재료를 튀겨낸 덴푸라 天ぷら와 튀김덮밥인 텐동 天丼을 맛볼 수 있다. 새우, 굴, 오징어, 흰살생선, 관자와 각종 채소를 참기름에 고소하게 튀겨낸다. 카키아게 かき揚げ(새우, 오징어, 관자 등을 넣어 동그랗게 튀겨낸 요리)와 새우튀김, 흰살생선튀김을 밥 위에 올린 죠텐동 上天丼(2360엔~)이 인기.

주소 東京都台東区浅草1-2-2 **전화** 03-3841-3400 **영업** 11:30~22:00 **휴무** 무휴 **카드** 가능 **홈페이지** www.tempura-sansada.co.jp **교통** 도쿄메트로 긴자선 · 도에이 아사쿠사선 아사쿠사 浅草역 1번 출구에서 도보 1분 **지도** 별책 P.12-F

맛집이 모여 있는 식당 거리

아사쿠사 요코초
浅草横町

유니클로 등이 입점해 있는 복합 쇼핑몰 도쿄 락텐치 아사쿠사 빌딩 4층의 식당 거리. 초밥집, 야키토리 전문점, 이자카야, 한식당 등 8곳의 식당이 모여 있으며, 레트로 일본풍 인테리어가 인상적이다. 사진을 찍을 만한 아기자기한 공간이 많다.

주소 東京都台東区浅草2-6-7 **전화** 12:00~23:00 **휴무** 무휴 **홈페이지** asakusayokocho.com **교통** 도쿄메트로 긴자선 · 도에이 아사쿠사선 아사쿠사 浅草역 1번 출구에서 도보 7분 **지도** 별책 P.12-C

아사쿠사에서 즐기는
일본 전통 옷 체험

절과 신사, 전통 상점가가 잘 보존되어 있어 도쿄에서 가장 일본다운 분위기가 풍기는 아사쿠사. 아사쿠사에는 일본 전통 옷인 기모노(유카타)를 대여하는 곳이 많이 있어 기모노(유카타)를 입고 거리를 산책할 수 있다. 특히 7~8월 여름에는 곳곳에서 다양한 축제와 불꽃놀이가 열리는데, 유카타를 입으면 할인이나 서비스를 받을 수 있는 곳도 많다. 유카타는 여름 축제 때나 목욕 후 입는 가볍고 간편한 옷이다.

기모노(유카타) 대여 전문점
아사쿠사 아이와후쿠
浅草愛和服

아사쿠사의 일본 전통 옷 대여 전문점으로 유카타를 비롯해 다양한 일본 전통 옷을 빌릴 수 있다. 아사쿠사에만 3곳의 지점이 있으며 보유하고 있는 옷이 많기 때문에 선택의 폭이 넓다. 유카타에 어울리는 액세서리도 무료로 대여할 수 있으며, 전문 미용사가 머리도 손질해 준다. 의상 대여비는 1인 2980엔부터 시작되며 커플 요금과 단체 요금 등 다양한 할인 혜택이 있다. 당일 예약도 가능하다.

주소 東京都台東区花川戸1-11-4 **전화** 03-6231-7554 **영업** 09:00~18:00 **홈페이지** aiwafuku.com **교통** 도쿄메트로 긴자선 · 도에이 아사쿠사선 아사쿠사 浅草역 5번 출구에서 도보 2분 **지도** 별책 P.12-D

맛집, 쇼핑 스폿까지 갖춘 최고의 전망대

도쿄 스카이트리

Tokyo Skytree

높이 634m를 자랑하는, 세계에서 가장 높은 자립식 전파 탑 (기네스에 등록)으로 2012년에 개장했다. 도쿄 스카이트리는 두바이의 초고층 빌딩 부르즈 할리파(828m)에 이어 세계에서 두 번째로 높은 건축물이자 일본에서 가장 높은 건축물이다. 개장 후부터 연일 많은 사람들이 방문하는 도쿄의 명소이자 상징으로서, 도쿄 스카이트리를 중심으로 형성된 도쿄 스카이트리 타운은 전망대와 수족관 등의 볼거리와 맛집, 쇼핑 스폿까지 충실하게 갖추고 있다.

해 진 후 조명을 밝힌 모습도 멋진 곳

주소 東京都墨田区押上1-1-13　**전화** 0570-55-0634　**영업** 08:00~22:00　**휴무** 무휴　**홈페이지** www.tokyo-skytree.jp　**교통** 도부 스카이트리 라인 도쿄스카이트리 とうきょうスカイツリー역에서 바로, 도쿄메트로 한조몬선 · 도에이 아사쿠사선 · 게이세이 오시아게선 오시아게 押上역에서 도보 1분, 스카이트리 셔틀버스로는 우에노역 앞에서 30분(220엔), 도쿄역 앞에서 30분(520엔)　**지도** 별책 P.12-B

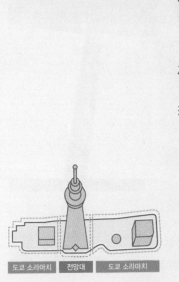

| 도쿄 소라마치 | 전망대 | 도쿄 소라마치 |

634m
450m
350m

5F
4F
1F

도쿄 스카이트리 전망 회랑

| 플로어 450 | 소라카라 포인트 | EV |
| 플로어 445 | 기념 촬영 서비스 | EV |

도쿄 스카이트리 전망 데크

플로어 350	전망 회랑 티켓 카운터 카페, 기념 촬영 서비스	EV EV
플로어 345	기념품 숍, 레스토랑	EV
플로어 340	유리 바닥, 카페, 기념 촬영 서비스	EV

B1F~5F 플로어

5층	기념품숍, 인포메이션	EV EV
4층	전망 데크 티켓 카운터, 인포메이션	EV EV
2·3층	도쿄 소라마치	EV
1층	기념품 숍, 단체 티켓 카운터	EV
B1층	주차장	EV

도쿄 스카이트리
SIGHTSEEING

가장 높은 곳에서 내려다보는 도쿄
도쿄 스카이트리 전망대
東京スカイツリー展望台 ◀» 도쿄 스카이트리 텐보우다이

3만 6900㎡의 초대형 종합 시설에서 핵심 포인트로 자리 잡은 도쿄 스카이트리. 지상 350m와 450m 지점에 전망대가 있다. 전망대에서는 가시거리가 약 70km에 달하는 360도 파노라마 전망을 감상할 수 있다. 지상 350m의 전망 데크는 플로어 350, 플로어 345, 플로어 340의 3층 구조로 되어 있다. 레스토랑과 카페에서 전망을 즐길 수도 있고, 플로어 340의 유리 바닥으로 된 공간에서는 지상 340m 높이에서 공중에 떠 있는 듯한 아찔한 경험을 할 수 있다.

1 전망 회랑의 이벤트 공간 2 전망 회랑의 전망 3 스카이트리 전망대의 최고 지점

전망 데크보다 더 높은 전망 회랑은 지상 450m 높이에 있다. 이곳에는 포토존이 있어 기념사진을 찍을 수 있다. 맑은 날에는 후지산까지 보이며, 거리의 사람과 자동차가 마치 작은 장난감처럼 보인다. 조명이 켜진 도쿄 타워가 아름답게 빛나는 저녁의 야경도 로맨틱하다.

영업 08:00~22:00(특정일은 영업 시간을 연장하며, 강풍 등으로 시간이 변경되거나 영업이 중지되는 경우도 있다.) **휴무** 연말연시
위치 도쿄 스카이트리 4층에서 티켓 구매 및 입장

전망 회랑의 야경

항목		성인	청소년	항목
			고등학생/중학생	초등학생
		만 18세 이상	만 12~17세	만 6~11세
세트권 (전망 데크+전망 회랑)	평일	3100	2350	1450
	휴일	3400	2550	1550
전망 데크	평일	2100	1550	950
	휴일	2300	1650	1000
전망 회랑	평일	1000	800	500
	휴일	1100	900	550

(단위: 엔)

300여 개의 점포가 모인 상점가
도쿄 소라마치
東京ソラマチ

카페와 레스토랑, 상점 등 312개의 점포가 모여 있는 쇼핑가. 도쿄 스카이트리 한정 디저트나 기념품 등을 구입할 수 있다. 도쿄 소라마치의 30~31층에는 작은 전망 장소가 있어 이곳에서도 제법 멋진 전망을 감상할 수 있다.

영업 10:00~21:00(레스토랑 11:00~23:00) **휴무** 무휴 **홈페이지** www.tokyo-solamachi.jp **위치** 도쿄 스카이트리 지하 3층~지상 7층, 30~31층

**약 1만 마리의
해양 생물을 만난다**

스미다 수족관
隅田水族館
🔊 스미다 스이조쿠칸

인공 해수 시스템을 활용한 도심형 수족관. 400여 종, 약 1만 마리의 해양 생물을 가까이에서 관람할 수 있다. 펭귄, 물개 등을 바로 눈앞에서 볼 수 있는 개방형 수조, 해파리를 사육하는 실험실 '라보' 등 다양한 볼거리와 즐길 거리가 있다.

전화 03-5619-1821 **영업** 09:00~21:00 **휴무** 무휴 **요금** 2500엔(고등학생 1800엔, 초등 · 중학생 1200엔, 3세 이상 800엔) **홈페이지** www.sumida-aquarium.com **위치** 도쿄 스카이트리 5층

**최신 기술의 프로그램을
체험해 보자**

코니카 미놀타
플라네타리움 텐쿠
コニカミノルタ
プラネタリウム天空

약 40만 개의 별을 비추는 최신 시스템을 갖춘 플라네타리움으로, 밤하늘의 모습을 매우 리얼하게 재현한다. CG 영상과 입체 음향을 이용한 오리지널 프로그램도 인기. 밤하늘의 별을 바라보며 잠시 쉬었다 가기에 좋다.

전화 03-5610-3043 **영업** 11:00~21:00 **휴무** 무휴 **요금** 중학생 이상 1900엔, 4세 이상 1000엔 **홈페이지** planetarium.konicaminolta.jp/tenku **위치** 소라마치 7층

하와이의 푸짐한 수제 햄버거

쿠아 아이나
KUA · AINA

1975년 하와이에서 시작한 수제 햄버거 가게의 도쿄 지점 중 한 곳. 쿠아 아이나는 하와이어로 시골을 의미한다. 고기와 채소가 듬뿍 들어 있는 커다란 햄버거에 다양한 토핑과 사이드 메뉴를 즐길 수 있다. 아보카도 버거 アボカドバーガー 1170엔~.

전화 03-5610-7188 영업 10:00~22:00 카드 가능 홈페이지 www.kua-aina. com 위치 도쿄 스카이트리 1층

쇼핑하다 잠시 쉬어 가기

비 어 굿 네이버 커피 키오스크
BE A GOOD NEIGHBOR COFFEE KIOSK

패션 잡화점인 뷰티 앤 유스 매장에 병설된 커피 스탠드. 도쿄 센다가야에 본점을 두고 있는 로스팅 전문 커피 가게이다. 센다가야 본점은 담배 가게였던 작은 공간에서 시작되었는데, 카페라고 부르기 어색할 만큼 협소해서 키오스크라는 이름을 붙였다고 한다. 커피는 물론 레모네이드 등의 음료를 판매하고 있다. TODAY'S COFFEE 400엔.

전화 03-5619-1692 영업 10:00~21:00 휴무 무휴 홈페이지 beagoodneighbor.net 위치 도쿄 소라마치 2층

도쿄 제일의 츠케멘 전문점

로쿠린샤
六厘舎

진한 국물에 면을 찍어 먹는 츠케멘. 돼지 뼈와 닭 뼈를 고아낸 후 해물을 첨가한 국물 맛이 일품이다. 자판기에서 식권을 구입하는 방식이며, 차가운 면과 따뜻한 면 중 하나를 선택한다. 추가 요금을 내면 면과 토핑을 추가할 수 있다. 인기가 많아 식사 시간에는 줄을 서야 한다. 츠케멘 つけ麺 880엔~.

전화 03-5809-7368 **영업** 10:30~23:00 **홈페이지** rokurinsha.com **위치** 도쿄 소라마치 6층

1, 3 국물에 찍어 먹는 츠케멘
2 순서를 기다리는 사람들

나고야의 명물 히츠마부시

히츠마부시 빈초
ひつまぶし備長

히츠마부시는 구운 장어를 잘게 썰어 밥 위에 올려 내고, 소스와 함께 비벼 먹는 요리로 일본 중부 지방 나고야의 명물이다. 이곳에서는 담백하게 구운 나고야 전통의 히츠마부시를 맛볼 수 있다. 히츠마부시 ひつまぶし 3950엔~.

전화 050-5868-1664 **영업** 11:00~23:00 **카드** 가능 **홈페이지** www.hitsumabushi.co.jp **위치** 도쿄 소라마치 6층

나고야식 장어덮밥인 히츠마부시 전문점. 주문과 동시에 장어를 굽기 시작한다.

여러 가지 맛있는 치즈케이크를 맛보자

치즈 가든
CHEESE GARDEN

넓은 매장 안에 숍과 카페가 함께 있다. 인기 메뉴는 고요테이 치즈케이크 御用邸チーズケーキ(1580엔)와 도쿄 소라마치 지점 한정 상품인 도쿄 퓨어 화이트 東京ピュアホワイト(1650엔). 카페에서 먹을 경우, 가장 인기 있는 치즈케이크 5종을 1조각씩 맛볼 수 있는 치즈케이크 어소트 チーズケーキアソート(1580엔)를 추천한다. 선물용이나 기념품용으로 구입하려면 판매 전용 매장인 1층의 리틀 치즈 가든을 이용하자.

전화 03-6658-4534 영업 10:00~21:00 홈페이지 cheesegarden.jp 위치 도쿄 소라마치 2층

1 치즈 가든 입구
2 치즈케이크 어소트
3, 4 세련된 매장 분위기

도쿄 스카이트리를 즐기는
또 다른 방법

밤에는 밖에서 보는 스카이트리도 아름답다
LED 조명을 밝힌 도쿄 스카이트리의 모습도
감상하자. 날마다 조명이 바뀌는데, 조명의 색
과 모양은 홈페이지에서 매일 공개한다. 불이
들어오는 시간은 일몰 이후부터 밤 11시까지.
타워가 워낙 높기 때문에 대부분의 주변 지역
에서 감상할 수 있다.

도시락을 구입해 피크닉 기분을 즐겨보자
도쿄 소라마치의 이스트야드 8층에 가면 플라네
타리움의 돔 지붕이 보이는 야외 정원 돔 가든
(Dome Garden)이 있다. 도쿄 소라마치 2층의
푸드 마르셰(Food Marche)에서 도시락을 구입
해 정원 벤치에서 먹으며 휴식을 취해보자.

③ 도쿄 최고 높이의 전망 레스토랑에서 런치를 즐겨보자

최상층인 31층에 있는 고급 전망 라운지 레스토랑 톱 오브 트리 (TOP of TREE)에서 럭셔리한 런치를 즐겨보자. 지상 150m 높이에서 내려다보이는 도시를 조망하며 식사할 수 있다. 제철 재료로 만든 다양한 애피타이저를 삼단 트레이에 올려 탑처럼 쌓은 어뮤즈 타워와 메인 요리, 디저트를 포함한 TOP 런치는 2500엔~ (1인 가격, 2인 이상 주문). 파스타 런치(1600엔) 등도 있다.

전화 03-5809-7377 영업 11:00~23:00 홈페이지 www.top-of-tree.jp 위치 도쿄 소라마치 이스트야드 31층

④ 도쿄 스카이트리의 촬영 장소로 인기! 스미다 공원

도쿄 스카이트리의 멋진 풍경을 담고 싶다면 스미다 공원 隅田公園이 제격이다. 도쿄 주변을 빙 둘러 흐르는 스미다강과 도쿄 스카이트리를 함께 촬영할 수 있으며, 도쿄 스카이트리 전체를 프레임에 담은 기념사진을 찍을 수 있다. 보통 오전에는 역광이라 도쿄 스카이트리를 또렷하게 담기 어렵고, 해가 살짝 기울기 시작하는 시간에 찾으면 파란 하늘과 어우러진 도쿄 스카이트리를 선명하게 찍을 수 있다. 노을이 질 때쯤이면 황금빛으로 물든 아사히 맥주 빌딩과 도쿄 스카이트리를 만날 수 있다.

사진 촬영 목적이 아니더라도 스미다 공원에는 많은 이들이 찾아온다. 봄에는 2km가 넘는 강변 산책로를 따라 벚꽃이 만발하고, 여름에는 불꽃놀이가 펼쳐져 밤하늘을 멋지게 수놓는다. 또한 도쿄만을 항해하는 유람선의 발착지이자 오다이바로 향하는 도쿄 크루즈를 탈 수 있는 선착장이기도 하다.

교통 도쿄메트로 긴자선 · 도에이 아사쿠사선 아사쿠사 浅草역 5번 출구에서 도보 1분 지도 별책 P.12-B

도쿄 동북부의 교통의 중심지
긴시초
錦糸町

1 긴시초역 플랫폼
2 JR 긴시초역 북쪽 출구 근처 버거킹과 돈키호테 사이 골목길로 가면 도쿄 스카이트리를 멋지게 찍을 수 있다.

JR과 도쿄메트로 한조몬선이 지나는 긴시초역은 도쿄의 여러 관광지로 이동하기에 편리하다. JR은 도쿄, 아키하바라, 신주쿠와 바로 연결되며 도쿄메트로 한조몬선은 도쿄 스카이트리(오시아게역), 시부야, 오도테산도로 바로 연결된다. 나리타, 하네다 공항으로 이어지는 리무진 버스와 도쿄 디즈니랜드까지 가는 버스도 다닌다. 역 주변에는 마루이, 파르코 등 대형 백화점과 상업 시설이 모여 있어 쇼핑을 즐기기에도 좋다. 인근 주택가와 오피스 거리에는 숨어 있는 맛집과 카페가 많다.

**재료 본연의 깊은 맛을
느끼고 싶다면**
소우멘
双麺

고등어와 다시마를 우린 육수로 라멘을 만드는 가게. 닭고기, 돼지 사골, 족발, 관자, 표고버섯 등 다양한 재료를 사용하며, 재료 본연의 맛을 최대한으로 살리는 방식으로 조리한다. 간장, 소금, 된장 3가지 맛의 라멘과 츠케멘을 맛볼 수 있으며 매일 한정 수량으로 판매하는 4종류의 라멘이 인기다. 2층은 저녁에 이자카야로 바뀐다. 소우멘 라멘 쇼유 双麺ら―めん 醤油 880엔~.

주소 東京都墨田区錦糸1-4-10 **전화** 03-5819-2880 **영업** 11:00~23:00 **휴무** 무휴 **홈페이지** doteightcompany.co.jp/somen **교통** JR 긴시초 錦糸町역 북쪽 출구에서 도보 4분

2016-2017 도쿄 올해의 라멘 1위

멘교
麺魚

도미로 육수를 낸 독특한 라멘 전문점으로 도쿄 라멘 대회(2016~2017)에서 대상을 받았다. 진하고 고소한 도미 육수를 사용한 라멘과 츠케멘, 아부라소바(비빔면)를 맛볼 수 있다. 에히메현산 도미를 사용하고 홋카이도산 밀가루로 면을 만든다. 저온에서 조리해 부드러운 돼지고기 차슈를 얹고 유자로 향을 더한 것이 특징. 마다이 라멘 真鯛らーめん 950엔~.

주소 東京都墨田区江東橋2-8-8 **전화** 03-6659-9619 **영업** 11:00~21:00 **휴무** 무휴 **홈페이지** www.mengyo.net **교통** JR 긴시초 錦糸町역 남쪽 출구에서 도보 6분

뷰가 멋진 긴시초 호텔

도부 호텔 레반트 도쿄
Tobu Hotel Levant Tokyo

도쿄의 철도 회사인 도부 철도에서 창립 100주년을 기념하여 만든 호텔로 도쿄 동북부 교통의 중심인 긴시초역에 위치해 있다. 호텔과 도쿄 스카이트리 사이에 높은 건물이 없기 때문에 도쿄 스카이트리 뷰를 가장 멋지게 감상할 수 있는 호텔로 알려져 있다. 도쿄 디즈니랜드까지 무료 셔틀버스도 운행하고 있어 숙박객의 만족도가 높다.

주소 東京都墨田区錦糸1-2-2 **전화** 03-5611-5511 **홈페이지** www.tobuhotel.co.jp/levant **교통** JR 긴시초 錦糸町역 북쪽 출구에서 도보 5분

우에노

上野

도쿄 서민들의 삶의 터전이자 다양한 문화 활동이 펼쳐지는 곳
우에노는 우에노 공원을 중심으로 많은 시설과 다양한 볼거리가 있다. 우에노
공원에는 일본 최고의 예술대학인 도쿄 예술대학과 박물관, 미술관 등이 들어서
있어 하나의 거대한 문화 공간을 이룬다. 또한 동물원, 호수 공원 등 쉼터도 많아
도쿄 시민들에게 사랑받고 있다.
우에노역 주변에는 도쿄에서 가장 활기찬 재래 시장인 아메요코 시장이 철길을
따라 오카치마치까지 길게 펼쳐진다. 현지인뿐 아니라 관광객들이 가장 많이 찾
는 시장으로 언제나 활기가 넘친다.

여행 포인트		이것만은 꼭 해보자		위치

관광	★★★
사진	★★☆
쇼핑	★★☆
음식점	★★☆
야간 명소	★☆☆

☑ 봄, 가을 우에노 공원을
　 산책하며 벚꽃, 단풍 즐기기
☑ 일본 서민들의 시장
　 아메요코 구경하기
☑ 우에노의 미술관·박물관
　 둘러보기

*우에노
•신주쿠
시부야 • •하라주쿠
지유가오카
•오다이바

하네다 공항•

우에노 가는 법

{ 우에노의 주요 역 }

JR 야마노테선
우에노역
上野

JR
게이힌토호쿠선
우에노역
上野

도쿄메트로
긴자선
우에노역
上野

도쿄메트로
히비야선
우에노역
上野

게이세이 전철
게이세이우에노역
京成上野

우에노는 도쿄 북동부 지역 교통의 중심지로 신주쿠, 이케부쿠로처럼 많은 노선이 지난다. 도쿄메트로와 JR의 수많은 노선이 연결되며, 동북 지역과 니가타, 나가노 지역을 연결하는 신칸센이 오간다. 또한 게이세이 전철이 나리타 공항과 도쿄 시내를 가장 빠르게 연결한다.

{ 각 지역에서 우에노 가는 법 }

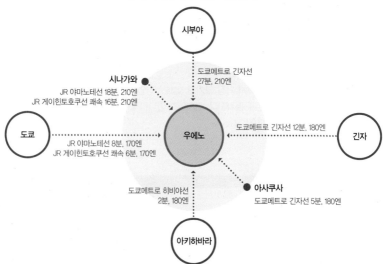

시부야

시나가와
JR 야마노테선 18분, 210엔
JR 게이힌토호쿠선 쾌속 16분, 210엔

도쿄메트로 긴자선
27분, 210엔

도쿄
JR 야마노테선 8분, 170엔
JR 게이힌토호쿠선 쾌속 6분, 170엔

우에노

도쿄메트로 긴자선 12분, 180엔

긴자

도쿄메트로 히비야선
2분, 180엔

아사쿠사
도쿄메트로 긴자선 5분, 180엔

아키하바라

★다바타 田端 – 시나가와 品川 구간은 오후에 JR 게이힌토호쿠선 쾌속이 다니므로 조금 더 빠르게 이동할 수 있다.
운행 시간 10:30~15:30 **정차역** 다바타 – 우에노 – 아키하바라 – 간다 – 도쿄 – 하마마쓰초 – 다마치 – 시나가와

{ 공항에서 우에노 가는 법 }

나리타 공항	게이세이 특급 스카이라이너 41분, 2570엔	게이세이우에노
	게이세이 본선 특급 1시간 18분, 1050엔	

우에노 추천 코스

1 우에노역 공원 출구

⋮ 도보 1분

2 우에노 공원

⋮ 도보 5분

우에노 공원

3 공원 내 미술관 혹은 동물원

⋮ 도보 5분

우에노 동물원

4 시노바즈 연못

⋮ 도보 10분

5 아메요코 시장

⋮ 도보 5분

시노바즈 연못

6 우에노역

도보 여행 팁

우에노 공원은 공원만 둘러보아도 반 나절 이상 걸리며 아메요코 시장이나 동물원까지 둘러보려면 하루를 다 써도 모자랄 정도다. 미술관과 박물관, 동물원은 보통 6시 이전에 문을 닫기 때문에 오전부터 바쁘게 움직여야 한다. 저녁이 되면 아메요코 시장 주변으로 선술집과 이자카야가 문을 열고 주변의 직장인들이 몰려든다.

아메요코 시장

우에노
한눈에 보기

① 우에노 공원과 미술관 · 박물관

우에노 공원에는 문화 시설이 모여 있어 한 번에 둘러보기 편하다. 미술관, 박물관을 돌며 하루를 여유롭게 보내기 좋다. 공원에서 휴식을 취하는 도쿄 시민들도 많이 보인다.

1 우에노 공원
2 도쿄 국립 박물관

국립 서양 미술관

도쿄 예술대학 미술관

네즈역

도쿄도 미술관

① 우에노 공원

④ 시노바즈 연못

유시마역

② 아메요코 시장

도쿄 시민들의 생활 모습을 엿볼 수 있는 공간. JR 우에노 역과 오카치마치역 고가 철교 아래에 상점들이 모여 있다. 음식점과 술집도 많아 언제 찾아도 볼거리와 먹을거리가 가득하다.

③ 우에노역

JR이 운영하는 쇼핑센터 아트레가 들어서 있으며 백화점처럼 다양한 상점들이 모여 있다. 도쿄의 유명 체인 레스토랑들도 있어 깔끔하게 한 끼를 해결하기 좋다. 미로처럼 길이 복잡하니 주의하자.

④ 시노바즈 연못

우에노 공원과 연결된 호수로 벚꽃과 연꽃 명소로 유명하다. 호수 한편에서 뱃놀이를 즐길 수 있고, 호수 가운데로 길이 나 있어 산책 겸 둘러보기 좋다.

지도 위 표기:
- 도쿄 국립 박물관
- 국립 과학 박물관
- 국립 서양 미술관
- ③ 우에노역
- ② 아메요코 시장
- 오카치마치역

벚꽃 시즌에는 우에노 공원의 아름다운 벚꽃 터널을 보려는 이들로 더욱 붐빈다.

★★★
도쿄 시민들의 쉼터
우에노 공원
上野公園 🔊 우에노 코-엔

1873년 일본 최초의 공원으로 지정된 곳으로 원래 왕실 소유
였으나 현재는 시민들과 가장 가까운 도시 공원이다. 일본 전
역을 통틀어도 찾아보기 힘든 넓은 부지에 동물원과 여러 박
물관, 미술관이 모여 있어 공원 전체가 하나의 커다란 문화
시설로 여겨지고 있다. 벚꽃이 만발하는 봄에는 아름다운 경
치로 더욱 사랑받는 곳이다.

주소 東京都台東区上野公園5-20 **전화** 03-3828-5644 **교통** JR · 도쿄메
트로 우에노 上野역 공원 公園 출구에서 바로, 게이세이우에노 京成上野역에서
바로 **지도** 별책 P.14-C

우에노 공원에
우리 역사의 흔적이!
왕인 박사 비석
王仁博士の碑

우에노 공원 안 기요미즈 칸논도
맞은편에 있는 비석. 5세기 초 일본
에 논어와 천자문을 전한 백제인
왕인을 기념해 세운 비석이다.

✪✪
판다가 있는 일본 최초의 동물원

우에노 동물원
上野動物園
🔊 우에노 도부츠엔

1882년 문을 연 일본 최초의 동물원. 350여 종의 동물이 있다. 판다 '리리', '신신'은 도쿄 시민들의 사랑을 받는 우에노 공원의 마스코트다. 동물원은 서원과 동원으로 나뉘며 모노레일을 타고 이동할 수 있다.

주소 東京都台東区上野公園9-83 **전화** 03-3828-5171 **개방** 09:30~17:00 **휴무** 월요일, 연말연시 **요금** 600엔(65세 이상 300엔, 중학생 200엔) **홈페이지** www.tokyo-zoo.net/zoo/ueno **교통** JR·도쿄메트로 우에노 上野역 공원 公園 출구에서 도보 5분 **지도** 별책 P.14-C

✪✪
우에노 공원의 인공 연못

시노바즈 연못
不忍池
🔊 시노바즈 이케

둘레가 1.7km나 되는 큰 인공 연못으로 중앙에는 '벤텐도우(弁天堂)'라는 팔각형 신당이 있다. 이곳을 찾는 다양한 새들의 모습을 사진 촬영하기 좋다. 연못 한쪽에서는 오리 배와 나룻배 등을 타고 뱃놀이를 즐길 수 있다. 봄에는 벚꽃, 여름에는 연꽃의 명소로 사랑받고 있다.

전화 03-3828-5644 **교통** JR·도쿄메트로 우에노 上野역 공원 公園 출구에서 도보 5분 또는 시노바즈 不忍 출구에서 도보 3분, 히로코지 広小路 출구에서 도보 4분 **지도** 별책 P.14-C

✪✪✪
도쿄 서민들의 생활 모습을 엿볼 수 있는 곳
아메요코 시장
アメヤ横丁 ◀) 아메야요코초

도쿄의 남대문 시장이라 할 수 있는 아메요코 시장은 JR 오카치마치역부터 우에노역까지의 전철 노선을 따라 이어져 있다. 그리 긴 거리는 아니지만 500여 개의 상점이 모여 있는 대규모 시장으로 항상 활기가 넘치고 인파가 몰린다. 식료품과 전통 과자, 스포츠 관련 용품, 피혁 잡화, 수입 잡화, 의류, 신발 등을 저렴하게 팔고 있다.

주소 東京都台東区上野6-10-7 **전화** 03-3832-5053 **홈페이지** www.ameyoko.net **교통** JR·도쿄메트로 우에노 上野역 시노바즈 不忍 출구에서 도보 2분 또는 히로코지 広小路 출구에서 도보 3분 **지도** 별책 P.14-F

메이지 시대의 서양식 건축물
구 이와사키 저택 정원
旧岩崎邸庭園 ◀) 큐 이와사키테이 테이엔

일본의 재벌그룹 미쓰비시의 창설자인 이와사키 이에모토가(家)의 저택으로 1896년 영국 건축가가 설계했다. 메이지 시대의 대표적인 서양식 건축물로, 현존하는 건물 3동인 양옥과 당구실, 일본관 모두 중요 문화재로 지정되어 있다. 종종 음악회나 전시회가 열린다.

주소 東京都台東区池之端1-3-45 **전화** 03-3823-8340 **개방** 09:00~17:00 **휴무** 연말연시 **요금** 고등학생 이상 400엔 **교통** JR·도쿄메트로 우에노 上野역 시노바즈 不忍 출구에서 도보 6분 또는 히로코지 広小路 출구에서 도보 7분 **지도** 별책 P.14-E

일본의 중요 문화재로 지정되어 있는 서양식 건축물과 정원을 배경으로 사진 찍기 좋다.

✪✪
일본 최초의 박물관
도쿄 국립 박물관
東京国立博物館 🔊 도쿄 고쿠리츠 하쿠부츠칸

일본 최초의 박물관. 1872년 문부성 박물국이 유시마 성당에서 박람회를 개최했을 때 설립되었다. 현재 국보 87점, 중요 문화재 610점 등 11만 점 이상의 소장품이 있다. 본관은 일본 미술, 동양관은 동양 미술과 고고유물, 헤이세이관은 일본의 고고유물, 호류지 보물관에는 호류지 헌납 보물을 전시하고 있다. 국보, 중요 문화재 등 전시품은 기간별로 교체되므로 홈페이지를 통해 미리 확인하고 가는 것이 좋다.

주소 東京都台東区上野公園13-9 **전화** 03-5777-8600 **개방** 09:30~17:00(금·토요일 ~21:00) **휴무** 월요일, 연말연시 **요금** 1000엔(대학생 500엔, 고등학생 이하 무료) ※신분증 필참 **홈페이지** www.tnm.jp **교통** JR·도쿄메트로 우에노 上野역 공원 公園 출구에서 도보 4분 **지도** 별책 P.14-B

일본 최초의 국립 박물관인 도쿄 국립 박물관은 11만 점 이상의 소장품을 보유하고 있다.

✪✪
일본에서 만나는 서양의 걸작
국립 서양 미술관
国立西洋美術館 🔊 고쿠리츠 세이요우 비쥬츠칸

1959년에 설립한 국립 미술관. 마쓰가타 컬렉션을 중심으로 서양 미술 작품을 다수 소장하고 있다. 본관에는 18세기 이전의 종교화를, 신관에는 19세기부터 20세기 초의 프랑스 화단을 대표하는 마네, 세잔, 모네, 고흐 등과 피카소를 비롯한 20세기 회화를 상설 전시한다. 매월 둘째, 넷째 토요일과 일본 문화의 날(11월 3일)은 상설 전시를 무료로 관람할 수 있다. 로댕의 조각 등이 있는 앞뜰도 둘러보자.

주소 東京都台東区上野公園7-7 **전화** 03-5777-8600 **개방** 09:30~17:30 **휴무** 월요일, 연말연시 **요금** 500엔(대학생 250엔) **홈페이지** www.nmwa.go.jp **교통** JR·도쿄메트로 우에노 上野역 공원 公園 출구에서 도보 2분 **지도** 별책 P.14-D

★
일본 최고 예술대학의 미술관

도쿄 예술대학 미술관
東京藝術大学美術館
🔊 도쿄 게이쥬츠 다이가쿠
비쥬츠칸

일본에서 가장 권위 있는 예술대학인 도쿄 예술대학에 부설된 미술관으로 주로 학생들의 작품 위주로 전시하고 있다. 일반 작품뿐만 아니라 개교 당시부터 지금까지 재학했던 학생들의 작품을 모아 연 2회 열리는 컬렉션 전시에서 공개한다. 붉은 스크래치 타일로 된 진열관은 기획 전시에서만 공개한다.

주소 東京都台東区上野公園12-8 **전화** 050-5525-2200 **개방** 10:00~17:30 **휴무** 부정기 **홈페이지** www.geidai.ac.jp/museum **교통** JR·도쿄메트로 우에노 上野 역 공원 公園 출구에서 도보 9분 **지도** 별책 P.14-A

★★
**항상 새로운 전시를
기획하는 미술관**

우에노의 숲 미술관
上野の森美術館
🔊 우에노노모리 비쥬츠칸

소장 작품전이나 상설 전시는 없고 기획전과 단체전 등을 개최한다. 〈베가본드〉의 이노우에 다케히코전, 〈건담〉의 메카닉 디자이너 오오카와라 쿠니오전, 만화·캐릭터 작품전 같은 참신한 전시가 열렸다. VOCA전과 봄에 열리는 우에노의 숲 미술대상, 여름에 열리는 일본의 자연을 그리는 전시 등 독자적인 공모전도 열리고 있다.

주소 東京都台東区上野公園 1-2 **전화** 03-3833-4191 **개방** 10:00~17:00 **휴무** 부정기 **요금** 전시에 따라 다름 **홈페이지** www.ueno-mori. org **교통** JR·도쿄메트로 우에노 上野 역 공원 公園 출구에서 도보 3분 **지도** 별책 P.14-D

★
**도쿄도에서 운영하는
도립 미술관**

도쿄도 미술관
東京都美術館
🔊 도쿄토 비쥬츠칸

1926년 도쿄부 미술관으로 창설된 이후 80년에 걸쳐 각 분야의 미술 단체 전시회장으로 사용되었다. 신문사 등과의 공동 기획전도 수시로 개최하고 있다. 입구의 구체 조각과 조형물들이 눈에 띄며 갤러리 숍, 카페 등도 인기가 높다.

주소 東京都台東区上野公園8-36 **전화** 03-3823-6921 **개방** 09:30~17:30 **휴무** 첫 번째·세 번째 월요일, 7/9~16, 12/25, 1/11~18, 연말연시 **요금** 500엔(대학생 250엔) **홈페이지** www.tobikan.jp **교통** JR·도쿄메트로 우에노 上野역 공원 公園 출구에서 도보 6분 **지도** 별책 P.14-A

★★★
과학의 신비를 체험하는 재미있는 박물관

국립 과학 박물관
国立科学博物館 🔊 고쿠리츠 카가쿠 하쿠부츠칸

전시 면적이 약 8900㎡에 이르는 과학 박물관으로 일본 최대 규모를 자랑한다. '지구 생명사와 인류−자연과의 공존을 향해'를 테마로, 생명 탄생부터 문명 발달, 과학 기술의 미래까지 직접 보고 만지며 느낄 수 있는 체험형 전시를 연다. 테마별 견학 코스 10가지를 구성해, 휴대 단말기로 담당 연구원의 설명을 들을 수 있다.

주소 東京都台東区上野公園 7-20 **전화** 03-5777-8600 **개방** 09:00~17:00(금·토요일 ~20:00, 7~9월의 금·토요일 ~21:00) **휴무** 월요일, 연말연시 **요금** 360엔(고등학생 이하 무료) **홈페이지** www.kahaku.go.jp **교통** JR·도쿄메트로 우에노 上野역 공원 公園 출구에서 도보 4분 **지도** 별책 P.15−B

일본 최대 규모의 과학 박물관으로, 직접 보고 만지고 느낄 수 있는 체험형 전시를 지향한다.

일본의 장난감이 한곳에

야마시로야
ヤマシロヤ

캐릭터, 애니메이션, 장난감 전문점으로 건물 전체가 장난감 쇼핑몰로 꾸며져 있다. 1층은 최신 유행 장난감, 2층은 애니메이션 캐릭터, 3층은 퍼즐과 게임 캐릭터 등 각 층별로 테마를 나누어 상품을 판매하고 있다.

주소 東京都台東区上野6-14-6 **전화** 03-3831-2320 **영업** 10:00~21:30 **휴무** 1/1 **카드** 가능 **홈페이지** www.e-yamashiroya.com **교통** JR·도쿄메트로 우에노 上野 역 시노바즈 不忍 출구에서 도보 1분 또는 히로코지 広小路 출구에서 도보 1분 **지도** 별책 P.14-F

JR 우에노역의 쇼핑센터

아트레
atré

철도회사 JR이 운영하는 쇼핑센터인 아트레는 우에노역 대부분을 차지하고 있으며 이스트(EAST)와 웨스트(WEST) 두 구역으로 나뉜다. 브랜드 숍과 매장은 주로 웨스트에, 카페 및 레스토랑은 이스트에 모여 있다.

주소 東京都台東区上野7-1-1 **전화** 03-5826-5811 **영업** 10:00~21:00(레스토랑 11:00~23:00) **휴무** 무휴 **카드** 가능 **홈페이지** www.atre.co.jp/store/ueno **교통** JR 우에노 上野역 내부 **지도** 별책 P.15-D

70년 역사의 과자 전문점

니키노 오카시
二木の菓子

아메요코 시장 골목에 위치한, 점포 두 개가 마주보고 있는 과자 전문점. 5000여 종의 다양한 과자를 판매한다. 창업 70년이 넘었으며 저렴한 가격 때문에 많은 사람들이 찾는다. 관광객은 5000엔 이상 구입 시 면세 혜택을 받을 수 있어 더욱 저렴하게 과자를 구입할 수 있다.

주소 東京都台東区上野4-1-8 **전화** 03-3833-3911 **영업** 10:00~20:00 **휴무** 무휴 **홈페이지** www.nikinokashi.co.jp **교통** JR·도쿄메트로 우에노 上野역 시노바즈 不忍 출구에서 도보 5분 또는 히로코지 広小路 출구에서 도보 6분 **지도** 별책 P.14-F

덤으로 한 봉지 더! 즐거운 과자 가게

시무라 상점
志村商店 🔊 시무라쇼텐

1000엔에 과자와 초콜릿을 마구 담아주는 상점으로 봉투 한가득 과자를 받을 수 있다. 점원은 쉼 없이 구호를 외치며 손님을 끌어모으고 점원의 질문에 답하는 손님에게는 덤으로 과자를 계속 넣어준다. 아메요코 시장 초입에 있으며 방송에 자주 출연하는 인기 가게다.

주소 東京都台東区上野6-11-3 **전화** 03-3831-2454 **영업** 09:00~19:00 **휴무** 무휴 **교통** JR·도쿄메트로 우에노 上野역 시노바즈 출구에서 도보 3분 또는 히로코지 출구에서 도보 4분 **지도** 별책 P.14-F

맛집
RESTAURANT

저렴하고 푸짐한 돈가스 전문점

돈카츠 야마베
とんかつ 山家

아메요코 시장 한편에 자리한 돈가스 전문점으로, 저렴한 가격과 푸짐한 양으로 사랑받는 가게다. 저렴하면서 맛도 좋아 방송 프로그램에 자주 등장한다. 철길 맞은편 3분 거리에 새로운 지점(오카치마치 지점)이 생겼으며, 해당 지점은 자리가 많아 회전이 빠르다. 등심가스 정식(로스카츠 테이쇼쿠) ロースかつ定食 850엔~, 곱빼기(大 1.5배) 1050엔~.

주소 東京都台東区上野6-2-6　**전화** 03-5812-8076　**영업** 11:00~15:00, 17:00~21:00　**휴무** 무휴　**교통** JR·도쿄메트로 우에노 上野역 시노바즈 不忍 출구에서 도보 6분 또는 히로코지 広小路 출구에서 도보 6분　**지도** 별책 P.14-F

1,2 줄 서서 기다리는 맛집, 돈카츠 야마베 3 안심으로 만드는 히레카츠

JR 타기 전에 만나는 작은 빵집

트러플 미니
TRUFFLE mini

현재 일본에서 가장 인기 있는 베이커리 중 한 곳으로 '트러플 베이커리(TRUFFLE BAKERY)'라는 이름으로 도쿄 몬젠나카초(門前仲町)에서 시작되었다. 도쿄의 산겐자야(三軒茶屋), 히로오(広尾)에 지점이 있으며 가루이자와, 홋카이도, 오사카 등에도 지점이 들어설 예정이다. 도쿄에서는 JR 열차역의 작은 공간에 테이크아웃 전문 매장인 트러플 미니(TRUFFLE mini)가 계속해서 들어서고 있다. 화이트 트러플 소금빵부터 크루아상, 샌드위치까지 다양한 제품으로 큰 인기를 모으고 있다. 화이트 트러플 소금빵 白トリュフの塩パン 220엔.

주소 東京都台東区上野5-27-8 **전화** 03-5812-0362 **영업** 08:30~20:00 **휴무** 무휴 **홈페이지** truffle-bakery.com **교통** JR 오카치마치 御徒町역 북쪽 출구에서 바로 **지도** 별책 P.14-F

우에노를 대표하는 간식용 빵

하나카구라 판다야키
花神楽パンダ焼き

우에노의 상징인 판다 모양의 빵으로 한입 사이즈의 작은 판다빵을 판매한다. 물 없이 밀가루와 달걀, 우유만으로 부드럽게 반죽하며, 식은 후에 먹어도 맛있다. 오리지널, 팥, 녹차, 커스터드, 캐러멜, 초콜릿 등 맛도 다양하다. 판다야키 パンダ焼き 14개 580엔, 26개 1000엔.

주소 東京都台東区上野5-27-8 **전화** 03-5812-0362 **영업** 10:00~21:00 **휴무** 무휴 **홈페이지** www.hana-zono.com **교통** JR 오카치마치 御徒町역 북쪽 출구에서 바로 **지도** 별책 P.14-F

우에노 공원의 여유로운 쉼터

스타벅스 커피 우에노온시 공원점

STARBUCKS COFFEE 上野恩賜公園 🔊 스타박스 코히 우에노온시 코–엔

우에노 공원 중앙에 위치한 스타벅스로 일본의 랜드마크 스타벅스 중 한 곳이다. 우에노 공원을 바라보며 음료를 즐길 수 있는 69석의 테라스 좌석이 있어 여유롭게 시간을 보낼 수 있다. 실내 인테리어는 도쿄 예술대학에서 우에노 공원과 일본 전통 미술을 테마로 디자인했다. 드립 커피(Tall 사이즈) ドリップコーヒー 320엔~.

주소 東京都台東区上野公園8-22 **전화** 03-5834-1630 **영업** 08:00~21:00 **휴무** 무휴 **카드** 가능 **홈페이지** www.starbucks.co.jp **교통** JR · 도쿄메트로 우에노 上野역 공원 출구에서 도보 3분 **지도** 별책 P.14-D

새우 육수 라멘이 인기

오레노 소사쿠 라멘 키와미야

俺の創作らぁめん 極や

우에노 히로코지 교차로에 있는 라멘 전문점. 직접 개발한 새우 기름과 소스, 깔끔하고 진하게 우린 새우 육수를 사용한 특제 에비포타 라멘이 인기다. 해산물과 돼지 뼈로 낸 육수로 만든 츠케멘도 마니아층이 있으며, 새벽까지 운영하기 때문에 늦은 시간에 찾아가도 따뜻한 라멘을 맛볼 수 있다. 특제 에비포타 라멘 特製海老ポタらぁめん 980엔.

주소 東京都台東区上野4-4-3 **전화** 03-3834-3271 **영업** 11:00~다음 날 05:50 **휴무** 무휴 **교통** JR 우에노 上野역 히로코지 출구에서 도보 8분, 오카치마치 御徒町역 북쪽 출구에서 4분 **지도** 별책 P.14-F

든든하게 즐기는 고기 요리

니쿠노 오오야마
肉の大山

정육 도매 직영점에서 운영하는 고기 요리 전문점으로 멘치, 고로케, 스테이크, 햄버그스테이크 등 다양한 고기 요리를 맛볼 수 있다. 고기가 듬뿍 들어간 이곳의 명물인 멘치카츠는 포장해서 가볍게 즐길 수 있다. 런치 메뉴도 다양하며 양이 넉넉해 배부르게 한 끼를 즐기기 좋은 가게이다. 오오야마 스테이크 정식 大山ステーキ定食 990엔, 특제 멘치 特製メンチ 220엔.

주소 東京都台東区上野6-13-2 **전화** 03-3831-9007 **영업** 11:00~22:00 **휴무** 무휴
홈페이지 www.ohyama.com/ueno **교통** JR 우에노역 히로코지 広小路 출구에서 도보 4분 **지도** 별책 P.14-F

귀여운 판다빵

안데르센
ANDERSEN

JR 우에노역에 자리하고 있어
가볍게 들르기 좋다.

일본은 물론 세계 곳곳에 지
점이 있는 베이커리. 거의 모든
종류의 빵을 판매하고 있으며 맛과 품질 또한
뛰어나다. 우에노 지점은 우에노역 안 아트레에
있으며 우에노 한정 상품으로 판다빵, 판다식빵 등
재미있는 캐릭터 빵을 판매하고 있다. 앙판다(판다 팥빵) あんパ
ンダ 180엔~.

주소 東京都台東区上野7-1-1 **전화** 03-5826-5842 **영업** 07:30~22:00 **휴무**
무휴 **홈페이지** www.andersen-group.jp/index.html **교통** JR 우에노 上野역
내부 **지도** 별책 P.15-D

100년 전통의 돈가스 전문점

호라이야
蓬莱屋

1912년 창업한 우에노의 돈가스 전문점. 1928년 현 위치로 이전
했고, 건물은 1950년에 새로 지었다. 다양한 돼지고기 부위 중에
서도 안심만 사용하며, 고온에서 단시간 튀겨 육즙을 가둔 뒤,
다시 저온으로 천천히 튀겨 겉은 바삭하고 속은 부드러운 돈가
스를 맛볼 수 있다. 히레카츠 정식 ひれかつ 定食 3500엔.

주소 東京都台東区上野3-28-5 **전화** 03-3831-5783 **영업** 11:30~14:00,
17:00~19:30(토 · 일요일 한정) **휴무** 수요일 **홈페이지** www.ueno-horaiya.
com **교통** JR 우에노 上野역 히로코지 広小路 출구에서 도보 8분, 오카치마치
御徒町역 북쪽 출구에서 4분 **지도** 별책 P.14-F.

아메요코 시장의
타코야키 맛집
미나토야 쇼쿠힌
みなとや食品

해산물 전문 상점 미나토야 식품에서 함께 운영하는 타코야키 전문점. 다른 가게의 타코야키에 비해 크기가 크고 가격이 저렴하다. 사람이 붐벼 대부분 가게 주변에서 서서 타코야키를 먹는다. 타코야키 외에도 다양한 해산물덮밥을 맛볼 수 있으며 가격도 저렴하다. 타코야키 たこ焼き 350엔(8개)~.

주소 東京都台東区上野4-1-9 **전화** 03-3831-4350 **영업** 11:00~19:00 **휴무** 무휴 **교통** JR·도쿄메트로 우에노 上野역 시노바즈 不忍 출구에서 도보 5분 또는 히로코지 広小路 출구에서 도보 6분 **지도** 별책 P.14-F

1 하나하나
정성스럽게 만드는 타코야키
2 다양한 해산물덮밥도 있다.

전 메뉴 균일가의 이자카야
토리키조쿠
鳥貴族

도쿄, 오사카를 중심으로 일본 곳곳에 지점을 늘려가고 있는 이자카야. 음료를 포함해 전 메뉴 가격이 균일하게 360엔으로 젊은 사람들이 많이 찾는 저렴한 이자카야로 인기가 높다. 안주는 야키토리(꼬치구이)를 비롯해 닭 요리가 대부분이다. 산토리 프리미엄 같은 고급 맥주도 비교적 저렴하게 마실 수 있다. 전 메뉴 360엔~.

주소 東京都台東区上野6-16-15 **전화** 050-5570-9669 **영업** 17:00~다음 날 05:00 **휴무** 연말연시 **카드** 가능 **홈페이지** www.torikizoku.co.jp **교통** JR·도쿄메트로 우에노 上野역 시노바즈 不忍 출구에서 도보 2분 또는 히로코지 広小路 출구에서 도보 1분 **지도** 별책 P.15-F

1 양배추와 함께 먹으면 깔끔하다.
2 1인분에 꼬치 2개
3 고즈넉한 분위기의 내부

야나카

谷中

푸근하고 정겨운 재래시장과 고양이가 관광 포인트!

도쿄의 오래된 재래시장과 주택가에서 일본 사람들의 생활 모습을 살펴볼 수 있는 야나카. 시장을 중심으로 펼쳐진 지역 곳곳에 사찰과 갤러리가 숨어 있다. 주변 동네인 네즈, 센다기와 함께 묶어 '야네센(谷根千)'이라고 불리기도 하며, 고양이를 테마로 한 상점과 갤러리가 모여 있어 '고양이 마을'로도 불린다. 시장에는 곳곳에 고양이 조각들이 설치되어 있으며 거리를 거닐다보면 어렵지 않게 길고양이를 만날 수 있다.

여행 포인트	이것만은 꼭 해보자	위치

관광	★★☆
사진	★★★
쇼핑	★★☆
음식점	★★★
야간 명소	★★☆

☑ 재래시장인 야나카 긴자 상점가 구경하기
☑ 동네를 산책하며 길고양이 만나기
☑ 시장의 길거리 음식 맛보기

야나카
우에노
신주쿠
하라주쿠
시부야
지유가오카
오다이바
하네다 공항

야나카 가는 법

YANAKA

{ 야나카의 주요 역 }

JR 야마노테선
닛포리역
日暮里

도쿄메트로
지요다선
센다기역
千駄木

도쿄메트로
지요다선
네즈역
根津

야나카는 우에노, 이케부쿠로와 인접해 있다. 야나카의 중심 역인 닛포리역은 JR 이외에도 나리타 공항과 연결되는 게이세이 전철이 정차하기 때문에 여행 마지막 날 들러도 좋다.

{ 각 지역에서 야나카 가는 법 }

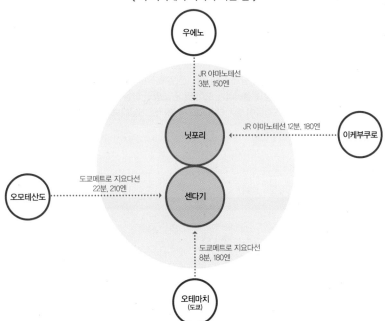

{ 공항에서 야나카 가는 법 }

나리타 공항	게이세이 스카이라이너 40분, 2570엔	닛포리
	게이세이 본선 특급 60분, 1050엔	

야나카 추천 코스

1	JR 닛포리역 서쪽 출구

도보 3분

2	유야케 단단

도보 1분

3	야나카 긴자

도보 1분

4	요미세 도리

도보 3분

5	코히 란포

도보 5분

6	야나카 레이엔

도보 5분

7	아사쿠라 조소관

도보 3분

8	JR 닛포리역 서쪽 출구

유야케 단단

코히 란포

야나카 레이엔

hello

도보 여행 팁

야나카의 중심 시장인 야나카 긴자는 JR 닛포리역, 도쿄메트로 지요다선 센다기역과 가깝다. 벚꽃 명소인 야나카 레이엔을 따라 조금만 걸어가면 우에노 공원과 연결되어 산책 코스로도 좋다. 야나카의 재래시장은 300엔도 되지 않는 가격에 도시락을 구입할 수 있을 정도로 물가가 저렴하고 간단히 즐길 수 있는 메뉴들이 많아 부담 없이 군것질하기 좋다.

아사쿠라 조소관

야나카
한눈에 보기

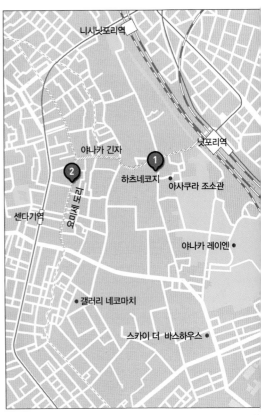

니시닛포리역

야나카 긴자

1

닛포리역

2

하츠네코지

아사쿠라 조소관

요미세 도리

센다기역

야나카 레이엔

갤러리 네코마치

스카이 더 바스하우스

1 하츠네코지

아사쿠라 조소관으로 가는 길에 있는 작은 골목. '하츠네코지(初音小路)'라고 불리며 이자카야들이 모여 있는 소소한 풍경이 아름답다. 일본스러운 기념사진을 찍기 좋은 곳이다.

2 요미세 도리

야나카 긴자 출구 좌우로 길게 뻗어 있는 요미세 도리 よみせ通り 상점가에서는 현지 주민들의 생활 모습을 엿볼 수 있다.

알고 보면 더욱 재미있다
야나카를 대표하는 3가지 키워드

1

사찰 : 마을 주변에만 사찰이 70여 곳이나 있을
정도로 절이 많은 곳. 특별히 계획해 조성된 것
이 아니라 풍수가 좋고 완만한 고지대이기 때
문에 자연스럽게 절이 많이 지어졌다고 한다.
주변에는 야나카 레이엔 같은 대규모 묘지가
있다. 일본은 절에서 장례를 치르기 때문에 절
주변에는 보통 묘지가 자리한다고 한다.

2

갤러리 : 근처에 도쿄 대학교, 도쿄 예술대학이
있으며, 대규모 미술관이 많은 우에노와 인접
해 있어 마을 곳곳에 갤러리가 많다. 절이 많고
주택가라 상대적으로 임대료가 저렴하기 때문
에 개인 활동을 하는 아티스트들이 모이면서
자연스럽게 소규모 갤러리들이 많이 생기게 되
었다.

3

길고양이 : 정원이 있는 사찰이 많고, 대규모의
묘지, 공원, 좁고 복잡한 골목길 등 고양이들이
생활하기 적합한 환경이기 때문에 마을 곳곳에
고양이들이 많다. 고양이를 좋아하는 사람들이
자연스럽게 모이고, 이들이 활동하면서 야나카
는 도쿄의 고양이 마을이 되었다. 이를 관광 상
품화하면서 많은 관광객이 찾아오고 있다.

야나카의 관광 명소
SIGHTSEEING

✪✪✪
70~80년대의
추억을 간직한 재래시장
야나카 긴자
谷中銀座

귀여운 고양이 간판

소박한 분위기의 야나카 긴자 상점 거리

2015년에 50주년을 맞이한 재래시장으로 60여 개의 상점들이 모여 있다. 100m 남짓한 직선 거리에 잡화, 상품, 식당 등 다양한 상점들이 늘어서 있으며 일러스트로 제작된 간판이 재미를 더한다. 고양이 마을의 시장답게 고양이 관련 상점들이 많으며 시장 곳곳에 고양이 조각들이 숨어 있다.

주소 東京都台東区谷中3-13-1 **영업** 09:00~20:00(가게에 따라 다름) **홈페이지** www.yanakaginza.com **교통** JR 닛포리 日暮里역 서쪽 출구에서 길을 따라 도보 3분 **지도** 별책 P.13-A·E·F

1 상점에서 판매하는 고양이 조각
2 일러스트로 꾸민 간판
3 지붕 위의 고양이 조각
4 유야케 단단 언덕 위에서 본 야나카 긴자

★
숨어 있는 벚꽃 명소
야나카 레이엔
谷中霊園

닛포리역 남쪽 출구에 있는 10만 평의 공원 겸 묘지. 사찰과 함께 7천여 개의 묘비가 세워져 있어 일본의 성묘 문화를 살펴볼 수 있다. 공원 가득히 벚꽃나무가 늘어서 있으며, 봄이 되면 길을 따라 긴 벚꽃 터널이 생겨 무척 아름답다. 야나카의 길고양이들이 모이는 곳이기도 하다.

주소 東京都台東区谷中7-1　**교통** JR 닛포리 日暮里역 남쪽 출구에서 바로　**지도** 별책 P.13-D

1 벚꽃이 피는 봄에는 방문객이 한층 늘어난다.　2 야나카의 길고양이를 만날 수 있다.　3 벚꽃 너머로 보이는 도쿄 스카이트리

★
아름답게 석양이 물드는 계단
유야케 단단
夕やけだんだん

주소 東京都荒川区西日暮里3　**교통** JR 닛포리 日暮里역 서쪽 출구에서 길을 따라 도보 3분　**지도** 별책 P.13-A·F

야나카 긴자 입구의 계단으로 저녁에 석양이 아름답게 물들기 때문에 붙여진 이름이다. 36개의 계단 위에 앉아 있으면 야나카 긴자의 먹거리를 즐기는 사람, 시장을 바라보며 사진을 찍는 사람, 꾸벅꾸벅 졸고 있는 고양이를 만날 수 있다.

벚꽃 시즌의 유야케 단단

기념으로 고양이 사진을 찍어보자.

야나카에서 만나는
아기자기한 갤러리 산책

야나카는 대형 미술관과 예술학교들이 많은 우에노와 인접해 있어 소규모 갤러리들이 모여 있다.
고양이 마을답게 고양이를 테마로 활동하는 아티스트들이 많고 관련 갤러리들이 많은 것이 야나카
의 특징이다.

**조각가 아사쿠라 후미오의
작품을 전시**
아사쿠라 조소관
朝倉彫塑館
🔊 아사쿠라 초소칸

일본의 조각가 아사쿠라 후미오(朝倉文夫)가 살던 집을 개조한
미술관. 일본식 정원이 있는 3층 저택으로, 조각과 동상 등 아사
쿠라 후미오의 여러 작품과 아틀리에를 관람할 수 있다. 아사쿠
라 후미오는 고양이를 좋아해 직접 키웠고, 고양이를 조각한 작
품을 많이 남겼다. 이것이 야나카에 고양이 작가들이 모이게 되
는 계기가 되기도 했다.

주소 東京都台東区谷中7-18-10 **전화**
03-3821-4549 **개방** 09:30~16:30
휴무 월·목요일, 연말연시, 전시 교체
기간 **요금** 500엔(학생 250엔) **홈페이
지** www.taitocity.net/taito/asakura
교통 JR 닛포리 日暮里역 서쪽 출구에
서 도보 3분 **지도** 별책 P.13-A

목욕탕의 화려한 변신, 현대 미술 갤러리
스카이 더 바스하우스
SCAI the Bathhouse

200년이 넘은 센토(銭湯, 일본 목욕탕)를 개조하여 1993년 오픈한 현대 미술 갤러리. 지금도 곳곳에서 목욕탕이었던 흔적을 찾아볼 수 있다. 실력 있는 일본 작가들의 작품은 물론 해외 아티스트들의 초청 전시가 열리고 있으며, 우리나라 이우환 화백의 작품도 소개된 적이 있다. 야나카 레이엔을 지나 골목길 안쪽에 위치해 있으며 무료 전시가 많아 들르기 좋다.

주소 東京都台東区谷中6-1-23 **전화** 03-3821-1144 **개방** 12:00~18:00 **휴무일** · 월요일 · 공휴일, 전시 교체 기간 **홈페이지** www.scaithebathhouse.com **교통** JR 닛포리 日暮里역 남쪽 출구에서 도보 7분 **지도** 별책 P.13-D

1 과거 목욕탕이었던 흔적이 남아 있다.
2 전시 모습
3 외관

작지만 흥미로운 갤러리
갤러리 킨교
ギャラリーKINGYO

구불구불한 골목길이 계속되는 야나카 헤비미치(へび道) 끝에 위치해 있다. 갤러리 1~2층 공간을 대여해 야나카 아티스트들의 작품 전시를 진행한다. 규모가 크진 않지만 독특하고 다양한 전시가 열리며 고양이 관련 전시도 종종 열리고 있다.

주소 東京都文京区千駄木2-49-10 **전화** 50-7573-7890 **영업** 전시에 따라 다름 **휴무** 전시기간 외 휴무 **홈페이지** www.gallerykingyo.com **교통** 도쿄메트로 지요다선 센다기 千駄木역 1번 출구에서 도보 7분 **지도** 별책 P.13-C

고양이를 테마로 한 갤러리
갤러리 네코마치
ギャラリー猫町

회화, 조각, 사진 등 고양이를 테마로 작품 활동을 하는 아티스트들의 작품을 전시하는 고양이 전문 갤러리. 야나카 주택가의 2층 주택 한 채를 그대로 전시장으로 사용하고 있다. 고양이를 좋아하는 사람들이 모이는 곳으로 고양이 관련 전시, 활동 등의 정보를 얻을 수 있다.

주소 東京都台東区谷中2-6-24 **전화** 03-5815-2293 **개방** 11:00~18:00 **휴무** 월~수요일(공휴일은 개관), 전시 교체 기간 **홈페이지** gallery.necomachi.com **교통** JR 닛포리 日暮里역 서쪽 출구에서 도보 10분. 도쿄메트로 지요다선 센다기 千駄木역 1번 출구에서 도보 6분 **지도** 별책 P.13-C

고양이 사진전이 열리는 모습

주택을 이용한 전시 공간

당신만의 고양이 조각을 만들어드립니다

야나카도

谷中堂

행운의 고양이 마네키네코를 조각해 판매하는 상점으로, 한 손을 들고 있는 귀여운 고양이 잡화를 만날 수 있다. 키우는 고양이의 사진을 제공하면 같은 모습의 고양이 모형을 만들어준다. 사전에 인터넷으로 주문을 하고 완성되면 찾아가는 방식인데, 주문이 밀려 있어 보통 3개월 이상 소요된다. 요금은 7000엔~.

주소 東京都台東区谷中5-4-3 **전화** 03-3822-2297 **영업** 10:30~17:30 **휴무** 연말연시 **카드** 가능 **홈페이지** www.yanakado. com **교통** JR 닛포리 日暮里역 남쪽 출구에서 도보 10분. 도쿄메트로 지요다선 센다기 千駄木역 1번 출구에서 도보 6분 **지도** 별책 P.13-C

1 사진을 보고 만들어주는 고양이 조각 **2** 야나카도의 행운 고양이 **3** 야나카도의 고양이 간판

에도 시대부터 내려온 전통 종이·천 전문점

이세타츠

いせ辰

1864년 창업 이후 4대째 운영하고 있는 일본 종이·천 전문점. 일본의 전통 보자기 데누구이(手ぬぐい)와 종이, 종이를 이용한 공예품을 판매하고 있다.

이곳에서 판매하는 종이는 '에도센다이카미(江戸千代紙)'라는 옛 도쿄 지역의 전통 종이다. 에도센다이카미는 목판을 이용해 화려한 색채의 모양을 와지(일본 종이)에 찍어낸 색종이로, 종이 접기 등 현지인의 생활 속에서 장식으로 이용되었다.

주소 東京都台東区谷中2-18-9 **전화** 03-3823-1453 **영업** 10:00~18:00 **휴무** 1/1 **카드** 가능 **홈페이지** www.isetatsu.com **교통** JR 닛포리 日暮里역 서쪽 출구에서 도보 10분. 도쿄메트로 지요다선 센다기 千駄木역 1번 출구에서 도보 3분 **지도** 별책 P.13-C

고양이 마을 야나카에서 즐기는

귀여운 고양이 잡화 쇼핑

사랑스러운 패브릭 제품이 가득

타비스루 미싱텐
旅するミシン店

'여행하는 재봉틀 가게'라는 뜻의 이름으로 아사쿠라 조소관 옆에 위치한 작은 잡화점이다. 공예품 제작자이자 일러스트레이터, 북 디자이너인 점장이 운영하고 있으며 2003년 8월부터 동물 일러스트를 모티브로 가방, 북 커버 등 다양한 제품을 제작 판매하고 있다. 머플러를 감은 고양이 형제 등 고양이 관련 제품도 찾아볼 수 있다.

주소 東京都台東区谷中7-18-7 **영업** 금요일 12:00~18:00, 토 · 일요일 11:00~17:00 **휴무** 월~목요일 **홈페이지** tabisurumishinten.com **교통** JR 닛포리 日暮里역 서쪽 출구에서 도보 4분 **지도** 별책 P.13-A

귀여운 고양이 잡화점
네코악숀
ねこあくしょん

귀여운 것을 좋아하는 점장이 운영하는 가게로 고양이 관련 용품, 식기, 의류, 열쇠고리, 인형, 엽서 등을 판매한다. 귀여움을 콘셉트로 상품을 진열해 두었다.

주소 東京都荒川区西日暮里3-10-5　**전화** 03-5834-8733　**영업** 11:00~18:00 **휴무** 월요일(공휴일이면 영업)　**홈페이지** www.necoaction.com　**교통** JR 닛포리 日暮里역 서쪽 출구에서 도보 3분　**지도** 별책 P.13-A

1 잠자는 고양이 인형
2 자그마한 가게에 다양한 상품이 가득

고양이 점장을 만나보자
누노후센
布風船

검은 고양이 점장이 운영하는 고양이 잡화 전문점. 정신 없을 정도로 복잡하게 진열된 상품 속에서 나만의 보물을 찾는 재미가 있다.

주소 東京都台東区谷中3-11-14　**전화** 03-5685-6788　**영업** 11:30~18:30 **휴무** 부정기　**교통** JR 닛포리 日暮里역 서쪽 출구에서 도보 4분　**지도** 별책 P.13-F

재미있는 고양이 캐릭터 티셔츠
타타카우 티샤츠야 이토세이사쿠쇼
戦うＴシャツ屋 伊藤製作所

한 평 규모의 고양이 캐릭터 티셔츠 전문점으로, 직접 디자인한 재미있는 일러스트 티셔츠들을 판매하고 있다. 대부분이 고양이 일러스트이며 판다, 올빼미, 토끼 등의 캐릭터도 찾아볼 수 있다. 옆집에서는 같은 캐릭터를 이용한 도장 가게인 '자마나 한코야 시니모노구루이(邪悪なハンコ屋 しにものぐるい)'를 운영하고 있다. 토·일요일과 공휴일에만 영업하므로 참고하자.

주소 東京都台東区谷中3-11-14　**전화** 03-6310-8521　**영업** 토·일요일·공휴일 12:00~17:00　**휴무** 월~금요일　**홈페이지** www.ito51.net　**교통** JR 닛포리 日暮里역 서쪽 출구에서 도보 4분　**지도** 별책 P.13-F

고양이 꼬리 모양 도넛

야나카 싯포야
야나카싯포야

야나카 긴자 상점가 중앙에 위치한 도넛 전문점. 고양이 꼬리를 닮은 기다란 도넛을 판매한다. 도넛의 무늬에 따라 맛이 다르다. 불어로 고양이의 혀를 의미하는 '랑그드샤'에서 아이디어를 얻은 '냥구도샤'라는 쿠키도 판매하며, 구입한 간식은 귀여운 고양이 포장에 담아준다. 여름에는 고양이 얼굴과 발바닥이 그려진 아이스크림도 판매한다. 고양이 꼬리 도넛(네코 싯포 도너츠) 猫しっぽドナツー 100엔~, 냥구도샤 にゃんぐどしゃ 500엔.

주소 東京都台東区谷中3-11-12 **전화** 03-3822-9517 **영업** 10:00~19:00 **휴무** 연말연시 **홈페이지** www.yanakaginza.com/shop/sippoya/ **교통** JR 닛포리 日暮里역 서쪽 출구에서 도보 5분 **지도** 별책 P.13-F

여름 한정 아이스크림

고양이 꼬리 도넛

야나카의 명물 길거리 간식
야나카멘치
谷中メンチ

야나카멘치와 고로케

멘치는 다진 고기(Mince)를 의미하며, 야나카멘치는 다진 고기를 크로켓처럼 튀긴 요리다. 야나카 긴자 시장에 있는 두 가게에서 판매하고 있으며 주말이면 긴 줄이 생길 정도로 인기가 높다. 여러 방송에서 취재를 했고, 수많은 연예인들이 야나카에서 멘치를 먹고 가면서 더욱 유명해졌다. 산책 중 허기를 달랠 겸 맛보기를 권한다.

〈 니쿠노 사토 肉のサトー 〉
일본 이와테 지역의 최고급 소고기를 이용한 멘치카츠와 다양한 튀김을 판매하고 있다. 멘치メンチ 200엔.

주소 東京都台東区谷中3-132 **전화** 03-3821-1764 **영업** 10:00~19:30 **휴무** 월요일 **교통** JR 닛포리 日暮里역 서쪽 출구에서 도보 6분 **지도** 별책 P.13-E

〈 니쿠노 스즈키 肉のすずき 〉
1933년 창업한 가게로 일본산 브랜드 소고기를 듬뿍 넣은 멘치카츠를 판매하고 있다. 멘치 メンチ 280엔.

주소 東京都荒川区西日暮里3-15-5 **전화** 03-3821-4526 **영업** 11:00~18:00 **휴무** 월요일 **교통** JR 닛포리 日暮里역 서쪽 출구에서 도보 5분 **지도** 별책 P.13-F

고양이 점장이 추천하는 고양이 얼굴 카레
넨네코야
ねんねこ家

야나카의 오래된 민가를 개조한 고양이 카페 겸 잡화점. 2016년에 20주년을 맞이했을 정도로 역사 깊은 곳이다. 두 마리의 점장 고양이가 카페를 안내하며, 잡화점과 카페 곳곳에 고양이들이 숨어 있다. 고양이 얼굴이 그려진 냥카레 ニャンカレー(1600엔)가 인기. 요리와 음료는 고양이 모양 식기에 담겨 나온다. 쉬는 날이 많고 주인이 종종 여행을 가기 때문에 홈페이지에서 영업일을 확인해 두는 것이 좋다.

주소 東京都台東区谷中2-1-4 **전화** 03-3828-9779 **영업** 11:30~18:00 **휴무** 수요일 **홈페이지** www.nennekoya.com **교통** JR 닛포리 日暮里역 남쪽 출구에서 도보 10분. 도쿄메트로 지요다선 네즈 根津역 1번 출구에서 도보 5분 또는 센다기 千駄木역 1번 출구에서 도보 9분 **지도** 별책 P.13-C

야나카에서 찾은 추억의 찻집
코히 란포
コーヒー乱歩

고양이와 재즈, 추리 소설을 좋아하는 할아버지가 운영하는 카페. 주인 할아버지가 일본의 추리소설가 에도가와 란포의 팬이라 가게 이름을 란포라고 지었다고 한다. 가게에는 점장 고양이가 있으며 지금은 4대째 고양이 점장인 쿠우가 가게를 지키고 있다. 커피 コーヒー 450엔~.

주소 東京都台東区谷中2-9-142 **전화** 03-3828-9494 **영업** 10:00~20:00 **휴무** 월요일 **교통** JR 닛포리 日暮里역 서쪽 출구에서 도보 10분. 도쿄메트로 지요다선 센다기 千駄木역 2번 출구에서 도보 3분 **지도** 별책 P.13-C

자연 재료로 만드는 달콤한 빙수

히미츠도
ひみつ堂

일본의 옛 방식 그대로 손으로 얼음을 갈아 만드는 빙수 전문점. 천연수로 만든 얼음에 제철 과일을 듬뿍 올린 시원한 빙수를 일 년 내내 맛볼 수 있다. 여름철에는 항상 손님들의 긴 행렬이 이어지고 메뉴가 빨리 떨어져서 일찍 문을 닫는 날도 많기 때문에, 미리 홈페이지에서 시간과 정보를 확인하고 찾도록 하자. 딸기빙수 いちごみるく 1600엔.

주소 東京都台東区谷中3-11-18 **전화** 03-3824-4132 **영업** 10:00~18:00(상시 변경되므로 홈페이지 확인) **휴무** 부정기 (홈페이지 확인) **홈페이지** himitsudo.com **교통** JR 닛포리 日暮里역 서쪽출구에서 도보 4분 **지도** 별책 P.13-A

음식으로 전하는 따뜻한 마음

타요리
TAYORI

건강한 한 끼를 즐길 수 있는 목조 주택의 예쁜 공간. '음식 우체국'을 테마로 생산자와 소비자를 연결하는 감성적인 콘셉트의 레스토랑이다. 생산자의 정성이 담긴 식재료로 반찬이나 도시락을 만들어 제공하며, 따로 마련된 우체국 코너에서는 생산자가 쓴 편지를 읽고 답장을 보낼 수 있다. 홈페이지에서 온라인 예약이 가능하다. 타요리 정식 TATORI定食 1430엔.

주소 東京都台東区谷中3-12-4 **전화** 03-5834-7026 **영업** 12:00~20:00 **휴무** 월 · 화요일 **홈페이지** hagiso.com/tayori **교통** JR 닛포리 日暮里역 서쪽 출구에서 도보 5분 **지도** 별책 P.13-A

도쿄 지역 선물용 과자 1위의 애플파이
마미즈
マミーズ

야나카 긴자의 출구와 맞닿은 상점 거리 요미세 도리에 있는 베이커리. 주로 애플파이, 레몬파이, 바나나파이 등 엄마가 아이를 위해 직접 만든 듯한 파이를 만든다. 일본 TV 방송에서 관동 지역(도쿄 주변) 기념 선물 1위로 선정되는 등 매우 인기가 높은 곳이다. 애플파이 アップルパイ 1600엔~ (1조각 650엔).

주소 東京都台東区谷中3-8-7 **전화** 03-3822-8166 **영업** 10:00~19:00 **휴무** 무휴 **홈페이지** www.mammies.co.jp **교통** JR 닛포리 日暮里역 서쪽 출구에서 도보 7분. 도쿄메트로 지요다선 센다기 千駄木역 1번 출구에서 도보 1분 **지도** 별책 P.13-A

한입에 먹는 10엔 만주
야나카 후쿠마루 만주
谷中 福丸饅頭

일본식 찐빵 '만주(饅頭, まんじゅう)'를 다양하게 맛볼 수 있는 곳이다. 9개 110엔의 저렴한 가격으로 상자에 담겨 있어 가벼운 선물용으로도 좋다. 커스터드, 튀김만주, 다이후쿠(찹쌀떡) 등 종류가 많으며 계절 한정으로 쑥 만주, 벨기에 초콜릿 만주 등 독특한 만주를 선보이기도 한다. 만주 まんじゅう 110엔(9개), 요모기 만주(쑥 만주) よもぎまんじゅう 110엔(9개).

10엔 만주

후쿠마루 입구

주소 東京都台東区谷中3-7-8 **전화** 03-3823-0709 **영업** 11:00~19:00 **휴무** 무휴 **홈페이지** www.foodgallery. co.jp **교통** JR 닛포리 日暮里역 서쪽 출구에서 도보 8분. 도쿄메트로 지요다선 센다기 千駄木역 2번 출구에서 도보 2분 **지도** 별책 P.13-A

도쿄역 주변

東京駅

도쿄 교통의 중심이자 개발과 전통이 공존하는 곳

도쿄역은 도쿄 교통의 중심으로, 거의 모든 노선이 이곳을 지난다. 도쿄역을 중심으로 서쪽 마루노우치(丸の内)와 동쪽 야에스(八重洲) 구역으로 나뉘며 지역 분위기도 서로 다르다. 마루노우치는 옛 도쿄역 역사를 그대로 사용하고 있으며 일왕이 거주하는 고교를 비롯해 과거의 모습이 많이 남아 있다. 반면 야에스 지역은 새롭게 리뉴얼한 도쿄역과 고층의 고급 호텔, 백화점들이 모여 있어 마루노우치와 상반되는 풍경을 보여준다. 전체적으로 새로운 고층 건물들이 많이 생겨나고 있고, 건물 안에 여러 상업 시설이 자리해 하나의 관광 명소를 이루고 있다.

여행 포인트		이것만은 꼭 해보자		위치

관광	★★☆
사진	★★★
쇼핑	★★★
음식점	★★★
야간 명소	★★☆

☑ 도쿄의 중심 역인
　도쿄역 구경하기
☑ 마루노우치의
　고층 빌딩 둘러보기
☑ 도쿄 이치방가이에서
　쇼핑과 식사하기

신주쿠
우에노
시부야 ●도쿄역
지유가오카
●오다이바
하네다 공항

도쿄역 가는 법

{ 도쿄역 주변의 주요 역 }

| JR 야마노테선 도쿄역 東京 | JR 주오선 도쿄역 東京 | JR 게이요선 도쿄역 東京 | 도쿄메트로 마루노우치선 도쿄역 東京 | 도쿄메트로 오테마치역 大手町 |

거의 모든 신칸센 노선이 도쿄역에서 출발하며, 신주쿠와 빠르게 연결되는 주오선, 도쿄 디즈니랜드와 연결되는 JR 게이요선, 나리타 공항과 연결되는 나리타 익스프레스 등 많은 노선이 있다. 도쿄메트로 오테마치역은 한조몬선, 도자이선, 지요다선이 연결된다. 도쿄역과 오테마치역은 연결되어 있지만 역사가 워낙 넓어서 갈아타는 데 길면 20분까지도 걸리므로 환승 시간을 여유 있게 잡아야 한다.

{ 각 지역에서 도쿄역 주변 가는 법 }

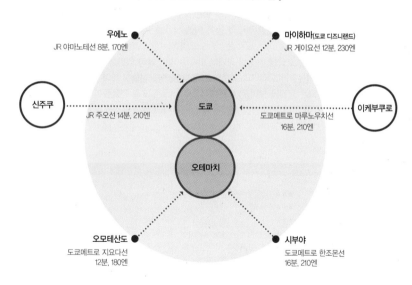

{ 공항에서 도쿄역 가는 법 }

도쿄역 주변 추천 코스

1 **도쿄역**(마루노우치 출구)

⋮ 도보 1분

2 **구 도쿄역 역사**(마루노우치 역사)

⋮ 도보 3분

3 **신마루노우치 빌딩**

⋮ 도보 3분

4 **마루 빌딩**

⋮ 도보 3분

5 **키테**

⋮ 도보 10분

6 **도쿄역 이치방가이**

⋮ 도보 3분

7 **도쿄역**(야에스 출구)

신마루노우치 빌딩

마루 빌딩

키테

도보 여행 팁

도쿄역은 역 자체를 둘러보는 것만으로도 반나절 이상 걸릴 정도로 넓고 유동 인구가 많다. 역의 각 출구 사이 거리도 상당하기 때문에 마루노우치 출구, 야에스 출구 중 한쪽을 정해서 주변을 둘러보는 것이 좋다.

도쿄역 이치방가이

도쿄역 주변
한눈에 보기

① 고쿄

일왕이 거주하는 곳으로 도쿄에서 가장 큰 공원이다. 일본 왕궁에 큰 관심이 없다면 굳이 갈 필요는 없다. 고쿄 안에 있는 공연장 부도칸, 벚꽃 명소인 지도리가후치는 도쿄역보다 구단시타 九段下역에서 더 가깝다. 니주바시(안경 다리)는 도쿄역에서 가까운 편이므로 가볍게 가볼 만하다.

② 미츠코시마에역 주변

니혼바시 미츠코시 본점을 중심으로 상업 시설들이 모여 있는 곳으로, 일본 전통 거리 분위기로 조성되어 있다. 다른 지역에 비해 비교적 한적한 편이며 식당이 많아 식사를 해결하기 좋다.

도쿄역과 유라쿠초를 연결하는
마루노우치 셔틀
丸の内シャトル

오테마치, 마루노우치, 유라쿠초 지역을 연결하는 무료 순환버스로, 12~15분 간격으로 35~50분간 운행한다.
도쿄역의 신마루노우치 빌딩, 오테마치 타워, 도쿄 산케이 빌딩, 요미우리 신문, 마루노우치 마이플라자, 히비야, 신국제빌딩, 미츠코시 빌딩에서 정차한다.

운행 08:00~20:00(토·일요일·공휴일 10:00~20:00) **홈페이지** www.hinomaru.co.jp/metrolink/marunouchi

③ 니혼바시

도쿄의 가장 큰 오피스 구역으로 수많은 회사가 들어서 있다. 거리 끝에는 일본 에도 시대에 만든 니혼바시 다리가 남아 있으며 반대편은 긴자와 연결된다. 오피스 사이사이 직장인들이 찾는 숨겨진 맛집들이 많다.

④ 도쿄역 내부

도쿄역은 일본에서 가장 큰 역 중 하나로 수많은 상업 시설과 식당이 모여 있다. 테마별로 거리를 꾸민 도쿄 이치방가이 주변에는 다양한 캐릭터 상품을 판매하는 도쿄 캐릭터 스트리트, 도쿄의 인기 라멘집이 모인 도쿄 라멘 스트리트 등 다양한 볼거리가 있다.

⑤ 도쿄역 야에스 출구

야에스 출구에는 리무진 버스와 고속버스 정류장이 있으며 백화점과 호텔이 모여 있다. 마루노우치 출구와는 다르게 최신식 건물로 리뉴얼되어 또 다른 느낌의 도쿄역을 보는 것 같다.

⑥ 도쿄역 마루노우치 출구

도쿄역 동쪽으로, 큰 오피스 건물과 상업 시설이 모여 있다. 미츠비시 이치고칸 미술관 등 일본 근대화 시절의 건물이 많이 남아 있으며 도쿄역 역시 옛 모습을 그대로 간직하고 있다.

도쿄역의 관광 명소

SIGHTSEEING

★★★

과거와 현재가 공존하는
도쿄 교통의 중심

도쿄역

東京駅 ◀» 도쿄에키

하루 4천여 편의 열차가 오갈 정도로 교통량이 많은 곳이다. 붉은 벽돌로 세워진 역사 건물은 러일전쟁 승리를 기념한 것으로, 일본의 건축가 다쓰노 긴고가 빅토리아 양식으로 설계했다. 1914년에 완공되었으며, 일본의 중요 문화재로 등록되어 있다.

도쿄역은 크게 마루노우치 丸の内 구역과 야에스 八重洲 구역으로 나뉘는데, 마루노우치는 옛 건물을 그대로 복원해 두었으며 야에스는 최첨단 시설로 꾸며두었다. 상당한 규모로 각 출구까지의 거리가 멀고 환승할 때도 시간이 많이 걸리니 주의해야 한다.

1 도쿄 스테이션 갤러리의 나무 계단
2 빅토리아 양식의 돔 천장
3 도쿄역 앞의 광장
4 도쿄역의 멋진 야경

주소 東京都千代田区丸の内1-6-5 **홈페이지** 도쿄 스테이션 시티 www.tokyostationcity. com 도쿄역 주변 www.tokyoinfo.com **교통** P.270 참조 **지도** 별책 P.16-E

도쿄역 안에 갤러리가 있다고?
도쿄 스테이션 갤러리
東京ステーションギャラリー

1988년 도쿄역 내 갤러리로 오픈했으며 근대 미술을 중심으로 연 5회 정도 기획전이 열린다. 과거 모습을 간직한 도쿄역 마루노우치 북쪽 출구 근처에 있으며, 인근에 외국인 관광객을 위한 인포메이션 센터와 수하물 배달 서비스 센터가 있다.

전화 03-3212-2485 **개방** 10:00~18:00(금요일 ~20:00) **휴무** 월요일, 연말연시, 전시 교체 기간 **홈페이지** www.ejrcf. or.jp/gallery **위치** 도쿄 東京역 내부, JR 마루노우치 북쪽 출구 앞

★★

도쿄역 지하의 거대 쇼핑 · 레스토랑 거리

야에스 치카 가이

八重洲地下街

도쿄역에서 지하를 통해 바로 연결되는 상점 거리로 줄여서 '야에치카'라고도 부른다. 약 180여 곳의 크고 작은 상점이 모여 있어 도쿄역을 이용하거나 나리타 공항행 고속버스를 타기 전에 이용하면 편리하다. ABC 마트, 드러그 스토어, 편의점, 스리코인즈, 러쉬 등 잡화점이 많아 쇼핑하기에 좋고, 텐동 전문 체인인 텐야의 1호점 등 레스토랑이 많아 식사를 하기에도 좋다. 주변에 오피스가 많아 런치가 비교적 저렴한 가게가 많다. 또한 이곳에서 아침을 해결하는 직장인을 위해 아침 식사를 판매하는 레스토랑도 많다.

주소 東京都中央区八重洲2-1 B1, B2 **전화** 03-3278-1441 **영업** 10:00~20:00(가게에 따라 다름) **홈페이지** www.yaechika.com **교통** JR 도쿄 東京역 야에스 지하 중앙, 북쪽, 남쪽 출구와 바로 연결 **지도** 별책 P.16-F

1 텐야의 1호점 2 미용 · 목욕용품 전문점 러쉬 3 일본 급식 빵, 야와라카 시로콧페 4 1000엔 런치 뷔페가 유명한 산도그인 코베야 5 애플파이가 유명한 카페 Bubby's 6 수프 전문점 Soup Stock Tokyo

★ ★

도쿄역 안의 작은 테마 공간

도쿄역 이치방가이

東京駅一番街 🔊 도쿄에키 이치방가이

전화 03-3210-0077 **개방** 10:00~ 20:00 **휴무** 무휴 **교통** JR 도쿄 東京 역 야에스 지하 중앙 출구 앞 **지도** 별 책 P.16-F

도쿄역에서 지하(야에스 지하 중앙 출구)로 바로 연결되는 복합 쇼핑몰. 수많은 가게가 입점해 있으며 라멘 거리인 도쿄 라멘 스트리트, 일본 다양한 캐릭터가 모여 있는 도쿄 캐릭터 스트리트, 일본의 제과 회사들이 운영하는 도쿄 오카시랜드, 도쿄의 스위츠가 한곳에 모인 TOKYOMe+, 식당가인 고치소 플라자와 닛폰 구루메 가도 등 테마 공간에서 쇼핑과 식사를 하기 좋다.

유명 캐릭터 매장들이 한자리에

도쿄 캐릭터 스트리트

東京キャラクターストリート

위치 도쿄역 이치방가이 지하 1층

다양한 캐릭터 숍이 모인 곳. 일본 각 방송사의 전문 상점과 지브리의 동구리가든, 소년 점프의 점프 숍, 레고 스토어 등에서 다양한 캐릭터 상품들을 만날 수 있다.

일본의 인기 라멘을 한곳에서!

도쿄 라멘 스트리트

東京ラーメンストリート

위치 도쿄역 이치방가이 지하 1층

일본에서 가장 인기 있는 라멘 가게 8곳이 모여 있다. 홋카이도의 미소 라멘부터 규슈의 돈코츠 라멘까지 다양한 라멘을 즐길 수 있다. 인기 있는 가게는 보통 1시간 이상 줄을 서서 기다려야 하므로 식사 시간은 피해서 가는 것이 좋다.

신선한 새우 요리가 인기

도야마 시로에비테이

富山 白えび亭

전화 03-5223-0525 **위치** 도쿄역 이치방가이 지하 1층

일본 각 지역의 인기 레스토랑이 모여 있는 닛폰 구루메 가도(日本グルメ街道)에 있는 맛집. 일본 도야마 지역의 새우 요리를 맛볼 수 있다. 특히 신선한 흰새우(시로에비)로 만든 회덮밥과 튀김덮밥이 인기있다. 흰새우튀김덮밥(시로에비 텐동) 白エビ天丼 1490엔~.

도쿄역과 바로 연결되는 유명 백화점
다이마루 도쿄
大丸東京

고급 백화점으로 쇼핑 공간이 넓어 쾌적하다. 각 층마다 유명 카페들이 입점해 있는 휴식 공간도 마련되어 있다. 1층 선물 코너에서는 도쿄 바나나를 비롯해 다양한 선물용 디저트를 판매한다. 외국인 관광객은 10%의 면세 혜택을 받을 수 있고 인포메이션에서 일괄 처리된다.

주소 東京都千代田区丸の内1-9-1 **전화** 03-3212-8011 **개방** 10:00~21:00(토·일요일·공휴일 ~20:00, 레스토랑 11:00~23:00) **휴무** 무휴 **카드** 가능 **홈페이지** www.daimaru.co.jp **교통** JR 도쿄 東京역 야에스 북쪽 출구에서 바로 **지도** 별책 P.16-F

교토의 브랜드 커피
이노다 커피
イノダコーヒ

교토에 본점을 둔 커피 체인점. 도쿄에는 다이마루에만 입점해 있다. 교토 본점 개점(1967년) 당시인 60~70년대의 커피와 케이크를 그대로 맛볼 수 있다. 원두를 직접 로스팅해 판매하며 그중 '아라비아의 진주'라는 브랜드 커피가 인기 있다. 커피를 주문하면 기본으로 우유를 넣은 커피가 제공되니 우유를 빼고 싶다면 주문 시 이야기하자. 아라비아의 진주(아라비아노 신슈) アラビアの真珠 790엔~.

전화 03-3211-0033 **영업** 10:00~20:00 **카드** 가능 **홈페이지** www.inoda-coffee.co.jp **위치** 다이마루 도쿄 8층

오랜 시간
사랑받아 온 튀김 전문점
덴푸라 신주쿠
쓰나하치
天ぷら新宿つな八

신주쿠에 본점이 있는 튀김요리 전문점으로 당일에 들여 온 신선한 재료를 즉석에서 튀겨 준다. 신주쿠 본점은 100년 전통의 인기 가게로 튀김 종류가 다양하며, 저녁에는 오마카세 코스가 준비되어 있다. 런치 튀김 정식(덴푸라젠) 天麩羅膳 2750엔.

전화 03-3211-2783 **영업** 11:00~22:00 **홈페이지** www.tunahachi.co.jp/store/14.html **위치** 다이마루 도쿄 12층

⭐⭐

우체국의 화려한 변신

키테
KITTE

1931년에 건설된 옛 도쿄 중앙우체국을 리모델링한 복합 쇼핑몰이자 우체국이다. 화제의 레스토랑과 인기 있는 상점이 다수 입점해 있어 식사나 쇼핑을 즐기기에 안성맞춤이다. 내부에는 중앙우체국 국장실을 그대로 보존한 전시장도 있는데, 창밖으로 도쿄역과 도쿄역 주변 풍경이 한눈에 보인다. 또한 6층 옥상 공원인 키테 가든에서는 마루노우치와 도쿄역 주변을 조망할 수 있으며 특히 도쿄역 안에서 신칸센 등 다양한 열차가 오가는 모습을 볼 수 있다.

주소 東京都千代田区丸の内2-7-2 **전화** 03-3216-2811 **개방** 10:00~21:00(가게에 따라 다름) ※일요일·공휴일은 1시간 단축 영업 **휴무** 무휴 **카드** 가게에 따라 다름 **홈페이지** jptower-kitte.jp **교통** JR 도쿄 東京역 마루노우치 남쪽 출구에서 도보 2분 **지도** 별책 P.17-H

대형 쇼핑몰 안에서 즐기는
짧은 캠핑

스노우 피크 카페
Snow Peak Café

1958년 설립된 아웃도어 의류·캠핑용품 전문 브랜드, 스노우 피크의 매장과 카페가 연결되어 있는 곳이다. 마치 캠핑장처럼 널찍한 공간에 텐트, 이동식 가구 등 스노우 피크의 제품을 진열해 놓아 당장이라도 여행을 떠나고 싶은 충동이 든다. 일본 각 지역의 특산물로 만드는 음료를 맛볼 수 있다는 점도 특별하다.

전화 03-5221-6708 **영업** 11:00~20:00 **홈페이지** www.snowpeak.co.jp **위치** 키테 4층

홋카이도산 재료로 만드는
신선한 회전 초밥

네무로 하나마루
回転寿司 根室花まる

홋카이도산 해산물로 만드는 회전 초밥 전문점. 오호츠크해와 태평양이 만나는 네무로 지역의 신선한 해산물로 만드는 초밥이 맛있다. 활기찬 분위기와 깔끔한 인테리어로 언제나 많은 사람이 몰리며 식사 시간에는 제법 줄을 서야 할 수도 있다. 초밥 종류가 다양해 골라 먹는 재미가 있다. 스시 1접시 143엔~.

전화 03-6269-9026 **영업** 11:00~23:00(일요일·공휴일 ~22:00) **카드** 가능 **홈페이지** www.sushi-hanamaru.com **위치** 키테 지하 1층

마루노우치의 전망을 감상할 수 있는 전망 빌딩
마루 빌딩
丸ビル
🔊 마루비루

주소 東京都千代田区丸の内2-4-1 **개방** 숍 11:00~21:00, 레스토랑 11:00~23:00 ※일요일 · 공휴일은 1시간 단축 영업 **휴무** 무휴 **카드** 가능 **홈페이지** www.marunouchi.com/top/marubiru **교통** JR 도쿄 東京역 마루노우치 남쪽 출구에서 도보 3분 **지도** 별책 P.16-E

마루 빌딩(마루노우치 빌딩)은 지상 37층, 지하 4층의 빌딩으로 140여 개의 점포가 모여 있다. 도쿄역 마루노우치 남쪽 출구 정면에 위치하고 있어 언제나 관광객들로 시끌벅적하다. 특히 크리스마스 시즌이 되면 빌딩 내에 대형 크리스마스 트리가 설치되어 이를 보러 오는 사람들도 많다. 5층에는 도쿄역이 바로 보이는 전망 테라스가 있고, 36층과 37층에는 전망 좋은 레스토랑들과 주변의 전망을 감상할 수 있는 작은 전망 공간이 있다.

✪
마루노우치에서 양질의 쇼핑을
신마루 빌딩
新丸ビル 🔊 신마루비루

주소 東京都千代田区丸の内1-5-1 **개방** 숍 11:00~21:00, 레스토랑 11:00~23:00 ※일요일 · 공휴일은 1시간 단축 영업 **휴무** 무휴 **카드** 가능 **홈페이지** www.marunouchi.com/top/shinmaru **교통** JR 도쿄 東京역 마루노우치 남쪽 출구에서 도보 3분 **지도** 별책 P.16-E

마루 빌딩 바로 옆에 우뚝 솟은 고층 빌딩이다. 8층 이상은 오피스로 이용되고 있고, 지하 1층부터 7층까지 다양한 상점과 레스토랑이 입점해 있다. 최고급 브랜드 숍과 레스토랑의 비율이 높아 가격대도 대부분 높은 편이다. 7층에 있는 넓은 테라스에서는 여유롭게 도쿄역과 주변 풍경을 감상하기 좋다.

마루노우치의 문화 공간
미츠비시 이치고칸 미술관
三菱一号館美術館
🔊 미츠비시 이치고칸 비쥬츠칸

주소 東京都千代田区丸の内2-6-2 **전화** 03-3212-7156 **개방** 10:00~18:00(전시에 따라 다름) **휴무** 월요일, 연말연시, 전시 교체 기간 ※휴무 전시에 따라 다름 **홈페이지** mimt.jp **교통** JR 도쿄 東京역 마루노우치 남쪽 출구에서 도보 5분 **지도** 별책 P.17-H

예전 건물을 재건하여 2010년 개관한 미술관. 주로 19세기 말의 미술품을 소장하고 있으며 상설 전시 외에 19세기 현대 미술을 중심으로 연 3~4번의 기획전을 열고 있다. 1~3층 건물 전체를 미술관으로 사용하며 20개의 전시실에서 전시가 이뤄진다. 건물 구조상 전시실은 비교적 작은 편이다.

★

도쿄 도심에 위치한 국제 전시장

도쿄 국제 포럼

東京国際フォーラム

거대한 배를 형상화한 근사한 외관이 돋보이는 곳이다. 동서양의 건축 양식이 절묘하게 조화를 이루고 있다. 전체 길이 270m, 높이 60m의 거대한 유리 홀과 건물 한가운데를 텅 비운 구조가 돋보인다. 건물을 잇는 공중 다리가 설치되어 이동하기 편리하고, 휴식 공간도 마련되어 있다. 지하 1층에는 일본의 대표적인 서예가이자 시인이었던 아이다 미쓰오의 작품을 전시해 놓은 미술관이 있다.

주소 東京都千代田区丸の内3-5-1 **전화** 03-5221-9000 **개방** 07:00~23:30 **휴무** 무휴 **홈페이지** www.t-i-forum.co.jp **교통** JR 도쿄 東京역 마루노우치 남쪽 출구에서 도보 6분. 유라쿠초 有楽町역 도쿄국제포럼 출구에서 도보 1분 **지도** 별책 P.17-H

도쿄역 야에스 출구의 새로운 고층 빌딩

도쿄 스퀘어 가든

東京スクエアガーデン

도쿄의 도시 재생 특별 사업으로 만들어진 건물로 2013년 완성되었다. 일본 건설업 연합회의 상을 받은 건물로 도쿄의 고층 빌딩 건축 트렌드와 도심 재개발 현황을 살펴볼 수 있다. 브리지스톤, 산토리 등 일본 대기업의 사무실이 들어와 있고, 지하 1층부터 3층까지는 숍과 레스토랑이 입점해 있다.

주소 東京都中央区京橋3-1-1 **영업** 가게에 따라 다름 **홈페이지** tokyo-sg.com **교통** JR 도쿄 東京역 야에스 남쪽 출구에서 6분. 도쿄메트로 교바시 京橋역 3번 출구에서 바로 **지도** 별책 P.17-I

나무가 가득해 싱그러운 느낌을 주는 도쿄 스퀘어 가든의 외관

★
베일에 싸인
일본 역사의 중심부
고쿄
皇居

270년 동안 도쿠가와 막부의 거성이였던 고쿄에는 에도 시대의 모습과 사적이 많이 남아 있다. 대도시 도쿄의 한복판에 있다고 생각되지 않을 만큼 우거진 숲은 보기만 해도 상쾌하다. 히가시 교엔(東御苑) 등 일부 구역은 자유롭게 출입할 수 있으나 일부 구역은 궁내청 직원의 안내를 받아야 한다. 관람하려면 전화나 인터넷으로 예약하거나 직접 접수해야 하며 전화 예약은 관람 희망일 1개월 전 1일부터 7일까지 받는다(궁내청 관리과 참관계 전화 03-3213-1111, 홈페이지 www.kunaicho.go.jp).

주소 東京都千代田区千代田1 **전화** 03-5223-8071 **개방** 09:00~17:00 **휴무** 무휴 **홈페이지** sankan. kunaicho.go.jp/guide/koukyo.html **교통** JR 도쿄 東京역 마루노우치 중앙 출구에서 도보 12분. 도쿄메트로 오테마치 大手町역 C13b 출구에서 도보 3분 **지도** 별책 P.16-D

★
사진 찍기 좋은 안경 다리
니주바시
二重橋

고쿄 입구에 놓인 다리. 석교와 철교의 이중교로, 물에 비친 모습이 안경처럼 보여 '안경 다리(메가네바시 メガネ橋)'라고도 부른다. 대표적인 기념사진 촬영지로 인기 있는 곳이다.

위치 고쿄 입구 **지도** 별책 P.16-D

**호텔과 오피스 건물이 모인
중심 지역**

니혼바시

日本橋

도쿄 중심을 흐르는 니혼바시 강에 놓인 다리로 1911년 완성되었다. 일본의 중요 문화재로, 지금도 강을 건너는 다리로 이용되고 있으며 차가 다닐 수 있다. 다리 주변은 에도 시대부터 상업이 번성하였으며 지금은 호텔과 오피스 건물들이 들어서 있는 도쿄의 중심 지역이다. 주변 랜드마크로는 니혼바시 미츠코시 본점, 코레도 무로마치 등 대형 상업 시설이 대표적이며, 직장인의 왕래가 많아 골목골목 숨겨진 맛집들이 많다.

교통 도쿄메트로 니혼바시 日本橋역 하차 **지도** 별책 P.16-F

✪

문화재로 등록되어 있는 백화점

니혼바시
미츠코시 본점

日本橋三越本店

1935년 개업한 미츠코시 백화점 본점이다. 본관 건물은 일본 중요 문화재에 등록되어 있다. 도쿄에서 큰 규모로 꼽히는 백화점 중 하나로 본관과 신관으로 나뉜다. 30대 이상을 타깃으로 한 브랜드가 많이 입점해 있으며 고급 브랜드와 일본 전통 브랜드가 주를 이룬다. 입구의 사자 동상 등 백화점 곳곳에 골동품을 비롯해 역사 깊은 시설이 남아 있다.

주소 東京都中央区日本橋室町1-4-1 **전화** 03-3241-3311 **영업** 10:00~19:30 (레스토랑 11:00~22:00) **휴무** 1/1 **카드** 가능 **홈페이지** mitsukoshi.mistore.jp/store/nihombashi/index.html **교통** JR 도쿄 東京역 니혼바시 日本橋 출구에서 도보 10분. 도쿄메트로 미츠코시마에 三越前역과 바로 연결 또는 니혼바시 日本橋역 C1 출구에서 도보 5분 **지도** 별책 P.16-F

언제나 긴 행렬이 생기는 튀김덮밥 가게

카네코한노스케

金子半之助

매일 아침 도요스 시장에서 공수해 온 신선한 아나고, 새우, 오징어, 관자와 반숙 달걀, 김, 고추튀김이 듬뿍 올려진 튀김덮밥(텐동) 전문점. 오직 텐동만을 판매하며 니혼바시의 골목에 위치해 있다. 골목길은 고소한 튀김 향으로 가득하며 매일 이곳을 찾는 사람들로 긴 행렬이 생긴다. 특히 점심시간에는 1~2시간 기다려야 하는 긴 줄이 늘어서기 때문에 가급적 식사 시간을 피하고, 낮보다는 저녁 늦은 시간에 찾아야 기다리지 않고 식사를 즐길 수 있다. 에도마에 텐동 江戸前天丼 1200엔~.

주소 東京都中央区日本橋室町1-11-15 **전화** 03-3243-0707 **영업** 11:00~22:00(토 · 일요일 · 공휴일 10:00~21:00) **휴무** 부정기 **홈페이지** kaneko-hannosuke.com **교통** 도쿄메트로 미츠코시마에 三越前역 A1 출구에서 도보 2분 또는 니혼바시 日本橋역 B12 출구에서 도보 7분 **지도** 별책 P.16-F

일본제 전통 명품을 만나보자

코레도 무로마치
COREDO 室町

전통과 새로움이 공존하는 복합 쇼핑몰. 코레도 무로마치는 1, 2, 3의 세 건물로 나뉘어 있다. 1번 건물에는 니혼바시 안내소가 있어 여행과 쇼핑 정보를 얻을 수 있

고 2번 건물에는 레스토랑이 모여 있는데 창업 100년이 넘는 역사 깊은 가게도 입점해 있다. 3번 건물에는 이마바리 타월 전문점, 칠기 전문점, 고급 수제 젓가락 전문점 등 일본의 명품 가게가 자리한다. 또한 기모노 체험, 다도 체험 등 다양한 일본 문화 체험 프로그램도 마련되어 있다.

1 에도 시대 분위기로 꾸민 거리
2, 3 후쿠토쿠 신사
4 다도 체험 등 일본 문화 체험 프로그램을 운영

주소 東京都中央区日本橋室町2-2-1 **전화** 03-3242-0010 **영업** 10:00~21:00 **휴무** 무휴 **카드** 가게에 따라 다름 **홈페이지** 31urban.jp/lng/krn/muromachi.html (문화체험 오모테나시 니혼바시 www.nihonbashi-info.jp/omotenashi) **교통** 도쿄메트로 긴자선·한조몬선 미츠코시마에 三越前역 A4·A6 출구에서 바로 **지도** 별책 P.16-C

인기 규카츠 전문점

규카츠 모토무라
牛かつもと村

일본에 규카츠 붐을 일으킨 가게 중 한 곳으로 도쿄 외에도 일본 곳곳에 지점이 있다. 겉은 바삭하고 속은 부드럽게 레어로 익힌 소고기 커틀릿을 맛볼 수 있다. 뜨거운

전화 03-3273-5121 **영업** 10:00~21:00 **홈페이지** www.gyukatsu-motomura.com **위치** 코레도 무로마치2 지하 1층

돌판이 제공되어 취향에 맞게 더 구워서 먹을 수도 있다. 도쿄의 다른 지점에 비해 사람이 몰리는 편이 아니라 쾌적하다. 규카츠 정식 牛かつ定食 1630엔.

긴자

銀座

현대와 과거가 공존하는 쇼핑가

'도쿄에서 가장 비싼 거리'라는 별칭이 붙은 긴자는 상류층의 거리라는 인식이 강했지만 점차 젊은이들을 대상으로 하는 부담스럽지 않은 가게가 늘어나고 있다. 아무리 작은 가게라도 최소 100년의 역사를 가지고 있고, 그만큼 자기 가게만의 노하우와 명성을 중요시한다. 그래서 조금이라도 알려진 가게는 높은 가격에도 불구하고 사람들의 발걸음이 끊이지 않는다. 이것이 일본 최고의 제품들과 세계 최고의 브랜드들이 긴자로 모이는 이유이기도 하다.

여행 포인트		이것만은 꼭 해보자		위치

관광	★★☆
사진	★★☆
쇼핑	★★★
음식점	★★★
야간 명소	★☆☆

☑ 화려한 명품 브랜드 매장 둘러보기
☑ 긴자의 숨은 맛집 찾기
☑ 휴일의 긴자 보행자 천국 걷기

기치조지 · 신주쿠 · 우에노
· 지유가오카 · 긴자
· 오다이바
하네다 공항 ·

긴자 가는 법

{ 긴자의 주요 역 }

도쿄메트로 긴자역 銀座	도쿄메트로 긴자잇초메역 銀座一丁目	JR 유라쿠초역 有楽町	JR 신바시역 新橋	도쿄메트로 · 도에이 전철 히가시긴자역 東銀座

긴자의 메인 스트리트는 도쿄메트로 긴자역, 긴자잇초메역과 바로 연결되며, JR 유라쿠초역, 신바시역이나 도쿄메트로 · 도에이 전철 히가시긴자역 등과 인접해 있다. JR을 이용한다면 유라쿠초역, 도쿄메트로를 이용한다면 긴자역을 중심으로 둘러보면 좋다.

{ 각 지역에서 긴자 가는 법 }

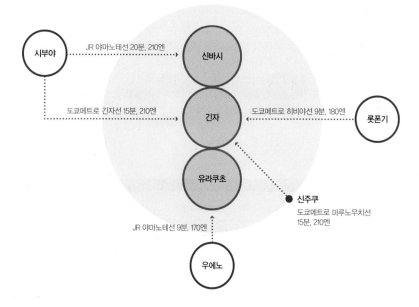

{ 공항에서 긴자 가는 법 }

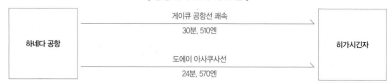

긴자 추천 코스

1 유라쿠초역

⋮ 도보 2분

2 유라쿠초 마루이

⋮ 도보 5분

3 긴자 1초메

⋮ 도보 5분

4 긴자 3초메(미츠코시 긴자)

⋮ 도보 10분

5 하쿠힌칸

⋮ 도보 5분

6 긴자역

유라쿠초 마루이

긴자 1초메

긴자 3초메(미츠코시 긴자)

도보 여행 팁

긴자는 상당히 넓은 직선 도로를 중심으로 상점이 늘어서 있다. 유라쿠초를 중심으로 대형 백화점과 쇼핑몰이 들어서 있고, 그 사이로 브랜드 숍과 전통 상점이 모여 있다. 주말 낮 시간은 도로에 자동차가 다니지 않는 보행자 천국으로 많은 인파가 몰린다. 긴자 근처의 역을 중심으로 주변을 둘러보자.

하쿠힌칸

긴자
한눈에 보기

① 긴자 주오도리 1~4초메

100년이 넘은 전통 상점과 해외 명품 브랜드 숍이 모여 있는 곳이다. 휴일에는 자동차가 다니지 않는 보행자천국이 실시되며 많은 커플과 가족 여행객으로 붐빈다.

히비야역
유라쿠초역 ④
③ 히비야 공원
고질라상
도큐 플라자 긴자 ●
② 긴자 주오도리 5~6초메
긴자 식스
신바시역
서오도메 시티센터 ●
● 니혼TV
시오도메역
하마리큐온시 정원 ●

② 긴자 주오도리 5~6초메

각종 소품점과 일본 과자점이 많으며 대부분 오랜 역사를 자랑한다. 화장품 전문점과 갤러리 등도 모여 있고, 최근에는 유니클로, GU 등 패스트 패션브랜드가 입점하고 있다.

③ 히비야 공원 >

유라쿠초역 동쪽의 큰 공원으로 일왕이
살고 있는 고쿄와 함께 도쿄 중심부의 넓
은 녹지대를 이룬다. 주말에는 다양한 행
사가 열리며 산책을 즐기기 좋다.

④ 유라쿠초역 주변 >

역 동쪽에는 도쿄 국제 포럼, 고쿄, 히비야 공원 등
규모가 큰 명소가 있으며 서쪽으로는 마루이, 루미
네, 도큐 플라자, 무인양품, 로프트 등 쇼핑 시설이
있다. JR 철길을 따라 술집과 식당도 많다.

⑤ 도요스 시장 >

도쿄에서 가장 큰 수산시장. 다양한 해산물과 관련
상품을 구입할 수 있다. 2018년에 츠키지 시장에서
도요스섬으로 자리를 옮겼다.

SIGHTSEEING

✿

일본 전통 공연의 무대

가부키자

歌舞伎座

일본 전통 연극 중 하나인 가부키를 위한 전문 공연장으로 건축물은 유형 문화재로 지정되어 있다. 반나절 동안 계속되는 가부키 특성상 공연 중간에 휴식 시간과 식사 시간이 있으며 1막만 관람이 가능한 관람석도 있다. 최근에 뒤쪽 건물을 리모델링해 공간을 확장했으며 외국인을 위한 통역 서비스도 이뤄지고 있다.

주소 東京都中央区銀座4-12-15 **전화** 03-3545-6800 **개관** 공연에 따라 다름 **홈페이지** www.kabuki-za.co.jp **교통** 도쿄메트로 히비야선·도에이 아사쿠사선 히가시긴자 東銀座역 3번 출구에서 도보 1분 **지도** 별책 P.18-F

✿✿

도쿄 시민들의 쉼터

히비야 공원

日比谷公園

🔊 히비야 코-엔

긴자의 서쪽인 히비야 지역에 위치한 도심 공원. 1만 평이 넘는 공원으로 분수, 연못, 언덕 등이 아기자기하게 조성되어 있다. 분수 주변 넓은 잔디밭에서는 비어 가든, 일루미네이션 등 다양한 축제와 이벤트가 열린다. 공원 한편에는 넓은 화단이 설치되어 있으며 계절에 따라 여러 가지 꽃을 감상할 수 있다.

주소 東京都千代田区日比谷公園1 **전화** 03-3501-6428 **홈페이지** www.tokyo-park.or.jp/park/format/index037.html **교통** JR 유라쿠초 有楽町역 히비야 출구에서 도보 8분. 도쿄메트로 히비야 日比谷역 A10 출구에서 도보 1분 **지도** 별책 P.18-A

⭐
명품 카메라 라이카의 갤러리
라이카 긴자
Leica Camera AG

라이카 한정 모델과
작품을 감상할 수 있는 곳

라이카 카메라의 과거와 현재를 한눈에
확인하고 카메라를 직접 조작해 볼 수 있
는 곳이다. 규모가 크지는 않지만 심플한 갤러리
처럼 꾸며진 실내에는 볼거리가 가득하다. 2층에는 라이카로 촬
영한 사진 작품을 전시하는 미니 갤러리와 A/S 센터가 있다.

주소 東京都中央区銀座6-4-1 **전화** 03-6215-7070 **개방** 11:00~19:00 **휴무**
월요일 **홈페이지** jp.leica-camera.com **교통** JR 유라쿠초 有楽町역 중앙 출구에
서 도보 5분. 도쿄메트로 긴자 銀座역 C4 출구에서 도보 2분 **지도** 별책 P.18-E

⭐⭐
일본을 대표하는 카메라
캐논의 갤러리
캐논 갤러리 긴자
Canon Gallery Ginza

일본의 세계적인 카메라 브랜드 캐논의 갤러리. 일본 전역에 6곳
의 갤러리가 있으며 이곳이 가장 규모가 크다. 캐논과 협업하는
세계적인 사진 작가의 사진 전시와 이벤트를 통한 유저들의 사진
전시가 주로 이뤄지고 있으며 다양한 정보를 얻을 수 있다.

주소 東京都中央区銀座3-9-7 **전화** 03-3542-1860 **개방** 10:30~18:30 **휴무**
일요일·공휴일 **홈페이지** cweb.canon.jp/gallery **교통** 도쿄메트로 히비야선·
도에이 아사쿠사선 히가시긴자 東銀座역 A7·A8 출구에서 도보 2분 **지도** 별책
P.18-E

캐논 카메라 최신 모델을
직접 만져볼 수 있으며
사진 전시도 감상할 수 있다.

✪

소니의 신제품을 한눈에

소니 쇼룸 긴자

ソニーショールーム銀座

일본을 대표하는 전자 기업 소니의 모든 제품을 만나볼 수 있다. 컴퓨터, 오디오, 카메라 등 소니의 제품이 전시되어 있으며 가장 먼저 새로운 상품을 만나볼 수 있다. 쇼룸과 스토어로 나뉘어 있고 쇼룸에서는 모든 제품을 만져보고 조작해 볼 수 있다.

주소 東京都中央区銀座5-8-1 **전화** 03-3573-5307 **개방** 11:00~19:00 **휴무** 12/31, 1/1 **홈페이지** www.sony.jp/store/retail/ginza **교통** 도쿄메트로 긴자 銀座역 A4 출구에서 도보 1분. 긴자 플레이스 4~6층 **지도** 별책 P.18-E

✪

일본 자동차 회사 닛산의 쇼룸

닛산 크로싱

NISSAN CROSSING

도요타와 함께 일본을 대표하는 자동차 브랜드인 닛산의 쇼룸. 닛산의 다양한 자동차를 직접 타볼 수 있으며 아직 발매되지 않은 신차와 콘셉트 카를 만나볼 수 있다. 소니 쇼룸과 같은 건물에 있어 함께 둘러보면 좋다.

주소 東京都中央区銀座5-8-1 **전화** 03-3573-0523 **개방** 10:00~20:00 **휴무** 부정기 **홈페이지** www.nissan.co.jp/CROSSING/JP **교통** 도쿄메트로 긴자 銀座역 A4 출구에서 도보 1분. 긴자 플레이스 1~2층 **지도** 별책 P.18-E

1 독특한 외관의 건물
2, 3 닛산의
다양한 자동차를 볼 수 있다.
4 닛산의 콘셉트 카

긴자의 한 풍경을 담당하고 있는 백화점

긴자 미츠코시
銀座三越

1930년 개업 이후 긴자를 대표하는 백화점 중 하나로 사랑받는 곳. 빨간색 미츠코시 로고가 눈에 띄어 멀리서도 찾기 쉽다. 명품 브랜드를 비롯해 일본에서 인기 있는 브랜드가 다수 입점해 있으며, 남성 매장도 충실하다. 식당가와 지하 식품관도 인기가 많다.

주소 東京都中央区銀座4-6-16 **전화** 03-3562-1111 **영업** 10:30~20:00 **휴무** 1/1 **카드 가능 홈페이지** mitsukoshi.mistore. jp/store/ginza/index.html **교통** 도쿄메트로 긴자 銀座역 A7·8번·11번 출구에서 도보 1분 **지도** 별책 P.18-E

마츠자카 백화점의 새로운 변신

긴자 식스
GINZA SIX

1924년 개업한 이래 긴자를 대표하는 백화점 중 한 곳이었던 마츠자카 백화점의 새로운 얼굴. 건물을 다시 지어 2017년 4월 긴자 식스라는 이름으로 새롭게 오픈했다. 지하 2층, 지상 13층 규모의 긴자 최대급 쇼핑 및 문화 공간으로 꾸며져 있으며 다양한 브랜드 숍과 레스토랑이 입점해 있다.

주소 東京都中央区銀座6-10-1 **전화** 03-6891-3390 **영업** 10:30~20:30(레스토랑 11:00~23:30) **휴무** 1/1 **카드 가능 홈페이지** ginza6.tokyo **교통** 도쿄메트로 긴자 銀座역 A4 출구에서 도보 3분 **지도** 별책 P.18-E

오랜 전통의 백화점

마츠야 긴자
Matsuya Ginza

1925년 개업한 백화점 브랜드로 긴자가 본점이다. 지하 1층에서 지상 8층까지 다양한 브랜드 숍과 레스토랑이 입점해 있다. 지난 100년간 4번 리뉴얼했으며 지금의 LED 조명이 들어간 외관은 2006년에 완성하였다. 7~8층의 이벤트 홀과 갤러리에서는 다양한 작품 전시와 이벤트가 열리고 있다.

주소 東京都中央区銀座3-6-1 **전화** 03-3567-1211 **영업** 10:00~20:00 **휴무** 1/1 **카드** 가능 **홈페이지** www.matsuya.com/m_ginza **교통** 도쿄메트로 긴자 銀座역 A12 출구에서 바로 연결 **지도** 별책 P.18-E

오랜 역사의 문구 전문점

도쿄 규쿄도
東京鳩居堂

1663년에 창업한 오랜 역사를 지닌 곳으로 주로 서예용품과 향 등 전통 문구용품을 판매하고 있다. 1층에는 일본 종이인 와지로 만든 오리지널 엽서와 편지지를, 2층에서는 향과 서예용품을 판매한다. 약 1만 점의 상품을 보유하고 있으며 그중 4~5천 점이 매장에 진열되어 있다.

주소 東京都中央区銀座5-7-4 **전화** 03-3571-4429 **영업** 10:00~19:00(일요일 · 공휴일 11:00~) **휴무** 1/1~1/3 **홈페이지** www.kyukyodo.co.jp **교통** 도쿄메트로 긴자 銀座역 A2 출구에서 도보 1분 **지도** 별책 P.18-E

애플 이벤트의 성지

애플 긴자
Apple 銀座

일본은 애플의 신제품이 가장 먼저 출시되는 국가 중 하나이며, 가장 동쪽에 있는 국가이기 때문에 가장 먼저 애플의 신제품을 구매할 수 있다. 따라서 애플에서 신제품을 출시할 때 첫 이벤트는 일본에서 하는 경우가 많은데, 이 이벤트의 주무대가 바로 긴자의 애플 매장이다. 이벤트를 제외하면 다른 애플 스토어와 다른 점은 없다.

주소 東京都中央区銀座8-9-7 **전화** 03-4345-3600 **영업** 10:00~21:00 **휴무** 무휴 **홈페이지** www.apple.com/jp **교통** JR · 도쿄메트로 · 도에이 아사쿠사선 신바시 新橋역 3번 출구에서 도보 5분 **지도** 별책 P.19-H

1 긴자 만남의 장소로도 이용
2 신제품 출시일의 풍경

1 도큐핸즈의 컬렉트숍인 핸즈 엑스포 2 독특한 건물 외관 3 카페 겸 이벤트 공간

긴자의 새로운 백화점
도큐 플라자 긴자
東急プラザ銀座

2016년에 오픈한 도큐의 백화점. 통유리로 된 외관과 기하학적인 인테리어가 재미있다. 옥상에는 테라스와 카페가 있으며 주변 풍경과 신칸센이 다니는 모습을 조망할 수 있다. 최근 일본에서 유행하는 브랜드와 식당이 많이 입점해 있으며 8층과 9층에는 롯데 면세점이 있다.

주소 東京都中央区銀座5-2-1 **전화** 03-3571-0109 **영업** 11:00~21:00(레스토랑 ~23:00) **휴무** 1/1 **카드** 가능 **홈페이지** ginza.tokyu-plaza.com **교통** JR 유라쿠초 有楽町역 긴자 출구에서 도보 4분. 도쿄메트로 긴자 銀座역 C2 · C3 출구에서 도보 1분 **지도** 별책 P.18-E

도쿄의 새로운 복합 문화 공간
도쿄 미드타운 히비야
東京ミッドタウン日比谷

히비야 공원 인근에 2018년 3월 오픈한 건물로 약 60여 곳의 숍, 레스토랑과 오피스, 영화관 등이 자리하고 있는 복합 문화 공간이다. 7층의 공중 정원 등 휴식 공간 및 공연장도 잘 갖추어져 있으며, 최근 도쿄에서 인기 있는 레스토랑이 모여 있다.

주소 東京都千代田区有楽町1-1-2 **전화** 03-5157-1251 **영업** 11:00~21:00(레스토랑 ~23:00) **홈페이지** www.hibiya. tokyo-midtown.com/jp/ **교통** JR 유라쿠초 有楽町역 히비야 출구에서 도보 4분. 도쿄메트로 히비야 日比谷역 A5 출구에서 바로 연결 **지도** 별책 P.18-A

마로니에 게이트 긴자
Marronnier Gate Ginza

긴자의 새로운 백화점 중 한 곳으로 최근 주변 건물로 확장하며 규모를 키우고 있다. 도큐핸즈의 긴자점인 긴자핸즈가 입점해 있는 1관, 최근 오픈한 뷰티·패션 위주의 2관과 3관으로 나뉜다. 조금 비싼 편이지만 센스 있는 아이디어 상품을 다양하게 볼 수 있다. 식당과 레스토랑은 1관에 모여 있다.

주소 東京都中央区銀座2-2-14 **전화** 03-3538-0109 **영업** 11:00~21:00(레스토랑 ~23:00) **휴무** 무휴 **카드** 가능 **홈페이지** www.marronniergate.com **교통** JR·도쿄메트로 유라쿠초 有楽町역 중앙 출구에서 도보 3분. 도쿄메트로 긴자 銀座역 C8 출구에서 도보 2분 **지도** 별책 P.18-B

집까지 판매하는 무인양품

무인양품 유라쿠초
無印良品有楽町 🔊 무지루시요우힌 유라쿠초

무인양품은 심플한 디자인과 합리적인 가격을 내세워 성공을 거둔 일본 라이프 스타일 브랜드로 생활 전반에 관련된 다양한 상품을 취급하며, 쉽게 구입하기 힘든 식료품도 판매한다. 이곳은 일본 최대 규모의 무인양품 스토어 중 하나로 대형 가구는 물론 집 한 채를 통째로 판매하는 것도 볼 수 있다. 매장 안에는 카페테리아인 밀 무지(Meal MUJI)와 갤러리인 아틀리에 무지(Atelier MUJI)가 있다.

주소 東京都千代田区丸の内3-8-3 **전화** 03-5208-8241 **영업** 10:00~21:00 **휴무** 무휴 **카드** 가능 **홈페이지** www.muji.net/store **교통** JR·도쿄메트로 유라쿠초 有楽町역 교바시 京橋 출구에서 도보 1분 **지도** 별책 P.18-B

로프트의 새로운 시도

긴자 로프트
銀座 LOFT

2017년 6월에 오픈한 로프트 긴자점. 제품을 진열해 두는 것에 그치지 않고 고객들이 실제로 제품을 체험할 수 있도록 다양한 이벤트를 연다. 로프트 매장 중 가장 먼저 신제품이 들어오며 이곳에서만 판매하는 한정 제품이 많다. 일본 각 업계의 전문가가 모여 만든 팀 로프트는 상품 정보를 제공하고 제품을 추천해 준다.

주소 東京都中央区銀座2-4-6 **영업** 11:00~21:00 **휴무** 무휴 **카드** 가능 **홈페이지** www.loft.co.jp/lp/ginzaloft **교통** JR · 도쿄메트로 유라쿠초 有楽町역 중앙 출구에서 도보 3분 **지도** 별책 P.18-B

100년 역사의 문구 전문점

이토야
伊東屋

1904년 개업한 긴자의 문구점. 지하 2층부터 지상 9층까지 건물 전체에 일상용품은 물론 독특한 아이디어 제품까지 약 15만 가지의 아이템을 갖춰 놓았다. 문구 · 미술용품을 전문으로 판매하는 케이 이토야(K.Itoya)와 다양한 잡화를 판매하는 지 이토야(G.Itoya)로 나뉜다.

주소 東京都中央区銀座2-7-15 **전화** 03-3561-8311 **영업** 10:00~20:00(일요일 · 공휴일 ~19:00) **휴무** 무휴 **카드** 가능 **홈페이지** www.ito-ya.co.jp **교통** 도쿄메트로 긴자 銀座역 A13 출구에서 도보 3분 **지도** 별책 P.18-B

여성 취향 브랜드가
많은 유라쿠초 마루이

긴자의 젊은 백화점

유라쿠초 마루이
有楽町マルイ

JR 유라쿠초역 중앙 출구 바로 앞에 있는 패션 쇼핑몰. 10대부터 30대 초반까지를 위한 패션 숍이 다양하게 입점해 있다. 가격대도 합리적이어서 여성들에게 인기가 많다. 쇼핑몰 내에는 카페와 디저트 숍, 식당, 드러그 스토어 등도 있다. 바로 옆에 위치한 20~30대 취향의 루미네와 함께 둘러보자.

주소 東京都千代田区有楽町2-7-1 **전화** 03-3212-0101 **영업** 11:00~21:00(레스토랑 ~23:00) **휴무** 무휴 **카드** 가능 **홈페이지** www.0101.co.jp/086 **교통** JR · 도쿄메트로 유라쿠초 有楽町역 중앙 출구에서 도보 1분 **지도** 별책 P.18-B

저렴한 패스트 패션 브랜드

지유
GU

젊은 층에 인기인 패스트 패션 브랜드. 자매 브랜드인 유니클로 가격의 반값 정도로, 대부분의 제품이 1000엔 이하라 저렴하게 쇼핑을 즐길 수 있다. 유니클로와 비슷한 디자인도 종종 발견할 수 있다. 일본 전국에 매장이 있으며 긴자 매장은 규모가 큰 매장 중 하나다.

주소 東京都中央区銀座5-7-7 **전화** 03-6255-6141 **영업** 11:00~21:00 **휴무** 무휴 **카드** 가능 **홈페이지** www.gu-japan.com **교통** 도쿄메트로 긴자 銀座역 A2 출구에서 도보 1분 **지도** 별책 P.18-E

긴자의 장난감 백화점

하쿠힌칸
博品館

긴자 거리의 끄트머리인 긴자 8초메에 위치한 장난감 백화점. 전 세계의 다양한 장난감들이 한곳에 모여 있다. 지하 1층부터 4층까지 수많은 장난감과 캐릭터 상품으로 가득하며, 울트라맨 등 캐릭터들이 등장하는 영화관도 함께 있다.

주소 東京都中央区銀座8-8-11 **전화** 03-3571-8008 **영업** 11:00~20:00 **휴무** 무휴 **홈페이지** www.hakuhinkan. co.jp **교통** JR 신바시 新橋역 1번 출구에서 도보 2분. 도쿄메트로 긴자 銀座역 A2 출구에서 도보 9분 **지도** 별책 P.19-G

꼼데가르송 디자이너의 편집 숍
도버 스트리트 마켓
긴자
DSM GINZA

세계적인 브랜드 꼼데가르송의 디자이너 레이 가와쿠보가 만든 편집 숍. 2004년 런던점 오픈을 시작으로 대도시 위주로 매장이 들어서고 있다. 꼼데가르송과의 컬래버레이션 제품은 물론이고 고샤 루브친스키, 마르지엘라, 릭 오웬스 등 여러 브랜드 및 디자이너와의 컬래버레이션 제품을 만날 수 있다.

주소 東京都中央区銀座6-9-5 **전화** 03-6228-5080 **영업** 11:00~20:00 **휴무** 무휴 **카드** 가능 **홈페이지** ginza.doverstreetmarket.com **교통** 도쿄메트로 긴자 銀座역 A2 출구에서 도보 3분 **지도** 별책 P.18-E

꼼데가르송의 팬이라면 꼭 한 번 들러보고 싶은 매장. 컬래버레이션 제품이 다양하다.

향기로운 홍차 전문점
마리아주 프레르
MARIAGE FRÈRES

1854년부터 꾸준히 사랑받고 있는 프랑스 브랜드 홍차 전문점. 아시아에서 가장 큰 지점으로 수백 가지의 홍차와 고급 찻잔 세트를 취급하고 있다. 쉽게 구할 수 없는 제품이 많으며 패키지가 고급스러워 선물용으로 좋다. 차를 마실 수 있는 살롱과 식사를 할 수 있는 레스토랑도 있다.

주소 東京都中央区銀座5-6-6 **전화** 03-3572-1854 **영업** 11:00~20:00 **휴무** 무휴 **카드** 가능 **홈페이지** www.mariagefreres.co.jp **교통** 도쿄메트로 긴자 銀座역 A1 출구에서 도보 2분 **지도** 별책 P.18-E

수많은 홍차와 찻잔 세트로 가득하다.

전통적인 경양식 전문점
렌가테이
煉瓦亭

1895년에 창업하여 카키프라이(굴튀김) カキフライ 등의 양식 요리를 대중에 선보인 전통 있는 가게다. 돼지고기를 기름에 튀겨 우스터 소스와 잘게 썬 양배추를 곁들인 커틀릿(돈가스)을 고안한 곳으로 유명하다. 가장 인기 있는 메뉴는 6일간 숙성시킨 데미그라스 소스로 만든 하야시라이스. 돈가스(포크카츠레츠) ポークカツレツ 2000엔, 메이지 탄생 오므라이스 明治誕生オムライス 2600엔.

주소 東京都中央区銀座3-5-16 전화 03-3561-7258 영업 11:15~15:00, 16:40~21:00 휴무 일요일 홈페이지 ginzarengatei.com 교통 도쿄메트로 긴자 銀座역 A10 출구에서 도보 3분 지도 별책 P.18-B

1 렌가테이 입구
2 친절한 점원
3, 5 돈가스(포크카츠레츠)
4 옛 경양식 레스토랑 분위기의 실내
6 오므라이스

긴자의 식빵 전문점
센터 더 베이커리
CENTRE THE BAKERY

식빵 전문 베이커리. 식빵으로 만든 여러 요리를 선보이는 레스토랑도 운영한다. 빵이 나오는 시간이 되면 가게 앞에 긴 행렬이 생긴다. 가게에서 먹고 갈 경우 잼 세트, 버터 세트, 잼+버터 세트(1320~1980엔)를 추천한다. 2~3가지 식빵을 고를 수 있으며 우유가 함께 나온다. 식빵으로 만든 샌드위치, 프렌치토스트 등 다양한 메뉴가 있다.

주소 東京都中央区銀座1-2-1 **전화** 03-3562-1016 **영업** 10:00~20:00 **휴무** 무휴 **카드** 가능 **교통** JR · 도쿄메트로 유라쿠초 有楽町역 교바시 京橋 출구에서 도보 3분 **지도** 별책 P.18-B

부드럽고 감칠맛 나는 넓적우동
고다이메 하나야마우동
五代目 花山うどん

넓적한 모양의 히모카와 우동 전문점이다. 히모카와 우동은 군마현의 특산물로 일본 다른 지역에서도 보기 드문 편이었으나 이제는 우리나라에도 많이 알려져 있다. 간장이나 참깨 소스에 찍어 먹는 히모카와 우동 외에 일반 사누키 우동도 있으며, 다양한 군마현 특산물로 만든 일품요리도 맛있다.

주소 東京都中央区銀座3-14-13 **전화** 03-6264-7336 **영업** 11:00~16:00, 18:00~20:00 **휴무** 무휴 **홈페이지** www.hanayamaudon.co.jp/ginza **교통** 도쿄메트로 히비야선 · 도에이 아사쿠사선 히가시긴자 東銀座역 3번 출구에서 도보 2분 **지도** 별책 P.18-F

원조 단팥빵 가게
기무라야 소혼텐
木村屋總本店

1868년 창업해 오랜 역사를 자랑하는 베이커리로 1873년 최초로 단팥빵(앙팡)을 고안한 곳으로 유명하다. 당시의 제조 방법 그대로 만든 빵(사쿠라 앙팡 さくらアンパン, 200엔)을 판매한다. 자극적이지 않고 담백한 맛이 특징이며, 최신 유행에 맞게 개발한 치즈크림빵, 밤빵 등 다양한 빵도 선보이고 있다. 1층은 베이커리, 2~4층은 카페와 레스토랑으로 운영한다.

주소 東京都中央区銀座4-5-7 **전화** 03-3561-0091 **영업** 10:00~21:00 **휴무** 무휴 **카드** 가능 **홈페이지** www.ginza kimuraya.jp **교통** 도쿄메트로 긴자 銀座역 A9 출구에서 도보 1분 **지도** 별책 P.18-E

튀김의 천국
긴자 텐쿠니
銀座 天國

1885년 창업한 전통 튀김 요리점. 건물 전체를 매장으로 사용하는데, 층마다 다른 튀김 요리를 맛볼 수 있다. 지하에서는 신선한 제철 재료를 선별해 만든 각종 튀김을 맛볼 수 있고, 1층에서는 텐동 天丼을 즐길 수 있다. 튀김 코스와 일품 나베 요리가 나오는 2층은 쾌적하고 넓다. 오히루 텐동(런치) お昼天丼 1400엔~.

주소 東京都中央区銀座8-11-3 **전화** 03-3571-1092 **영업** 11:30~22:00 **휴무** 일요일 **홈페이지** www.tenkuni.com **교통** 도쿄메트로 긴자 銀座역 A2 출구에서 도보 8분 **지도** 별책 P.19-H

1 텐동 정식
2 텐쿠니 외관

카스텔라 초코 퐁뒤

나가사키의 명품 카스텔라
분메이도 카페
文明堂カフェ

나가사키 카스텔라를 대표하는 가게 중 한 곳인 분메이도에서 운영하는 디저트 카페. 1900년에 문을 연 본점은 나가사키에 있다. '동서양의 만남'이라는 콘셉트로, 양식과 일식이 조화를 이룬 오리지널 디저트를 선보이고 있다. 오후 5시부터는 주류도 판매하며, 케이크와 함께 마시기 좋은 와인을 추천하고 있다. 분메이도 바움쿠헨 초콜릿 퐁뒤 文明堂バームクーヘンのチョコレートフォンデュ 2000엔.

주소 東京都中央区銀座5-7-10 **전화** 050-5589-6989 **영업** 11:00~23:00 **휴무** 무휴 **카드** 가능 **교통** 도쿄메트로 긴자 銀座역 A2 출구에서 도보 1분 **지도** 별책 P.18-E

저녁에 따뜻한 오뎅 한 그릇
오뎅 오레노다시
おでん 俺のだし

몇 년 전부터 도쿄에서 유행하고 있는 레스토랑 체인 오레노는 '나의'라는 의미로, 오레노 이탈리안, 오레노 야키니쿠 등의 이름으로 다양한 장르의 요리를 가성비 좋은 가격대로 선보이고 있다. 오뎅을 하나의 요리로 취급하는 일본답게 오뎅 전문점 오레노다시도 인기를 끌고 있다. 캐주얼한 분위기에서 깔끔하고 시원한 국물의 오뎅에 술 한잔을 곁들이면 좋다. 1인 예산 3000엔대 (자릿세 별도, 1명 600엔).

주소 東京都中央区銀座7-6-6 **전화** 03-3571-6762 **영업** 17:00~23:00(토·일요일·공휴일 16:00~) **휴무** 월요일 **카드** 가능 **홈페이지** www.oreno.co.jp **교통** 도쿄메트로 긴자 銀座역 B5 출구에서 도보 4분 **지도** 별책 P.18-E

1 대부분의 좌석이 카운터석
2 따뜻한 오뎅

모스버거가 운영하는 카페
모스 카페
MOS CAFE

일본의 수제 버거 전문점 모스버거에서 운영하는 카페. 햄버거 이외에도 모스 카페의 오리지널 음료, 술, 디저트 등을 맛볼 수 있다. 기존 모스버거 매장보다 메뉴가 다양하고 조금 더 여유로운 분위기다. 모스버거 モスバーガー 390엔~.

주소 東京都中央区銀座8-7 전화 03-5568-5067 영업 08:00~23:00(일요일·공휴일 ~21:00) 휴무 무휴 카드 가능 홈페이지 mos.jp 교통 JR 신바시 新橋역 1번 출구에서 도보 3분. 도쿄메트로 긴자 銀座역 A2 출구에서 도보 10분 지도 별책 P.19-G

쇼콜라티에의
고급 초콜릿 전문점
피에르 마르코리니
PIERRE MARCOLINI

1 초콜릿 파르페
2 카페의 외관
3 마카롱과 초콜릿, 시폰 케이크

벨기에를 대표하는 유명한 쇼콜라티에 피에르 마르코리니의 초콜릿 전문점. 2층은 카페로 운영되고 있다. 이곳에서 판매하는 초콜릿은 모두 벨기에에서 직접 공수해 온 것이다. 초콜릿을 주재료로 한 케이크와 파르페도 인기 메뉴. 고급스러운 패키지에 여러 가지 초콜릿이 들어 있는 마르코리니 셀렉션은 선물용으로 좋다. 마르코리니 셀렉션(6개) 2511엔. 마르코리니 초콜릿 파르페 マルコリーニ チョコレートパフェ 1760엔~.

주소 東京都中央区銀座5-5-8 전화 03-5537-0015 영업 11:00~20:00(일요일·공휴일 ~19:00) 휴무 무휴 카드 가능 홈페이지 www.pierremarcolini.jp 교통 도쿄메트로 긴자 銀座역 R3 출구에서 도보 1분 지도 별책 P.18-E

긴자 골목에 숨어 있는
작은 소바 전문점
고비키초 유즈카미야
木挽町 湯津上屋

긴자 뒷골목에 위치한 소바 전문점. 소규모 매장으로 주인이 혼자서 운영하기 때문에 음식이 나오는 데 시간이 걸리는 편이다. 조용한 공간에서 고소한 소바와 튀김 요리를 즐길 수 있다. 차가운 냉소바 위에 향긋한 스다치(라임과 비슷한 과일)를 올린 히야카케스다치 冷かけすだち(1000엔)가 인기.

주소 東京都中央区銀座1-22-14 전화 03-3567-0838 영업 11:30~14:00, 17:00~20:00(토·일요일 11:30~14:00) 휴무 월요일 교통 도쿄메트로 긴자잇초메 銀座一丁目역 A10 출구에서 도보 4분 지도 별책 P.18-F

일본 최초의 디올 카페
카페 디올 바이
피에르 에르메
Café Dior by Pierre Hermé

디올의 식기로 꾸며진 인테리어가 고급스럽다.

긴자 식스 오른편에 있는 크리스찬 디올 전문 매장 하우스 오브 디올 긴자의 카페. 지하 1층부터 4층까지 전부 디올 매장이며 카페는 4층에 있다. 디올 제품으로 꾸민 공간에서 디올 식기에 담겨 나온 카페 메뉴를 즐길 수 있다. 피에르 에르메의 컬래버레이션으로 메뉴 대부분이 피에르 에르메의 디저트다.

주소 東京都中央区銀座6-10-1 전화 03-3569-1085 영업 10:30~23:30 휴무 1/1 카드 가능 홈페이지 www.dior.com/home/ja_jp 교통 도쿄메트로 긴자 銀座역 A4 출구에서 도보 3분 지도 별책 P.18-E

1 디올의 식기에 담겨 나오는 디저트
2 명품 브랜드다운 세련된 매장

일본에서 가장 먼저 아이스크림을 판매한 곳

시세이도 파라
資生堂パーラー

1902년에 일본 최초로 소다수와 아이스크림을 만들어 판매한 곳. 1928년에 본격적으로 레스토랑을 개업한, 일본에서는 서양 요리의 효시라고 할 수 있다. 미트 크로켓이나 카레라이스 등 70년간 맛이 변치 않는 요리들로 메뉴를 유지하고 있다. 레스토랑은 4층과 5층이며 3층은 카페, 11층은 바로 운영 중이다. 미트 크로켓 토마토소스 ミートクロケットトマトソース 3100엔~.

주소 東京都中央区銀座8-8-3 **전화** 03-5537-6241 **영업** 11:30~21:30 **휴무** 월요일 **카드** 가능 **홈페이지** parlour. shiseido.co.jp **교통** 도쿄메트로 긴자 銀座역 A2 출구에서 도보 7분 **지도** 별책 P.18-E

찻집에서 즐기는 오므라이스

킷사 유
喫茶YOU

창업 40년 역사를 자랑하는 오래된 찻집. 찻집이지만 부드럽고 말랑한 오므라이스가 이 집의 인기 메뉴. 부드러운 달걀이 듬뿍 들어간 달걀 샌드위치도 맛있다. 찻집답게 식사를 마치고 마시는 따뜻한 커피도 향긋하다. 오므라이스 세트(음료 포함) オムライスセット 1300엔~. 타마고 샌드위치 (달걀 샌드위치) タマゴサンドイッチ 800엔~.

주소 東京都中央区銀座4-13-17 **전화** 03-6226-0482 **영업** 10:00~21:00 **휴무** 연말연시 **홈페이지** www.kissa-you.com **교통** 도쿄메트로 히비야선 · 도에이 아사쿠사선 히가시긴자 東銀座역 5번 출구에서 도보 1분 **지도** 별책 P.18-F

좁은 골목에서 만나는 도쿄의 맛

유라쿠초산초쿠요코초

有楽町産直横丁

요코초란 골목길을 의미하는 일본어로, 술집, 바, 식당 등이 늘어선 좁은 거리라는 뜻도 있다. 소박하지만 제대로 된 도쿄의 맛을 즐기면서 현지인들과 어울려 술을 마실 수 있다. 농가에서 직송된 재료로 만든 음식을 제공하기 때문에 도쿄 한복판에서 일본 각지의 신선한 맛을 느낄 수 있다는 점도 특별하다.

주소 東京都千代田区有楽町2-1-1 **전화** 03-3831-5783 **영업** 11:00~다음 날 04:00 **휴무** 무휴 **홈페이지** yokocholover.com/store/32 **교통** JR·도쿄메트로 유라쿠초 有楽町역 긴자 출구에서 도보 5분, 도쿄메트로 긴자 銀座역 A1, C1 출구에서 도보 3분 **지도** 별책 P.18-D

인기 햄버그스테이크 전문점

스키야 바그

数寄屋バーグ

매년 7만 명이 찾는다는 브랜드 햄버그스테이크 전문점. 일본 소고기의 최고 등급인 A5, A4 등급의 검은털 소고기(구로게와규) 黒毛和牛만으로 햄버그스테이크를 만든다. 두툼한 햄버그스테이크 안에는 육즙이 가득하다. 프리미엄 스키야바그 プレミアム数寄屋バーグ 2450엔 (200g, 1일 30인분 한정).

주소 東京都中央区銀座4-2-12 **전화** 03-3561-0688 **영업** 11:00~22:30 **휴무** 무휴 **홈페이지** www.sukiyaburg.jp **교통** JR·도쿄메트로 유라쿠초 有楽町역 중앙 출구에서 도보 3분. 도쿄메트로 긴자 銀座역 B10 출구에서 도보 1분 **지도** 별책 P.18-E

1 레트로한 분위기의 식당 입구
2 아보카도 치즈 버거
3 육즙 가득한 햄버그스테이크

가성비 좋은 인기 초밥 전문점
우마이 스시 칸
うまい鮨勘

긴자의 인기 초밥 전문점으로 도요스 시장에서 직송한 수산물로 신선한 초밥을 만들고 있다. 긴자에 있는 정통 초밥 전문점치고는 가격이 저렴한 편이다. 장인이 카운터에서 직접 만들어주는 초밥을 맛볼 수 있으며, 저렴한 런치 메뉴와 호화로운 초밥 세트 등 메뉴 선택의 폭이 넓다. 긴자점 이외에도 아카사카, 오오이마치 등에 지점이 있다. 평일 한정 런치 하나(華) 1980엔, 오야카타 오마카세 親方おまかせ 7700엔.

주소 東京都中央区銀座2-7-18 **전화** 03-5524-5333 **영업** 11:30~22:30(일 · 공휴일 11:00~22:00) **휴무** 월요일 **홈페이지** www.sushikan.co.jp **교통** 도쿄메트로 긴자선 긴자 銀座역 A13 출구에서 도보 3분, 유라쿠초선 긴자잇초메 銀座一丁目역 9번 출구에서 도보 1분 **지도** 별책 P.18-B

1, 4 포일에 감싸 나오는 요리
2 다양한 그릴 요리
3 정성스럽게 반죽한 햄버그스테이크

포일에 싸서 나오는 햄버그스테이크

츠바메 그릴
つばめグリル

1930년 긴자에서 시작한 양식 레스토랑으로 일본 전국에 체인점이 있다. 잘 구운 햄버그스테이크에 데미그라스 소스를 뿌린 후 포일에 싸서 따뜻하게 내어 주는 요리가 대표 메뉴이며 다양한 구이 요리도 맛볼 수 있다. 츠바메풍 햄버그스테이크(츠바메후 한부르구스테키) つばめ風ハンブルグステーキ 1947엔, 롤 캐비지(롤 카베츠) ロールキャベツ 1420엔.

주소 東京都中央区銀座5-8-20 **전화** 03-3569-2701 **영업** 11:00~22:00 **휴무** 무휴 **카드** 가능 **홈페이지** www.tsubame-grill.co.jp **교통** 도쿄메트로 긴자 銀座역 A4 출구에서 도보 1분 **지도** 별책 P.18-E

대기업의 고층 빌딩이 늘어선 비즈니스 구역
신바시 · 시오도메
新橋·汐留

신바시는 긴자와 연결되는 교통의 중심지로 주변 직장인들이 퇴근 후 간단히 한잔하러 모이는 곳이
다. 일본의 민심을 알 수 있는 곳으로 SL 열차가 있는 SL 광장에서는 거의 매일같이 방송국의 인터
뷰가 진행된다.

과거 화물 터미널이었던 시오도메는 도쿄에서 가장 낙후된 곳이었으나 단계적인 대규모 재개발로
인해 고층 빌딩들이 세워지기 시작했고, 지금은 니혼TV, 전일본공수, 덴츠, 후지츠, 소프트뱅크 등
일본의 대기업 사옥이 이곳에 들어서며 상업, 예술, 문화의 중심지로 급부상했다.

교통 JR · 도쿄메트로 신바시 新橋역 또는 도에이 오에도선 · 유리카모메 시오도메 汐留역 하차

1 신바시 광장에 전시된 SL열차
2 도심 속 정원, 하마리큐온시 정원

시오도메의 복합 문화 상업 시설

카렛타 시오도메
Caretta Shiodome

일본에서 가장 큰 광고 회사 덴츠의 신사옥으로 극장과 박물관이 함께 있는 도시형 복합 시설이다. 고속 엘리베이터를 타고 최상층에 오르면 오다이바와 도쿄만의 풍경을 감상할 수 있다. 극단 시키(四季)의 극장인 우미(海)가 있고 관내에는 유명 디자이너들이 만든 의자 52개가 설치되어 있다. 지하 1~2층에는 일본 광고의 역사를 알아볼 수 있는 애드 뮤지엄 도쿄(무료)가 있다. 겨울에는 일루미네이션과 3D 매핑 쇼가 펼쳐진다.

주소 東京都港区東新橋1-8-2 **개방** 10:00~20:00(레스토랑 11:00~23:00) **휴무** 무휴 **홈페이지** www.caretta.jp **교통** JR·도쿄메트로 신바시 新橋역 시오도메 출구에서 도보 4분. 도에이 오에도선·유리카모메 시오도메 汐留역 동쪽 출구에서 도보 2분 **지도** 별책 P.19-H

1 카렛타 시오도메 최상층의 전망 2 카렛타 시오도메의 이벤트 광장

작은 이탈리아풍 마을

시오도메 이탈리아 마을
汐留イタリア街 ◀» 시오도메 이타리아가이

시오도메 개발 당시 한 구역을 지정해 이탈리아풍으로 조성한 곳이다. 규모는 작지만 이탈리아에 온 것 같은 착각이 들게 하며 포토 스폿으로 유명하다. 일본 드라마나 방송에 종종 등장한다.

주소 東京都港区東新橋2-14-24 **교통** JR·도쿄메트로 신바시 新橋역 남쪽 출구에서 도보 12분. 도에이 오에도선·유리카모메 시오도메 汐留역 서쪽 출구에서 도보 7분 **지도** 별책 P.19-J

니혼TV의 본사
니테레 프라자
日テレプラザ

일본의 민영 방송국 중 하나인 니혼TV의 본사. 지하 2층부터 지상 2층까지 니혼TV 플라자를 조성해 일반에 공개하고 있다. 호빵맨을 비롯한 니혼TV의 인기 캐릭터 상품을 판매하는 캐릭터 숍과 레스토랑, 카페가 마련되어 있다. 2층에는 미야자키 하야오가 디자인한 대형 시계 니테레 오오도케이(日テレ大時計)가 설치되어 있으며 정해진 시간(12:00, 15:00, 18:00, 20:00, 토 · 일요일은 10:00부터)마다 시계가 움직인다(정시 3분 전부터 작동).

주소 東京都港区東新橋1-6-1 전화 03-6215-1111 홈페이지 www.ntv.co.jp 교통 도에이 오에도선 · 유리카모메 시오도메 汐留역 서쪽 출구에서 바로 연결 지도 별책 P.19-G

1 니테레 오오도케이
2 호빵맨 조형물
3 니테레 캐릭터 숍
4 오오도케이의 움직이는 조각
5 앙팡맨 테라스

신바시역 만남의 장소
SL 광장
SL 広場
🔊 에스에루 히로바

신바시역 히비야 출구에 위치한 광장으로 SL 열차가 전시되어 있다. 일정 시간(12:00, 15:00, 18:00)이 되면 증기차의 기적이 울린다. 크리스마스 전후에는 일루미네이션으로 화려해진다. 도쿄 직장인들이 만남의 장소로 즐겨 찾는 곳이다.

주소 東京都港区東新橋2-7-7 전화 03-3578-2111 교통 JR · 도쿄메트로 신바시 新橋역 히비야 출구 앞 지도 별책 P.19-G

바다와 연결된 일본식 정원

하마리큐온시 정원
浜離宮恩賜庭園

🔊 하마리큐온시 테이엔

시오도메 고층 빌딩 뒤편에 위치한 정원으로 일본 에도 시대의 건물과 시설이 남아 있다. 정원에는 커다란 호수가 있으며 호수 가운데에 있는 정자에서는 말차를 마시며 시간을 보낼 수 있다. 인근 바닷물을 끌어다 만든 호수에는 민물고기 대신 바닷물고기가 살고 있다. 봄 유채꽃, 가을 단풍의 명소로도 알려져 있다.

주소 東京都中央区浜離宮庭園1-1 **전화** 03-3541-0200 **영업** 09:00~17:00 **휴무** 12/29~1/1 **요금** 300엔 **홈페이지** www.tokyo-park.or.jp/park/format/index028.html **교통** 도에이 오에도선·유리카모메 시오도메 汐留역 10번 출구에서 도보 5분 **지도** 별책 P.19-J

1 유채꽃이 만발한 모습
2 호수 안에 자리한 정자

시오도메의 중심 건물

시오도메 시티센터
汐留シティセンター

시오도메 한복판에 위치한 고층 건물로 호텔과 고급 레스토랑이 들어서 있다. 카렛타 시오도메, 니테레 프라자 등 주변 건물과 연결되며, 다양한 이벤트가 열린다. 겨울에는 일루미네이션으로 거리가 아름답게 빛난다. 건물 입구에는 구 신바시역 철도 역사 전시실이 있다.

주소 東京都港区東新橋1-5-2 **전화** 03-5568-3210 **영업** 10:00~21:00(레스토랑 11:00~23:00) **휴무** 무휴 **홈페이지** www.shiodome-cc.com **교통** JR·도쿄메트로 신바시 新橋역 시오도메 출구에서 도보 3분. 도에이 오에도선·유리카모메 시오도메 汐留역 신바시 방면 출구에서 도보 1분 **지도** 별책 P.19-G

도쿄의 커피 타운

기요스미시라카와

清澄白河

기요스미시라카와는 공장, 특히 목공소가 많은 지역 기바 木場에 위치하고 있다. 그래서 옛 공장 건물을 개조한 갤러리, 카페들이 곳곳에 자리한다. 최근 몇 년 사이 직접 로스팅하는 커피 전문점들이 늘어나고 있다. 그 이유는 로스팅 기계가 크면 클수록 원두를 일정한 맛으로 볶아 낼 수 있는데, 이 지역 목공소는 천장이 높아 건물을 개조하면 대형 로스팅 기계가 들어가기 때문이라고 한다. 또한 도쿄의 시타마치(下町, 성 주변에 조성된 상업 마을)로 도쿄의 옛 풍경이 조금은 남아 있고, 기요스미 정원(清澄庭園)과 도쿄도 현대 미술관(東京都現代美術館), 후카가와 에도 자료관(深川江戸資料館)이 있어 관광 목적으로 찾아오는 사람도 많다. 날씨가 좋다면 커피 한 잔을 테이크아웃해서 거리를 여유롭게 산책하며 둘러보자.

교통 도쿄메트로 한조몬선 · 도에이 오에도선 기요스미시라카와 清澄白河역 하차 **지도** 별책 P.4

에도 시대의 거리 모습을 재현

후카가와 에도 자료관

深川江戸資料館

에도 시대의 후카가와사가초 거리를 재현해 놓은 자료관. 당시의 거리 모습을 재현한 전시실과 만담이나 연극, 전통 악기 공연 등이 열리는 소극장으로 구성된다.

주소 東京都江東区白河1-3-28 **전화** 03-3630-8625 **개관** 09:30～17:00 **휴무** 두 번째, 네 번째 월요일(공휴일이면 다음 날), 연말연시 **요금** 400엔 **홈페이지** www.kcf.or.jp/fukagawa/ **교통** 도쿄메트로 한조몬선 · 도에이 오에도선 기요스미시라카와 清澄白河역 A3 출구에서 도보 2분

미국 3세대 커피를 맛보자

블루 보틀 커피 기요스미시라카와 로스터리 앤드 카페

Blue Bottle Coffee 清澄白河ロースタリー&カフェ

미국 3세대 커피의 선두주자 중 한 곳으로, 미국 오클랜드에서 시작하여 2010년부터는 뉴욕을 비롯한 미국 각 지역에 지점을 내기 시작한 로스팅 커피 전문점이다. 2015년 일본 도쿄의 기요스미시라카와에 첫 지점을 냈고 현재는 아오야마, 신주쿠, 시나가와 등 도쿄의 여러 곳에서 만날 수 있다. 2.5층 규모의 층고 높은 건물 전체를 사용하고 있으며 절반 이상이 원두를 로스팅하는 공간이다. 바로 앞에서 원두 볶는 과정과 커피 내리는 모습을 볼 수 있다. 좌석은 총 30석 정도로 실내 좌석 수가 적어서 커피를 테이크아웃하거나 로스팅한 원두를 구입하러 방문하는 손님이 많다. 에코백, 머그컵, 드리퍼 등 커피 관련 용품도 구입할 수 있다.

주소 東京都江東区平野1-4-8 **영업** 08:00~19:00(12/29는 ~18:00) **휴무** 12/30~1/1 **홈페이지** bluebottlecoffee.jp **교통** 도쿄메트로 한조몬선 · 도에이 오에도선 기요스미시라카와 清澄白河역 A3 출구에서 도보 9분

명승지로 지정된 정원
기요스미 정원
清澄庭園

도쿄에서 지정한 명승지. 중앙의 연못을 중심으로 석가산, 바위 등을 배치한 임천회유식 정원으로, 미쓰비시 창업자가 조성했다. 4월 중순경 자유광장 주변 산벚나무에 핀 늦은 벚꽃을 감상할 수 있다.

주소 東京都江東区清澄二 · 三丁目 **개방** 09:00~17:00 **휴무** 12/29~1/1 **요금** 150엔 **교통** 도쿄메트로 한조몬선 · 도에이 오에도선 기요스미시라카와 清澄白河역 T14 · Z11 출구에서 도보 3분

다양한 장르의 현대 미술 전시
도쿄도 현대 미술관
東京都現代美術館

4천여 점의 소장품으로 구성된 상설 전시를 비롯해 각 분야의 기획 전시도 개최한다. 천장이 높고 햇빛이 잘 들어 탁 트인 공간에서 작품을 감상할 수 있다. 넓은 부지와 독특한 양식의 건축물이 인상적이다.

주소 東京都江東区三好四丁目1-1 **전화** 03-5633-5860 **개관** 10:00~18:00 **휴무** 월요일 **요금** 상설전 500엔, 기획전은 별도 요금 **홈페이지** www.mot-art-museum.jp **교통** 도쿄메트로 한조몬선 · 도에이 오에도선 기요스미시라카와 清澄白河역 A3 출구에서 도보 14분

인공 섬 위에 세워진 수산 시장

도요스 시장

豊洲市場 🔊 도요스 시조

도쿄의 관광 명소인 츠키지 수산 시장이 2018년 10월 도쿄만에 위치한 인공 섬 도요스로 자리를 옮겼다. 도요스는 매립지로 도쿄 올림픽 준비와 함께 개발되었으며, 라라포트, 가스 과학 관 등 다양한 쇼핑, 관광 시설이 들어서고 있다. 이곳에서는 생선 경매장을 돌아보거나 및 수산물 도매 시장을 구경할 수 있으며, 시장 내에 위치한 식당에서 신선한 각종 바다 먹거리를 바로 맛볼 수 있다. 도요스 시장의 가장 특별한 볼거리인 참치 경매는 거의 매일 새벽에 진행되며, 이를 보기 위해서는 방문 한 달 전 온라인으로 신청해야 한다. 시장에는 과거 츠키지 시장에서 인기를 모았던 대부분의 가게가 이전해 있다.

주소 東京都江東区豊洲6-6-2 **전화** 03-3520-8205 **영업** 05:00~15:00 **휴무** 수 · 일요일 **홈페이지** www.shijou.metro.tokyo.jp/toyosu(참치 경매 견학 신청 www.shijou.metro.tokyo.jp/toyosu/kenngaku) **교통** 유리카모메 시조마에 市 場前역과 연결 **지도** 별책 P.19-K · L

방문 한 달 전 온라인으로 예약하면 새벽 참치 경매를 관람할 수 있다.

도요스 시장
RESTAURANT

**신선함으로
사랑받는 초밥 가게**
다이와 스시
大和寿司

츠키지 시장에서부터 인기가 높았던 초밥 가게. 도쿄에서 가장 신선한 초밥이 나오는 가게로 유명하다. 츠키지 시장 이전과 함께 도요스로 이전했으며, 언제나 긴 줄이 늘어서 보통 30분에서 1시간 정도는 기다려야 초밥을 맛볼 수 있다. 가장 인기 있는 메뉴는 오마카세 お任せ(4950엔)로 초밥 7점과 마키, 미소시루(된장국)가 함께 나온다. 먹는 시간을 기다려주지 않고 빠르게 초밥을 내어주니 참고하자.

1 분주한 카운터 자리
2 다이와 스시의 초밥

주소 東京都江東区豊洲6-3-2 **전화** 03-6633-0220 **영업** 06:00~13:00 **휴무** 수·일요일 **교통** 유리카모메 시조마에 市場前역 2A 출구에서 3분 **지도 별책** P.19-L

**예나 지금이나
인기 No.1 초밥 가게**
스시 다이
寿司大

츠키지 시장 때부터 시장을 대표하는 초밥 가게로 가장 긴 줄이 생기는 가게다. 보통 새벽 5시부터 줄이 생기니 오픈 시간인 6시에 이곳을 찾으면 1~2시간은 기다릴 각오를 해야 한다. 메뉴는 오마카세 お任せ(5000엔)로 초밥 9점이 나오며 마지막 한 점은 직접 선택해서 맛볼 수 있다. 가게는 좁지만 서비스가 좋고 식재료의 신선함이 일품이다.

주소 東京都江東区豊洲6-5-1 **전화** 03-6633-0042 **영업** 06:00~14:00 **휴무** 수·일요일 **교통** 유리카모메 시조마에 市場前역 1A 출구에서 5분 **지도 별책** P.19-K

츠키지에서 시작한 초밥 체인점

스시세이
寿司清

1 깔끔한 실내 인테리어
2 스시세이 입구
3 다양한 초밥

전국에 20여 개 분점을 두고 있는 스시세이의 본점으로 1889년 츠키지에 문을 연 이래 지금까지 꾸준히 사랑받고 있다. 일찍 문을 닫는 장내 스시집 영업 시간에 맞추기 힘들거나 좀 더 여유롭게 식사를 하고 싶은 이들에게 추천한다. 오전 8시 30분부터 오후 2시까지 제공하는 런치 세트가 저렴하다. 런치 나고미 和 1650엔.

주소 東京都中央区築地4-13-9 전화 03-3541-7720 영업 08:30~14:00(토요일 08:00~20:00, 일요일·공휴일 09:30~20:00) 휴무 수요일 카드 가능 홈페이지 www.tsukijisushisay.co.jp 교통 도에이 오에도선 츠키지시조 築地市場역 A1 출구에서 도보 3분. 도쿄메트로 히비야선 츠키지 築地역 1번 출구에서 도보 5분 지도 별책 P.19-I

규동의 원조 요시노야의 본점

요시노야 본점
吉野家

규동 체인점 요시노야의 일본 1호점으로, 1899년 니혼바시에서 개업한 후 1926년에 츠키지로 옮겨왔다가 다시 도요스로 이전했다. 다른 요시노야 체인점과는 다르게 24시간 영업을 하지 않으며 이곳만의 숨겨진 메뉴들이 많다. 규동은 원래 시장에서 바쁘게 일하는 사람들이 빠르게 식사하기 위해 고안된 요리로 그 원조를 이곳에서 맛볼 수 있다.

주소 東京都江東区豊洲6-5-1 전화 03-6636-0449 영업 04:30~13:30 휴무 수·일요일 홈페이지 www.yoshinoya.com 교통 유리카모메 시조마에 市場前역 1A 출구에서 5분 지도 별책 P.19-L

롯폰기
六本木

고급 상점이 늘어선 여유롭고 세련된 거리

제2차 세계대전 종전 후 미군의 주둔지였던 곳으로 외국인을 대상으로 한 상점이나 음식점이 많이 들어섰다. 이후 각국 대사관과 외국 기관들이 자리하면서 깨끗하고 이국적인 모습을 지니게 되었다. 특히 롯폰기 힐즈가 들어서면서 고급스러운 쇼핑·문화의 명소로 인기를 모으기 시작했으며, 2007년에 도쿄 미드타운, 국립 신미술관이 문을 열어 디자인과 예술의 발상지로 변모했다. 곳곳에 바와 고급 클럽이 많아 밤이 되면 환락과 유흥이 범람하는 거리로 변한다.

여행 포인트		이것만은 꼭 해보자		위치

관광	★★★	☑ 롯폰기의 야경 감상하기
사진	★★★	☑ 롯폰기의 미술관 둘러보기
쇼핑	★★★	☑ 도쿄 시티 뷰에서
음식점	★★☆	도쿄의 전망 감상하기
야간 명소	★★★	

기치조지 · 신주쿠 · 우에노
· 시부야
지유가오카
롯폰기 ★ · 오다이바
하네다 공항 ·

롯폰기 가는 법

{ 롯폰기의 주요 역 }

| 도쿄메트로
지요다선
롯폰기역
六本木 | 도쿄메트로
히비야선
롯폰기역
六本木 | 도에이
오에도선
롯폰기역
六本木 | 도쿄메트로
지요다선
노기자카역
乃木坂 |

도쿄메트로 롯폰기역 또는 노기자카역을 이용하거나, JR 이용 시에는 시부야역에서 버스를 타고 이동한다. 노기자카역은 국립 신미술관과 바로 연결되며, 도쿄 미드타운은 도에이 오에도선 롯폰기역, 롯폰기 힐즈는 도쿄메트로 히비야선 롯폰기역과 바로 연결된다.

{ 각 지역에서 롯폰기 가는 법 }

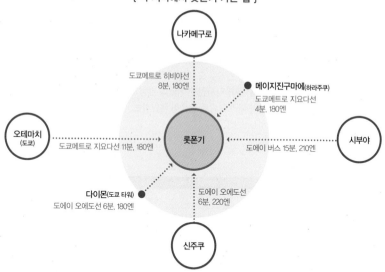

나카메구로

도쿄메트로 히비야선
8분, 180엔

메이지진구마에(하라주쿠)
도쿄메트로 지요다선
4분, 180엔

오테마치
(도쿄)

도쿄메트로 지요다선 11분, 180엔

롯폰기

도에이 버스 15분, 210엔

시부야

다이몬(도쿄 타워)
도에이 오에도선 6분, 180엔

도에이 오에도선
6분, 220엔

신주쿠

{ 공항에서 롯폰기 가는 법 }

| 하네다 공항 | 리무진 버스
40~60분, 1000엔 | 롯폰기 |
| 나리타 공항 | 리무진 버스
90~120분, 3100엔 | |

롯폰기 리무진 버스 정류장
그랜드 하얏트 도쿄, 더 리츠 칼튼 도쿄 **홈페이지** www.limousinebus.co.jp/area/narita/roppongi.html

롯폰기 추천 코스

1 노기자카역

⋮ 도보 2분

2 국립 신미술관

⋮ 도보 5분

3 도쿄 미드타운

⋮ 도보 5분

4 롯폰기 교차로

⋮ 도보 5분

5 롯폰기 힐즈

국립 신미술관

도쿄 미드타운

롯폰기 교차로

롯폰기
한눈에 보기

① 롯폰기 힐즈

8개의 건물이 모여 있는 주상 복합 단지. 도시 재개발의 일환으로 조성되었다. 모리 타워, 아사히TV, 호텔, 영화관 등이 모인 엔터테인먼트 거리는 사람들로 활기가 넘친다. 특히 모리 정원은 산책로로 사랑받고 있다.

② 도쿄 미드타운

광대한 녹지와 호텔, 미술관, 오피스, 주거, 상업 시설 등 6개 건물로 구성된 초대형 고급 복합 시설. 도쿄에서 가장 높은 건물 중 하나다.

겨울의 장관
롯폰기 일루미네이션

매년 겨울이 되면 롯폰기 힐즈를 중심으로 주변 거리에 화려한 일루미네이션이 펼쳐진다. 특히 도쿄 미드타운의 잔디밭은 수십만 개의 LED 전구가 빛나는 장관을 이룬다.

노기자카역

③ 국립 신미술관

② 도쿄 미드타운

롯폰기역

① 롯폰기 힐즈

③ 국립 신미술관

도쿄를 대표하는 미술관 중 하나로 규모가 크며 노기자카역과 연결되어 있다. 통유리로 된 미술관을 둘러보기만 해도 즐겁다. 여유가 있다면 전시회장에 들러 작품을 감상해 보자.

④ 롯폰기 교차로

롯폰기 교통의 중심지로, 롯폰기 힐즈와 도쿄 미드타운의 중간 지점이다. 교차로 주변 골목에는 바와 술집이 많으며 길을 따라 클럽들이 늘어서 있다.

⑤ 아자부주반 상점가

옛 상가 분위기가 그대로 남아 있는 곳으로 천천히 거닐며 둘러보기 좋다. 새로운 식당과 카페가 생겨나며 거리의 풍경이 아름다워지고 있다. 8월에는 국제 바자회인 아자부주반 노료 마츠리가 열린다.

롯폰기잇초메역

④ 롯폰기 교차로

⑥ 도쿄 타워 방향

아자부주반역

⑤ 아자부주반 상점가

⑥ 도쿄 타워

도쿄를 대표하는 타워로, 오랫동안 아날로그 송신탑으로 사용되어 왔다. 새로 생긴 도쿄 스카이트리에 밀려 예전만큼의 인기는 얻지 못하고 있지만, 여전히 많은 사람들의 추억 속에 남아 있는 장소다.

SIGHTSEEING

★★★
롯폰기의 대표 랜드마크

롯폰기 힐즈
六本木ヒルズ

하나의 도시라고 할 수 있을 정도로 다양한 기능을 갖춘 최첨단 복합 빌딩. 오피스 빌딩 겸 전망대인 모리 타워를 비롯해 호텔, 아파트, 아사히TV 방송국, 영화관, 쇼핑몰 등이 들어서 있으며, 17세기 일본풍 정원까지 갖추어 롯폰기의 대표적인 명소로 자리 잡았다. 롯폰기의 중심인 모리 타워는 지하 6층, 지상 54층의 고층 건물로 저층은 쇼핑몰, 고층은 전망대와 미술관, 나머지는 오피스로 사용되고 있다. 모리 타워 입구의 광장에는 높이 9m의 거미 조형물 〈마망〉이 있으며 주변에서 이벤트가 종종 열린다. 타워 아래의 연못이 있는 모리 정원은 벚꽃 명소로 유명하다. 매년 겨울에는 롯폰기 힐즈 주변 거리에 일루미네이션이 설치된다.

주소 東京都港区六本木6-10-1 전화 03-6406-6000 영업 09:00~23:00 휴무 무휴 홈페이지 www.roppongihills.com 교통 도쿄메트로 히비야선 · 도에이 오에도선 롯폰기 六本木역 4번 출구에서 바로 연결 지도 별책 P.20-F

360도 파노라마 전망

도쿄 시티 뷰
東京シティビュー

롯폰기 힐스의 모리 타워 52층에 있는 전망대로 바로 옆에 있는 도쿄 타워와 함께 도쿄의 전망을 360도 파노라마로 감상할 수 있다. 도쿄 시내는 물론 오다이바와 도쿄만, 날씨가 좋다면 후지 산도 보인다. 추가 요금을 지불하면 헬기장으로 쓰이는 스카이 데크에 올라갈 수도 있다.

전화 03-6406-6652 **개방** 10:00~23:00(금·토요일~다음 날 01:00), 스카이 데크 11:00~20:00 **휴무** 무휴 **요금** 2000엔(학생 1300엔, 4세~중학생 700엔, 65세 이상 1700엔, 토·일요일·공휴일 100~200엔 추가, 스카이 데크 추가 요금 500엔) **홈페이지** www.roppongihills.com/tcv/jp **위치** 롯폰기 힐스 모리 타워 52층

아시아 최대급 규모의
현대미술관

모리 미술관
森美術館 🔊 모리 비쥬츠칸

도쿄에서 가장 높은 곳에 있어 '천국에서 가장 가까운 미술관'으로 불린다. 건축, 디자인, 패션 등 다양한 테마의 기획전과 미술전, 사진전, 조각전이 열리는 아시아 최대급 현대 미술관이다. 도쿄 시티 뷰와 함께 이벤트나 컬래버레이션 전시를 할 때도 있으며, 전망을 이용한 전시도 열린다.

전화 03-5777-8600 **개방** 10:00~22:00 **휴무** 전시 교체 기간 **요금** 2000엔(학생 1400엔, 4세~중학생 800엔, 65세 이상 1700엔, 토·일요일·공휴일 100~200엔 추가) **홈페이지** www.mori.art.museum/jp **위치** 롯폰기 힐스 모리 타워 52~53층

조엘 로부숑의 프렌치 레스토랑

라틀리에
드 조엘 로부숑
L'ATELIER de Joel Robuchon

미슐랭 가이드에서 별 3개를 받은 셰프 조엘 로부숑이 운영하는 새로운 스타일의 프렌치 레스토랑. 롯폰기 힐즈 힐사이드 2층에 위치해 있다. 카운터 석으로만 이뤄진 독특한 인테리어가 특징. 가격이 비싼 편이라 저렴하게 이용하려면 런치 타임에 찾는 것이 좋다. '라 부티크' 라는 이름의 케이크 · 베이커리 숍도 함께 있다. 런치 6500엔~.

전화 03-5772-7500
영업 11:30~14:30, 18:00~21:30(토 · 일요일 · 공휴일 런치 11:30~15:00)
카드 가능
홈페이지 www.robuchon.jp
위치 롯폰기 힐즈 힐사이드 2층

나고야에서 시작한
케이크 전문점

하브스
HARBS

일본을 대표하는 케이크 전문점으로 일본 대도시는 물론 뉴욕에도 매장이 있다. 보기만 해도 예쁘고 먹음직스러운 케이크와 타르트 15종이 진열되어 있으며 계절에 따라 스페셜 케이크를 선보인다. 케이크는 주문 즉시 커팅을 하기 때문에 옆면까지 촉촉함이 남아 있다.
밀푀유처럼 겹겹이 과일이 들어 있는 밀 크레이프(미루쿠레프) ミルクレープ 980엔(1조각)은 손님 대부분이 주문하는 인기 메뉴. 1인 1드링크 주문은 필수이니 참고하자.

전화 03-5772-6191 **영업** 11:00~22:00 **카드** 가능 **홈페이지** www.harbs.co.jp/harbs **위치** 롯폰기 힐즈 힐사이드 1층

상큼한 유자 라멘 전문점

아후리
AFURI

가나가와 아후리산의 맑은 물을 사용한다고 하여 아후리라는 이름을 가지게 되었다. 유자가 첨가된 상큼하고 담백한 라멘이 인기 있으며 특히 여성들이 선호한다. 오픈형 주방과 여자 혼자 들러도 부담 없는 깔끔한 인테리어도 인기 요인. 유자 라멘은 소금과 간장 두 가지 맛이 있다. 토핑인 차슈는 숯불에 바로 구워 올려준다. 유즈 시오 라멘 柚子塩ら─めん 1290엔.

1 유즈 시오 라멘
2 혼자 가기 편한 카운터석
3 세련된 분위기의 라멘집

전화 03-3408-1880 영업 11:00 ~23:00 홈페이지 afuri.com 위치 롯폰기 힐즈 노스 타워 지하 1층

TV아사히의 방송 · 캐릭터 숍

TV아사히 테레아사 숍
TV Asahi テレアサショップ

모리 타워 앞에 위치한 TV아사히의 본사 사옥이다. 1층은 일반인에게 공개해 TV아사히의 방송과 캐릭터를 소개한다. 곳곳에서 〈도라에몽〉의 오브제를 찾아볼 수 있으며 기념품 등을 판매하는 테레아사 숍(テレアサショップ)은 관광객이 많이 찾는다. 간단히 식사를 즐길 수 있는 카페도 있으며 유리창 너머로 모리 정원이 보인다.

전화 03-6406-2189 영업 10:00~19:00 홈페이지 www.tv-asahi.co.jp/shop 위치 롯폰기 힐즈 모리 타워 앞

도라에몽 조형물

궁극의 돈가스를 찾아서

부타구미 쇼쿠도
豚組食堂

전화 03-3408-6751 **영업** 11:00~
23:00 **카드** 가능 **홈페이지** buta
gumi.com/shokudo **위치** 롯폰기 힐
즈 노스 타워 지하 1층

돈가스도 이렇게 맛있을 수 있다는 것을 증명하기 위해, 끊임없
는 연구와 개발을 하는 돈가스 전문점. 츠바키 포크, 이모부타, 마
츠자카 포크 등 일본의 유명 브랜드 돼지고기만을 사용하며 참기
름과 목화씨유를 배합한 기름에 튀겨 낸다. 고기가 부드럽고 느
끼하지 않으며 안데스산 암염에 찍어 먹으면 더욱 맛있다. 로스카
츠 런치 ロスかつランチ(110g) 1200엔.

★★
롯폰기의 또 다른 명소
도쿄 미드타운
Tokyo Midtown

롯폰기 힐즈 다음으로 건설된 고층 건물로 롯폰기의 랜드마크 중하나다. 오피스 겸 쇼핑몰로 이용되고 있으며 쇼핑몰에는 여러 브랜드 숍이 들어서 있다. 내부에 리츠 칼튼 호텔, 산토리 미술관이 있으며, 뒤편으로 미드타운 가든과 히노키초 공원이 있다. 히노키초 공원은 벚꽃 명소, 미드타운 가든은 일루미네이션 명소로 유명하다. 실내 쇼핑몰인 갤러리아에는 고급 브랜드 숍이 입점해 있다.

주소 東京都港区赤坂9-7-1 전화 03-3475-3100 영업 11:00~21:00(레스토랑 ~24:00) 휴무 무휴 홈페이지 www.tokyo-midtown.com 교통 도쿄메트로 히비야선・도에이 오에도선 롯폰기 六本木역 8번 출구에서 바로 연결 지도 별책 P.20-B

도쿄 미드타운의 정원
미드타운 가든
Midtown Garden

미드타운 입구에서부터 뒤편까지 건물 오른편으로 빙 둘러 이어지는 정원. 크고 작은 분수와 가로수 길이 꾸며져 있다. 인근 주민들의 산책로이기도 한 이곳에는 투원투원 디자인 사이트, 카페, 레스토랑이 있다. 겨울이 되면 미드타운 곳곳에 일루미네이션이 설치되며 잔디밭에서는 수십만 개의 LED 전구를 이용한 공연이 펼쳐진다.

도쿄 미드타운의 메인 쇼핑 공간
갤러리아
GALLERIA

높이 약 25m, 길이 150m, 총 4층 규모의 쇼핑 공간으로, 시원하고 넓어 쇼핑을 즐기기 좋다. 유명 명품 브랜드는 물론 유럽의 디자이너 브랜드나 일본의 디자인・문화 상품도 많다. 패션, 인테리어, 디자인 관련 매장이 많으며 이곳만의 한정 상품을 파는 가게도 많다.

갤러리아 옆의 야외 공간
플라자
PLAZA

갤러리아 옆으로 나가면 펼쳐지는 야외 및 지하 공간으로, 카페와 바가 모여 있다. 입구에는 일본의 미니멀리즘 조각가 야스다 칸(安田侃)의 조각품인 〈묘무(妙夢)〉가 놓여 있다. 도쿄 FM 특별 스튜디오와 대형 스크린이 있어 이벤트가 종종 열린다.

생활 속의 미를 전시·수집하다

산토리 미술관
サントリー美術館

🔊 산토리 비쥬츠칸

1961년에 개관한 산토리 미술관이 이전한 곳. 회화나 도자기 등 약 3000여 종의 다양한 작품을 소장하고 있으며 소장품 위주로 전시가 열린다. '생활 속의 미'를 기본 테마로 작품을 수집하고 기획전을 열고 있으며, 일본의 국보와 중요 문화재도 다수 보유하고 있다. 아트 숍만 가볍게 둘러볼 수도 있다.

전화 03-3479-8600 **개방** 10:00~18:00(금·토요일 ~20:00) **휴무** 화요일, 연말연시 **요금** 1300엔(고등학생·대학생 1000엔) **홈페이지** www.suntory.co.jp/sma **위치** 도쿄 미드타운 갤러리아 3층

**안도 다다오가 설계한
디자인 센터**

투원투원
디자인 사이트

21_21 design sight

미드타운 가든에 위치한 디자인 센터 겸 미술관으로 안도 다다오가 설계한 건축물이다. 낮은 노출 콘크리트 건물이 인상적이며 콘크리트 틈새로 빛이 쏟아져 내린다. 다양한 전시와 문화 행사, 이벤트 등이 열리고 있으며 젊은 작가들의 작품전도 자주 열린다.

전화 03-3475-2121 **개방** 10:00~19:00 **휴무** 화요일, 연말연시 **요금** 1200엔(대학생 800엔, 고등학생 500엔) **홈페이지** www.2121designsight.jp **위치** 도쿄 미드타운 가든 내

콘크리트 벽을 이용한 전시 공간

일본 전통 화과자를 맛보다

토라야
虎屋

창업 500년에 가까운 역사를 자랑하는 일본 전통 화과자 전문 카페. 파리와 뉴욕에도 매장이 있다. 화이트 컬러와 부드러운 목재가 어우러진 세련된 공간에서 일본과 서양의 맛을 조화시킨 독창적인 디저트를 맛볼 수 있다. 화과자와 말차가 함께 나오는 세트 요리(계절에 따라 변동) 키세츠노 나마가시 맛차츠키 季節の生菓子抹茶付(1350엔)가 인기.

전화 03-5413-3541 영업 11:00~21:00 카드 가능 홈페이지 www.toraya-group.co.jp 위치 도쿄 미드타운 갤러리아 지하 1층

고급 식재료 전문점에서 즐기는 요리

딘 앤 델루카
마켓 스토어
Dean & Deluca Market Stores

미국 유명 식료품점인 딘 앤 델루카의 도쿄 미드타운 지점. 수십 가지 잼부터 각종 치즈, 향신료 등 다양한 식재료를 구비하고 있어 쇼핑이 즐겁다. 그뿐만 아니라 먹기 아까울 정도로 예쁜 디저트, 와인, 식기 등도 함께 판매한다. 와인도 전문 매장 못지않게 다양하며 가격도 비교적 저렴하다. 매장 한쪽은 카페로 운영하는데, 주문 즉시 만드는 신선한 요리를 맛볼 수 있다. 런치(샌드위치, 키슈, 델리 세 종류) 1400엔~.

전화 03-5413-3580 영업 11:00~21:00 카드 가능 홈페이지 www.deandeluca.co.jp 위치 도쿄 미드타운 플라자 지하 1층

1 세련된 매장 입구
2 런치 세트(키슈)

★★

우주 도시 같은 대형 미술관

국립 신미술관

国立新美術館 🔊 고쿠리츠 신비쥬츠칸

일본의 세계적인 건축가인 구로카와 기쇼(黒川紀章)가 설계한 독특한 디자인이 돋보이는 미술관으로 기쇼의 마지막 작품이다. '숲속의 미술관'을 콘셉트로 설계된 미술관은 도서관 및 문화 공간으로 사랑받고 있으며 다양한 기획전이 열린다.

각 층마다 카페가 있으며 위치와 전망이 독특하다. 전시를 관람하지 않고 카페와 아트 숍만 이용해도 된다.

주소 東京都港区六本木7-22-2 **전화** 03-5777-8600 **개방** 10:00~18:00 **휴무** 화요일 **요금** 기획전에 따라 다름 **홈페이지** www.nact.jp **교통** 도쿄메트로 히비야선 롯폰기 六本木역 4a 출구에서 도보 5분 또는 지요다선 노기자카 乃木坂역 6번 출구에서 바로 연결. 도에이 오에도선 롯폰기 六本木역 7번 출구에서 도보 4분 **지도** 별책 P.20-A

문화 · 예술의 중심
롯폰기 아트 트라이앵글

수많은 문화 · 예술 시설이 집중되어 있는 롯폰기. 롯폰기가 문화 · 예술의 중심지로 새롭게 떠오르게 된 것은 2007년 국립 신미술관과 산토리 미술관이 개관하면서부터다. 이 두 미술관과 롯폰기 힐즈의 모리 미술관을 꼭짓점으로 연결하면 삼각형이 되는데, 이 삼각 지대를 '롯폰기 아트 트라이앵글'이라 부른다.

롯폰기 아트 트라이앵글이라는 이름 아래 롯폰기의 크고 작은 미술관과 새로 문을 연 미술관들이 상호 연계해 다양한 문화 행사를 개최한다. 이를 위해 롯폰기의 각 갤러리들을 잇는 산책로도 생겨났다.

아트 트라이앵글의 꼭짓점에 해당하는 세 미술관에서는 아트 트라이앵글 지역의 관련 지도와 문화 행사 정보도 제공하고 있다.

★★★
도쿄의 상징적인 존재
도쿄 타워
東京タワー

1 도쿄 타워에서 본 일몰
2 벚꽃과 도쿄 타워

파리의 에펠탑을 모방해 지은 방송용 송신탑으로, 높이는 에펠탑보다 약간 높은 333m이다. 탑 내부에 대전망대와 특별 전망대가 있다. 도쿄 스카이트리 등 도쿄에 새로운 전망대가 생긴 지금은 전망대로서의 명성이 조금은 퇴색했지만 여전히 각종 드라마와 영화의 단골 소재가 될 만큼 도쿄의 상징적인 존재로 군림하고 있다. 지금은 도쿄 타워에 오르기보다 타워 자체의 모습을 감상하는 것이 더 인기다. 도쿄 타워를 감상하기 좋은 뷰포인트로는 롯폰기 힐즈 모리 타워 앞 난간을 추천한다. 해 질 무렵 바라보이는 도쿄 타워의 모습이 무척 근사하다.

주소 東京都港区芝公園4-2-8 **전화** 03-3433-5111 **개방** 09:00~23:00 **휴무** 무휴 **요금** 1200엔(고등학생 1000엔, 초등·중학생 500엔, 4세 이상 400엔) **홈페이지** www.tokyotower.co.jp **교통** 도쿄메트로 히비야선 카미야초 神谷町역 1번 출구에서 도보 5분. 도에이 오에도선 아카바네바시 赤羽橋역 아카바네바시 출구에서 도보 7분 **지도** 별책 P.35-B

✪

도쿄 시민들의 쉼터이자 벚꽃 명소

시바 공원
芝公園

🔊 시바 코-엔

도쿄 타워 인근의 도립 공원으로 도쿄 타워를 배경으로 멋진 사진을 찍을 수 있다. 공원은 1초메부터 4초메까지 네 구역으로 나뉜다. 공원 중앙에는 조조지, 프린스 호텔, 학교, 도서관 등의 시설이 있다. 아름다운 벚꽃 명소로 유명하며, 도쿄 시민들의 여유로운 모습을 엿볼 수 있다.

주소 東京都港区芝公園4-10-17 **전화** 03-3431-4359 **교통** 도에이 오에도선 아카바네바시 赤羽橋역 아카바네바시 출구에서 도보 3분 또는 미타선 시바코엔 芝公園역 A4 출구에서 바로 **지도** 별책 P.35-B

다양한 이벤트가 열리는 절

조조지
增上寺

600년 역사를 가진 도쿄 도심 속의 절. 도쿄 타워 바로 옆에 있다. 수천 개의 풍선을 날리며 소원을 비는 카운트다운 행사, 새해 첫날 가장 먼저 절에 들어가는 사람에게 큰 행운이 따른다는 달리기 대회 등 소소한 이벤트가 열리고 있다.

주소 東京都港区芝公園4-7-35 **전화** 03-3432-1431 **개방** 09:00~18:00 **휴무** 무휴 **홈페이지** www.zojoji.or.jp **교통** 도에이 오에도선 다이몬 大門역 A6 출구에서 도보 3분 또는 미타선 시바코엔 芝公園역 A4 출구에서 도보 2분 **지도** 별책 P.35-B

1 절 한편의 불상들
2 소원을 적은 애마

영화 〈킬빌〉의 배경 장소
곤파치
權八

메밀과 꼬치구이 등 여러 가지 안주를 선보이는 대형 이자카야. 지상 3층 250석의 거대한 공간은 쿠엔틴 타란티노 감독의 영화 〈킬빌〉 세트의 모티브가 되었다고 한다. 부시 전 미국 대통령과 고이즈미 전 일본 총리의 회식 장소로 화제가 되어 외국인 손님이 많다. 최상의 제철 재료와 엄선한 메밀을 사용하며, 꼬치는 고급 숯인 비장탄을 이용한다. 닭꼬치구이(토리모모) 鶏もも 350엔.

주소 東京都港区西麻布1-13-11 **전화** 050-5571-2171 **영업** 11:30〜다음 날 03:30 **휴무** 무휴 **카드** 가능 **홈페이지** www.gonpachi.jp/nishiazabu/menu **교통** 도쿄메트로 히비야선 · 도에이 오에도선 롯폰기 六本木역 4번 출구에서 도보 10분 **지도** 별책 P.20-E

도쿄에서
가장 인기 있는 우동 전문점
츠루통탄
つるとんたん

오사카에서 처음 문을 연 우동 전문점으로 언제나 긴 줄이 생길 정도로 인기가 높다. 가츠오부시(가다랑어포)로 우려낸 국물과 쫀득쫀득하면서 목 넘김 좋은 면발이 일품이다. 커다란 그릇에 가득 담겨 나오는 푸짐한 양도 매력적이다. 우동 외에 시즌마다 신선한 채소로 만든 계절 특선 요리와 덮밥 메뉴를 선보인다. 활기찬 분위기의 오픈 주방과 기모노를 입고 서빙하는 점원들의 모습 또한 인상적이다. 고기 우동(니쿠노우동) 肉のおうどん 1280엔.

주소 東京都港区六本木3-14-12 **전화** 03-5786-2626 **영업** 11:00〜22:00 **휴무** 무휴 **카드** 가능 **홈페이지** www.tsurutontan.co.jp **교통** 도쿄메트로 히비야선 · 도에이 오에도선 롯폰기 六本木역 5번 출구에서 도보 2분 **지도** 별책 P.21-G

튀김 우동 세트

에비스 · 나카메구로 · 다이칸야마
恵比寿 · 中目黒 · 代官山

이국적인 분위기의 에비스와 도쿄 멋쟁이들이 모이는 나카메구로 · 다이칸야마
유럽에 온 듯한 분위기를 느낄 수 있는 에비스. 에비스의 얼굴인 에비스 가든 플
레이스는 백화점, 호텔, 인공 정원이 자리해 사람들의 발길이 끊이지 않는다. 언
덕을 올라 다이칸야마로 가면 현대적이면서도 자유분방한 느낌이 공존하는 거리
곳곳에서 독특한 상점들을 볼 수 있다. 다이칸야마와 연결되는 나카메구로는 마
을을 가로지르는 메구로강 주변으로 카페와 레스토랑이 늘어서 있다. 봄이 되면
메구로강 주변은 벚꽃 축제로 밤늦게까지 불야성을 이룬다.

여행 포인트		이것만은 꼭 해보자		위치

관광	★★☆
사진	★★★
쇼핑	★★☆
음식점	★★☆
야간 명소	★★☆

- ☑ 나카메구로의 메구로강 변에서 벚꽃 구경하기
- ☑ 다이칸야마에서 쇼핑 즐기기
- ☑ 에비스 가든 플레이스의 야경 감상하기

기치조지 · 신주쿠 · 우에노
· 시부야
지유가오카 ✳ 에비스 · 나카메구로 ·
다이칸야마
· 오다이바

하네다 공항 ·

에비스 · 나카메구로 · 다이칸야마 가는 법

{ 에비스 · 나카메구로 · 다이칸야마의 주요 역 }

도쿄메트로 히비야선 에비스역 恵比寿	도큐 도요코선 다이칸야마역 代官山	도큐 도요코선 나카메구로역 中目黒

다이칸야마, 나카메구로는 도큐 도요코선과 연결되며 한 정거장 거리로 매우 가깝다. 나카메구로와 에비스는 도쿄메트로 히비야선(2분, 170엔)으로 연결되며, 역시 한 정거장 거리다. 다이칸야마에서 에비스로 바로 가는 열차는 없으며 시부야나 나카메구로에서 환승을 해야 한다(걷는 것이 더 빠를 수 있다). 시부야에서 출발하는 하치코 버스(요금 100엔)를 타면 에비스와 다이칸야마에 갈 수 있다.

{ 각 지역에서 가는 법 }

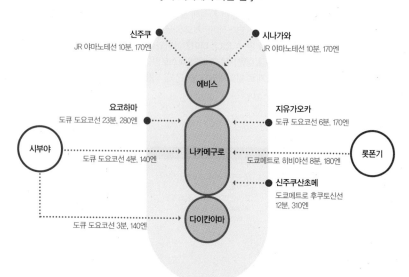

신주쿠
JR 야마노테선 10분, 170엔

시나가와
JR 야마노테선 10분, 170엔

에비스

요코하마
도큐 도요코선 23분, 280엔

지유가오카
도큐 도요코선 6분, 170엔

시부야

나카메구로

롯폰기

도큐 도요코선 4분, 140엔

도쿄메트로 히비야선 8분, 180엔

신주쿠산초메
도쿄메트로 후쿠토신선
12분, 310엔

다이칸야마

도큐 도요코선 3분, 140엔

{ 공항에서 가는 법 }

하네다 공항	리무진 버스 60~70분, 930엔	웨스틴 호텔(에비스)
나리타 공항	리무진 버스 120~130분, 3100엔	

에비스 · 나카메구로 · 다이칸야마 추천 코스

1 나카메구로역

도보 2분

2 메구로강

도보 5분

3 다이칸야마

도보 10분

4 에비스

도보 5분

5 에비스 가든 플레이스

다이칸야마

메구로강

에비스

도보 여행 팁

다이칸야마와 나카메구로를 먼저 둘러
보고 나서 에비스를 찾는 것이 좋다.
다이칸야마는 주택가이고 에비스에서
다이칸야마로 가는 길은 오르막길이기
때문이다. 또한 에비스는 야경이 아름
다워서 저녁에 방문하는 것이 좋다. 다
이칸야마와 에비스는 걸어갈 수 있을
만큼 가깝지만, 나카메구로와 에비스
는 거리가 있으니 지하철을 이용하자.

에비스 가든 플레이스

Zoom in

EBISU · NAKAMEGURO · DAIKANYAMA

에비스 · 나카메구로 · 다이칸야마 한눈에 보기

① 셀렉트 숍이 늘어선 큐야마테 도리

우아한 거리의 분위기를 만끽할 수 있는 메인 스트리트. 포플러 가로수가 아름다운 거리에는 외국 대사관도 보인다. 천천히 걷거나 오픈 카페에 앉아서 한가로움을 즐겨보자.

② 하치만 도리

다이칸야마 어드레스, 다이칸야마 라펜테 등 복합 빌딩이 들어서 있는 다이칸야마의 메인 스트리트. 아담하고 개성 넘치는 가게도 많으므로 산책 삼아 가 보는 것도 좋다.

③ 메구로강 변

나카메구로와 다이칸야마 사이를 흐르는 메구로강 주변에는 수많은 상점과 식당이 모여 있다. 도쿄의 벚꽃 명소로, 벚꽃철 특히 야간에는 수많은 관광객이 찾는다.

④ 히로오 가는 길

에비스에서 히로오로 갈 때는 메이지 도리를 통하는 것이 좋다. 초등학교를 지나 약 200m 앞에 있는 골목길을 따라 걸으면 히로오역이 보인다. 가는 길에 여대가 있어 예쁜 상점들이 많다.

6 다이칸야마에서 에비스로 가는 길

고마자와 도리부터 큐야마테 도리까지
는 도시의 활기가 넘친다. 다이칸야마역
서쪽 출구에서 에비스 서쪽 지역으로 가
는 길에는 주택가에 있는 상점을 돌아보
며 산책을 즐길 수 있다.

5 다이칸야마의 대명사 힐사이드 테라스

A~F동의 건물로 구성된 힐사이드 테라
스. 유행을 선도하는 옷 가게와 레스토
랑이 즐비하다. 1969년에 개점한 이래
지금까지 다이칸야마의 상징으로 군림
하고 있다.

7 츠타야 서점

다이칸야마와 나카메구로에는 조금 특
별한 츠타야 서점이 있다. 책과 함께 하
는 생활 공간, 도심 속 작은 쉼터를 콘셉
트로 책 장르별로 인테리어를 다르게 꾸
며 색다른 분위기를 느낄 수 있다.

6 에비스에서
다이칸야마로 가는 길

4 히로오 가는 길

8 소박한 상점가

에비스역

고마자와 도리

9 에비스 가든 플레이스

8 소박한 상점가

JR 에비스역 서쪽 출구 주변에는 도쿄
서민의 생활을 엿볼 수 있는 옛 모습 그
대로의 상점가와 시장이 있다. 고마자와
도리 근처에는 대형 마트도 있다.

9 에비스 가든 플레이스

JR 에비스역 남쪽 출구에서 연결
통로를 따라 5~10분 걸으면 유럽
풍 건물이 서 있는 정원이 등장한
다. 에비스의 명소로 겨울에는 멋진
일루미네이션이 불을 밝힌다.

😀😀😀

일본 드라마의 단골 촬영지

에비스 가든 플레이스
恵比寿ガーデンプレイス

에비스역 남쪽 출구에서 에스컬레이터가 이어진 스카이워크를 지나면 등장하는 도심 속 넓은 정원. 붉은 벽돌의 유럽풍 건물과 39층의 타워가 이국적인 분위기를 만들어낸다. 전망을 즐기며 식사를 할 수 있는 멋진 레스토랑과 감각적인 숍이 모여 있고 계절마다 아름다운 꽃으로 장식되는 정원이 있다. 다양한 이벤트와 공연이 열리며 겨울이 되면 크리스마스 일루미네이션으로 반짝인다. 〈꽃보다 남자〉를 비롯한 일본의 드라마, 영화의 배경지로도 사랑받고 있다.

주소 東京都渋谷区恵比寿4-20 **전화** 03-5423-7111 **홈페이지** gardenplace.jp **교통** JR · 도쿄메트로 에비스 恵比寿역 남쪽 출구 연결 통로를 따라 도보 7~10분 **지도** 별책 P.23-L

😀

삿포로 맥주의 고급 브랜드
에비스의 전시관

에비스 맥주 기념관
ヱビスビール記念館

🔊 에비스 비―루 키넨칸

삿포로 빌딩 지하에 있는 에비스 맥주 기념관은 맥주 제조 과정과 삿포로 맥주의 역사에 대해 전시해 놓은 곳이다. 맥주를 발효하는 기계나 맥주 공정에 대한 안내, 과거의 맥주 광고 등을 관람할 수 있다. 테이스팅 라운지에서는 신제품 소개와 함께 다양한 맥주를 맛볼 수 있다.

전화 03-5423-7255 **개방** 11:00~19:00 **휴무** 월요일(현재 임시휴무) **홈페이지** gardenplace.jp **위치** 에비스 가든 플레이스 내부 **지도** 별책 P.23-L

일본에서 가장 큰 사진 미술관
도쿄도 사진 미술관
東京都写真美術館
🔊 도쿄도 샤신 비쥬츠칸

사진이나 영상을 전문으로 하는 미술관 중에서 가장 큰 규모를 자랑한다. 각 층마다 다양한 테마를 바탕으로 한 수준 높은 기획전이 열리고 있으며, 4층에는 사진, 영상 관련 서적을 열람할 수 있는 도서실이 있다.

전화 03-3280-0099 개방 10:00~18:00(목 · 금요일 ~20:00), 전시에 따라 변동 있음 휴무 월요일(공휴일이면 다음 날), 연말연시, 전시 교체 기간 요금 전시에 따라 다름 홈페이지 topmuseum.jp 위치 에비스 가든 플레이스 내부 지도 별책 P.23-L

새로운 세대의 서점을 만들다
다이칸야마 티 사이트
代官山 T-SITE

일본의 서점 겸 렌털 서비스 회사인 츠타야에서 기획한 건축물. 서점 안에 다양한 테마로 공간을 연출해 두었다. 책, 영화, 음악 등 각 테마에 맞는 공간에는 전문 서적과 관련 상품을 전시 · 판매하고 있다. 건물 외관에는 츠타야의 T를 상징하는 타일이 빼곡하게 붙어 있으며 정원처럼 꾸며져 있다. 스타벅스, 카메라 숍, 자전거 숍, 펫 전문점이 있으며 다목적 스페이스와 갤러리가 건물 뒤에 모여 있다.

다양한 테마의 책들이 보기 좋게 진열되어 있다.

주소 東京都渋谷区猿楽町16-15 전화 03-3770-2525 개방 07:00~다음 날 02:00 휴무 무휴 홈페이지 real.tsite.jp/daikanyama/ 교통 도큐 도요코선 다이칸야마 代官山역 정면 출구에서 도보 5분 지도 별책 P.22-B

나카메구로의 새로운 명소
나카메구로 고가 밑 상점가
中目黒高架下
🔊 나카메구로 고우카시타

나카메구로역 바로 앞에 있던 지저분한 고가 철도 밑을 복합 문화 시설로 깔끔하게 리모델링해 2017년 오픈했다. 츠타야 서점, 스타벅스를 비롯해 개성 있는 브랜드 상점과 식당이 들어서 있다. 렌털 스페이스, 갤러리 공간도 마련되어 있어 다양한 전시 및 이벤트가 열린다.

주소 東京都目黒区上目黒1-22-10 전화 03-6826-5556 개방 07:00~다음 날 01:00 휴무 부정기 홈페이지 nakame-koukashita.tokyo 교통 도큐 도요코선 · 도쿄메트로 히비야선 나카메구로 中目黒역 정면 출구에서 도보 1분 지도 별책 P.22-E

도쿄 최고의 벚꽃 명소

나카메구로의 메구로강 변

目黒川

나카메구로는 야마테 도리를 따라 천천히 흐르는 메구로강 주변으로 벚나무가 늘어서 있어, 봄이 되면 벚꽃이 만개하는 아름다운 곳이다. 강변을 따라 패션 · 잡화 가게와 도쿄의 이름난 카페가 모여 있어, 연인들의 데이트 장소, 젊은이들의 만남의 장소로 인기가 높다. 젊은 세대들은 줄여서 '나카메'라고 부르기도 한다.

봄이 되면 메구로강을 따라 산겐자야 방면으로 약 1km의 긴 벚꽃 길이 생기며, 이를 구경하려는 이들로 거리는 활기를 띤다. 이 시기에는 주변에 간식거리를 파는 노점상이 들어서 거리는 축제 분위기가 된다.

벚꽃 개화 시기 3월 말~4월 초(기상 상황에 따라 조금씩 달라질 수 있다) **교통** 도큐 도요코선 · 도쿄메트로 히비야선 나카메구로 中目黒역 정면 출구에서 도보 2분 **지도** 별책 P.22-ㅣ

다이칸야마역과 연결된 주상 복합 빌딩
다이칸야마 어드레스
代官山アドレス

다이칸야마역과 직접 연결된 주상 복합 빌딩. 녹색으로 둘러싸인 공간에는 36층짜리 주택동 더 타워와 상업 시설이 집결되어 있다. 상업 시설은 디세(17dixsept)와 어드레스 프롬나드로 구성되어 있다. 셀렉트 숍, 카페 등을 포함하여 약 45개 점포가 모여 있다.

주소 東京都渋谷区代官山町17-6 **전화** 03-3461-5586 **영업** 10:00~22:00 **휴무** 1/1, 1/2 **홈페이지** www.17dixsept.jp **교통** 도큐 도요코선 다이칸야마 代官山역 정면 출구에서 도보 1분 **지도** 별책 P.22-B

다이칸야마 주민들의 생활 모습을 엿보다
다이칸야마 힐사이드 테라스
代官山ヒルサイドテラス

일본 건축가 마키 후미히코(槇文彦)가 설계한 건축물로 넓은 구역 안에 33개의 고급 브랜드 숍과 레스토랑이 들어서 있다. 1967년부터 1998년까지 약 30년에 걸쳐서 개발되었다. A동부터 G동, 아넥스, 플라자, 웨스트 등 12개의 저층 건축물로 구성되어 있다. 큐야마테 도리를 사이에 두고 양쪽으로 주거 시설, 상업 시설, 오피스가 조화롭게 들어서 있다.

주소 東京都渋谷区猿楽町29-18 **전화** 03-5489-3705 **영업** 가게에 따라 다름 **휴무** 부정기 **홈페이지** www.hillsideterrace. com **교통** 도큐 도요코선 다이칸야마 代官山역 정면 출구에서 도보 4분 **지도** 별책 P.22-F

스트라이프 티셔츠의 대명사
세인트 제임스
SAINT JAMES

주소 東京都渋谷区恵比寿西1-34-26
전화 03-3464-7123 **영업** 11:00~
20:00 **휴무** 수요일 **홈페이지** www.
st-james.jp **교통** 도큐 도요코선 다이
칸야마 代官山역 정면 출구에서 도보
1분 **지도** 별책 P.22-F

스트라이프 티셔츠, 마린룩으로 사랑받는 바스크 셔츠의 대명사
인 클래식 브랜드. 120년 전 영국에서 선원을 대상으로 전문 매장
을 연 것이 시작이다. 지금까지 많은 사람들에게 사랑받아 온 일
상복 브랜드로 새로운 라이프 스타일을 지향하고 있다. 일본에서
만 살 수 있는 한정 라인업이 있다.

자연스러운 매력의 상업 시설
로그로드 다이칸야마
ログロード 代官山

시부야와 다이칸야마를 연결하던 도큐 도요코선이 지하 선로로
변경되면서 지상 선로 철거지에 세워진 상업 시설로, 도쿄 도심
속 개성 있는 공간으로 사랑받고 있다. 단층 목조 건물이 늘어서
있고 통로 옆에는 나무와 벤치가 있어 소박하고 자연스러운 분위
기가 느껴진다. 베이커리 카페, 양조장 겸 펍인 스프링 밸리 브루
어리 도쿄가 자리하고 있다.

주소 東京都渋谷区代官山町13-1 **영
업** 10:00~20:00 **휴무** 무휴 **교통** 도
큐 도요코선 다이칸야마 代官山역 도
보 4분 **지도** 별책 P.23-C

향수 어린 중고 서점
카우 북스
COW BOOKS

작가 마츠우라 야타로가 운영하는 서점으로 그의 취향과 라이프
스타일을 보여주는 책이 모여 있다. 가게 이름처럼 가게 곳곳에서
소 관련 아이템을 발견할 수 있으며, 카페에서 커피를 마시며 책을
읽을 수 있다. 주로 1960년대 후반에서 1970년대 중반에 발행된 에
세이, 요리, 미술, 사진, 잡지 등이 진열되어 있다. 대부분 중고 서
적이지만 관리 상태가 좋고 깔끔하다.

주소 東京都目黒区青葉台1-14-11 **전
화** 03-5459-1747 **영업** 12:00~
20:00 **휴무** 월요일(공휴일이면 다음
날) **홈페이지** www.cowbooks.jp **교
통** 도큐 도요코선 나카메구로 中目黒역
정면 출구에서 도보 5분 **지도** 별책
P.22-E

나가사키의 인기 카스텔라를 맛보자
후쿠사야
福砂屋

일본 규슈 나가사키를 대표하는 카스텔라 전문점 후쿠사야의 나카메구로 지점. 1624년 개업해 약
400년 역사를 이어 온 전통 카스텔라를 맛볼 수 있다. 일반 카스텔라는 물론이고 2조각씩 나누어
판매하는 큐브 카스텔라도 인기 있다. 벚꽃 시즌에는 예쁜 벚꽃 포장의 큐브 카스텔라를 만날 수
있다. 후쿠사야 큐브 フクサヤキューブ 297엔.

주소 東京都目黒区青葉台1-26-7 **전화** 03-3793-2938 **영업** 09:00~17:30(토·일요일·공휴일 ~17:00) **휴무** 무휴 **카드**
가능 **홈페이지** www.castella.co.jp **교통** 도큐 도요코선·도쿄메트로 히비야선 나카메구로 中目黒역 정면 출구에서 도보 6분
지도 별책 P.22-E

귀여운 패키지의 카스텔라는
선물용으로 좋다.

미국 3대 프리미엄 버거
쉐이크쉑
Shake Shack

프리미엄 식재료로 만든 클래식 아메리칸 스타일의 메뉴를 제공하는 파인 캐주얼 레스토랑. 뉴욕 매
디슨 스퀘어 공원 복구 기념 이벤트를 계기로 탄생한 가게로, 처음에는 핫도그 카트로 시작했다. 프
리미엄 버거, 플랫탑 도그, 크링클 컷 프라이, 에일 맥주, 와인 등을 함께 즐길 수 있으며 소고기 통살
을 다져 만든 패티를 넣은 햄버거가 인기 있다. 쉑버거 ShackBurger 924엔(싱글), 1287엔(더블).

주소 東京都渋谷区恵比寿南1-6-1 **전화** 03-5475-8546 **영업** 10:00~23:00 **휴무** 무휴 **카드** 가능 **홈페이지** www.
shakeshack.jp **교통** JR·도쿄메트로 에비스 恵比寿역 서쪽 출구에서 1분 **지도** 별책 P.23-G

일본 와규 100% 패티의 햄버거

브라카우
BLACOWS

일본의 브랜드 소인 와규, 그중에서도 최상급 브랜드인 구로게와규 (黑毛和牛)로 패티를 만드는 햄버거 전문점. 도쿄의 햄버거를 평가하는 도쿄 베스트 버거에 선정된 바 있으며, 가격은 비싼 편이지만 마니아가 많다. 주문 후에 패티를 굽기 시작하기 때문에 조금은 시간이 걸린다. 올드 뉴 버거 オールドニューバーガー 2300엔.

주소 東京都渋谷区恵比寿西2-11-9 **전화** 03-3477-2914 **영업** 11:00~22:00 **휴무** 12/31~1/2 **카드** 가능 **홈페이지** www.kuroge-wagyu.com/bc **교통** JR 에비스 恵比寿역 서쪽 출구에서 도보 4분. 도쿄메트로 에비스역 2번 출구에서 도보 3분. 도큐 도요코선 다이칸야마 代官山역 정면 출구에서 도보 5분. **지도** 별책 P.23-C

전망 좋은 팬케이크 전문점

팬케이크 카페 클로버즈
Clover's

이곳의 팬케이크는 물을 일절 사용하지 않고 요구르트를 넣어 반죽해, 촉촉하고 쫀득쫀득한 식감이 일품이다. 창가 자리에서 정면으로 보이는 고급 주택은 일본 드라마 〈야마토나데시코(요조숙녀)〉의 배경지로 등장했다고 한다. 스트로베리 데코레 ストロベリーデコレ 1155엔.

주소 東京都渋谷区代官山町18-8 **전화** 03-3770-2733 **영업** 11:00~22:00 **휴무** 무휴 **홈페이지** www.daikanyama-pancake.jp **교통** 도큐 도요코선 다이칸야마 代官山역 정면 출구에서 도보 3분 **지도** 별책 P.22-B

1 스트로베리 데코레
2 고소한 맛의 기본 팬케이크

즉석에서 굽는 패티가 일품
사사 버거
SASA BURGER

나카메구로역 옆에 자리한 수제 버거 가게. 즉석에서 구워낸 따끈따끈한 수제 그릴 햄버거를 맛볼 수 있다. 살사 치즈, 그릴 머시룸 등 다양한 햄버거가 있으며 생일 파티를 위한 직경 25cm의 대형 햄버거도 있다. 특히 여성들에게 인기 있는 메뉴는 아보카도 버거. 일본의 젊은 연예인들도 종종 들르는 나카메구로의 인기 가게다. 아보카도 버거 アボカドバーガー 1200엔.

주소 東京都目黒区上目黒2-1-1　전화 03-3711-4449　영업 10:00~17:00　휴무 화 · 금요일　교통 도큐 도요코선 · 도쿄메트로 히비야선 나카메구로 中目黒역에서 도보 1분　지도 별책 P.22-I

일본에서 가장 맛있는 프랑스 제과점
일 프루 슈 라 센
IL PLEUT SUR LA SEINE

프랑스 제과 · 요리 교실을 운영하는 요리 전문가 유미타 토오루(弓田亨)의
제과점으로 일본에서 가장 맛있는 프랑스 제과점으로 알려져 있다. 식재료와
요리 도구 전문점인 에피스리, 프랑스 제과 요리 교실인 에콜이 맞은편에 있으며
이곳에 요리를 배우러 오는 한국 학생들도 많다. 쿠키, 케이크 등 메뉴가 다양하다. 케이크는 금세 다 팔리기 때문에 일찍 찾아가는 것이 좋다. 갈레트 브루통(가렛토 브루톤누) ガレットーブルトンヌ 384엔, 붓숑 ブッション 492엔.

주소 東京都渋谷区猿楽町17-16　전화 03-3476-5211　영업 10:30~19:30　휴무 두 번째 · 네 번째 화요일　카드 가능　홈페이지 www.ilpleut.co.jp/boutique　교통 도큐 도요코선 다이칸야마 代官山역 정면 출구에서 도보 6분　지도 별책 P.22-A

다양한 토핑과 함께 맛보는
감자튀김

앤더프릿
AND THE FRIET

1 근처의 여대생들이 즐겨 찾는다.
2 감자 튀김과 소스
3, 5 한 평 남짓한 가게는
2~3명이 들어가면 꽉 찬다.
4 메뉴를 보고 요리 방법을 고른다.

최고의 감자튀김을 추구하는 프렌치프라이 전문점. 계절에 따라 엄선한 6종류의 감자 중 원하는 품종을 골라 다양한 토핑과 함께 즐길 수 있다. 감자의 커팅 방법도 고를 수 있으며 10가지 딥 소스와 5가지 시즈닝 중 하나를 선택할 수 있다. Box(감자튀김 2종, 딥 소스 또는 시즈닝) 880엔.

주소 東京都渋谷区広尾5-16-1 전화 03-6409-6916 영업 11:00~21:00 휴무 무휴 홈페이지 andthefriet.com 교통 도쿄 메트로 히로오 広尾역 2번 출구에서 도보 3분 지도 별책 P.23-D

나카메구로의 행복한 푸딩

우레시이
푸린야산 마하카라
うれしい
プリン屋さん マハカラ

메구로강 변의 조그마한 푸딩 전문점으로 여러 가지 푸딩을 판매하고 있다. 품질 좋은 효고산 달걀만 사용한다고 한다. 달걀 노른자가 듬뿍 들어가 커스터드 맛이 진한 우레시이 푸린(행복한 푸딩)이 인기. 벌꿀, 말차, 고구마를 넣은 푸딩도 판매한다. 우레시이 푸린 うれしいプリン 484엔.

주소 東京都目黒区青葉台1-17-5 전화 050-5590-4510 영업 11:00~18:00 휴무 무휴 카드 가능 홈페이지 www.happypudding.com 교통 도큐 도요코 선·도쿄메트로 히비야선 나카메구로 中目黒역 정면 출구에서 도보 6분 지도 별 책 P.22-E

1 나카메구로 길가의 작은 가게
2 나폴리탄
3 오징어 먹물 스파게티

**나카메구로의
독특한 스파게티 전문점**
세키야 스파게티
関谷スパゲティ

나카메구로 거리의 큰 빌딩 사이에 위치한 소규모 스파게티 전문점. 8가지의 스파게티를 판매하고 있으며 이곳만의 독특한 스파게티를 맛볼 수 있다. 스파게티 가격은 종류에 관계 없이 730엔으로 동일하며 기본은 300g. 양을 늘릴 경우 180엔(400g), 360엔(600g)의 추가 요금이 발생한다. 가게가 좁아 한가운데의 네모난 테이블에 둘러앉아 스파게티를 즐긴다.

주소 東京都目黒区上目黒3-1-2 전화 03-6451-0840 영업 11:30~23:00 휴무 무휴 교통 도큐 도요코선·도쿄메트로 히비야선 나카메구로 中目黒역 정면 출구에서 도보 3분 지도 별책 P.22-E

면에 자신 있는 츠케멘 전문점
미츠야도 세이멘
三ツ矢堂製麺

나카메구로역 서쪽 출구 바로 앞에 있는 츠케멘 전문점. 일본에서 재배되는 1038종의 밀 중에서 면에 가장 잘 어울리는 밀을 골라 밀가루를 만들고 반죽·숙성하여 면을 뽑아낸다. 면의 온도 또한 4가지로 나누어 손님의 기호에 따라 제공한다. 면을 찍어 먹는 육수는 야채와 돈코츠(돼지 사골)를 우려낸 육수로 유자 향을 곁들여 향긋하다. 츠케멘 유즈후미 つけめんゆず風味 810엔.

1 역 서쪽 출구 골목에 자리한 가게
2 실내의 모습
3 미츠야도 세이멘 츠케멘

주소 東京都目黒区上目黒3-3-9 전화 03-3715-0079 영업 11:00~다음 날 01:00 휴무 무휴 홈페이지 idc-inc.jp 교통 도큐 도요코선·도쿄메트로 히비야선 나카메구로 中目黒역 서쪽 출구에서 도보 1분 지도 별책 P.22-I

이케부쿠로

池袋

도쿄 북부의 교통·문화 중심지

도쿄에서 신주쿠 다음으로 인구가 많은 곳으로 도쿄 북부 교통의 중심지다. JR
과 도쿄메트로는 물론 치치부·도코로자와와 연결되는 세이부 이케부쿠로선,
가와고에·사이타마와 연결되는 도부 도조선이 있어 유동 인구가 상당히 많다.
이케부쿠로역과 60층 고층 빌딩 선샤인 시티 사이에 시설이 밀집해 있으며 많은
관광객이 이곳을 찾는다. 선샤인 시티는 전망대, 수족관 등 다양한 어뮤즈먼트
시설과 쇼핑 스폿, 레스토랑이 모여 있기 때문에 이곳만 살펴봐도 하루가 금방
지나간다. 또한 '오토메로드'라고 불리는 애니메이션 마니아들이 모이는 거리도
개성 있는 사람들이 많이 찾는 곳이다.

여행 포인트		이것만은 꼭 해보자		위치

관광	★★☆
사진	★★☆
쇼핑	★★★
음식점	★★☆
야간 명소	★★☆

☑ 선샤인 시티 둘러보기
☑ 오토메로드의
　애니메이션 상점 구경하기
☑ 선샤인 60도리 상점가 걷기

＊이케부쿠로
기치조지　＊신주쿠　＊우에노
　　　　　　시부야
지유가오카
　　　　　　＊오다이바
하네다 공항＊

이케부쿠로 가는 법

Access
IKEBUKURO

{ 이케부쿠로의 주요 역 }

JR 야마노테선
이케부쿠로역
池袋

JR 사이쿄선
이케부쿠로역
池袋

도쿄메트로
후쿠토신선
이케부쿠로역
池袋

도쿄메트로
마루노우치선
이케부쿠로역
池袋

도쿄메트로
유라쿠초선
이케부쿠로역
池袋

이케부쿠로역은 여러 노선이 지나는 도쿄 북부 교통의 요지다. JR은 야마노테선, 사이쿄선, 쇼난신주쿠라인이, 도쿄메트로는 후쿠토신선, 마루노우치선, 유라쿠초선이 연결되며, 세이부 이케부쿠로선, 가와고에로 갈 수 있는(32분, 490엔) 도부 조조선까지 연결된다. 신주쿠역만큼 복잡하고 다른 노선과도 거리가 있어 환승에 시간이 걸리니 주의해야 한다.

{ 각 지역에서 이케부쿠로 가는 법 }

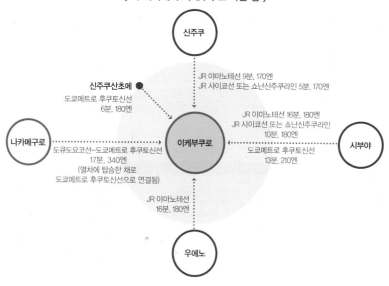

{ 공항에서 이케부쿠로 가는 법 }

이케부쿠로 추천 코스

1 이케부쿠로역 동쪽 출구

⋮ 도보 10분

2 선샤인 시티

⋮ 도보 10분

3 이케부쿠로역 동쪽 출구
주변에서 쇼핑

⋮ 도보 5분

4 이케부쿠로역 서쪽 출구
주변에서 식사

선샤인 시티

이케부쿠로역 동쪽 출구 주변

도보 여행 팁

이케부쿠로는 크게 동쪽 출구와 서쪽
출구를 중심으로 구역이 나뉘는데, 동
쪽은 백화점, 쇼핑센터가 많으며, 서쪽
은 식당, 유흥업소가 주를 이룬다.

Zoom in
IKEBUKURO

이케부쿠로
한눈에 보기

① 선샤인 주오도리와 그 주변

이케부쿠로 동쪽 출구에서 선샤인 시티까지 이어지는 메인 스트리트. 선샤인 주오도리는 이케부쿠로에서 가장 번화한 곳이며 이 길을 중심으로 레스토랑, 상점 등이 모여 있다. 패스트푸드는 물론 라멘, 일본 가정식까지 젊은이들의 취향에 맞는 다양한 음식점이 줄지어 있으며 골목에도 가게들이 가득하다.

② 이케부쿠로 유흥가

릿쿄 대학

③ 이케부쿠로역

① 선샤인 주오도리

도쿄 예술극장

루미네

자유학원 명일관

② 이케부쿠로 유흥가

이케부쿠로역 서쪽 출구는 신주쿠의 가부키초처럼 호텔과 술집, 유흥업소 등이 밀집되어 있으니 너무 늦게까지 돌아다니지 않는 것이 좋다.

3 쇼핑은 이케부쿠로역에서부터

세이부, 도부, 파르코, 루미네 등 대형 백
화점은 역 주변에 밀집되어 있다. 대부
분의 백화점은 역과 바로 연결된다. 단,
역이 상당히 넓어 출구에서 출구까지 이
동 시간이 많이 걸린다.

4 선샤인 60도리

쇼핑과 오락의 중심 거리이며 역부터 시작되는 보
행자 전용 도로라 걷기 편하다. 극장과 가라오케,
게임 센터가 모여 있으며 거리 끝에는 선샤인 시
티와 연결되는 지하 통로가 있다. 길가에는 유니
클로, 도큐핸즈 등 대형 상점도 있다.

5 오토메로드

애니메이션 마니아들의 천국 선샤인 시티 뒤쪽에
는 애니메이트를 중심으로 대형 애니메이션 관련
숍이 밀집되어 있다. 특히 소녀 취향의 매장들이
많아 이 지역의 거리를 '오토메로드(乙女ロード)'라
고 부른다.

SIGHTSEEING

이케부쿠로의 관광 명소

★★★

초고층 복합 쇼핑몰

선샤인 시티

サンシャインシティ

이케부쿠로에서 가장 높은 건물인 선샤인 시티 안에는 선샤인 60 빌딩, 프린스 호텔, 월드 임포트마트, 문화회관, 알파까지 모두 4개의 빌딩과 5개의 구역이 연결되어 있다. 가볍게 둘러보는 데에만 1시간 이상 걸릴 정도로 규모가 크며 다양한 쇼핑과 오락을 즐길 수 있다. 수족관, 전망대 등이 있어 언제나 많은 사람들로 붐빈다.

주소 東京都豊島区東池袋3-1 **전화** 03-3989-3331 **개방** 10:00~20:00(레스토랑 11:00~22:00) **휴무** 무휴 **홈페이지** www.sunshinecity.co.jp **교통** JR · 도쿄메트로 이케부쿠로 池袋역 동쪽 출구에서 도보 8분. 도덴 아라카와선 히가시이케부쿠로욘초메 東池袋四丁目역 4번 출구에서 도보 8분 **지도** 별책 P.24-F

다양한 체험을 할 수 있는 전망대

스카이 서커스
선샤인 60 전망대

SKY CIRCUS

サンシャイン60展望台

🔊 스카이사카스

선샤인로쿠주 텐보우다이

선샤인 시티 60층의 실내 전망대로 서커스를 테마로 전망 장소를 꾸며 두었다. 2016년 리뉴얼해 시설이 깔끔하다. 보고, 만지고, 느끼는 등 오감을 자극하는 7개 구역으로 나뉘어 있으며 거울의 방, 3D 매핑, VR 체험 등 다양한 체험을 즐길 수 있다.

전화 03-3989-3457 **개방** 10:00~22:00 **요금** 평일 700엔(초등 · 중학생 500엔), 토 · 일요일 · 공휴일 900엔(초등 · 중학생 600엔), 성수기 1200엔(초등 · 중학생 800엔) **홈페이지** www.skycircus.jp **위치** 선샤인 시티의 선샤인 60 빌딩 60층

1 도쿄 스카이트리가 보이는 전망창
2 거울을 배치해 특별한 전망을 연출
3 연인들의 데이트 장소로 인기
4 사진이 예쁘게 나오는 공간

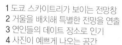

도심에서 만나는 해양 생태계

선샤인 수족관
サンシャイン水族館
🔊 산샤인 수이조쿠칸

물고기뿐만 아니라 800여 종에 달하는 수중 생물을 생태계 모습 그대로 재현한 수족관이다. 쇼핑몰이 가득한 시내 한복판에서 펭귄이나 거북이를 만날 수 있어 흥미롭다. 희귀한 생물들도 많아 의외로 재미있다.

전화 03-3989-3466 **개방** 10:00~20:00(11~3월 ~18:00) **요금** 2600~2800엔(초등·중학생 1300~1400엔. 4세 이상 800~900엔) ※시기에 따라 요금 변동 **홈페이지** www.sunshinecity.co.jp/aquarium **위치** 선샤인 시티의 월드 임포트마트 옥상. 선샤인 시티 1층에서 엘리베이터를 타고 이동

도시형 실내 테마파크

남코 난자타운
NAMCO ナンジャタウン

남코에서 운영하는 도시형 테마파크. 실내에 다양한 오락 시설을 모아 두었다. 6개의 테마로 나뉘며, 일본의 옛 거리를 테마로 만든 오락 시설, 다양한 교자를 맛볼 수 있는 교자 스타디움, 간식과 디저트를 즐길 수 있는 아이스크림 시티 등 즐길 거리가 다양하다.

전화 03-5950-0765 **개방** 10:00~22:00 **요금** 입장료 1000엔(4~12세 600엔), 자유이용권 3700엔(4~12세 2900엔), 야간 자유 이용권(17시 이후) 2000엔(4~12세 1600엔) **홈페이지** bandainamco-am.co.jp/tp/namja **위치** 선샤인 시티 월드 임포트마트 2층

진도 7.0의 지진 체험

이케부쿠로 방재관

池袋防災館 🔊 이케부쿠로 보우사이칸

이케부쿠로 소방서의 부대 시설로 화재와 재해에 대해 배우고 체험할 수 있다. 소화 체험, 지진 체험, 화재 시 탈출법 등의 프로그램으로 구성되어 있으며 실제 현장과 유사한 세트에서 재해의 위험성을 체험하고 대비하는 방법을 배울 수 있다. 특히 지진 체험은 진도 7.0의 강진까지 그대로 느낄 수 있어 강한 지진에 익숙하지 않은 우리에게는 특별한 체험이 될 것이다.

주소 東京都豊島区西池袋2-37-8 **전화** 03-3590-6565 **개방** 09:00~17:00 **휴무** 화요일, 세 번째 수요일, 12/28~1/4 **홈페이지** www.tfd.metro.tokyo.jp/hp-ikbskan **교통** JR · 도쿄메트로 이케부쿠로 池袋역 서쪽 출구 · 남쪽 출구에서 도보 5분 **지도** 별책 P.24-D

프랭크 로이드 라이트가 설계한 학교

자유학원 명일관

自由学院明日館 🔊 지유가쿠엔 묘니치칸

이케부쿠로 남쪽 주택가에 위치한 학교 건물. 자연과 조화를 이루는 유기적인 건축을 지향하는 미국의 건축가 프랭크 로이드 라이트가 설계했으며, 1921년 서쪽 교실과 중앙부, 1925년 동쪽 교실, 1927년 강당 순으로 완공되었다. 처마가 낮고 수평선을 강조한 입면, 기하학적인 장식이 특징이며 자연 채광이 아름답다. 1997년 일본의 중요 문화재로 지정되었으며 2001년부터 일반에 공개되고 있다.

주소 東京都豊島区西池袋2-31-3 **전화** 03-3971-7535 **개방** 10:00~16:00(일요일 · 공휴일 ~17:00), 18:00~21:00(매월 세 번째 금요일 야간 견학) **휴무** 월요일 **요금** 400엔(차 제공 600엔, 야간 견학 · 술 제공 1000엔) **홈페이지** www.jiyu.jp **교통** JR · 도쿄메트로 이케부쿠로 池袋역 서쪽 출구 · 남쪽 출구에서 도보 8분 **지도** 별책 P.24-D

★
교정이 아름다운
도쿄의 명문 대학

릿쿄 대학
立教大学 ◀》) 릿쿄 다이가쿠

일본 성공회 계통의 기독교 교리학교(미션 스쿨)로 시작한 학교로, 미국인 선교사 채닝 무어 윌리엄스가 만들었다. 종합 대학으로 시인 윤동주가 일본 유학 생활을 처음 시작한 곳이기도 하다. 붉은 벽돌 건물이 자리한 캠퍼스와 중세 유럽 교회를 보는 것 같은 예배당, 일본의 건축가 단게 겐조가 디자인한 중앙 도서관 등 아름다운 건물이 볼만하다. 특히 가을이 되면 건물과 그 주변으로 단풍이 물들어 도쿄의 단풍 명소로 사랑받고 있다. 학교를 살짝 둘러보고 학생 식당에서 점심을 먹어보자.

주소 東京都豊島区西池袋3-34-1 **교통** JR · 도쿄메트로 이케부쿠로 池袋역 서쪽 출구에서 도보 9분 **지도** 별책 P.24-A

1, 2 나무로 가득한 릿쿄 대학 교정
3 릿쿄 대학 정문
4 릿쿄 대학의 학생식당

이케부쿠로를 무대로 한 일본 드라마
이케부쿠로 웨스트 게이트 파크
I.W.G.P

이시다 이라의 동명 소설을 원작으로, 일본 TBS에서 2000년에 제작, 방영된 TV 드라마. 당시 일본 젊은이들 사이에서 큰 반향을 일으켰으며, 우리나라의 일본 드라마 마니아들에게도 깊은 인상을 남겼다. 폭력과 섹스에 물든 이케부쿠로를 무대로 살아가는 젊은이들이 그곳에서 일어나는 사건을 해결해 나가는 이야기로, 감각적인 대사와 개성 있는 인물 설정, 참신하고 파격적인 스토리 전개로 드라마의 새로운 모델을 제시했다고 평가받는다. 수많은 일본 인기 배우가 출연한다.

각본 쿠도 칸쿠로 **출연** 나가세 토모야, 구보즈카 요스케, 코유키, 와타나베 켄, 츠마부키 사토시, 야마시타 토모히사, 가토 아이, 사카구치 켄지, 아베 사다오, 사토 류타

주소 東京都豊島区西池袋3-34-1 **교통** JR · 도쿄메트로 이케부쿠로 池袋역 서쪽 출구에서 도보 2분 **지도** 별책 P.24-A

도쿄 최대 규모의 매장
도부 백화점
東武百貨店

도쿄에서 최대 규모를 자랑하는 백화점이자 도부 백화점의 본점으로, 도부 전철 등 도부의 여러 시설과 연계되어 있다. 백화점의 이름은 도부(東武)지만 이케부쿠로역 동쪽 출구가 아닌 서쪽 출구에 위치해 있다. 반대로 세이부(西武) 백화점은 서쪽이 아닌 동쪽 출구에 위치해 있다. 특히 지하 식품 매장은 일본 최고로 손꼽히고 있다.

주소 東京都豊島区西池袋1-1-25 **전화** 03-3981-2211 **영업** 10:00~21:00 **휴무** 1/1 **카드** 가능 **홈페이지** www.tobu-dept.jp/ikebukuro **교통** JR · 도쿄메트로 이케부쿠로 池袋역 서쪽 출구에서 바로 연결 **지도** 별책 P.24-B

가성비가 뛰어난
생활용품 전문점
니토리
ニトリ

종합 생활용품 · 가구 전문점. 저렴하고 다양한 상품을 만날 수 있다. 일본의 통신판매 회사 겸 가구 회사가 이케아를 모델로 만들었는데, 지금은 이케아보다 매장이 더 많을 정도로 대중에게 사랑받고 있다.

주소 東京都豊島区東池袋1-28-10 **전화** 0120-014-210 **영업** 10:00~21:00 **휴무** 무휴 **홈페이지** shop.nitori-net.jp **교통** JR · 도쿄메트로 이케부쿠로 池袋역 동쪽 출구에서 도보 6분 **지도** 별책 P.24-C

이케부쿠로 동쪽의 거대 백화점
세이부 백화점
西武百貨店

이케부쿠로역 동쪽 출구와 연결되며, 동쪽 출구 대부분을 백화점 건물로 뒤덮은 듯한 모양새다. 중앙, 남쪽, 별관, 북쪽 4곳의 건물이 연결되어 있으며, 남쪽 건물에는 로프트, 별관 건물에는 무인양품 대형 매장이 있다. 일본 내 최대 매출을 올릴 만큼 인기가 많으며 넓은 매장과 함께 젊은 층을 타깃으로 하는 상품과 잡화가 많은 편이다.

주소 東京都豊島区南池袋1-28-1 **전화** 03-3981-0111 **영업** 10:00~21:00(일요일·공휴일 ~22:00) **휴무** 1/1 **카드** 가능 **홈페이지** www.sogo-seibu.jp/ikebukuro **교통** JR·도쿄메트로 이케부쿠로 池袋역 동쪽 출구와 바로 연결 **지도** 별책 P.24-E

문화가 있는 테마 백화점
파르코
PARCO

다른 백화점에 비해 젊은 층을 겨냥한 브랜드가 많아 젊은 여성들에게 인기가 높다. 이케부쿠로역과 바로 연결되어 있으며 세이부 백화점 북쪽 건물을 같이 이용하고 있다. 역 북쪽에 자리한 별관 P'PARCO에는 타워레코드와 함께 일본 니코니코 방송국의 본사가 있어 매일 생방송을 진행하고 있다. 에반게리온 스토어, 파르코 뮤지엄 등 다양한 컬래버레이션 전시도 이뤄지고 있다.

주소 東京都豊島区南池袋1-28-2 **전화** 03-5391-8000 **영업** 10:00~21:00(레스토랑 11:00~23:00) **휴무** 1/1 **카드** 가능 **홈페이지** ikebukuro.parco.jp/page2 **교통** JR·도쿄메트로 이케부쿠로 池袋역 북쪽 동쪽 출구와 바로 연결 **지도** 별책 P.24-B

일본의 대표 브랜드가 한곳에
루미네
LUMINE

JR역과 연결되어 있는 루미네

일본을 대표하는 트렌드 패션이 모여 있는 백화점. 패션부터 라이프 스타일 잡화, 화장품, 레스토랑까지 한곳에서 이용할 수 있다. 지금 일본에서 인기 있는 브랜드 상점이나 레스토랑이 많아서 20~30대 젊은 여성들이 즐겨 찾는다. 하브스 등 인기 카페도 많다.

주소 東京都豊島区西池袋1-11-1 **전화** 03-5954-1111 **영업** 11:00~21:30(토·일요일 ~21:00, 레스토랑 ~22:30) **휴무** 1/1 **카드** 가능 **홈페이지** www.lumine.ne.jp/ikebukuro **교통** JR·도쿄메트로 이케부쿠로 池袋역 남쪽 출구와 바로 연결 **지도** 별책 P.24-E

대형 가전 전문 상가

빅 카메라
ビックカメラ

다양한 전자제품을 직접 만져보고 비교하며 구입할 수 있는 곳으로 전국에 체인점만 30개가 넘는다. 요도바시 카메라, 라비와 함께 일본 대형 전자 상가 중 하나로 손꼽히며, 전자제품은 물론 식료품, 드러그 스토어 제품까지 저렴한 가격에 판매한다.

주소 東京都豊島区東池袋1-41-5 **전화** 03-5396-1111 **영업** 10:00~22:00 **휴무** 무휴 **카드** 가능 **홈페이지** www.biccamera.co.jp/shoplist/shop-007.html **교통** JR·도쿄메트로 이케부쿠로 池袋역 북쪽 출구에서 도보 3분 **지도** 별책 P.24-B

**하루 종일 영업하는
만물 백화점**

돈키호테
ドン・キホーテ

24시간 운영하며 식품, 잡화, 화장품, 명품, 문구, 가전 등 없는 게 없는 만물 백화점. 이케부쿠로역 동쪽 출구 바로 앞에 있어서 찾기도 쉽다. 복잡한 진열대에서 보물찾기하듯 상품을 찾는 재미가 있다.

주소 東京都豊島区南池袋1-22-5 **전화** 03-5957-3311 **영업** 24시간 **휴무** 무휴 **카드** 가능 **홈페이지** www.donki.com **교통** JR·도쿄메트로 이케부쿠로 池袋역 동쪽 출구에서 도보 1분 **지도** 별책 P.24-E

여성 오타쿠들의 거리
오토메로드
乙女ロ-ド

오토메 취향의 애니메이션 숍과 카페, 잡화점이 모여 있는 거리. 오토메란 여성을 대상으로 한 애니메이션이나 동인지, 순정, 남성 동성애물을 좋아하는 마니아를 일컫는 말이다. 남성 오타쿠들을 대상으로 하는 아키하바라와는 대조적으로 여성 오타쿠들이 많이 찾는 거리라고 할 수 있다. 토라노아나, 만다라케, 케이북스, 애니메이트 등의 전문 매장을 필두로 상당한 마니아 숍들이 모여 있다. 또한 집사가 시중을 들어주는 카페 등 독특한 콘셉트의 매장도 있다.

〈 케이북스 K-BOOKS 〉
주소 東京都豊島区東池袋3-2-4 **전화** 03-3985-5456 **영업** 11:30~20:00 **휴무** 부정기 **홈페이지** www.k-books.co.jp **교통** JR・도쿄메트로 이케부쿠로 池袋역 동쪽 출구에서 도보 7분 **지도** 별책 P.24-C

〈 애니메이트 ACOS アニメイトACOS 〉
주소 東京都豊島区東池袋3-2-1 **전화** 03-5979-7471 **영업** 11:00~20:00 **휴무** 부정기 **홈페이지** www.acos.me **교통** JR・도쿄메트로 이케부쿠로 池袋역 동쪽 출구에서 도보 7분 **지도** 별책 P.24-B

맛집
RESTAURANT

달콤한 파이 향기에 발걸음을 멈추게 되는 가게
링고
RINGO

이케부쿠로역 북쪽 출구의 작은 애플파이 가게. 삿포로의 오래된 양과자 전문점인 키노토야(きのとや)에서 30년에 걸쳐 개발해 낸 애플파이를 맛볼 수 있다. 이곳에서 판매하는 애플파이는 단 한 종류로, 갓 구운 커스터드 크림 애플파이가 그 주인공. 야키타테 커스터드 애플파이 焼きたてカスタードアップルパイ 420엔.

주소 東京都豊島区南池袋1-28-2 **전화** 03-5911-7825 **영업** 10:00~22:00 **휴무** 무휴 **카드** 가능 **홈페이지** ringo-applepie.com **교통** JR · 도쿄메트로 이케부쿠로 池袋역 북쪽 출구에서 도보 1분 **지도** 별책 P.24-B

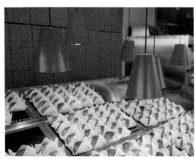

고양이와 함께 하는 작은 쉼터
네코 카페 모카 라운지
猫カフェモカラウンジ

복잡한 이케부쿠로 골목에 위치한 고양이 카페 겸 북 카페. 여러 고양이가 카페를 자유롭게 돌아다니며, 고양이들과 누워서 시간을 보낼 수 있는 침대 의자도 있다. 곳곳에 서적이 진열되어 있고, 다다미, 코타츠 등으로 꾸민 일본식 인테리어로 일본 여행의 기분을 느낄 수 있다.

주소 東京都豊島区東池袋1-22-5 **전화** 03-6914-2699 **영업** 10:00~20:00 **휴무** 무휴 **홈페이지** catmocha.jp/ikebukuro2 **교통** JR · 도쿄메트로 이케부쿠로 池袋역 동쪽 출구에서 도보 4분 **지도** 별책 P.24-B

곳곳에 고양이가 누워 있는 카페. 차를 마시면서 일본 책과 만화도 볼 수 있다.

국물이 진한 부시코츠멘 전문점

타이조
たいぞう

가츠오부시의 부시, 돈코츠의 코츠, 면의 멘을 합쳐 이름 붙인 부시코츠멘 節骨麵을 판매하는 라멘 가게. 엄선된 가츠오부시와 말린 생선, 다시마를 넣고 돼지 뼈와 닭 뼈를 고아낸 국물과 홋카이도산 밀가루로 만든 특제 면을 맛보자. 국물이 상당히 진하고 종류도 다양하다. 부시코츠 콧테리 타이조 라멘 節骨こってりたいぞうらーめん 1020엔.

주소 東京都豊島区西池袋1-24-8 **전화** 03-3980-6461 **영업** 11:00~22:30 **휴무** 무휴 **홈페이지** taizo-ramen.jp/index. php **교통** JR · 도쿄메트로 이케부쿠로 池袋역 서쪽 출구에서 도보 1분 **지도** 별책 P.24-B

1 라멘 일러스트로 꾸민 가게 입구
2 마늘은 무료로 제공된다.
3 타이조 라멘
4 카운터 좌석

취향 따라 골라 먹는 라멘

오레류 시오 라멘
俺流塩らーめん

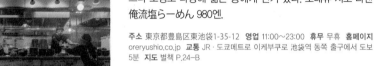

시부야에서 시작한 시오 라멘 전문점. 닭 뼈, 닭 연골, 파를 넣고 오랜 시간 끓여 육수를 만들고 소금으로 간을 한다. 육수를 우린 시간에 따라 수프의 진하기를 나눠 깔끔한 맛(あっさり, 앗사리), 진한 맛 (こってり, 곳테리) 둘 중 하나를 선택할 수 있고 매운맛을 추가할 수도 있다. 매실, 유자, 된장, 매운 된장 등 첨가할 수 있는 소스나 토핑도 다양해 젊은 층에게 인기 있다. 오레류 시오 라멘 俺流塩らーめん 980엔.

주소 東京都豊島区東池袋1-35-12 **영업** 11:00~23:00 **휴무** 무휴 **홈페이지** oreryushio.co.jp **교통** JR · 도쿄메트로 이케부쿠로 池袋역 동쪽 출구에서 도보 5분 **지도** 별책 P.24-B

빵이 맛있는 이케부쿠로의 비스트로

라시누
RACINES

갓 구워낸 빵과 비오 와인 ビオワイン(무농약 · 유기농 포도만을 사용한 와인)을 제공하는 비스트로. 라시누는 프랑스어로 식물의 뿌리를 의미한다. 아기자기한 인테리어로 꾸민 가게에는 빵 굽는 향이 가득하다. 평일 런치는 2800엔으로 빵, 샐러드, 커피가 제공되며 A, B, C 세 가지 메뉴 중 하나를 고를 수 있다. 스테이크가 제공되는 프리미어 메뉴는 3600엔.

주소 東京都豊島区南池袋2-14-2 **전화** 03-5944-9622 **영업** 베이커리 11:00~18:00, 레스토랑 11:00~23:30 **휴무** 무휴 **카드** 가능 **홈페이지** racines-bistro.com **교통** JR · 도쿄메트로 이케부쿠로 池袋역 동쪽 출구에서 도보 4분 **지도** 별책 P.24-E

나무가 우거진 입구를 통해 안으로 들어가면 맛있는 빵 냄새가 가득하다.

별자리 콘셉트의 독특한 카페
밀키웨이 카페
Milky Way Café

1 선샤인 60도리 입구의 가게
2 별이 가득 들어 있는 파르페

별과 성좌를 테마로 하는 카페. 선샤인 60도리 입구의 2층에 위치해 찾기가 쉽다. 이곳에서는 특이하게 12성좌가 아닌 13성좌를 사용하는데, 12성좌에 뱀주인좌가 추가되어 있다. 13성좌에 맞는 13가지의 이름의 파르페와 오리지널 메뉴가 준비되어 있으며 운세를 볼 수 있다. 성좌에 따라 메뉴의 가격이 조금씩 다르다. 오토메자(처녀좌 파르페) 乙女座 1023엔.

주소 東京都豊島区東池袋 1-12-8 **전화** 03-3985-7194 **영업** 11:00~22:00 **휴무** 무휴 **홈페이지** milkyway-cafe.sakura.ne.jp **교통** JR · 도쿄메트로 이케부쿠로 池袋역 동쪽 출구에서 도보 3분 **지도** 별책 P.24-E

수프가 없는 라멘, 아부라소바
도쿄 아부라구미 소혼텐
東京油組総本店

아부라소바가 인기인 라멘집. 아부라소바는 라멘의 면에 각종 토핑을 올리고 기름과 함께 비벼 먹는 비빔면의 일종이다. 기름에 비벼 먹어 칼로리가 높을 것 같지만 칼로리는 일반 라멘의 1/3, 염분은 1/2로 비교적 깔끔하다. 면은 식초와 고추 기름에 비벼 먹으며 식초와 기름의 양은 취향에 맞게 조절할 수 있다. 아부라소바 油そば 880엔.

깔끔한 주방에서 만드는
아부라소바를 맛보는 사람들

주소 東京都豊島区西池袋 1-23-1 **전화** 03-5992-4911 **영업** 11:00~다음 날 04:00(일요일 ~21:00) **휴무** 무휴 **홈페이지** www.tokyo-aburasoba.com **교통** JR · 도쿄메트로 이케부쿠로 池袋역 서쪽 출구에서 도보 2분 **지도** 별책 P.24-B

1 가운데 직사각형의
흰색 간판이 규카츠 이로하
2 규카츠

인기 규카츠 전문점

규카츠 이로하
牛かつ いろは

겉은 바삭하고 속은 부드러운 규카츠 요리를 맛볼 수 있어 항상 손님이 많다. 규카츠는 기본 레어로 튀겨 나오는데, 레어를 못 먹는 사람을 위해 작은 곤로와 뜨거운 돌판을 제공해 취향껏 익혀 먹을 수 있게 한다. 규카츠 정식 牛かつ定食 1630엔(130g).

주소 東京都豊島区東池袋1-9-7 **전화** 03-3971-2838 **영업** 11:00~23:00 **휴무** 무휴 **교통** JR·도쿄메트로 이케부쿠로 池袋역 동쪽 출구에서 도보 2분 **지도** 별책 P.24-B

학생들에게 인기인
츠케멘 전문점

츠케멘야 야스베
つけ麺屋 やすべえ

와세다 대학 등 학교가 많은 다카다노바바(高田馬場)에서 처음 문을 연 츠케멘 전문점. 학생들의 입소문을 타고 인기를 얻어 도쿄 곳곳에 지점을 냈다. 무료로 면을 곱빼기로 주문할 수 있어 배불리 먹을 수 있다. 양은 중량별로 나미모리 並盛(220g, 보통), 추모리 中盛(330g), 오오모리 大盛(440g, 곱빼기)로 주문한다. 매운 된장, 가츠오부시, 양파를 마음껏 넣을 수 있으며 토핑 종류도 다양하다. 츠케멘 つけ麺 920엔.

국물에 찍어 먹는 츠케멘.
다양한 토핑도 준비되어 있다.

주소 東京都豊島区東池袋1-12-14 **전화** 03-5951-4911 **영업** 11:00~다음 날 03:00 **휴무** 무휴 **홈페이지** www.yasubee.com **교통** JR·도쿄메트로 이케부쿠로 池袋역 동쪽 출구에서 도보 4분 **지도** 별책 P.24-B

일본 전통 마을로 떠나는 여행

가와고에

川越

이케부쿠로에서 열차로 30분 거리에 있는 관광지로 일본 에도 시대(1603~1868)의 거리 풍경이 그대로 남아 있는 곳이다. 당시 도쿄 근교의 교통, 상업의 중심 역할을 하던 도시로, 도쿄와 가깝기 때문에 일본 동북부에서 유입되는 다양한 물자를 보관하기 위한 창고들이 많이 모여 있었다고 한다. 당시의 목조 창고 건물들과 상업 시설, 시장의 모습이 지금도 그대로 남아 있다. 옛 풍경이 남아 있는 구라츠쿠리노 마치나미 蔵造りの街並み, 일본의 막과자 등 재미있는 상품이 가득한 가시야 요코초 菓子屋横丁 등 다양한 볼거리가 있으며 일본다운 풍경과 만날 수 있어 산책을 즐기며 예쁜 사진을 남기기 좋다. 이곳의 유카타, 기모노 대여료는 2000~3000엔 정도로, 도쿄 시내보다 저렴해 인기 있다.

교통 세이부 신주쿠선 세이부 신주쿠 西武新宿역에서 급행 이용(1시간, 520엔), 혼카와고에 本川越에 하차. 도부도조선 이케부쿠로 池袋역에서 급행 이용(30분, 490엔), 가와고에 川越역에 하차 **지도** 별책 P.38

〈 가와고에역 관광 안내소 〉
위치 가와고에 川越역 내
지도 별책 P.38-E

〈 구라츠쿠리노 마치나미 蔵造りの街並み 〉
화재에 강한 구라츠쿠리 양식의 창고 건물 30여 채가 그대로 남아 있는 거리. 옛 건물은 대부분 상점이나 식당으로 사용되고 있다. 과거로 돌아간 듯한 기분을 느끼며 산책하기 좋다.

교통 가와고에 川越역에서 도보 12분
지도 별책 P.38-A

〈 가시야 요코초 菓子屋横丁 〉
일본의 불량 식품, 추억의 과자를 판매하는 골목.

홈페이지 www.koedo.or.jp/foreign/hangle
교통 가와고에 川越역에서 도보 15분
지도 별책 P.38-A

〈 가와고에 구마노 신사 川越 熊野神社 〉
건강, 상업의 운을 비는 신사. 뱀 모양의 오브제를 만지면 다양한 운이 상승한다고 한다. 또한 물에 돈을 씻으면 돈이 불어난다는 연못도 있다.

교통 가와고에 川越역에서 도보 12분
지도 별책 P.38-C

〈 가와고에 히카와 신사 川越 氷川神社 〉
가와고에를 대표하는 신사. 운세 풀이를 하는 사랑의 도미 낚시 오미쿠지, 소원을 적는 애마와 풍경이 잔뜩 걸린 길 등 곳곳에 예쁘고 재미있는 장치들이 많다.

교통 가와고에 川越역에서 도보 20분
지도 별책 P.38-B

가와고에 풍경과 하나가 된 스타벅스 매장

랜드마크 스타벅스 가와고에
リージョナル ランドマーク スターバックス コーヒー 川越

일본 스타벅스 매장 중에는 '리저널 랜드마크 스토어'라는 것이 있는데, 일본 각 지역을 대표하는 장소에 지역 문화를 반영한 디자인으로 건축된 매장을 뜻한다. 매장을 방문하는 이들이 해당 지역의 역사와 전통 공예, 문화, 산업의 훌륭함을 재발견하고, 지역에 유대감을 느낄 수 있게 하는 것이 목적이다. 가와고에 랜드마크 스토어는 전통적인 거리 풍경과 어울리는 외관이 특히 아름답다. 매장 중앙에는 정원과 테라스석이 있어 가와고에의 풍경을 감상하며 시간을 보낼 수 있다.

주소 埼玉県川越市幸町15-18 **전화** 049-228-5600 **영업** 08:00~20:00 **휴무** 무휴 **홈페이지** store.starbucks.co.jp
교통 가와고에 川越역에서 도보 13분 **지도** 별책 P.38-A

처음 만나는 고구마 카페

미나미마치 커피
MINAMIMACHI COFFEE

가와고에 특산품인 군고구마로 만든 다양한 요리와 음료를 맛볼 수 있다. 품종별로 다양한 군고구마를 제공할 뿐만 아니라 군고구마 빙수, 군고구마 라테, 군고구마 아이스 등 다양한 군고구마 메뉴가 준비되어 있다. 군고구마 やきいも 380엔.

주소 埼玉県川越市元町2-1-3 **전화** 04-9227-6727 **영업** 09:00~19:00 **휴무**
무휴 **홈페이지** www.friedgreentomato.co.jp/brand/minamimachicoffee.html
교통 가와고에 川越역에서 도보 12분 **지도** 별책 P.38-A

가구라자카

神楽坂

일본의 옛 거리와 프랑스 마을이 공존하는 곳

과거 고급 관료들의 거주지로 번창하기 시작했으며 당시의 고급 식당들이 지금까지 영업을 계속하고 있다. 옛 모습을 그대로 간직한 거리에는 골목골목 소소한 풍경이 펼쳐진다. 전통 장식품 상점, 기모노 상점, 전통 차와 전통 과자를 파는 상점 등 옛 일본의 정취를 느낄 수 있는 상점 사이로 책방, 카페 등 소규모 상점이 자리해 있고, 곳곳에 갤러리와 작은 미술관도 찾아볼 수 있다. 가구라자카는 프랑스 마을이라고 불리기도 하는데, 프랑스인이 많이 거주하고 있어 프랑스인을 위한 교육 기관이나 프렌치 레스토랑, 카페도 많다.

여행 포인트		이것만은 꼭 해보자		위치

관광	★★☆
사진	★★☆
쇼핑	★☆☆
음식점	★★☆
야간 명소	★☆☆

☑ 가구라자카의
　운치 있는 골목길 걷기
☑ 골목에 숨어 있는 카페 산책
☑ 소토보리 공원의
　벚꽃 구경하기

가구라자카
기치조지 · 신주쿠 · 우에노
　　　　 · 시부야
지유가오카
　　　　 · 오다이바

하네다 공항 ·

가구라자카 가는 법

{ 가구라자카의 주요 역 }

**도쿄메트로
도자이선
가구라자카역**
神楽坂

**도쿄메트로
도자이선
이다바시역**
飯田橋

가구라자카역 또는 바로 다음 역인 이다바시역에 내리면 된다(두 역은 지하철로 2분, 170엔). 이다바시역은 도쿄 중심부에 위치한 교통의 요지로 JR 주오선 · 소부선, 도쿄메트로 도자이선 · 유라쿠초선 · 난보쿠선, 도에이 오에도선 등이 운행하고 있어 도쿄의 관광지 대부분과 바로 연결되므로 편리하다.

{ 각 지역에서 가구라자카 가는 법 }

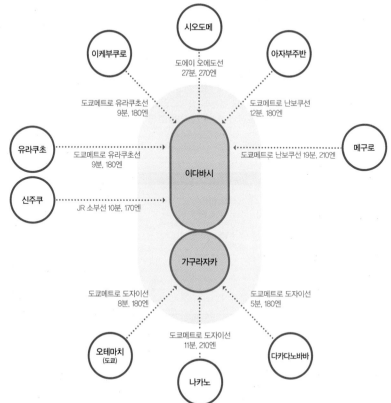

가구라자카 추천 코스

1 가구라자카역

⋮ 도보 3분

2 아카기 신사

⋮ 도보 3분

3 가구라자카 도리

⋮ 도보 3분

4 가쿠렌보 요코초

⋮ 도보 5분

5 가구라코지

⋮ 도보 3분

6 캐널 카페

⋮ 도보 5분

7 이다바시 사쿠라테라스

⋮ 도보 2분

8 이다바시역

산책하기 좋은 가구라자카의 거리

가쿠렌보 요코초

캐널 카페

도보 여행 팁

가구라자카에는 비탈길과 언덕길이 많으며 언덕길 끝에는 간다강이 흐른다. 강과 만나는 이다바시역 주변은 벚꽃 명소로 봄이 되면 화려한 벚꽃 길이 생긴다. 주변에 와세다 대학, 호세이 대학 등 도쿄의 명문 대학들이 있어 학생들이 많이 오간다.

이다바시 사쿠라테라스

가구라자카
한눈에 보기

1 가구라자카역 주변

조용한 주택가에 갤러리, 카페, 레스토랑이 모여 있다. 프랑스인이 많이 거주하고 있어 프랑스 요리를 전문으로 하는 레스토랑이 많다.

1 가구라자카역

2 가구라자카 도리

오쿠보 도리

우시고메카구라자카역

2 가구라자카 도리

가구라자카의 메인 스트리트로 완만한 언덕길이 계속된다. 상점과 음식점이 모여 있으며 다양한 군것질거리를 맛볼 수 있다.

③ 가구라코지 >

도쿄의 옛 풍경이 그대로 남아 있는 골목길. 꼬불꼬불 이어진 골목에 고급 음식점들이 숨어 있다. 가쿠렌보 요코초에서 거리를 걷는 모습을 사진으로 남겨보자.

④ 이다바시역 주변 >

역 앞에 간다강이 흐르며 주변에는 소토보리 공원이 조성되어 있다. 도쿄의 벚꽃 명소 중 하나로, 최근 이다바시 사쿠라테라스라는 복합 쇼핑몰이 들어섰다.

가구라자카의 관광 명소

SIGHTSEEING

☆

도쿄의 인기 벚꽃 명소 중 하나

소토보리 공원

外濠公園 🔊 소토보리 코–엔

주소 東京都千代田区富士見2 **전화**
03-3234-1948 **개방** 09:30〜20:00
휴무 무휴 **교통** 도쿄메트로 가구라자
카 神楽坂역 1번 출구에서 도보 15분.
도쿄메트로 이다바시 飯田橋역 B2a 출
구·JR 이다바시역 서쪽 출구에서 도보
2분 **지도** 별책 P.25-F

JR 소부선 이다바시역과 요쓰야 四ツ谷역 사이에 위치한 약
2km 길이의 공원이다. 벚꽃 시즌에는 수많은 왕벚꽃나무가 일
제히 꽃을 피우고, 야간에는 라이트업으로 아름다움을 더한다.
공원 인근에는 호세이 대학 등 대학교가 있어 젊은 학생들의 놀
이 문화를 엿볼 수 있다. 호수에서는 보트를 타고 뱃놀이도 즐길
수 있다(보트 30분 800엔).

☆

숨바꼭질하듯

꼬불꼬불 즐거운 골목

가쿠렌보 요코초

かくれんぼ横丁

가구라자카 상점가와 효고 요코초 兵庫横丁를 연결하는 골목길
로, 큰길 사이에 숨어 있는 골목길이다. 꼬불꼬불한 길을 걷는 사
람들이 숨바꼭질(일본어로 '가쿠렌보')하는 것처럼 사라진다고 해
서 '가쿠렌보'라는 이름이 붙었다. 좁은 골목길 곳곳에는 고급 식
당들이 모여 있다. 길바닥에 이시다타미(石畳, 납작한 돌을 타일
처럼 깔아 둔 길)가 깔려 있어 운치 있는 풍경을 만들어낸다.

주소 東京都新宿区神楽坂3 **교통** 도쿄메트로 이다바시 飯田橋역 B4a 출구·JR
이다바시역 서쪽 출구에서 도보 4분 **지도** 별책 P.25-E

아카기 신사

赤城神社 🔊 아카기 진자

주소 東京都新宿区赤城元町1-10 **전화** 03-3260-6067 **영업** 10:00~22:00 (토요일 11:30~22:00, 일요일 11:30~19:00) **휴무** 화요일 **홈페이지** www.akagi-cafe.jp **교통** 도쿄메트로 가구라자카 神楽坂역 1번 출구에서 도보 2분. 이다바시 飯田橋역 B3 출구에서 도보 14분, JR 이다바시역 서쪽 출구에서 도보 16분 **지도** 별책 P.25-A

한때는 노후화된 신사였지만 저출산을 이유로 문을 닫은 유치원을 재개발하는 아카기 신사 재생 프로젝트를 통해 다시 태어났다. 프로젝트는 신사의 재건축을 포함해 부지 내 아파트 건설, 갤러리, 카페 운영 등을 골자로 한다. 건물 디자인은 일본 유명 건축가인 구마 겐고가 감수했으며, 2011년에 일본 굿디자인상을 수상했다. 특히 깔끔한 인테리어가 인상적인 카페가 인기 있다 (소르베 ソルベ 450엔, 커피 コーヒー 500엔).

영국풍 목조 건물이 볼거리

아유미 갤러리

Ayumi Gallery

영국의 하프 팀버링(Half Timbering, 목조의 구조체를 외벽에 나타낸 건축 방법. 중세 말~근세 초의 프랑스 북부, 독일 북부, 영국의 민가 건축에서 볼 수 있다.) 기법으로 지은 목조 건물 갤러리. 1953년에 지어진 것으로 2011년에 일본의 유형 문화재로 등록되었다. 석고와 나무로 구성된 부드러운 분위기의 공간에서 다양한 전시가 열리고 있다.

주소 東京都新宿区矢来町114 **전화** 03-3269-1202 **개방** 11:00~19:00 **휴무** 목요일 **홈페이지** www.ayumi-g.com **교통** 도쿄메트로 가구라자카 神楽坂역 1번 출구에서 도보 1분. 도쿄메트로 이다바시 飯田橋역 B3 출구에서 도보 14분. JR 이다바시역 서쪽 출구에서 도보 16분 **지도** 별책 P.25-A

〈스즈메의 문단속〉 배경지

오차노미즈역
御茶ノ水駅

도쿄 시내 중앙에 위치한 오차노미즈는 JR 추오선(中央線), 쇼부선 (総武線)과 도쿄메트로가 지나는 역으로 3개 노선의 전차가 다니는 모습이 주변 경관과 어우러져 아름다운 풍경을 만들어낸다. 신카이 마코토 감독의 애니메이션 〈스즈메의 문단속〉에서 중요한 장소로 등장하며, 예고편에서 스즈메가 오차노미즈역 인근의 히지리바시 에서 뛰어내리는 장면이 나오기도 한다. 3개의 전차가 교차하는 모습을 감상할 수 있는 히지리바시 (聖橋)는 오차노미즈역에서 3분 거리에 있으며, 1927년에 오차노미즈를 가로지르는 간다(神田)강을 건너기 위해 만들어진 다리다. 일본의 건축가 야마다 마모루(山田守)가 설계했으며, 2017년에 보강 공사를 거쳐 현재에 이르렀다.

주소 東京都千代田区神田駿河台2 **교통** JR 오차노미즈 御茶ノ水역. 도쿄메트로 오차노미즈역 **지도** 별책 P.25-C

장르별로 큐레이션한 디자인 제품들

라 카구
La Kagu

'의식주 + 지(知)'의 라이프 스타일을 제안하는 큐레이션 스토어. 패션, 생활 잡화, 가구 등 상품을 전시·판매하는 스토어와 카페, 북 스페이스, 렉처 스페이스가 모여 있다. 스토어의 콘셉트는 'REVALUE(원래 있던 것의 가치를 재인식)'로 장르별 최고의 큐레이터가 아이템을 골라 스토어에 전시·판매하고 있다. 일본 디자이너들이 제작한 한정 상품도 많다. 카페에서 쉬어 가며 여유롭게 쇼핑할 수 있다.

주소 東京都新宿区矢来町67 전화 03-5579-2130 영업 08:00~20:00 휴무 무휴 홈페이지 www.lakagu.com 교통 도쿄메트로 가구라자카 神楽坂역 2번 출구에서 도보 1분 지도 별책 P.25-A

마치 갤러리처럼 독특한 제품을 셀렉트해 전시·판매하고 있다.

도쿄 서점의 변화하는 모습을 살펴보다

카모메 북스
かもめブックス

인터넷 발달로 인한 불황을 타계하기 위해 도쿄 곳곳에 생겨나고 있는 아이디어 서점 중 하나. '고객과 책이 만나는 계기를 제공한 다'라는 콘셉트로 고객의 의견을 반영해 직접 선택한 책을 한 권 한 권 소중하게 진열하고 있다. 카페와 갤러리를 함께 운영하고 있으며 갤러리에서는 책과 관련된 다양한 전시가 열린다.

주소 東京都新宿区矢来町123 전화 03-5228-5490 영업 10:00~22:00, 11:00~20:00 휴무 연말연시 홈페이지 kamomebooks.jp 교통 도쿄메트로 가구라자카 神楽坂역 2번 출구에서 도보 1분 지도 별책 P.25-A

가구라자카의 풍경과 함께 식사를

이다바시 사쿠라테라스
Idabashi Sakura Terrace

이다바시역 옆의 주상 복합 건물로 전망 좋은 테라스가 있다. 1층부터 3층까지 상업 시설이 들어서 있으며 레스토랑이 많은 편이다. 대부분의 레스토랑에는 테라스가 있어 전망을 감상하며 식사를 즐길 수 있다. 벚꽃이 피는 봄이 오면 주변 거리는 특별한 풍경으로 변신한다.

주소 東京都千代田区富士見2-10-2 전화 03-5212-1463 영업 10:00~23:00 휴무 1/1 홈페이지 31urban.jp/sakuraterrace 교통 도쿄메트로 이다바시 飯田橋역 B2a 출구에서 도보 2분, JR 이다바시역 서쪽 출구에서 도보 1분 지도 별책 P.25-F

맛집
RESTAURANT

가구라자카의 명물 페코짱야키
후지야
不二家

일본의 과자, 케이크 전문점인 후지야의 가구라자카 지점. 캔디와 캐러멜 등 다양한 제품을 판매하고 있다. 1951년 발매한 캔디 '밀키(Milky)'가 큰 인기를 모으며 브랜드 캐릭터인 '페코짱(ペコちゃん)' 역시 모르는 사람이 없는 캐릭터가 되었다. 가구라자카 지점은 페코짱 얼굴 모양 틀로 찍어낸 페코짱야키 ペコちゃん焼き를 맛볼 수 있는 유일한 지점으로 종종 긴 행렬이 생긴다. 페코짱야키는 1개 190엔으로, 팥, 치즈, 초콜릿, 커스터드 등 여러 가지 맛이 있고 월별 한정 메뉴(250엔)로 다른 맛이 추가된다.

주소 東京都新宿区神楽坂1-12 **전화** 03-3269-1526 **영업** 10:00~21:00(금~일요일 · 공휴일 10:00~22:00) **휴무** 무휴 **홈페이지** pekochanyaki.jp **교통** 도쿄메트로 이다바시 飯田橋역 B3 출구에서 도보 1분, JR 이다바시역 서쪽 출구에서 도보 2분 **지도** 별책 P.25-F

골목에 숨어 있는 디저트 카페
가구라자카 사료
神楽坂 茶寮

주소 東京都新宿区神楽坂3-1 **전화** 03-3266-0880 **영업** 11:30~20:00 **휴무** 무휴 **홈페이지** saryo.jp **교통** 도쿄메트로 이다바시 飯田橋역 B3 출구에서 도보 5분. 또는 JR 이다바시역 서쪽 출구에서 도보 7분 **지도** 별책 P.25-E

여유롭게 시간 보내기 좋은 카페. 디저트가 맛있기로 유명하며 케이크와 함께 아이스크림이 제공된다. 유기농 커피를 비롯해 음료 종류도 많고, 일본 가정식 요리인 반자이 ばんざい도 판매한다. 12종의 오반자이 고젠 12種のおばんざい御膳 1540엔(한정 판매), 사료 파르페 saryoパフェ 1650엔(일본 차 제공), 각종 일본 차 750엔~.

가구라자카 387

한 개만 먹어도 배부른 커다란 고기만두
고주반
五十番

가구라자카 중심 거리의 중간쯤 위치한 고기만두 전문점. 1957년 창업 이후 니쿠만(고기만두), 안만(팥빵), 슈마이, 딤섬을 판매하고 있다. 만두는 테이크아웃하는 사람이 많으며, 가게 안에서는 중화요리도 맛볼 수 있다. 15가지 커다란 만두와 5가지 미니 만두를 판매하고 있다. 원조 니쿠만 元祖肉まん 450엔, 에비칠리만 エビチリまん 510엔.

주소 東京都新宿区神楽坂4-3-2 **전화** 03-3260-0066 **영업** 11:30~23:00(토·일요일·공휴일 ~21:00) **휴무** 무휴 **홈페이지** www.50ban.jp **교통** 도쿄메트로 가구라자카 神楽坂역 1번 출구에서 도보 7분. 도쿄메트로 이다바시 飯田橋역 B3 출구에서 도보 3분. JR 이다바시역 서쪽 출구에서 도보 5분 **지도** 별책 P.25-E

호수와 벚꽃이 만드는 풍경
캐널 카페
Canal Café

도쿄 도심 속의 작은 오아시스. 계절에 따라 바뀌는 호수 풍경을 감상하며 요리와 술, 음료를 즐길 수 있다. 카페와 레스토랑 공간이 나뉘어 있으며 벚꽃 시즌에는 한 시간을 기다려도 들어가기 힘들 정도로 많은 사람이 몰린다. 카페 한편에 선착장이 있어 뱃놀이(보트 30분, 800엔)를 즐길 수 있다. 파스타 세트 1800엔.

주소 東京都新宿区神楽坂1-9 **전화** 03-3260-8068 **영업** 11:30~23:00 (일요일·공휴일 ~21:30) **휴무** 첫 번째·세 번째 월요일 **홈페이지** www.canalcafe.jp **교통** 도쿄메트로 이다바시 飯田橋역 B2a 출구에서 도보 1분. JR 이다바시역 서쪽 출구에서 도보 1분 **지도** 별책 P.25-F

메밀 향 짙은 전통 소바 전문점

오키나안
翁庵

창업 100년이 넘은 가구라자카의 소바 전문점으로 이다바시역과 가깝다. 사기 주전자에 담긴 소바유 (소바 면수)로 국물을 희석시켜 간을 조절한다. 소바 위에 돈가스를 올린 가츠소바가 인기이며, 우동을 비롯하여 다양한 메뉴가 준비되어 있다. 가츠소바 かつそば 900엔.

주소 東京都新宿区神楽坂1-10 **전화** 03-3260-2715 **영업** 11:00~15:00, 17:00~21:00 **휴무** 일요일 **교통** 도쿄메트로 이다바시 飯田橋역 B3 출구에서 도보 1분. 또는 JR 이다바시역 서쪽 출구에서 도보 3분 **지도** 별책 P.25-F

화려한 가이센동을 맛볼 수 있는 곳

쓰지한
つじ半

해산물 덮밥인 가이센동이 유명한 가게로 깔끔한 오픈 키친 카운터에서 맛있는 해산물 요리를 맛볼 수 있다. 참치, 오징어, 새우 등 9가지 해산물을 올린 기본 덮밥은 우메(梅)이며 이보다 요금이 더 비싼 다케(竹) 메뉴부터 게가 추가된다. 우메 1250엔, 다케 1650엔.

주소 東京都新宿区神楽坂3-2 **전화** 03-6265-0571 **영업** 11:00~21:00 **휴무** 무휴 **홈페이지** www.tsujihan-jp.com **교통** 도쿄메트로 이다바시 飯田橋역 B3 출구에서 도보 2분. 또는 JR 이다바시역 서쪽 출구에서 도보 4분 **지도** 별책 P.25-E

도쿄 도심 속의 즐거운 유원지

도쿄 돔 시티
Tokyo Dome City

도쿄 돔을 중심으로 한 종합 엔터테인먼트 시설. 일본을 대표하는 야구장인 도쿄 돔을 비롯해 도쿄 돔 호텔, 천연 온천과 숍, 레스토랑이 모여 있는 라쿠아, 아름다운 도심 공원인 고라쿠엔이 있다. 롤러코스터, 대관람차 등 놀이 기구도 있어 즐거운 시간을 보낼 수 있다.

주소 東京都文京区後楽1-3-61 **전화** 03-5800-9999 **요금** 하루 이용권(1 Day pass) 4200엔(60세 이상 · 중 · 고등학생 3700엔, 초등학생 2800엔, 3세 이상 1800엔), 야간 이용권(Night pass) 3200엔(60세 이상 · 중 · 고등학생 2700엔, 초등학생 2300엔, 3세 이상 1500엔) **홈페이지** www.tokyo-dome.co.jp **교통** 도에이 오에도선 · 도쿄메트로 고라쿠엔 後楽園역 2번 출구에서 노보 2분. 도에이 미타선 스이도바시 水道橋역 A5 출구에서 도보 2분. JR 스이도바시역 서쪽 출구에서 도보 3분. 이다바시 飯田橋역 C2 · C3 출구(도에이 오에도선)에서 도보 5분 **지도** 별책 P.35-아래

요미우리 자이언츠의 홈구장

도쿄 돔
東京ドーム

1988년에 탄생한 일본 최초의 다목적 경기장으로 날씨에 상관없이 이벤트를 진행할 수 있는 돔 구장이다. 일본을 대표하는 야구장으로 일본 프로야구팀 요미우리 자이언츠가 사용하고 있으며 야구 시합을 관람할 수 있다. 또한 미식 축구, 격투기 등 주요 스포츠 이벤트는 물론 아티스트들의 공연, 수만 명 규모의 전시회와 행사 이벤트도 개최된다.

위치 도쿄 돔 시티 내부
지도 별책 P.35-C

온천과 쇼핑몰,
놀이동산이 한자리에

라쿠아
LaQua

천연 온천 스파 라쿠아를 중심으로 50여 곳의 상점과 20여 곳의 레스토랑 및 카페가 자리한 복합 엔터테인먼트 시설이다. 도쿄 돔 시티의 대관람차와 제트코스터도 이곳에서 탈 수 있다. 단, 미취학 아동은 입장이 금지되며 18세 미만은 18:00까지 이용 가능하다.

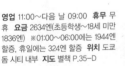  

영업 11:00~다음 날 09:00 **휴무** 무휴 **요금** 2634엔(초등학생~18세 미만 1836엔) ※01:00~06:00에는 1944엔 할증, 휴일에는 324엔 할증 **위치** 도쿄 돔 시티 내부 **지도** 별책 P.35-D

산책하고 싶은 일본 정원

고이시카와 고라쿠엔
小石川後楽園

1629년 도쿄의 영주가 만든 정원으로 일본 각 지역의 명승지를 축소한 모습으로 조경했다. 정원 일부는 중국풍으로 꾸며져 있다. 4월 말부터 5월 초에는 중앙의 큰 연못을 중심으로 붓꽃이 피어 멋진 풍경을 만든다.

주소 東京都文京区後楽1-6-6 **전화** 03-3811-3015 **영업** 09:00~17:00 **휴무** 연말연시 **요금** 300엔(65세 이상 150엔, 초등학생 이하 무료) **위치** 도쿄 돔 시티 서쪽 **지도** 별책 P.35-E

AREA 14

시모키타자와
下北沢

소박한 거리에서 맛보는 아날로그 감성

도쿄의 대학생들이 많이 찾는 시모키타자와. 독특한 색채를 지닌 거리가 드라마
와 잡지에 자주 소개되면서 주목받기 시작했으며, 라이브 하우스나 소극장, 카
페가 많아 개성 넘치는 젊은이들의 아지트로 자리매김하고 있다. 골목 구석구석
자리한 구제 의류점과 잡화점, 갤러리에서 도쿄 젊은 층 문화를 생생하게 체험
할 수 있다. 도쿄에서 보기 힘든 아날로그 감성이 묻어 있는 곳으로 편안하고 소
박한 분위기가 인상적이다.

여행 포인트	이것만은 꼭 해보자	위치

관광	★☆☆
사진	★★☆
쇼핑	★★★
음식점	★★☆
야간 명소	★☆☆

☑ 개성 있는 구제 옷 쇼핑하기
☑ 골목골목에 숨은 카페 산책
☑ 아기자기한 골목길 둘러보기

기치조지　•신주쿠　•우에노
　　　•시부야
　•시모키타자와
지유가오카　　　•오다이바
　　하네다 공항•

시모키타자와 가는 법

{ 시모키타자와의 주요 역 }

오다큐
오다와라선
시모키타자와역
下北沢

게이오
이노카시라선
시모키타자와역
下北沢

시모키타자와에서는 신주쿠, 시부야로 이동하기 편리하다. 게이오 이노카시라선은 기치조지와 연결되며, 오다큐 오다와라선은 도쿄 근교의 하코네, 에노시마까지 연결된다.

{ 각 지역에서 시모키타자와 가는 법 }

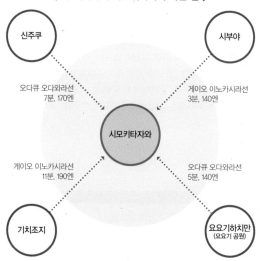

신주쿠

시부야

오다큐 오다와라선
7분, 170엔

게이오 이노카시라선
3분, 140엔

시모키타자와

게이오 이노카시라선
11분, 190엔

오다큐 오다와라선
5분, 140엔

기치조지

요요기하치만
(요요기 공원)

아기자기한 시모키타자와의 골목길

작은 잡화점이 많이 모여 있다.

시모키타자와 추천 코스

1 시모키타자와역

도보 3분

2 동양 백화점

도보 7분

3 혼다 극장

도보 3분

4 아즈마 도리

도보 5분

5 미나미구치 상점가

동양 백화점

혼다 극장

아즈마 도리

미나미구치 상점가

도보 여행 팁

시모키타자와역을 중심으로 남쪽과 북쪽으로 나뉘며 가지처럼 뻗어 있는 길을 따라 다양한 상점이 들어서 있다. 역 남쪽 출구에 메인 스트리트인 미나미구치 상점가가 있으며 상점가 골목골목 식당이 모여 있다.

Zoom in
SHIMOKITAZAWA

시모키타자와
한눈에 보기

1 기타구치 상점가

살짝 오르막길인 골목 곳곳에 잡화점과 앤티크 가구점, 카페가 자리해 있다. 역 출구 근처에는 잡화점들이 모여 있는 동양 백화점이 있다.

2 미나미구치 상점가

남쪽 출구에서 오거리까지 이어지는 좁은 언덕길 양옆과 골목에 각종 식당과 잡화점이 늘어서 있다. 시모키타자와에서 유동인구가 가장 많은 곳이기도 하다.

③ 혼다 극장

시모키타자와의 상징적인 건물. 근처에
소극장들이 밀집해 있다. 시모키타자와
지역 문화의 발상지라고 할 수 있다.

④ 이치방가이

시모키타자와 북동쪽으로 길게 이어진
상점 거리로 갤러리, 카페가 많다. 각 상
점을 소개하는 귀여운 판다 간판을 볼
수 있다.

시모키타자와의 축소판
동양 백화점
東洋百貨店 🔊 도요하카텐

시모키타자와 특유의 감성을 느낄 수 있는 창고형 백화점(Garage Dapartment). 창고처럼 꾸민 건물 안에 잡화점, 티셔츠 전문점, 중고 의류 전문점 등 다양한 품목을 취급하는 점포 22개가 옹기종기 모여 있다. 손님이 자그마한 공간을 대여하여 상품을 판매할 수 있는 렌털 스페이스도 있다.

주소 東京都世田谷区北沢2-2 5-8 **전화** 03-3468-7000 **영업** 12:00~20:00(일부 가게 11:00~21:00) **휴무** 가게마다 다름 **홈페이지** www.k-toyo.jp **교통** 오다큐 오다와라선 · 게이오 이노카시라선 시모키타자와 下北沢역 북쪽 출구에서 도보 3분 **지도** 별책 P.26-A

다양한 상품을 판매하는 재미있는 서점
빌리지 뱅가드
Village Vanguard

서적과 관련된 다양한 상품을 판매하고 있다. 물건을 판다기보다는 콘셉트를 판다는 말이 어울릴 정도로 독특한 물건들이 많다. 돈키호테의 서점 버전을 보는 것 같이 좁은 공간에 어지럽게 상품이 진열되어 있다. 책이 테마별로 모여 있으며 직원들이 만든 책 소개가 재미있다.

주소 東京都世田谷区北沢2-10-15 **전화** 03-3460-6145 **영업** 10:00~24:00 **휴무** 무휴 **홈페이지** www.village-v.co.jp **교통** 오다큐 오다와라선 · 게이오 이노카시라선 시모키타자와 下北沢역 남쪽 출구에서 도보 3분 **지도** 별책 P.26-D

정신 없는 진열대에서 취향에 맞는 상품을 골라보자.

생활용품 전문 쇼핑센터

레시피 시모키타

RecipeSHIMOKITA

시모키타자와역 남쪽 출구 바로 옆에 있는 쇼핑센터. 유니클로가 건물 대부분을 차지하고 있으며 5층에는 저렴한 100엔숍인 다이소가 있다. 1층과 지하 1층에는 마트인 푸디움(foodium)이 있어 생활용품과 과자, 음료수 등 식료품을 저렴하게 구입할 수 있다.

주소 東京都世田谷区北沢2-20-17 **영업** 10:00~21:00 **휴무** 무휴 **홈페이지** www.recipeshimokita.jp **교통** 오다큐 오다와라선 · 게이오 이노카시라선 시모키타자와 下北沢역 남쪽 출구에서 도보 1분 **지도** 별책 P.26-C

중고 의류로 시작한 일본의 패션 브랜드

웨고

WEGO

중고 의류 판매를 시작으로 규모를 키워 자체 상품까지 제작하는 일본 패션 브랜드. 다양한 중고 의류가 브랜드별, 종류별로 잘 구분되어 있다. 고객들과의 활발한 소통을 통해 직접 제품을 디자인하고 제작해 가격이 상당히 저렴하다. 웨고 주변에는 개인이 운영하는 중고 상점들이 모여 있으니 함께 둘러보면 좋다.

주소 東京都世田谷区北沢2-29-3 **전화** 03-5790-5525 **영업** 11:00~21:00 **휴무** 무휴 **홈페이지** www.wego.jp **교통** 오다큐 오다와라선 · 게이오 이노카시라선 시모키타자와 下北沢역 북쪽 출구에서 도보 4분 **지도** 별책 P.26-A

구제 옷 전문점인 웨고.
신제품도 함께 판매한다.

감성적인 복합 쇼핑 센터
시모키타자와 리로드
下北沢 Reload

리뉴얼이 진행되고 있는 시모키타자와역 주변에서는 열차 선로를 따라 다양한 시설이 들어서고 있다. 오다큐 전철의 옛 선로 터에 있는 리로드는 군더더기 없이 깔끔한 외관으로 눈길을 끌며, 레스토랑, 카페, 숍, 서점과 문구점 등으로 구성되어 있다. 테이블과 벤치 등 휴식을 취할 수 있는 공간이 잘 마련되어 있으며, 건물 후미에는 숙박 시설인 머스터드 호텔 시모키타자와도 자리해 있다.

주소 東京都世田谷区北沢3-19-20 영업 10:00~21:00(업체에 따라 다름) 휴무 무휴 홈페이지 reload-shimokita.com 교통 오다큐 오다와라선 · 게이오 이노카시라선 시모키타자와 下北沢역 남쪽 출구에서 도보 5분 지도 별책 P.26-B

35년 역사의 앤티크 전문점
앤티크 라이프 진
ANTIQUE LIFE JIN

1982년 오픈한 시모키타자와의 앤티크 숍. 오리지널 액세서리를 비롯해 그릇, 소품 등 아기자기 한 상품들이 모여 있으며 특히 고양이 모양의 잡화가 많다. 시모키타자와 내에 지점이 하나  더 있는데 그곳에서는 주로 테이블, 의자 등 가구를 판매한다.

주소 東京都世田谷区北沢2-30-8 전화 03-3467-3066 영업 12:00~20:00(토 · 일요일 · 공휴일 11:00~20:00) 휴무 무휴 홈페이지 www.antiquelife-jin.com 교통 오다큐 오다와라선 · 게이오 이노카시라선 시모키타자와 下北沢역 북쪽 출구에서 도보 3분 지도 별책 P.26-B

고양이 모양의 귀여운 잡화

중고 의류 전문 체인점
바즈스토어
BAZZSTORE

중고 의류를 전문으로 판매하며, 시모키타자와를 비롯해 도쿄 곳곳에 매장이 있다. 시모키타자와 남쪽 출구 지점은 3층으로 나뉘며 다양한 브랜드의 중고 의류를 갖추고 있다. 층별로 남녀 옷을 구분하고 슈프림, 꼼데가르송, 메종키츠네 등 브랜드별로 분류해 원하는 옷을 찾기 편하다. 시모키타자와 북쪽 출구에도 지점이 있다.

주소 東京都世田谷区北沢2-11-4 **전화** 03-6453-2455 **영업** 12:00~22:00 **휴무** 무휴 **홈페이지** www.bazzstore.com **교통** 오다큐 오다와라선 · 게이오 이노카시라선 시모키타자와 下北沢역 북쪽 출구에서 도보 1분 **지도** 별책 P.26-B

다양한 브랜드의 중고 의류 찾아보기

아기자기한 공간의 셀렉트 숍
산사토
三叉灯

주소 東京都世田谷区代沢5-36-14 **전화** 03-3419-23055 **영업** 11:00~20:00 **휴무** 무휴 **홈페이지** www.sansato.jp **교통** 오다큐 오다와라선 · 게이오 이노카시라선 시모키타자와 下北沢역 남쪽 출구에서 도보 3분 **지도** 별책 P.26-F

시모키타자와 남쪽 교차로 주변에 있는 작은 옷 가게. 여성을 타깃으로 한 다양한 상품들이 진열되어 있으며 계단 곳곳에도 상품들이 가득하다. 3층으로 올라가는 계단은 작은 갤러리로 사용되고 있으며 시모키타자와 출신 아티스트들의 작품을 전시 · 판매한다.

저렴하고 다양한 종류의
중고 의류 전문점
시카고
CHICAGO

주소 東京都世田谷区代沢5-32-5 **전화** 03-3419-2890 **영업** 11:00~20:00 **휴무** 무휴 **홈페이지** www.chicago.co.jp/store_skz.html **교통** 오다큐 오다와라선 · 게이오 이노카시라선 시모키타자와 下北沢역 남쪽 출구에서 도보 4분 **지도** 별책 P.26-F

시모키타자와 남쪽 교차로 골목의 중고 의류 전문점으로 규모가 상품이 다양하다. 아메리카, 스트리트 패션 등 캐주얼 의류가 많고, 가격도 저렴하다. 중고 의류지만 면세 혜택을 받을 수 있어 더욱 저렴하게 구매할 수 있다.

〈고독한 미식가〉에 소개된 오코노미야키집

히로키
ヒロキ

일본 드라마 〈고독한 미식가〉에 나왔던 철판구이 전문점이다. 다른 방송에도 여러 번 소개된 곳이라 식사 시간에는 줄을 서서 기다릴 정도로 인기가 많다. 히로시마풍 오코노미야키가 대표 메뉴로, 카운터에 빙둘러 앉아 종업원이 만들어 주는 오코노미야키를 먹는 방식이다. 오코노미야키 아래에 들어가는 면은 소바, 우동 중에서 고를 수 있다. 히로시마야키 플레인 広島焼きプレーン 1100엔.

주소 東京都世田谷区北沢2-14-14 **전화** 03-3412-3908 **영업** 12:00~22:00 **휴무** 연말연시 **홈페이지** www.teppan-hiroki.com **교통** 오다큐 오다와라선 · 게이오 이노카시라선 시모키타자와 下北沢역 남쪽 출구에서 도보 3분 **지도** 별책 P.26-F

복합 문화 시설에서 세계 요리 즐기기

미칸 시모키타

ミカン下北

시모키타자와역 재개발 사업의 일환으로 지어진 복합 문화 시설이다. 미칸 ミカン은 일본어 '미완 성'에서 나온 말로 끊임없이 변하는 시모키타자와 지역을 의미한다. 시모키타자와의 매력은 세계 여러 나라의 요리를 맛볼 수 있는 레스토랑이 많이 모여 있다는 점인데, 이곳에서도 일본·한국· 대만·베트남·태국 등 아시아 각국의 음식부터 피자, 파스타 등의 서양 요리까지 다양한 요리를 만날 수 있다.

주소 東京都世田谷区北沢2-11-15 **영업** 09:00~23:30(업체에 따라 다름) **휴무** 무휴 **홈페이지** mikanshimokita.jp **교통** 오다큐 오다와라선·게이오 이노카시라선 시모키타자와 下北沢역 남쪽 출구와 바로 연결 **지도** 별책 P.26-D

잡화도 파는 브런치 카페

선데이 브런치

SUNDAY BRUNCH

시모키타자와의 작은 언덕길에 있는 브런치 카페. 잡화점과 카페가 어우러져 쇼핑과 휴식을 동시에 취할 수 있다. 제철 과일과 채소로 만든 브런치 메뉴가 있으며 차와 음료도 다양하다. 시간에 관계 없이 즐길 수 있는 브런치 세트, 4가지의 평일 한정 런치 세트를 추천한다. 오늘의 파스타와 프렌치 토스트 本日のパスタ&フレンチトースト 1650엔(수프, 하프 케이크, 음료), 브런치 세트 2420엔(미니 샐러드, 오늘의 파스타, 케이크, 음료).

주소 東京都世田谷区北沢2-29-2 **전화** 03-5453-3366 **영업** 11:00~21:00 **휴무** 무휴 **카드** 가능 **홈페이지** www.sunday brunch.co.jp **교통** 오다큐 오다와라선·게 이오 이노카시라선 시모키타자와 下北沢역 북 쪽 출구에서 도보 4분 **지도** 별책 P.26-A

음악이 있는 여유로운 카페

모나 레코드

モナレコード

J-POP를 테마로 한 카페. 일본에서 활동 중인 언더그라운드 밴드 음반을 중심으로 선곡하고, 매일 저녁 아티스트들의 공연이 펼쳐진다. 카페 한쪽에는 레코드 숍이 마련되어 있다. 이곳에서 공연한 가수들 중 실력을 인정받은 아티스트들의 곡을 한데 묶은 컴필레이션 음반을 구입할 수 있다. 런치 세트 レンチセット 1000엔~.

주소 東京都世田谷区北沢2-13-5 **전화** 03-5787-3326 **영업** 12:00~24:00 **휴무** 부정기 **홈페이지** www.mona-records.com/deli **교통** 오다큐 오다와라선 · 게이오 이노카시라선 시모키타자와 下北沢역 남쪽 출구에서 도보 2분 **지도** 별책 P.26-F

거리에 가득한 커피 향

몰디브

MALDIVE

1984년 오픈한 이래 조용히 시모키타자와 거리를 지켜온 커피 전문점. 주변을 지날 때마다 구수한 커피 향이 풍긴다. 커피와 함께 여러 종류의 원두를 판매하고 있으며 드리퍼 등 커피 관련 용품도 다양하게 진열되어 있다. 테이크아웃한 커피를 마시며 시모키타자와 거리를 거닐어보자. 브랜드 커피 262엔, 우유 안에 커피 젤리가 듬뿍 들어 있는 카페오레 젤리 カフェオレゼリ- 350엔.

주소 東京都世田谷区北沢2-14-7 **전화** 03-3410-6588 **영업** 10:00~21:00 **휴무** 무휴 **카드** 가능 **교통** 오다큐 오다와라선 · 게이오 이노카시라선 시모키타자와 下北沢역 남쪽 출구에서 도보 2분 **지도** 별책 P.26-F

도쿄 시민들이 살고 싶어하는 동네

산겐자야
三軒茶屋

줄여서 '산차'라고도 불리는 산겐자야. 살기 좋은 세타가야구의 경제 중심지이자 번화한 상업 지역으로 기치조지, 지유가오카와 함께 일본인들이 가장 살고 싶어하는 동네. 학교와 보육 시설, 공원이 많아 아이들을 키우기 좋고, 연예인이 많이 살고 있는 곳으로도 유명하다. 일대에는 녹지 산책로가 있으며, 곳곳에 멋진 카페들이 많은 데 반해 거리는 옛 모습을 간직하고 있다. 관광 명소는 없지만 아기자기한 주택가를 여유롭게 걷다가 멋진 카페에서 짧은 휴식을 즐겨봐도 좋다.

교통 도큐 덴엔도시선 · 세타가야선 산겐자야 三軒茶屋역 하차. 시부야에서 도큐 덴엔도시선으로 4분(160엔). 시모키타자와에서는 역 앞에서 下61 버스 이용 8분(220엔)

지유가오카
自由が丘

사랑스럽고 감각 있는 여성들의 놀이터

지유가오카는 지유가오카역을 중심으로 상점들이 모여 있으며 거리를 따라 산책하듯 가볍게 둘러보기 좋다. '자유의 언덕'이라는 이름에 걸맞게 자유롭고 감각적인 동네로, 상점에 걸려 있는 옷들도, 인테리어 숍의 물건들도 어딘가 모르게 편안하면서도 세련된 느낌이다. 맛있는 케이크, 예쁜 주방 소품 등 사랑스러운 상품이 쇼윈도를 가득 채우고 있다. 그래서 이곳은 여자들의 발길이 끊이지 않으며, 섬세한 남성들에게도 환영받는 곳이다.

여행 포인트	이것만은 꼭 해보자	위치
관광 ★★☆	☑ 가로수가 우거진 거리 산책하기	
사진 ★☆☆	☑ 인기 카페의 디저트 맛보기	
쇼핑 ★★☆	☑ 소규모 브랜드 숍에서 쇼핑 즐기기	
음식점 ★★★		
야간 명소 ★☆☆		

기치조지 · 신주쿠 · 우에노
· 시부야
지유가오카
· 오다이바
하네다 공항 ·

지유가오카 가는 법

{ 지유가오카의 주요 역 }

도큐 도요코선
지유가오카역
自由が丘

도큐
오이마치선
지유가오카역
自由が丘

시부야에서 출발해 다이칸야마와 나카메구로를 지나는 도큐 도요코선, JR · 린카이선 오이마치 大井町역을 지나는 도큐 오이마치선과 연결된다. 도큐 오이마치선은 지유가오카에서 오다이바로 이동할 때 외에는 특별히 이용할 일이 없다.

{ 각 지역에서 지유가오카 가는 법 }

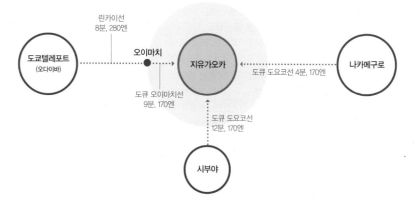

린카이선
8분, 280엔

도쿄텔레포트
(오다이바)

오이마치

도큐 오이마치선
9분, 170엔

지유가오카

도큐 도요코선 4분, 170엔

나카메구로

도큐 도요코선
12분, 170엔

시부야

지유가오카역 남쪽 출구로 나오면 오른쪽에 바로 마리끌레르 도리가 나온다. 봄에는 벚꽃 길로 유명하다.

지유가오카 추천 코스

라비타

1 지유가오카역

　　도보 1분

2 가토레아 도리

　　도보 5분

3 가베라 도리

　　도보 3분

4 라비타

　　도보 5분

마리끌레르 도리

5 마리끌레르 도리

　　도보 1분

6 지유가오카역

도요코 철도의 굴다리

지유가오카
한눈에 보기

① 라비타

이탈리아 베네치아 거리를 재현한 도로와 건물 사이로 멋진 상점과 살롱이 들어서 있다. 지유가오카의 고급스러운 분위기를 느낄 수 있다.

② 가토레아 도리

지유가오카의 메인 스트리트. 다양한 상점과 카페가 들어서 있으며 마치 동화 같은 분위기다. 천천히 걸으면서 쇼핑을 즐기다가 예쁜 카페에 들러 여유로운 시간을 보내기 좋다.

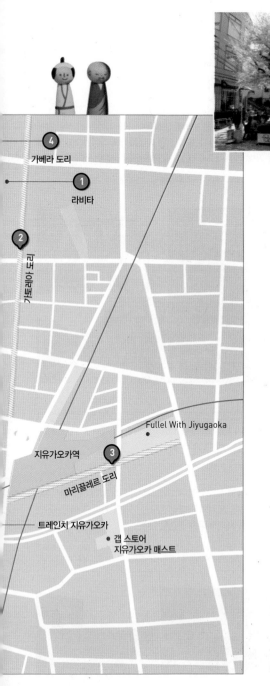

가베라 도리

① 라비타

② 가베라 도리

지유가오카역

③ 마리끌레르 도리

Fullel With Jiyugaoka

트레인치 지유가오카

갭 스토어
지유가오카 매스트

③ **마리끌레르 도리**

고급 패션 숍과 브랜드 숍이 많아 세련된 느낌의 거리. 꽃집이나 베이커리, 카페 등이 모여 있고 역에서 가장 가까워 언제나 사람들로 붐빈다. 봄에는 벚꽃 길로 유명하다.

④ **가베라 도리**

유명 잡화점과 인테리어 상점 등이 늘어선 거리. 깔끔하게 정돈된 지유가오카의 주택가를 둘러보는 것도 즐겁다.

작은 베네치아

라비타
La Vita

물의 도시 베네치아를 모델로 이탈리아풍 건물과 작은 운하를 조성했다. 규모가 상당히 작기 때문에 기대하지 않는 것이 좋지만, 곤돌라가 보이도록 사진을 찍으면 베네치아에 다녀왔다고 친구를 속일 정도는 된다. 운하 주변에는 가죽 공방, 카페, 잡화, 레스토랑 등 다양한 상점이 있다.

주소 東京都目黒区自由が丘2-8-2 **영업** 11:00∼19:30 **휴무** 가게에 따라 다름 **교통** 도큐 도요코선 · 오이마치선 지유가오카 自由が丘역 정면 출구 · 북쪽 출구에서 도보 5분 **지도** 별책 P.27–A

베네치아를 생각나게 하는 풍경과 건물

철길 옆의 작은 쇼핑 공간

트레인치 지유가오카
Trainchi Jiyugaoka

도큐 전철이 운영하는 작은 쇼핑몰로, 철길 옆의 작은 건물에 13개 상점이 모여 있다. 1층에는 주로 레스토랑이, 2층에는 의류 · 잡화점이 자리한다. 도쿄의 커피 브랜드인 야나카 커피, 저렴한 100엔 잡화점 내추럴 키친, 달콤한 홍차 전문점 카렐 차페크 등의 상점이 있다.

주소 東京都世田谷区奥沢5-42-3 **전화** 03-3477-0109 **영업** 08:00∼19:00(토 · 일요일 09:30∼17:30) **휴무** 무휴 **홈페이지** tokyu-iimise.jp/trainchi **교통** 도큐 도요코선 · 오이마치선 지유가오카 自由が丘역 남쪽 출구에서 도보 2분 **지도** 별책 P.27–E

철길 옆의 2층 쇼핑몰. 아기자기한 숍들이 모여 있다.

일본 백화점의 시초
지유가오카 데파토
自由が丘デパート

1953년 개업 이후 지유가오카의 랜드마크로 사랑받아 온 백화점. 지하 1층, 지상 4층의 긴 건물 안에는 패션, 잡화, 앤티크 등을 취급하는 100여 개의 상점이 입점해 있다. 일본에서 가장 먼저 백화점이라 불린 곳으로 2000년에 리뉴얼 공사를 마쳤다.

주소 東京都目黒区自由が丘1-28-8 **전화** 03-3717-3131 **영업** 10:00~20:00 **휴무** 수요일 **홈페이지** www.j-dpt.com **교통** 도큐 도요코선 · 오이마치선 지유가오카 自由が丘역 정면 출구 · 북쪽 출구에서 도보 1분 **지도** 별책 P.27-C

다양한 제빵 도구와
식재료 천국
쿠오카 숍
クオカショップ

홈베이킹용 제빵 도구 및 재료 전문점으로 스위츠 포레스트 1층에 위치해 있다. 베이킹에 필요한 도구 대부분과 밀가루, 코코넛, 버터, 시럽 등 다양한 식재료들이 보기 좋게 진열되어 있다.

주소 東京都目黒区緑が丘2-25-7 **전화** 03-5731-6200 **영업** 10:00~20:00 **휴무** 연말연시 **홈페이지** www.cuoca.com **교통** 도큐 도요코선 · 오이마치선 지유가오카 自由が丘역 남쪽 출구에서 도보 5분 **지도** 별책 P.27-D

일 년 내내 할인 중
갭 스토어
지유가오카 매스트
Gap Store Jiyugaoka MAST

1969년 미국에서 시작한 패션 브랜드로, 청바지를 비롯해 티셔츠, 셔츠, 니트 등 전 연령을 대상으로 하는 기본 아이템을 판매하고 있다. 거의 일 년 내내 세일하고 있어 저렴하게 구매할 수 있다. 특정 세일 기간에는 기본 50%에서 90%까지 할인하는 경우도 있으니 잘 살펴보도록 하자.

주소 東京都世田谷区奥沢5-26-16 **전화** 03-3724-8311 **영업** 11:00~20:00 **휴무** 무휴 **홈페이지** www.gap.co.jp **교통** 도큐 도요코선 · 오이마치선 지유가오카 自由が丘역 남쪽 출구에서 도보 2분 **지도** 별책 P.27-F

갭은 세일 기간에 가서 사야 억울하지 않다.

나만의 방을 위한 소소한 잡화점
와타시노 헤야
私の部屋

1 적색 벽돌의 인테리어 숍
2 방을 꾸미고 싶게 하는 소품들이
가득

일본 니가타에서 1972년 창업해 1982년 도쿄 지유가오카 지점을 시작으로 전국 곳곳에 지점이 있는 잡화점. 와타시노 헤야는 '내 방'이라는 의미로, 룸 인테리어 소품을 구입할 수 있다. 일상 속에서 작은 기쁨을 주는 아이디어 상품이 가득 진열되어 있으며, 가게에서 직접 제작한 오리지널 상품도 있다.

주소 東京都目黒区自由が丘2-9-4 **전화** 03-3724-8021 **영업** 11:00~19:30 **휴무** 1/1 **홈페이지** www.watashinoheya.co.jp **교통** 도큐 도요코선·오이마치선 지유가오카 自由が丘역 정면 출구·북쪽 출구에서 도보 3분 **지도** 별책 P.27-C

나를 위한
오늘의 특별한 아이템
투데이즈 스페셜
TODAY'S SPECIAL

여러 가지 제품을 한데 모은 셀렉트 숍. 마이보틀로 선풍적인 인기를 모았던 상점으로 일상생활에 필요한 물품들이 가지런히 진열되어 있다. 감각 있는 셀렉션에 이곳만의 패키지를 더해 한층 더 특별해 보인다. 1~2층은 상품을 판매하고 3층에는 카페 겸 레스토랑이 있어 식사와 음료를 즐길 수 있다.

주소 東京都目黒区自由が丘2-17-8 **전화** 03-5729-7131 **영업** 11:00~21:00 **휴무** 1/1 **홈페이지** www.todaysspecial.jp **교통** 도큐 도요코선·오이마치선 지유가오카 自由が丘역 정면 출구·북쪽 출구에서 도보 3분 **지도** 별책 P.27-C

일상에서 찾는 가치

이데 숍
IDÉE SHOP

'Laugh & Luxe'를 테마로 한, 오랫동안 애착을 가지고 사용할 수 있는 생활 잡화와 마음이 여유로워지는 공예품을 모아둔 인테리어 전문점. 다양한 가구와 소품으로 매장을 꾸몄으며, 인테리어 잡지에서 보던 스타일링을 직접 보고 구매할 수 있다. 3층은 베이커리 카페로 간단한 식사와 음료를 즐길 수 있다.

주소 東京都目黒区自由が丘2-16-29 **전화** 03-5701-7555 **영업** 11:30~20:00 **휴무** 무휴 **홈페이지** www.idee.co.jp **교통** 도큐 도요코선·오이마치선 지유가오카 自由が丘역 정면 출구·북쪽 출구에서 도보 3분 **지도** 별책 P.27-C

건물 전체에 인테리어 소품과 잡화가 들어차 있다. 베이커리 카페에는 달콤한 빵이 가득하다.

일본스러운 잡화가 가득

카타카나
Katakana

주인 아저씨가 전국을 돌아다니면서 수집한 귀여운 잡화를 모아 놓은 아기자기한 잡화점. 진열대 곳곳에 놓여 있는 그림 동화책은 잡화를 발견한 지역이나 그 지역 작가의 작품이며 책 속에 등장하는 잡화들이 실제 눈앞에 놓여 있어 흥미롭다.

주소 東京都世田谷区奥沢5-20-21 전화 03-5731-0919 영업 11:00~20:00 휴무 무휴 홈페이지 katakana-net.com 교통 도큐 도요코선·오이마치선 지유가오카 自由が丘역 남쪽 출구에서 도보 3분 지도 별책 P.27-F

1 귀여운 도라에몽 인형
2 잡화들이 가득하다.
3 일본의 목각 인형

차의 다양한 맛과 향을 즐기자

루피시아
LUPICIA

차의 매력을 많은 사람에게 전달하고자 시작한 차 전문점. 전 세계 200여 종의 차를 판매하고 있다. 일본 전역에 지점이 있으며 지역별 한정 상품을 판매한다. 지유가오카 매장은 루피시아 본점으로 2층에는 살롱이 있어 차를 마시며 시간을 보낼 수 있다. 동그란 용기에 담긴 차는 선물용으로 좋다.

주소 東京都目黒区自由が丘1-25-17 전화 03-5731-7370 영업 08:00~20:30 휴무 무휴 홈페이지 www.lupicia.co.jp 교통 도큐 도요코선·오이마치선 지유가오카 自由が丘역 정면 출구·북쪽 출구에서 도보 4분 지도 별책 P.27-C

1 케이스가 예뻐서 선물용으로 좋다. 2 2층의 살롱

달콤한 디저트의 천국
지유가오카 스위츠 포레스트
自由が丘スイーツフォレスト

2003년 문을 연 일본 최초의 디저트 테마파크. 디저트의 숲으로 예쁘게 꾸며진 공간에는 파티시에가 만든 달콤한 케이크와 디저트가 가득하다. 7개의 전문점을 운영하고 있으며 기간별·계절별 한정 디저트를 판매하고 있다.

주소 東京都目黒区緑が丘2-25-7 **전화** 03-5731-6600 **영업** 10:00~20:00 **휴무** 무휴 **홈페이지** sweets-forest.cake.jp **교통** 도큐 도요코선·오이마치선 지유가오카 自由が丘역 남쪽 출구에서 도보 5분 **지도** 별책 P.27-D

장인의 프티가토를 맛볼 수 있는 곳
몽 상 클레르
Mont St. Clair

남프랑스 지역에 있는 작은 언덕의 이름을 모티브로 문을 연 케이크 전문점. 프랑스 과자 콩쿠르 우승 등 화려한 경력을 소유한 일본 파티시에 츠지구치 히로노부가 운영하는 브랜드다. 한국의 반얀트리 호텔에도 매장이 있으며 섬세한 맛의 케이크와 디저트를 맛볼 수 있다.

주소 東京都目黒区自由が丘2-22-4 **전화** 03-3718-5200 **영업** 11:00~18:00 **휴무** 수요일 **홈페이지** www.ms-clair.co.jp **교통** 도큐 도요코선·오이마치선 지유가오카 自由が丘역 정면 출구, 북쪽 출구에서 도보 7분 **지도** 별책 P.27-A

오래된 전통 가옥을 그대로 찻집으로 사용하고 있다.

일본 전통 가옥에서 즐기는 여유

코소안
古桑庵

80년 된 목조 가옥을 개조한 전통 찻집. 가게로 운영한 지는 20년 정도 되었다. 실내는 다다미 방으로 되어 있어 신발을 벗고 들어갈 수 있다. 규모에 비해 테이블 수가 적은 편이라 한적하고 여유로운 분위기에서 차를 즐길 수 있다. 일본식 정원을 바라보며 일본의 전통 차인 말차와 전통 디저트인 안미츠를 맛볼 수 있다. 말차 抹茶(과자 포함) 1000엔.

주소 東京都目黒区自由が丘1-24-23 **전화** 03-3718-4203 **영업** 11:00~18:30 **휴무** 수요일
홈페이지 kosoan.co.jp **교통** 도큐 도요코선·오이마치선 지유가오카 自由が丘역 정면 출구·북쪽 출구에서 도보 4분 **지도** 별책 P.27-A

1 안미츠 2~4 목조 가옥의 다다미방에서 여유로운 시간을 보낼 수 있다.

일본 최초의 몽블랑 케이크 가게
몽블랑
Mont-Blanc

프랑스 샤모니를 여행하며 몽블랑 제조 방법을 배운
창업자가 1933년 일본에 연 케이크 가게. 몽블랑은
밤이 듬뿍 들어간 케이크로, 알프스의 몽블랑에서 이
름을 따왔다고 한다. 몽블랑 외에도 에클레어 등 달
콤한 케이크가 많다. 몽블랑 モンブラン 880엔.

주소 東京都目黒区自由が丘1-29-3 **전화** 03-3723-1181 **영업** 10:00~19:00 **휴무** 무휴 **카드** 가능 **홈페이지** www.
mont-blanc.jp **교통** 도큐 도요코선·오이마치선 지유가오카 自由が丘역 정면 출구·북쪽 출구에서 도보 2분 **지도** 별책 P.27-C

100% 소고기 수제 버거
지유가오카 버거
自由が丘バーガー

수제 버거 전문점으로 100% 일본산 소고기 패티를 사용한다. 햄버거 빵도 이곳에서 직접 반죽해
구워 내며 달걀과 유제품을 일절 사용하지 않는다. 아와지시마의 양파, 홋카이도 니세코의 감자 등
엄선한 재료만을 사용한다. 지유가오카 버거 自由が丘バーガー 1400엔.

주소 東京都目黒区自由が丘1-3-15 **전화** 03-6459-5133 **영업** 11:30~17:00, 17:00~22:00 **휴무** 월요일 **카드** 가능 **홈페
이지** jiyugaokaburger.com **교통** 도큐 도요코선·오이마치선 지유가오카 自由が丘역 정면 출구·북쪽 출구에서 도보 2분 **지도**
별책 P.27-D

동글동글 귀여운 롤케이크

지유가오카 롤야

自由が丘ロール屋

지유가오카의 케이크 전문점으로 소용돌이 모양의 단면이 귀여운 롤케이크가 인기 있다. 롤케이크에는 소용돌이 모양의 가게 마크가 찍혀 있다. 복숭아, 말차, 망고, 초콜릿 등 다양한 맛의 롤케이크가 있으며 부드러운 푸딩도 인기 있다. 지유가오카 롤 自由が丘ロール 450엔, 지유가오카 푸딩 自由が丘プリン 400엔.

주소 東京都目黒区自由が丘1-23-2 **전화** 03-3725-3055 **영업** 11:00~19:00
홈페이지 www.jiyugaoka-rollya.jp **휴무** 수요일, 세 번째 화요일 **교통** 도큐 도요코선·오이마치선 지유가오카 自由が丘역 정면 출구·북쪽 출구에서 도보 4분 **지도** 별책 P.27-B

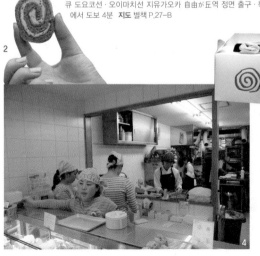

1 작고 아담한 가게
2 말차 롤케이크
3 포장 박스의 귀여운 롤 마크
4 케이크를 만드느라 분주한 가게
5 그림 롤케이크

부드럽고 고소한 치즈 타르트
베이크 치즈 타르트
BAKE Cheese Tart

두 번 구워 낸 바삭바삭한 오리지널 타르트 쿠키에 부드러운 치즈 무스를 듬뿍 넣은 치즈 타르트. 홋카이도와 프랑스의 유제품을 적절한 비율로 혼합해 이곳만의 맛을 만들어낸다. 군것질 삼아 가볍게 즐기기 좋다. 우리나라 백화점에도 여러 곳 입점해 있다. 치즈 타르트 チーズタルト 250엔.

주소 東京都目黒区自由が丘1-31-10 **전화** 03-5726-8861 **영업** 11:00~20:00 **휴무** 무휴 **카드** 가능 **홈페이지** www.bake.co.jp **교통** 도큐 도요코선 · 오이마치선 지유가오카 自由が丘 역 남쪽 출구에서 도보 1분 **지도** 별책 P.27-E

동네 카페 같은 느낌의 스타벅스
스타벅스 네이버후드 앤드 커피
Starbucks Neighborhood and Coffee

'내 이웃 스타벅스'라는 콘셉트로 주택가에 자리한 스타벅스. 새로운 스타일의 스타벅스로 일본의 한적한 주택가 곳곳에 8곳의 매장이 있다. 일반 스타벅스와는 메뉴가 다른데, 기본 스타벅스 커피 이외에 맥주와 와인, 디저트와 케이크를 판매하고 있다. 바나나 청크 요구르트 バナナチャンクヨーグルト 860엔.

주소 東京都世田谷区奥沢2-38-91 **전화** 03-5731-0245 **영업** 08:00~22:00 **휴무** 무휴 **카드** 가능 **홈페이지** www.starbucks.co.jp/neighborhood **교통** 도큐 도요코선 · 오이마치선 지유가오카 自由が丘역 남쪽 출구에서 도보 4분 **지도** 별책 P.27-D

1 한 잔 한 잔 정성스럽게
2 카페라테

기치조지

吉祥寺

일본 젊은이들이 가장 살고 싶어하는 마을

일본의 젊은이들이 살고 싶어하는 도쿄 동네 조사에서 언제나 1위를 차지하는 곳이다. 미야자키 하야오 감독의 애니메이션 캐릭터와 만날 수 있는 지브리 미술관, 벚꽃과 단풍이 아름다운 호수 공원 이노카시라온시 공원, 없는 게 없는 쇼핑 타운과 부담 없이 가볍게 한잔 즐길 수 있는 하모니카 요코초까지 즐길 거리가 다양하다. 직접 방문해 보면 왜 일본의 젊은이들이 이곳에 살고 싶어하는지 알 수 있을 것이다.

여행 포인트		이것만은 꼭 해보자	위치
관광	★★★	☑ 이노카시라온시 공원 산책하기	
사진	★★★	☑ 지브리 미술관 구경하기	
쇼핑	★★☆	☑ 아기자기한 카페와 잡화점 둘러보기	
음식점	★★☆		
야간 명소	★☆☆		

기치조지 · 신주쿠 · 우에노
· 시부야
지유가오카 · 오다이바
하네다 공항 ·

기치조지 가는 법

{ 기치조지의 주요 역 }

게이오
이노카시라선
기치조지역
吉祥寺

게이오
이노카시라선
이노카시라코엔역
井の頭公園

JR 주오선
미타카역
三鷹

기치조지는 도쿄 서쪽에 위치해 있으며 신주쿠, 시부야와 전철로 바로 연결된다. 기치조지역은 이 지역 교통의 중심지 역할을 한다. 지브리 미술관으로 바로 가려면 JR 주오선 미타카역, 이노카시라 온시 공원은 게이오 이노카시라선 이노카시라코엔역을 이용하면 좀 더 편리하다. 미타카역, 이노카 시라코엔역은 기치조지역에서 각각 한 정거장 거리다.

{ 각 지역에서 기치조지 가는 법 }

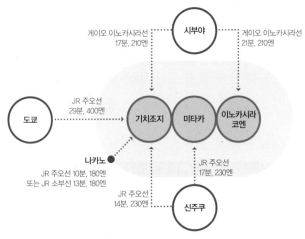

기치조지역. 미타카역과는 한 정거장 거리다.

지브리 미술관 셔틀버스

기치조지 추천 코스

1 기치조지역

⋮ 도보 5분

2 이노카시라온시 공원

⋮ 도보 10분

3 미카타의 숲 지브리 미술관

⋮ 도보 15분

4 하모니카 요코초

⋮ 도보 3분

5 기치조지 아케이드 상가

이노카시라온시 공원

미카타의 숲 지브리 미술관

하모니카 요코초

기치조지 아케이드 상가

기치조지
한눈에 보기

1 미타카의 숲 지브리 미술관

지브리의 환상적인 작품을 실제로 체험할 수 있는 꿈의 공간. 규모는 그리 크지 않지만 지브리 스튜디오의 팬이라면 방문해 볼 만하다.

2 이노카시라온시 공원

기치조지역 남쪽의 호수 공원으로 지브리 미술관과 연결된다. 주말에는 아티스트의 공연이 열리기도 한다.

← 미카타역 방향

동물원

1 미카타의 숲 지브리 미술관

③ **도큐 백화점 주변**

백화점 주변 골목에는 카페, 레스토랑, 잡화점이 많아 시간을 보내기 좋다.

④ **아케이드 상점가**

북쪽 출구 주변에는 백화점과 쇼핑몰이 모여 있으며 길게 아케이드 상점가가 들어서 있다. 상점 골목에 지붕이 덮여 있어 비가 와도 문제 없다.

③ 도큐 백화점

하모니카 요코초

기치조지역

마루이 기치조지

② 이노카시라온시 공원

이노카시라코엔역

⑤ **하모니카 요코초**

니혼슈(사케)를 제대로 즐길 수 있는 이자카야가 옹기종기 모여 있는 거리로, 독특한 콘셉트의 패션 숍이 많다.

기치조지의 관광 명소
SIGHTSEEING

★★★

도쿄 시민들이 사랑하는
호수 공원

이노카시라온시 공원

井の頭恩賜公園

🔊 이노카시라온시 코–엔

1 호수에서 보트 놀이
2 종종 일반인들이 공연을 한다.
3 공원의 명물 백조 보트
4 걷기 좋은 공원 산책로
5 벤치에서 쉬었다 가자.

1917년 문을 연 일본 최초의 교외 공원으로 벚꽃과 단풍의 명소로 꼽힌다. 공원 한가운데 호수가 있으며 호수 주변으로 아름다운 산책로가 조성되어 있다. 일본 드라마, 영화 촬영지로 자주 등장하며 호수에서는 백조 보트와 나룻배를 탈 수 있다. 단, 연인끼리 백조 보트를 타면 이별하게 된다는 이야기가 있으니 참고하자. 공원 한편에는 동물원인 이노카시라 자연문화원이 있으며 지브리 미술관과도 연결되어 있다. 토·일요일과 공휴일에는 공연이 열리며, 아티스트, 크리에이터들의 작품을 판매하는 아트마켓 ART*MRT가 열린다.

주소 東京都武蔵野市御殿山1-18-31 **전화** 0422-47-6900 **개방** 24시간 **휴무** 무휴 **교통** JR 주오선·게이오 이노카시라선 기치조지 吉祥寺역 남쪽(공원) 출구에서 도보 3분. 또는 게이오 이노카시라선 이노카시라코엔 井の頭公園역에서 도보 1분 **지도** 별책 P.29-G

〈보트 타는 곳〉
전화 0422-42-3712 **개방** 10:00~17:30(10~3월 09:30~16:50), 시기에 따라 10~20분씩 차이가 있음 **휴무** 12~2월의 수요일 **요금** 나룻배 500엔(30분), 사이클 보트 700엔(30분), 백조 보트 800엔(30분) **위치** 호수 안의 다리로 연결된 섬에 위치

★
다양한 동식물을 만나는 공간

이노카시라
자연문화원

井の頭自然文化園
🔊 이노카시라 시젠분카인

이노카시라 공원의 시설로 숲과 호수에 조성된 공간이다. 어린 이를 위한 자연 체험 공간으로 다양한 동식물을 볼 수 있다. 자연문화원은 동물원과 수생물원으로 나뉘며 공원 안에서는 조류와 어류, 공원 밖에서는 포유류를 만날 수 있다. 동물원, 열대어 전시실, 자료관 외에 회전목마 등 놀이 기구를 갖춘 미니 유원지가 있고, 공원 한편에는 조각 미술관이 있다.

주소 東京都武蔵野市御殿山1-17-6 **전화** 0422-46-1100 **개방** 09:30~ 17:00 **휴무** 월요일, 연말연시 **요금** 400엔(중학생 150엔) **교통** JR 주오선 · 게이오 이노카시라선 기치조지 吉祥寺 역 남쪽(공원) 출구에서 도보 9분. 이노카시라온시 공원 내 **지도** 별책 P.28-F

이노카시라온시 공원에서 즐기는
커피 한잔의 여유

이노카시라온시 공원은 산책로가 훌륭하고 호수 주변 곳곳에 벤치가 놓여 있어 여유롭게 시간을 보낼 수 있다. 공원이나 주변의 카페에서 테이크아웃한 커피를 마시며 공원을 산책해도 좋다. 공원 입구에 스타벅스도 있지만 이곳에서만 찾을 수 있는 카페를 들러보는 것도 좋다.

〈 블루 스카이 커피 ブルースカイコーヒー 〉

이노카시라온시 공원 깊숙이 숨어 있는 작은 카페. 커다란 나무에 둘러싸여 있어 지브리 애니메이션의 한 장면에 등장할 것 같은 느낌이다. 라테아트가 멋진 카페라테를 즐기며 호수 앞 벤치에서 여유롭게 시간을 보내자.

주소 東京都三鷹市井の頭4-1-15 **영업** 13:00~17:00 **휴무** 수요일, 비가 많이 오는 날 **교통** JR 주오선 · 게이오 이노카시라선 기치조지 吉祥寺역 남쪽(공원) 출구에서 도보 10분. 게이오 이노카시라선 이노카시라코엔 井の頭公園역에서 도보 5분 **지도** 별책 P.29-K

✪✪✪
지브리 애니메이션의 모든 것
미타카의 숲 지브리 미술관
三鷹の森ジブリ美術館 ◀» 미타카노 모리 지브리 비쥬츠칸

일본 애니메이션의 거장 미야자키 하야오 감독이 설립한 지브리 스튜디오에서 만든 미술관. 기치 조지를 대표하는 관광 명소로, 이곳에서는 〈이웃집 토토로〉, 〈센과 치히로의 행방불명〉, 〈벼랑 위의 포뇨〉 등 명작 애니메이션의 주인공들을 만나볼 수 있다.

파스텔 톤의 건물 지하 1층에는 애니메이션 캐릭터 모형, 애니메이션 원화 및 촬영 장비를 전시하고, 애니메이션 제작 과정을 살펴볼 수 있는 공간이 마련되어 있다. 미공개 지브리 애니메이션을 감상할 수 있는 상영실도 있으며, 미야자키 하야오 감독의 작업실을 재현해 둔 공간도 있다. 미술관 옥상에는 〈천공의 성 라퓨타〉의 기계병이 있어 기념사진을 촬영하기 좋다. 미술관 안의 카페 무기와라보시에서는 애니메이션에 등장하는 디저트들을 맛볼 수 있다.

인기가 높은 지브리 미술관은 혼잡을 막고 편안한 관람을 보장하기 위하여 방문 일자와 시간을 지정하는 완전 예약제로 운영되고 있다. 사전 예약

자만 방문이 가능하며, 현장 구매는 불가능하다. 특히 예약자가 몰리는 주말이나 공휴일은 입장권 예약이 쉽지 않으니 미리 예약을 해두어야 한다. 예약 방법은 아래 정보를 참조할 것.

주소 東京都三鷹市下連雀1-1-83 **전화** 0570-05-5777 **개방** 10:00~18:00 **휴무** 화요일(부정기 휴일은 홈페이지에서 확인) **요금** 1000엔(중·고등학생 700엔, 초등학생 400엔, 4세 이상 100엔) ※사전 예약 필수 **홈페이지** www.ghibli-museum.jp/en/ **교통** JR 주오선·게이오 이노카시라선 기치조지 吉祥寺역 남쪽(공원) 출구에서 버스(01~06번, 92번)로 7분(210엔) 또는 도보 16분. 게이오 이노카시라선 이노카시라코엔 井の頭公園역에서 도보 17분. JR 주오선 미타카 三鷹역에서 커뮤니티 버스 이용 5~10분(210엔, 왕복 320엔) 또는 도보 16분 **지도** 별책 P.28-ㄴ

사전 예약만 가능한
지브리 미술관의 예약 방법

홈페이지 예약 : 지브리 미술관의 홈페이지에서는 외국인 방문자를 위해 영어 예약 사이트를 별도로 운영하고 있다. 영문 홈페이지의 왼쪽 Ticket 메뉴로 들어가면 로손 티켓의 영어 예약 사이트로 연결된다. 매월 10일 오전 10시부터 다음달 입장권을 예약할 수 있다.
영어 예약 사이트 l-tike.com/st1/ghibli-en/Tt/Ttg010agreement/index

국내 여행사에서 예약 : 여행사를 통해 예약을 하면 편하다. 단 수수료가 붙는 것이 흠이다.
일본에서 예약 : 일본 현지의 JTB 여행사를 통해 예매하거나(수수료 발생) 편의점 로손의 로피(Loppi) 티켓 발매기로 예매한다. 로피 이용 방법은 아래와 같다.

〈 Loppi 티켓 발매기 이용 방법 〉

1 로손의 로피(Loppi) 티켓 발매기
2 모든 단계를 마치면 신청권이 프린트되어 나온다.

① 발매기 화면 상단의 Information을 터치한다.
② 화면 상단에서 한글을 선택한다.
③ 설명을 읽은 후 아래의 노란 버튼을 터치해 다음 화면으로 간다.
④ 구입 방법을 읽은 후 아래 노란 버튼을 터치해 예약 단계로 간다.
⑤ 예약 단계부터는 일본어로만 나온다. 방문하려는 달을 선택한다.
⑥ 달력에서 방문 일자를 선택한다.
⑦ 방문 시간을 선택한다.
⑧ 하단의 노란 버튼을 터치한다.
⑨ 입장권 매수를 선택한다.
⑩ 구입 내용을 확인한 후 아래 노란 버튼을 터치한다.
⑪ 로손 카드 소지 여부를 묻는 화면이 나온다. 하단의 ◎いいえ 버튼을 터치한다.
⑫ 이름을 입력하고 아래 노란 버튼을 터치. 본명이 아니어도 되므로 처음 세 글자만 눌러도 된다.
⑬ 전화번호를 입력하고 아래 노란 버튼을 터치한다.
⑭ 구입 내용을 확인하고 이상 없으면 ○버튼을 터치.
⑮ 재차 구입 확정 여부를 묻는 화면이 나온다. ○버튼을 터치하면 확정이다.
⑯ 신청권이 프린트되어 나온다.
⑰ 편의점 직원에게 신청권과 요금을 내면 입장권을 받을 수 있다.

일본 애니메이션의 거장
미야자키 하야오
(宮崎駿, 1941~)

애니메이션 감독이자 연출가로 걸출한 명성을 쌓은 미야자키 하야오. 그는 대학 졸업 후 1963년 도에이 동화(현 도에이 애니메이션, 東映アニメーション)에 입사하여 〈알프스 소녀 하이디〉(1974), 〈엄마 찾아 삼만리〉(1976), 〈미래 소년 코난〉(1978) 등 수많은 작품의 원화와 각본을 담당했다.

첫 감독 작품은 극작용 애니메이션인 〈루팡 3세 칼리오스트로 성의 비밀〉(1979). 이후 〈바람 계곡의 나우시카〉(1984)부터 〈벼랑 위의 포뇨〉(2008), 〈바람이 분다〉(2013)까지 수많은 인기 애니메이션의 감독을 맡았다. 2001년 감독한 〈센과 치히로의 행방불명〉은 흥행 수입 304억 엔, 관객 동원 2350만 명(일본 국내)으로 일본 영화 흥행 역대 2위를 기록하고 있으며, 베를린 영화제 황금곰상, 아카데미 장편 애니메이션 작품상을 받는 등 세계적으로 인정받았다. 그가 기획한 지브리 미술관이나 애니메이션에 등장한 일본의 숨겨진 명소들은 관광 명소로 사랑받고 있다.

기치조지의 골목 탐험
하모니카 요코초
ハモニカ横丁

골목을 표현한 지도가 하모니카의 구멍 같다고 하여 이름 붙여진 거리. 좁은 골목에 100여 곳의 상점이 모여 있으며 대부분의 가게는 2~3평 정도로 좁다. 1940년대 전후에 생긴 가게들이 대부분이며 가볍게 한잔할 수 있는 가게들이 많다.

주소 東京都武蔵野市吉祥寺本町1 **교통** JR 주오선 · 게이오 이노카시라선 기치조지 吉祥寺역 북쪽 출구에서 도보 2분 **지도** 별책 P.28-A, 29-C

애니메이션에 나올 것 같은 고양이 카페
테마리노오우치
てまりのおうち

'불가사의한 고양이의 숲'이라는 테마의 고양이 카페. 실내 인테리어는 지브리 미술관을 보는 듯한 느낌이 든다. 20여 마리의 고양이들이 손님들과 함께 여유를 부리고 있으며 가게의 인테리어도 예뻐 고양이와 함께 사진을 찍기 좋다. 휴일에는 찾는 사람이 많아 줄을 설 수 있다는 점을 기억하자.

주소 東京都武蔵野市吉祥寺本町2-13-14 3F **전화** 0422-23-5503 **영업** 10:00~21:00 **휴무** 무휴 **요금** 평일 1400엔(10세 이하 1000엔, 19:00 이후 1000엔, 10세 이하 700엔), 토 · 일 · 공휴일 1800엔(10세 이하 1300엔, 19:00 이후 1200엔, 10세 이하 900엔) **교통** JR 주오선 · 게이오 이노카시라선 기치조지 吉祥寺역 북쪽 출구에서 도보 4분 **지도** 별책 P.29-C

기치조지 시민들의 문화 공간
무사시노 시립 기치조지 미술관
武蔵野市立吉祥寺美術館
🔊 무사시노시리츠
키치죠지 비쥬츠칸

기치조지역 북쪽 아케이드 상가에 위치한 미술관. 기치조지의 시민 갤러리로, 일상과 예술을 접목한 장소로서 많은 사람에게 사랑받고 있다. 일본화, 유화, 판화, 사진 등 2000여 점의 작품을 소장하고 있으며 다양한 기획전을 열고 있다. 가벼운 마음으로 둘러보기 좋다.

주소 東京都武蔵野市吉祥寺本町1-8-16 **전화** 0422-22-0385 **개방** 10:00~19:30 **휴무** 마지막 주 수요일, 연말연시 **홈페이지** www.musashino-culture.or.jp/a_museum **요금** 100엔 **교통** JR 주오선 · 게이오 이노카시라선 기치조지 吉祥寺역 북쪽 출구에서 도보 3분. 건물 7층에 위치 **지도** 별책 P.29-C

아티스트들을 위한 작은 공간
니지가로
にじ画廊

도큐 백화점 뒤편에 위치한 잡화점 겸 갤러리. 무지개 화랑이라는 이름으로 기치조지의 젊은 아티스트들에게 갤러리 공간을 대여해 주고 있다. 1층은 숍, 2층은 갤러리로 이용되고 있으며 아티스트들이 만든 아기자기한 잡화들이 가득하다.

주소 東京都武蔵野市吉祥寺本町2-2-10 **전화** 0422-21-2177 **개방** 12:00~20:00 **휴무** 수요일 **홈페이지** nijigaro.com **교통** JR 주오선 · 게이오 이노카시라선 기치조지 吉祥寺역 북쪽 출구에서 도보 4분 **지도** 별책 P.29-C

쇼핑
SHOPPING

기치조지역의 길다란 쇼핑센터

아트레 기치조지
atré 吉祥寺

기치조지역 안에 자리한 종합 쇼핑몰. 본관과 동관으로 나뉘어 있으며 지하 1층부터 2층까지 100여 개의 다양한 상점들이 모여 있다. 모든 상품이 300엔인 저렴한 잡화점 스리코인즈(3COINS), 고급 식재료를 판매하는 슈퍼마켓 세이조 이시이(成城石井) 등의 상점과 수제 케이크 전문점 하브스(Harbs)를 비롯한 카페, 레스토랑이 모여 있다. 본관 1층에는 대형 마트와 선물용 과자 가게, 디저트 가게가 있다.

주소 東京都武蔵野市吉祥寺南町1-1-24 **전화** 0422-22-1401 **영업** 10:00~21:00(레스토랑 11:00~23:00) **휴무** 무휴 **홈페이지** www.atre.co.jp/store/kichijoji **교통** JR 주오선 · 게이오 이노카시라선 기치조지 吉祥寺역과 바로 연결 **지도** 별책 P.29-G

비가 와도 좋은 아케이드 상점 거리

기치조지 선로드 상점가
吉祥寺サンロード商店街 🔊 기치조지 산로도 쇼-텐가이

기치조지역 북쪽 출구에서 나오면 바로 이어지는 긴 아케이드 상가. 약 300m 거리에 다양한 상점들이 모여 있다. 상가 입구에는 드러그 스토어가 여러 곳 있는데, 경쟁이 심해 가격이 저렴한 편이다. 맞은편 오카시노 마치오카(おかしのまちおか)에서는 과자나 군것질거리를 저렴하게 구입할 수 있다.

주소 東京都武蔵野市吉祥寺本町1-15-1 **홈페이지** www.sun-road.or.jp **교통** JR 주오선 · 게이오 이노카시라선 기치조지 吉祥寺역 북쪽 출구에서 도보 1분 **지도** 별책 P.29-C

동네 주민의 생활을 엿볼 수 있는 거리

나카미치 도리 상점가
中道通り商店街
🔊 나카미치 도-리 쇼-텐가이

기치조지 파르코 건물 건너편에 곧게 뻗은 상점가. 잡화, 레스토랑, 슈퍼마켓, 갤러리 등 다양한 상점과 시설이 모여 있다. 540m 길이의 직선 거리 끝에는 커다란 단풍나무가 있는 기치조지 니시 공원이 있다. 거리 사이사이 골목마다 아기자기하고 예쁜 가게가 숨어 있어 이를 찾아보는 재미가 쏠쏠하다.

홈페이지 kichijoji-nakamichi.com **교통** JR 주오선 · 게이오 이노카시라선 기치조지 吉祥寺역 북쪽 출구에서 도보 3분 **지도** 별책 P.28-B

기치조지의 젊은 백화점

기치조지 파르코
吉祥寺 PARCO

기치조지의 젊은이들이 즐겨 찾는 백화점. 일본 패션 브랜드가 가득하며, 스포츠용품 전문숍인 Gallery2, 신발 전문점 ABC 마트, 재미있는 서점 빌리지 뱅가드 등이 있어 쇼핑하기 좋다. 옥상의 비어가든에서 시내를 조망하며 음료를 즐길 수 있다.

주소 東京都武蔵野市吉祥寺本町1-5-1 **전화** 0422-21-8111 **영업** 10:00~21:00 **휴무** 1/1 **홈페이지** kichijoji.parco.jp **교통** JR 주오선 · 게이오 이노카시라선 기치조지 吉祥寺역 북쪽 출구에서 도보 2분 **지도** 별책 P.29-C

젊은 주부들을 위한 백화점

코피스 기치조지
Coppice Kichijoji

젊은 부부가 많이 살고 있는 기치조지의 특성을 살린, 가족과 젊은 주부를 타깃으로 한 백화점. 3층에는 아이와 엄마를 위한 '마마키즈 테라스(ママキッズテラス)'라는 공간이 있다. 이곳에는 유모차가 있어도 편하게 차와 음료를 마실 수 있는 넓은 가든과

아이들을 위한 상점이 모여 있다. 또한 6층에는 〈리락쿠마〉, 〈스누피〉, 〈헬로키티〉 등 애니메이션에 등장하는 캐릭터와 상품들이 가득한 캬라파크(キャラパーク)가 있다.

주소 東京都武蔵野市吉祥寺本町1-11-5 **전화** 0422-27-2100 **영업** 10:00~21:00 **휴무** 1/1 **홈페이지** www.coppice.jp **교통** JR 주오선 · 게이오 이노카시라선 기치조지 吉祥寺역 북쪽 출구에서 도보 3분 **지도** 별책 P.29-C

맛집
RESTAURANT

공원에서 즐기는 야키토리와 맥주 한잔
이세야 공원점
いせや 公園店

이노카시라 공원 입구에서 연기를 피우며 손님을 유혹하는 꼬치구이 전문점. 넓고 깔끔한 공간에서 야키토리(꼬치구이)와 맥주를 즐길 수 있다. 기치조지에는 3곳의 지점이 있는데, 주로 공원 주변의 본점과 공원 지점에 손님이 몰린다. 편의점에서 맥주를, 이세야에서 야키토리를 구입해 이노카시라 공원의 벤치에서 즐기면 마치 기치조지의 주민이 된 듯한 기분이 든다.

주소 東京都武蔵野市吉祥寺南町1-15-8 **전화** 0422-43-2806 **영업** 12:00~22:00 **휴무** 월요일 **홈페이지** www.kichijoji-iseya.jp **교통** JR 주오선·게이오 이노카시라선 기치조지 吉祥寺역 남쪽(공원) 출구에서 도보 5분 **지도** 별책 P.29-G

1 리뉴얼하여 깔끔해진 실내
2 공원 입구의 테이크아웃 코너
3 숯불에 구워 내는 꼬치 요리
4 저렴하고 다양한 꼬치 요리

언제나 긴 행렬이 생기는 멘치카츠 전문점

스테이크 하우스 사토
ステーキハウス さとう

소고기와 야채를 잘 다져서 동글동글 튀겨 낸 멘치카츠가 인기 있는 가게. 이곳의 멘치카츠를 맛보기 위해 가게 건너편 거리까지 긴 행렬이 늘어선다. 고로케, 돈가스 등의 반찬용 튀김을 전문으로 팔고 있다. 2층은 스테이크 전문점으로 고급 스테이크 요리를 맛볼 수 있다. 멘치카츠 メンチカツ 270엔, 사토 스테이크 さとうステーキ 2000엔(120g).

주소 東京都武蔵野市吉祥寺本町1-1-8　**전화** 0422-22-3130　**영업** 10:00~19:00　**휴무** 1/1~2　**홈페이지** www.shop-satou.com　**교통** JR 주오선·게이오 이노카시라선 기치조지 吉祥寺역 북쪽 출구에서 도보 2분　**지도** 별책 P.28-A

1 멘치카츠 봉투
2 언제나 긴 행렬이 생긴다.
3 고기가 듬뿍! 멘치카츠

영국 감성이 묻어나는 카페

마가렛호웰 카페
MARGARET HOWELL SHOP & CAFE

영국 의류 브랜드 마가렛호웰에서 운영하는 카페로 1층은 카페 매장, 2층은 의류 매장으로 나뉜다. 기치조지 골목에 위치해 있으며 바로 옆에 있는 기치조지 니시 공원에서는 멋진 전망을 즐기며 커피를 마실 수 있다. 커피 コーヒー 700엔.

주소 東京都武蔵野市吉祥寺本町3-7-14　**전화** 04-2223-3490　**영업** 11:00~19:00　**휴무** 무휴　**홈페이지** www.margarethowell.jp　**교통** JR 주오선·게이오 이노카시라선 기치조지 吉祥寺역 북쪽 출구에서 도보 12분　**지도** 별책 P.28-B

바로 뽑은 생면으로 만든 파스타

스파 키치

スパ吉

하모니카 요코초 골목 안의 작은 파스타 전문점. 가게 입구의 오픈 키친에서 면을 뽑아 바로 삶아내 파스타를 만든다. 바로 뽑은 면이라 식감이 더욱 쫄깃하고 부드럽다. 10가지 소스의 파스타를 맛볼 수 있다. 참고로 차가운 파스타는 여름 한정 메뉴. 미트 소스 極旨ミートソース 950엔.

주소 東京都武蔵野市吉祥寺本町1-11-24 **전화** 04-2227-1126 **영업** 11:00~15:00, 17:30~21:00 **휴무** 무휴 **홈페이지** spakichi.co.jp **교통** JR 주오선·게이오 이노카시라선 기치조지 吉祥寺역 북쪽 출구에서 도보 5분 **지도** 별책 P.29-C

생파스타. 면을 바로 뽑아 파스타를 만든다.

기치조지 랭킹 1위의 츠케멘

츠케멘 엔지

つけ麺 えん寺

기치조지역 남쪽 출구에 위치한 맥도날드 옆 건물 깊숙한 곳에 자리한 츠케멘 전문점. 츠케멘은 면과 국물이 따로 나와 국물에 면을 찍어 먹는 요리로 일본의 인기 라멘 중 하나다. 돼지사골 육수와 해산물 육수를 섞어 만든 진한 국물에 채소를 듬뿍 넣어 끓인 깔끔한 국물이 강점이며 특히 여성들에게 인기가 높다. 줄이 길어 보통 30분 정도는 기다려야 맛볼 수 있다. 베지포타 츠케멘 ベジポタつけ麺 850엔.

주소 東京都武蔵野市吉祥寺南町1-1-1 **전화** 0422-44-5303 **영업** 11:00~16:00, 17:30~22:00(토·일요일·공휴일은 쉬는 시간 없이 운영) **휴무** 연말연시 **교통** JR 주오선·게이오 이노카시라선 기치조지 吉祥寺역 남쪽(공원) 출구에서 도보 1분 **지도** 별책 P.29-G

<h2 style="text-align:center">지브리 느낌의 분위기 있는 카페</h2>

<h1 style="text-align:center">쿠구츠소</h1>

くぐつ草

지브리 애니메이션 〈바람 계곡의 나우시카〉의 동굴 속에 들어온 것 같은 카페. 어둡고 신비한 분위기가 감돌며 한쪽 끝에 있는 창에서 들어오는 빛이 아름답다. 카페 메뉴판도 나무로 되어 있어 고대 유물을 찾는 듯한 느낌이 든다. 메뉴를 고르기 힘든 사람을 위해 주사위를 던져 선택하는 주사위 메뉴도 준비되어 있다. 카레가 맛있기로 유명하며, 진한 시나몬 코코아 한 모금에 몸속 깊이 달콤함이 퍼진다. 실내 흡연이 가능한 것이 장점이자 단점. 쿠구츠소 카레 くぐつ草カレー 850엔, 시나몬 코코아 シナモンココア 1000엔.

주소 東京都武蔵野市吉祥寺本町1-7-7　**전화** 0422-21-8473　**영업** 10:00~22:00　**휴무** 무휴　**홈페이지** www.kugutsusou.info　**교통** JR 주오선 · 게이오 이노카시라선 기치조지 吉祥寺역 북쪽 출구에서 도보 2분　**지도** 별책 P.29-C

1 애니메이션 속 한 장면 같은 카페 **2** 시나몬 코코아

<h2 style="text-align:center">동화 속에 나올 것 같은 찻집</h2>

<h1 style="text-align:center">카렐 차페크</h1>

Karel Capek

다양한 동화와 에세이를 집필한 체코의 극작가, 카렐 차페크의 팬이 운영하는 차 전문점. 여자들의 차 모임, 아이들이 양손으로 머그컵을 꼭 잡고 있는 모습 등을 이미지화해 홍차와 허브차 제품의 포장 디자인을 고안했다. 차를 담은 케이스와 찻잔도 인기 있어 제품 케이스를 따로 모으는 사람도 많다.

주소 東京都武蔵野市吉祥寺南町1-1-24　**전화** 04-2227-1627　**영업** 10:00~21:00　**휴무** 무휴 **홈페이지** www.karelcapek.co.jp　**교통** JR 주오선 · 게이오 이노카시라선 기치조지 吉祥寺역 아트레 atré 안에 위치　**지도** P.29-G

기름에 비벼 먹는 독특한 라멘
부부카
ぶぶか

국물이 거의 없는 라면을 고소한 기름에 비벼 먹는 아부라소바. 마치 짜장면을 먹는 것 같기도 하다. 부부카는 최근 몇 년간 도쿄에서 유행했던 아부라소바의 원조라고 할 수 있는 라멘 전문점이다. 이곳의 아부라소바는 인스턴트 라면으로 개발될 정도로 인기가 좋다. 아부라소바 油そば(730엔) 외에도 국물이 진한 돈코츠 라멘 とんこつらーめん(750엔)을 맛볼 수 있다.

주소 東京都武蔵野市吉祥寺本町1-7-1 **전화** 0422-28-0015 **영업** 11:30~24:00 **휴무** 무휴 **교통** JR 주오선 · 게이오 이노카시라선 기치조지 吉祥寺역 북쪽 출구에서 도보 2분 **지도** 별책 P.29-C

바삭바삭 고소한 붕어빵 맛집
아마네
天音

하모니카 요코초 안의 일본식 과자 전문점으로 찹쌀 당고와 붕어빵을 판매하고 있다. 일본에서는 붕어빵을 도미빵(タイ焼き, 타이야키)이라고 부르며 이곳의 붕어빵은 일명 '날개'라 불리는 바삭한 껍질이 붙어 있어 떼어 먹는 재미가 있다. 메뉴는 팥과 기간 한정 메뉴 두 가지로 한정 메뉴는 2개월에 한 번씩 바뀐다. 붕어빵 220엔, 한정 메뉴 245엔.

주소 東京都武蔵野市吉祥寺南町1-1-9 **전화** 04-2222-3986 **영업** 11:00~18:00 **휴무** 무휴 **교통** JR 주오선 · 게이오 이노카시라선 기치조지 吉祥寺역 북쪽 출구에서 도보 2분 **지도** 별책 P.28-A

지브리 미술관의
동화 같은 카페
카페 무기와라보시
カフェ麦わらぼうし

'밀짚모자'라는 뜻의 카페 무기와라보시. 노란색의 귀여운 외관이 눈길을 사로잡는 레스토랑 겸 카페로, 지브리 미술관 안에 자리하고 있다. 음료를 비롯해 돈가스, 오므라이스, 케이크 등 다양한 메뉴를 맛볼 수 있다. 음식 맛이 그리 훌륭한 편은 아니지만 애니메이션 캐릭터로 포인트를 준 접시와 데커레이션이 눈을 즐겁게 한다. 초콜릿 시럽으로 그림을 그려주는 라테(500엔)가 특히 인기가 있다. 식사류 650엔~.

주소 東京都三鷹市下連雀1-1-83 **전화** 0422-43-2806 **영업** 11:00~19:00 **휴무** 지브리 미술관 휴무일 **홈페이지** www.ghibli-museum.jp/cafe/ **교통** 지브리 미술관 내(P.430 참조) **지도** 별책 P.28-I

시나몬 티가 맛있는
차이 티 전문점
차이 브레이크
Chai Break

이노카시라온시 공원 입구 쪽 지브리 미술관으로 가는 골목길에 위치한 찻집. 터키나 인도에서 주로 마시는 차이(Chai) 티 전문점이다. 홍차는 물론 커피도 맛있으며 특히 시나몬 티, 시나몬 롤케이크 등 시나몬이 들어간 메뉴가 맛있다. 음료를 테이크아웃해서 공원을 산책하며 마셔도 좋다.

주소 東京都武蔵野市御殿山1-3-2 **전화** 0422-79-9071 **영업** 09:00~19:00(토·일요일·공휴일 08:00~19:00) **휴무** 화요일 **홈페이지** www.chai-break.com **교통** JR 주오선·게이오 이노카시라선 기치조지 吉祥寺역 남쪽(공원) 출구에서 도보 5분 **지도** 별책 P.28-F

시나몬 티와 시나몬 롤케이크

오다이바
お台場

도쿄 젊은이들이 사랑하는 데이트 코스이자 야경 명소
오다이바는 19세기 적의 공격을 막기 위해 도쿄만에 만들어진 인공 섬이다.
1990년대 초 도시 재개발 프로젝트에 의해 상업과 거주 및 레저 기능을 갖춘 복
합 지역으로 발전했다. 계획적으로 조성된 아름다운 경관을 배경으로 최신식 쇼
핑 타운과 대관람차, 후지TV 본사, 박람회장 등의 즐길 거리, 여러 레스토랑과
카페, 호텔에 이르기까지 다채로운 휴식 시설이 한곳에 모여 있어 쇼핑과 관광
뿐 아니라 숙박까지 오다이바 안에서 해결할 수 있다. 도쿄만을 가로지르는 현
수교인 레인보우 브리지와 연결되어 있으며 도쿄 도심의 건물과 어우러져 멋진
경관과 아름다운 야경을 만들어낸다.

여행 포인트	이것만은 꼭 해보자	위치

관광 ★★★	☒ 실제 크기 건담 보기
사진 ★★★	☒ 오다이바와 도쿄만의
쇼핑 ★★☆	야경 감상
음식점 ★★☆	☒ 도쿄 빅 사이트의 행사에
야간 명소 ★★★	참여하기

기치조지 • 신주쿠 • 우에노
• 시부야
지유가오카
• 오다이바

하네다 공항 •

오다이바 가는 법

{ 가장 가까운 역 }

유리카모메
오다이바
카이힌코엔역
お台場海浜公園

린카이선
도쿄텔레포트역
東京テレポート

오다이바는 바다를 건너가야 하므로 도쿄 도심에서 20분 정도 걸리며, 레인보우 브리지를 건너는 모노레일 유리카모메나 해저를 지나는 전철 린카이선으로 갈 수 있다. 오다이바는 섬 입구의 모노레일역인 오다이바카이힌코엔역과 전철역인 도쿄텔레포트역을 중심으로 둘러보면 편하다. 모노레일인 유리카모메는 오다이바의 주요 관광지에 정차하며 1일 이용권이 있어 편리하나 시간이 많이 걸린다는 단점이 있다. 린카이선은 시부야, 이케부쿠로, 신주쿠에서 오다이바로 갈 때 편리하다. 아사쿠사에서 갈 때는 유람선을, 하네다 공항에서는 리무진 버스나 린카이선, 도쿄 모노레일을 이용하면 편하다.

{ 각 지역에서 오다이바 가는 법 }

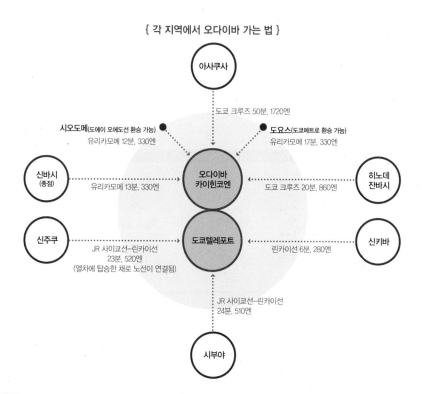

{ 공항에서 오다이바 가는 법 }

하네다 공항	리무진 버스 15~45분, 530~630엔	오다이바

오다이바의 리무진 버스 정류장
도쿄 빅 사이트, 국제전시장역, 도쿄 베이 아리아케 워싱턴 호텔, 힐튼 도쿄 오다이바 등

홈페이지 www.limousinebus.co.jp/area/haneda/odaiba_ariake.html

{ 오다이바로 가는 교통수단 }

유리카모메(모노레일) ゆりかもめ
신바시에서 레인보우 브리지를 지나 오다이바 해변 공원~배 과학관~아리아케~도요스를 연결한다. 만일 3번 이상 탑승한다면 1일 승차권(一日乘車券)을 구입하는 것이 이익이다. 승차권은 종점인 신바시와 유리카모메역의 승차권 판매기에서 구입할 수 있으며 가격은 820엔(어린이 410엔)이다.

린카이선 臨海線
린카이선은 JR 사이쿄선 쾌속과 연결되며(환승이 아니라 탑승한 채 연결됨), 보통열차의 경우 오사키 大崎역에서 출발한다. JR 야마노테선 등 다른 노선을 이용해서 이동할 경우 오사키역으로 가서 린카이선으로 환승하고, 긴자나 도쿄 동남쪽 지역에서 지하철로 이동할 경우 신키바 新木場역으로 가서, 린카이선으로 환승하면 편리하다.

도쿄 크루즈(수상버스) Tokyo Cruise
도쿄 도심과 오다이바를 연결하는 유람선. 요금은 출발지와 이동 구간에 따라 달라진다. 아사쿠사에서 직행하는 노선과 히노데잔바시 日の出栈橋에서 환승하는 노선이 있다.

홈페이지 www.suijobus.co.jp

오다이바를 순환하는 무료 버스
베이 셔틀
Bay Shuttle

오다이바의 관광 명소를 연결해 주는 무료 셔틀버스. 20분 간격으로 운행하며 아쿠아 시티 오다이바, 다이버 시티 도쿄 플라자, 도쿄 텔레포트, 비너스 포트, 후지TV, 힐튼 도쿄 오다이바 등을 지난다.

운행 노선표(일본어)
www.hinomaru.co.jp/metrolink/odaiba
운행 시간 11:30~19:30(20분 간격)
요금 무료

오다이바 추천 코스

1   도쿄텔레포트역

도보 2분

2   비너스 포트

도보 3분

3   다이버 시티 도쿄 플라자

도보 5분

4   후지 TV

도보 5분

5   오다이바 해변 공원

도보 3분

6   아쿠아 시티 오다이바

도보 3분

7   덱스 도쿄 비치

비너스 포트

다이버 시티 도쿄 플라자

후지TV

오다이바 해변 공원

아쿠아 시티 오다이바

덱스 도쿄 비치

해가 지면 더욱 아름답다
오다이바의 야경과 불꽃놀이

오다이바는 도쿄에서 야경이 아름답기로 유명한 곳으로 바다와 함께 도쿄 도심의 화려한 야경을 감상할 수 있다. 특히 자유의 여신상, 도쿄 타워, 레인보우 브리지가 동일 선상에서 함께 불을 밝히며 만들어내는 야경은 오다이바의 상징이다. 오다이바 해변 공원에서는 해변가의 야경을 감상하기 좋고, 덱스 도쿄 비치와 아쿠아 시티의 레스토랑, 야외 테라스에서는 식사나 음료를 즐기며 야경을 감상할 수 있다. 해변과 반대편인 다이버 시티, 팔레트 타운에서는 대관람차와 실제 크기 건담에 불이 들어와 오다이바의 독특한 야경을 만들어낸다. 또한 여름이 되면 불꽃 축제가 열려 오다이바와 도쿄만에서는 바다 위에서 터지는 화려한 불꽃이 밤하늘을 수놓는다. 겨울에는 주말 저녁마다 짧게 불꽃을 터트린다. 불꽃놀이는 날씨와 사정에 따라 취소되기도 한다.

〈 도쿄만 불꽃 축제 東京湾花火大会 〉
시기 8월 두 번째 토요일 **시간** 18:50∼20:10 **규모** 1만 2000발, 70만 명

〈 오다이바 레인보우 불꽃 축제 お台場レインボー花火 〉
시기 12월 매주 토요일(매년 다름) **시간** 19:00∼19:10 **규모** 1800발

1 덱스 도쿄 비치에서 본 야경
2 야간에 조명이 밝혀진
실제 크기 건담
3 도쿄만 불꽃 축제
4 오다이바 레인보우 불꽃 축제

오다이바
한눈에 보기

① 오다이바 해변 공원

바다 건너 도쿄 도심이 보이는 아름다운 해변 공원. 오다이바에서 가장 경치가 아름다운 곳으로 레인보우 브리지, 도쿄 타워, 자유의 여신상을 함께 감상할 수 있다. 저녁이 되면 도쿄 도심에 불이 들어오며 멋진 야경이 펼쳐진다.

② 오다이바 해변 공원~팔레트 타운

오다이바 해변 공원과 다이버 시티, 팔레트 타운(비너스 포트)은 다리로 연결되며 7분 정도 걸린다. 각각 오다이바카이힌코엔역과 도쿄텔레포트역으로 연결된다.

레인보우 브리지

① 오다이바 해변 공원

오다이바 해변 공원
~팔레트 타운 ②

다이버 시티 ●

④ 팔레트 타운

후네노카가쿠칸역

⑤

아오미역

오다이바의 건담

⑥

텔레콤센터역

③ 꿈의 대교

오다이바 서쪽과 동쪽을 연결하는 큰 다리로 팔레트 타운과 도쿄 빅사이트를 연결한다. 사람이 많지 않아 한적한 편이다. 사진에서 가장 오른쪽 다리.

4 팔레트 타운

오다이바의 상징 중 하나인 대관
람차가 있는 복합 테마 공간으로
메가 웹, 비너스 포트 등 다양한
시설이 모여 있다.

5 오다이바의 건담

실제 크기 건담이 세워져 있으며 건담 프런트, 건
담 카페 등 다양한 시설이 있어 건담의 성지라 불
린다.

아리아케테니스노모리역

7 아리아케

국제전시장역

아리아케역

3 꿈의 대교

고쿠사이텐지조세이몬역

7 도쿄 빅 사이트

6 텔레콤센터역

NTT 도코모의 텔레콤 센터 건물이 있는 곳으로
오에도 온센 모노가타리, 일본 과학 미래관 등이
있다.

7 아리아케 · 도쿄 빅 사이트

오다이바 동쪽 지역으로 콘서트,
박람회 등 대형 이벤트가 열린다.
평소에는 사람이 많지 않지만 이벤
트가 열리면 수십만 명이 몰린다.

SIGHTSEEING

✪✪✪

시원한 바닷바람이
불어오는 야경 명소

오다이바 해변 공원

お台場海浜公園
🔊 오다이바 카이힌코-엔

주소 東京都港区台場1 **전화** 03-
5500 -2455 **개방** 24시간 **휴무** 무
휴 **교통** 유리카모메 오다이바카이힌코
엔 お台場海浜公園역 북쪽 출구에서 도
보 5분 또는 다이바 台場역 북쪽 출구에
서 도보 3분. 린카이선 도쿄텔레포트 東
京テレポート역에서 도보 7분. 수상버스
오다이바 해변 공원 선착장에서 바로
지도 별책 P.30-B

오다이바의 해안을 따라 조성된 인공 해변으로 도쿄 젊은이들의
데이트 장소로 인기가 높다. 레인보우 브리지와 도쿄 타워가 보이
는 넓은 해안가의 중심에 우뚝 선 자유의 여신상(自由の女神像)도
볼 수 있다. 여름에는 불꽃 축제가 열려 도쿄만의 야경과 함께 환
상적인 풍경을 연출해 낸다.

합성 아니고 리얼
도쿄에 자유의 여신상이 있다!?

1998년 4월 29일부터 1년간 '프랑스의 해'라는 프로모션으로 프랑스의
자유의 여신상을 도쿄에 설치하였다. 이후 여신상은 프랑스로 반환하
였고 모조품을 만들어 오다이바에 설치한 것이 지금의 자유의 여신상
이다. 높이 11m, 무게 9톤으로, 다이바 여신상으로 불리기도 한다.

주소 東京都港区台場1-4-1 **교통** 유리카모메 오다이바카이힌코엔 お台場海浜公
園역 북쪽 출구에서 도보 6분 또는 다이바 台場역 북쪽 출구에서 도보 5분, 린카이선 도쿄텔레포트 東京テレポート역에서 도
보 8분 **지도** 별책 P.30-B

★★
도쿄를 대표하는 아름다운 현수교
레인보우 브리지
レインボーブリッジ

도쿄 도심과 오다이바를 연결하는 길이 800m, 높이 524m의 현수교. 일본 영화와 드라마의 배경으로 자주 등장한다. 야간에는 444개의 조명에 불을 밝혀 다양한 색상으로 변하기 때문에 레인보우 브리지라는 이름이 붙었다.

주소 東京都港区海岸3-33-19 **전화** 03-6667-5855 **교통** 유리카모메 오다이바카이힌코엔 ぉ台場海浜公園역 북쪽 출구에서 도보 10분 또는 시바우라후토 芝浦ふ頭역 동쪽 출구에서 도보 5분 **지도** 별책 P.30-B

체력과 시간이 된다면
걸어서 건너는 레인보우 브리지

레인보우 브리지는 주로 모노레일인 유리카모메와 차로 건너지만 걸어서도 건널 수 있다. 도쿄 쪽의 시바우라후토역에서 5분, 오다이바카이힌코엔역에서 10분 정도 걸으면 레인보우 브리지의 입구가 나오며, 엘리베이터를 타고 위로 올라가 다리를 건널 수 있다. 차도와의 경계에 울타리가 설치되어 안전하게 걸을 수 있으며, 중간중간 전망 공간이 있어 도쿄만의 아름다운 풍경을 감상할 수 있다. 다리가 상당히 길기 때문에 40~50분 정도는 소요된다는 점을 알아두자. 요금은 발생하지 않는다.

전망 좋은 레스토랑이 많은
복합 문화 공간
덱스 도쿄 비치
DECKS Tokyo Beach

다양한 테마가 있는 쇼핑센터와 놀이 시설이 완비된 복합 엔터
테인먼트 공간으로 도쿄만이 바라다보이는 오다이바 해변 공원
바로 뒤에 위치해 있다. 전망 좋은 레스토랑과 카페가 많은 해변
가의 시사이드 몰, 쇼핑과 오락 시설이 모여 있는 아일랜드 몰로
구분된다. 1950년대의·일본 상점가를 재현한 다이바 잇초메 상
점가, 타코야키 뮤지엄, 레고랜드 등 다양한 시설이 있다.

주소 東京都港区台場1-6-1 전화 03-3599-6500 영업 11:00~21:00(레스토랑
~23:00) 휴무 부정기 카드 가능 홈페이지 www.odaiba-decks.com 교통 유
리카모메 오다이바카이힌코엔 お台場海浜公園역 북쪽 출구에서 도보 3분 또는 다이
바 台場역 북쪽 출구에서 도보 6분. 린카이선 도쿄텔레포트 東京テレポート역에서 도
보 7분 지도 별책 P.30-B

레고가 만들어낸 세상 속으로

레고랜드
디스커버리 센터 도쿄
LEGOLAND
Discovery Center Tokyo

어른의 호기심을 자극하는 서
적과 취미 활동에 관한 정보지
가 가득한 서점 겸 잡화점. 점
원이 하나하나 선택한 상품과
서적이 보기 좋게 진열되어 있
다. 매장은 카페와 상점으로 나
뉘며 카페에서는 양질의 식재료로 만든 다양한 요리를 맛볼 수
있다. 카페는 애니메이션, 영화 등의 컬래버레이션 카페로도 운영
되며 내용에 따라 인테리어와 메뉴가 바뀐다.

전화 03-6256-0830 영업 10:00~20:00(토·일요일 ~21:00), 1시간 전 입장 마감 홈
페이지 tokyo.legolanddiscoverycenter.jp 위치 덱스 도쿄 비치의 아일랜드 몰 3층

세가의 게임 기술이 집약된
놀이동산

도쿄 조이 폴리스
東京ジョイポリス

일본의 게임 전문 기업인 세가(SEGA)에서 운영하는 게임 테마
파크. 시사이드 몰 3~5층에 20여 종의 놀이 시설이 설치되어 있
다. 실내에 있기 때문에 대형 시설은 없지만 스릴 넘치는 어트랙
션이 많아 아이부터 어른까지 신나게 즐길 수 있다. 패스포트 티
켓을 구매하면 어트랙션을 자유롭게 이용할 수 있다.

전화 03-5500-1801 **영업** 10:00~22:00 **요금** 입장권 1200엔(7~17세 900엔), 패
스포트 5000엔(7~17세 4000엔), 나이트 패스포트(평일 17:00, 주말 16:00부터 입장 가
능) 4000엔(7~17세 3000엔) **홈페이지** tokyo-joypolis.com **위치** 덱스 도쿄 비치
의 시사이드 몰 3~5층

쇼와 시대 풍경을 간직한 거리

다이바 잇초메 상점가
台場1丁目商店街

일본 쇼와 시대, 특히 도쿄 올림픽을 앞둔 1950~60년대의 일본
상점가를 재현한 상점가. 일본 최초의 신칸센 모형 등 과거의 오
브제들이 곳곳에 진열되어 있으며 당시 유행하던 먹거리, 잡화
등을 판매하고 있다.

전화 03-3599-6500 **영업** 11:00~21:00 **홈페이지** www.odaiba-decks.com
위치 덱스 도쿄 비치의 시사이드 몰 4층

1 1950년대의 포스터
2 1960년대의 거리를 재현
3 화려한 입구의 간판

인기 가게의 타코야키를
골라 먹는 재미

타코야키 뮤지엄
たこ焼きミュージアム

일본의 국민 간식인 타코야키를 테마로 5곳의 인기 타코야키 가게가 모여 있는 곳. 오사카를 대표하는 타코야키 가게 4곳과 도쿄의 인기 타코야키 가게가 입점해 있다. 타코야키 가격은 가게에 따라 다르지만 보통 8개 500엔 정도. 취향에 맞는 타코야키를 골라 먹는 재미가 있다.

전화 03-3599-6500 **영업** 11:00~21:00 **위치** 덱스 도쿄 비치의 시사이드 몰 4층

호주의 인기 브런치 식당

빌즈
bills Odaiba

세계 최고의 아침 식사라고 불리는 호주의 시드니에서 시작한 캐주얼 다이닝 레스토랑. 가마쿠라, 오모테산도, 요코하마에 지점이 있다. 이곳 오다이바 지점에서는 도쿄만의 멋진 전망을 감상하며 식사를 즐길 수 있다. 입에서 사르르 녹는 팬케이크와 하이브리드 디저트라고 불리는 퓨전 디저트가 인기. 리코타 팬케이크 リコッタパンケーキ 2000엔, 모차렐라 세이지 핫샌드위치 モッツァレラとセージのホットサンドイッチ 1800엔.

전화 03-3599-2100 **영업** 09:00~23:00(토 · 일요일 · 공휴일 08:00~) **카드** 가능 **홈페이지** bills-jp.net **위치** 덱스 도쿄 비치의 시사이드 몰 3층

1, 2 쾌적하고 깔끔한 식당
3 가족들이 많이 찾는다.
4 리코타 팬케이크와 파니니

다양한 볼거리가 있는
쇼핑 문화 공간

아쿠아 시티 오다이바
Aqua City Odaiba

주소 東京都港区台場1-7-1 전화 03-3599-4700 영업 11:00~21:00(레스토랑 ~23:00) 휴무 무휴 카드 가능 홈페이지 www.aquacity. jp 교통 유리카모메 오다이바카이힌코엔 ぉ台場海浜公園역 북쪽 출구에서 도보 7분 또는 다이바 台場역 북쪽 출구에서 도보 4분. 린카이선 도쿄텔레포트 東京テレポート역에서 도보 9분 지도 별책 P.30-B

레스토랑, 쇼핑몰, 놀이 시설이 한데 모인 복합 엔터테인먼트 공간. 인기 브랜드와 다양한 음식이 있는 푸드 코트가 있다. 3층의 아쿠아 아레나에서는 각종 이벤트가 열리며, 소니에서 운영하는 엔터테인먼트 시설인 메디아주, 일본 각 지역의 라멘을 맛볼 수 있는 도쿄 라멘 고쿠기칸 등이 자리하고 있다. 옥상에는 오다이바 신사가 설치되어 있다.

각 지방의
인기 라멘 가게들이 한곳에

도쿄 라멘 고쿠기칸
東京ラーメン国技館

전국에서 엄선된 라멘 가게가 모여 경쟁하는 라멘 테마파크로, 일본 각 지방의 인기 라멘을 골라 먹을 수 있다. 일본 각 지역을 대표하는 6곳의 라멘 가게가 입점해 있으며 이곳에만 있는 특별한 메뉴도 맛볼 수 있다.

전화 03-3599-4700 영업 11:00~23:00 위치 아쿠아 시티 오다이바 5층

멋진 전망도 즐기고
맛있는 회전 초밥도 먹고

요시마루 스이산
吉丸水産

매일 아침 도쿄 도요스 시장에서 들여온 신선한 해산물로 만드는 초밥 전문점. 가격은 130엔부터 650엔까지. 가격대에 따라 각각 색이 다른 9가지의 접시에 초밥이 담겨 나온다. 테이블 좌석이 많아 편안하게 초밥을 즐길 수 있다. 오다이바의 멋진 전망을 감상하며 식사를 즐길 수 있는 것이 장점이다.

전화 03-5530-4401 영업 11:00~23:00 카드 가능 위치 아쿠아 시티 오다이바 6층

독특한 구조의 유쾌한 방송국
후지TV
フジテレビ
🔊 후지 테레비

일본 최대의 민영 방송국 후지 TV의 본사 빌딩. 유명 건축가 인 단게 겐조(丹下健三)가 설 계했으며 독특한 외관과 구체 전망대가 인상적이다. 지상 100m 높이의 구체 전망대에 서는 레인보우 브리지를 비롯해 도쿄만의 절경을 270도 파노라 마로 감상할 수 있다. 7층의 F-island와 5층의 스튜디오 프롬나 드는 무료로 입장할 수 있으며 후지TV 프로그램의 미니 세트와 다양한 캐릭터 등을 만날 수 있다.

주소 東京都港区台場2-4-8 **전화** 03-5500-8888 **개방** 10:00~18:00 **휴무** 월 요일 **요금** 전망대 700엔(초·중학생 450엔) **홈페이지** www.fujitv.co.jp/gotofujitv **교통** 유리카모메 오다이바카이힌코엔 ぉ台場海浜公園역 남쪽 출구에서 도보 6분 또 는 다이바 台場역 남쪽 출구에서 도보 3분. 린카이선 도쿄텔레포트 東京テレポート역 에서 도보 7분 **지도** 별책 P.30-F

✪
건담 마니아들의 성지
실제 크기 건담
実物大ガンダム立像

건담 RX-78의 1:1 모형이 철거되고 같은 자리에 새롭게 설치된 실제 크기의 건담. 건담 팬의 필수 코스로 인기가 많다. 설치된 건담의 모델명은 '유니콘(RX-0 Unicorn Gundam)'으로 〈기동 전사 건담 UC〉에 등장하는 뉴타입 전용이다. 건담 30주년인 2009년에 처음 제작되었으며 오다이바 시오카제 공원과 시즈오 카에 전시 후 다시 이곳 다이버 시티에 설치되었다. 저녁이 되면 불을 밝혀 멋진 야경을 연출하고, 종종 레이저 쇼 등 특별한 연 출이 펼쳐지기도 한다.

주소 東京都江東区青海1-1-10 **특별 쇼** 12:00, 15:00, 17:00, 19:30, 20:00, 20:30, 21:00, 21:20 **교통** 다이버 시티 도쿄 플라자 앞(오른쪽 페이지 정보 참조) **지 도** 별책 P.30-F

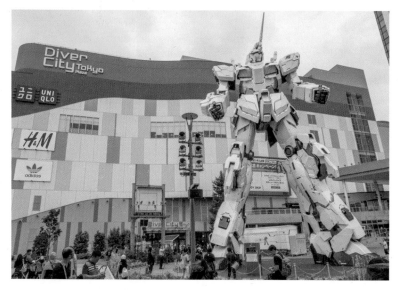

실제 크기 건담과 함께 새로 생긴 복합 상업 시설

다이버 시티 도쿄 플라자
Diver City Tokyo Plaza

오다이바에 새로 생긴 복합 상업 시설로, 다양한 브랜드 숍이 모여 있다. 건물 앞 광장에는 실제 크기 건담이 세워져 있으며 건담의 세계를 즐길 수 있는 엔터테인먼트 시설 건담 프런트 도쿄와 재미있는 건담 빵을 판매하는 건담 카페가 있다. 건물 상층에는 게임 센터와 스포츠 레저 시설인 라운드 원이 위치해 있다.

주소 東京都江東区青海1-1-10 **전화** 03-6380-7800 **영업** 10:00~21:00(레스토랑 11:00~23:00) **휴무** 무휴 **홈페이지** www.divercity-tokyo.com **교통** 유리카모메 오다이바가이힌코엔 お台場海浜公園역 남쪽 출구에서 도보 9분 또는 다이바 台場역 남쪽 출구에서 도보 7분 **지도** 별책 P.30-F

건프라의 역사를 배우고
건담을 즐긴다

건담 베이스 도쿄
THE GUNDAM BASE
TOKYO

실제 크기 건담이 있는 다이버 시티 최상층에 위치한 전시장으로 건담을 테마로 한 다양한 전시가 열린다. 전 세계 건프라(건담 프라모델) 팬을 위한 공식 건프라 종합 시설이자 보

고, 만들고, 배우고, 구매하는 건담 전문 숍이다. 거의 모든 종류의 건프라를 구입할 수 있으며 이곳만의 한정 건프라가 있어 건담 팬이라면 꼭 들러야 하는 곳이다.

영업 무료 존 10:00~21:00, 유료 존 10:00~19:00 **요금** 1200엔(초·중학생 1000엔) **홈페이지** www.gundam-base.net **위치** 다이버 시티 도쿄 플라자 7층

직접 만들어 먹는 쿠시야키 뷔페

쿠시야 모노가타리
串家物語

오사카의 명물인 쿠시야키 串焼き를 직접 만들어 먹는 식당. 쿠시야키는 여러 가지 재료를 꼬치에 끼워 튀겨 낸 요리다. 뷔페 형식으로 쿠시야키 재료를 골라 튀김옷을 입혀 튀겨 먹으면 된다. 쿠시야키 외에도 다양한 요리를 즐길 수 있다. 평일 런치 90분 1920엔(초등학생 950엔), 디너 90분 2900엔(초등학생 1130엔).

전화 03-3527-6446 **영업** 11:00~22:30 **카드** 가능 **홈페이지** www.kushi-ya.com **위치** 다이버 시티 도쿄 플라자 6층

동해에서 잡히는
신선한 해산물로 만든 초밥

프리미엄 카이오
プレミアム 海王

가성비 좋은 회전 초밥 전문점. 동해와 인접해 있는 호쿠리쿠 지역의 해산물로 만든 초밥 요리를 선보인다. 50종이 넘는 다양한 초밥이 있으며 대부분이 140엔, 260엔으로 저렴하다. 이곳 다이버 시티는 프리미엄 매장으로 550엔의 특별한 초밥도 맛볼 수 있다.

전화 03-6457-2630 **영업** 11:00~22:30 **카드** 가능 **홈페이지** www.kaio-co.jp **위치** 다이버 시티 도쿄 플라자 6층

정교한 미니어처 세상

스몰 월드 도쿄

SMALL WORLDS TOKYO

우주 센터, 공항 등을 움직이는 미니어처로 구현한 실내 테마파크. 도쿄는 물론 세계 각 지역의 명소를 미니어처로 만들어 전시하고 있다. 세일러문, 에반게리온 등 애니메이션의 배경도 미니어처로 제작해 방문객의 관심을 끈다. 카페와 뮤지엄 숍 등 다양한 시설에서 휴식을 취하거나 쇼핑을 할 수 있다.

주소 東京都江東区有明1-3-33 **영업** 09:00~19:00 **휴무** 무휴 **요금** 2700엔(12~17세 1900엔, 4~11세 1500엔) **홈페이지** www.smallworlds.jp **교통** 유리카모메 아리아케테니스노모리 有明テニスの森駅 1A 출구에서 도보 3분 **지도** 별책 P.31-D

물의 모든 것을 알 수 있는 곳

도쿄도 물의 과학관

東京都水の科学館

체험형 전시를 통해 물을 탐구하고 도쿄의 하수 시설인 아리아케 빗물 펌프장을 둘러볼 수 있는 어린이 박물관이다. 물과 관련된 다양한 이벤트가 열리며 대부분 무료로 운영되고 있으므로 가볍게 둘러보기에 좋다.

주소 東京都江東区有明3-1-8 **전화** 03-3528-2366 **영업** 09:30∼17:00 **휴무** 월요일 **요금** 무료 **홈페이지** www.mizunokagaku.jp **교통** 유리카모메 아리아케 有明역 서쪽 출구에서 도보 11분. 린카이선 국제전시장 国際展示場역에서 도보 9분 **지도** 별책 P.31-G

일본 국민 가전 파나소닉의 다양한 콘텐츠

파나소닉 센터 도쿄

パナソニックセンター東京

일본을 대표하는 가전 회사인 파나소닉의 활동을 소개하는 쇼룸. SDGs나 올림픽, 패럴림픽, 차세대 육성 등 파나소닉이 사회적·교육적 취지로 진행해 온 활동을 이벤트, 전시 등의 콘텐츠를 통해 소개한다. 2021년에는 다양한 아이디어를 시각화하는 박물관인 아케루에 AkeruE를 오픈해 주목받기도 했다.

주소 東京都江東区有明3-5-1 **전화** 03-3599-2600 **영업** 10:00∼18:00 **휴무** 월요일 **요금** 무료(아카루에 700엔) **홈페이지** holdings.panasonic/jp/corporate/center-tokyo.html **교통** 유리카모메 아리아케 有明역 서쪽 출구에서 도보 7분. 린카이선 국제전시장 国際展示場역에서 도보 5분 **지도** 별책 P.31-H

도요스 공원 인근 가스 과학 박물관

가스테나니 가스 과학관
がすてなーに ガスの科学館

아기자기하게 꾸며진 과학 박물관으로 에너지와 관련된 미래를 상상하고 체험할 수 있다. 옥상에는 둥근 지구를 체험할 수 있는 잔디 광장이, 실내에는 생활과 가스의 관계 및 역사를 소개하는 역사 갤러리를 비롯한 다양한 전시 시설이 있다. 자유롭게 관람할 수 있으며 도요스 시장이나 오다이바에 들를 때 함께 둘러보면 좋다.

주소 東京都江東区豊洲6-1-1 **전화** 03-3534-1111 **영업** 09:30~17:00 **휴무** 월요일 **요금** 무료 **홈페이지** www.gas-kagakukan.com **교통** 도쿄메트로 히비야선·유리카모메 도요스 豊洲역 1B 출구에서 도보 4분 **지도** 별책 P.31-D

배 모양의 과학 전시관

배 과학관
船の科学館 🔊 후네노 카가쿠칸

바다와 배를 주제로 일본 해양의 역사를 살펴볼 수 있는 전시관. 크루즈 여객선인 퀸 엘리자베스 2호를 모티브로 배의 구조를 본뜬 6층 건축물이 인상적이다. 배의 굴뚝 부분은 70m 높이의 전망대로, 도쿄만 일대와 오다이바의 전경이 그림처럼 한눈에 들어온다.

주소 東京都品川区東八潮3-1 **전화** 03-5500-1111 **개방** 10:00~17:00 **휴무** 월요일, 연말연시 **요금** 무료 **홈페이지** www.funenokagakukan.or.jp **교통** 유리카모메 후네노카가쿠칸 船の科学館역 서쪽 출구에서 도보 3분. 린카이선 도쿄텔레포트 東京テレポート역에서 도보 11분 **지도** 별책 P.30-E

✪

과학의 신비를 알기 쉽게 이해하는 장소

일본 과학 미래관

日本科学未来館 🔊 니혼가카쿠 미라이칸

최첨단 과학 기술과 인간을 이어주는 새로운 콘셉트의 과학 박물관. 체험형 전시와 기획전, 세미나를 통해 최신 과학 기술에 대한 대중의 이해도를 높이는데 힘쓰고 있다. 세계 최다인 500만 개의 별이 보이는 플라네타리움도 감상할 수 있다.

주소 東京都江東区青海2-41 **전화** 03-3570-9151 **개방** 10:00~17:00 **휴무** 화요일, 연말연시 **요금** 630엔(18세 이하 210엔), 돔 시어터 300엔(18세 이하 100엔) **홈페이지** www.miraikan.jst.go.jp **교통** 유리카모메 텔레콤센터 テレコムセンター역 북쪽 출구에서 도보 4분. 린카이선 도쿄텔레포트 東京テレポート역에서 도보 10분 **지도** 별책 P.30-l

---

✪

다양한 이벤트가 열리는 국제 전시장

도쿄 빅 사이트

東京ビッグサイト

도쿄 최대의 국제 전시장으로 은색 역삼각형의 독특한 외관이 인상적이다. 10개의 전시 홀에서는 각종 이벤트, 전시회, 회의가 개최되며 연간 입장 인원은 800만 명을 넘어선다. 국제 애니메이션 페어, 디자인 페스타, 도쿄 국제 모터사이클 쇼 등 대규모 국제 이벤트와 전시회가 개최된다.

주소 東京都江東区有明3-11-1 **전화** 03-5530-1111 **홈페이지** www.bigsight.jp **교통** 유리카모메 고쿠사이텐시조세이몬 国際展示場正門역 남쪽 출구에서 도보 3분. 린카이선 국제전시장 国際展示場역에서 도보 9분 **지도** 별책 P.31-L

★★
첨단 예술을 선보이는 곳
팀랩 플래닛 도쿄
teamLab Planets TOKYO

팀랩은 여러 뮤지엄을 운영하면서 설치 미술을 창조하는 아트 집단이다. 프로젝션이나 모션 캡처 등 최첨단 기술을 적용해 작품을 제작하고 있다. 최근에는 장르를 초월한 몰입형 갤러리를 선보이고 있으며, 도쿄의 인기 관광 명소로 널리 알려지고 있다.

주소 東京都江東区豊洲6-1-16 **전화** 03-3534-1111 **영업** 09:00~22:00 **휴무** 무휴 **요금** 3800엔(중 · 고등학생 2300엔, 4~12세 1300엔) **홈페이지** planets. teamlab.art/tokyo/jp **교통** 유리카모메 신도요스 新豊洲역 1A 출구에서 도보 1분 **지도** 별책 P.31-D

오다이바의 대규모 이벤트 홀
아리아케 콜로세움
有明コロシアム

1만 명 규모의 대형 이벤트 홀. 농구, 테니스, 격투기 시합이 주로 열리며, 콘서트, 연주회 등 다양한 공연도 진행된다. K-POP 가수의 일본 콘서트가 이곳에서 주로 열린다.

주소 東京都江東区有明2-2-22 **전화** 03-3529-3301 **교통** 유리카모메 아리아케 有明역 서쪽 출구에서 도보 10분. 린카이선 국제전시장역 国際展示場역에서 도보 9분 **지도** 별책 P.31-H

아키하바라

秋葉原

일본 서브컬처의 중심지

전자 상가를 중심으로 다양한 테마의 상점들이 모여 있는 일본 최대 상점가. 주로 게임과 애니메이션을 좋아하는 사람들이 모이는 곳으로 종류를 막론하고 헤아릴 수 없을 정도로 많은 상품이 전시되어 있다. 전기ㆍ전자 관련 제품과 부품을 판매하는 상점이 밀집해 있고 애니메이션, 게임, 피규어, 프라모델, 코스프레 관련 상품도 쉽게 찾아볼 수 있다. 애니메이션의 특징을 살린 메이드 카페 등 독특한 문화가 살아 숨쉬고 있어 관광객들의 발길이 끊이지 않는 지역이다.

여행 포인트		이것만은 꼭 해보자		위치

관광	★★★
사진	★★☆
쇼핑	★★★
음식점	★☆☆
야간 명소	★☆☆

☑ 메이드 카페 구경하기
☑ 애니메이션 관련 상품 쇼핑하기
☑ 건담 카페, AKB48 카페 앤드 숍 가보기

우에노
기치조지
신주쿠
아키하바라
지유가오카
오다이바
하네다 공항

아키하바라 가는 법

{ 아키하바라의 주요 역 }

JR 야마노테선
아키하바라역
秋葉原

JR 소부선
아키하바라역
秋葉原

JR
게이힌토호쿠선
아키하바라역
秋葉原

도쿄메트로
히비야선
아키하바라역
秋葉原

도쿄메트로
긴자선
스에히로초역
末広町

아키하바라역은 JR 소부선 · 야마노테선 · 게이힌토호쿠선, 도쿄메트로 히비야선이 지나며, 도쿄메트로 긴자선 스에히로초역과도 인접해 있다. 아키하바라역은 크게 전기가 출구 電気街口와 중앙 출구 中央口로 나뉘며 전기가 출구 쪽에 대부분의 상점이 밀집해 있다.

{ 각 지역에서 아키하바라 가는 법 }

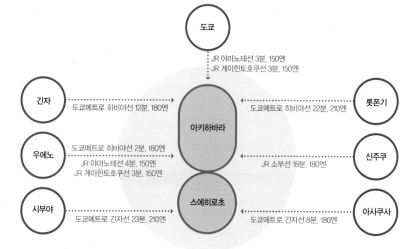

도쿄

JR 야마노테선 3분, 150엔
JR 게이힌토호쿠선 3분, 150엔

긴자 — 도쿄메트로 히비야선 12분, 180엔

롯폰기 — 도쿄메트로 히비야선 22분, 210엔

아키하바라

우에노 — 도쿄메트로 히비야선 2분, 180엔
JR 야마노테선 4분, 150엔
JR 게이힌토호쿠선 3분, 150엔

신주쿠 — JR 소부선 18분, 180엔

시부야 — 도쿄메트로 긴자선 23분, 210엔

스에히로초

아사쿠사 — 도쿄메트로 긴자선 8분, 180엔

{ 공항에서 아키하바라 가는 법 }

| 하네다 공항 | 리무진 버스
30~40분, 1000엔 | | | 아키하바라
(요도바시 아키바 앞) |

| 하네다 공항 | 도쿄 모노레일
16분, 500엔 | 하마마쓰초 | JR 야마노테선
10분, 170엔
JR 게이힌토호쿠선
8분, 170엔 | 아키하바라 |

JR 게이힌토호쿠선
京浜東北線

사이타마의 오오미야역에서 출발해 도쿄 도심을 지나며 요코하마역까지 운행하는 JR 열차. 야마노테선과 일정 구간을 공유하며 도심 구간에서는 10:30~15:30에 쾌속 열차가 운행한다.

도쿄 구간의 쾌속 정차역 다바타 田端, 우에노 上野, 오카치마치 御徒町, 아키하바라 秋葉原, 간다 神田, 도쿄 東京, 하마마쓰초 浜松町, 다마치 田町

아키하바라 추천 코스

1 아키하바라역

도보 2분

2 게마즈

도보 3분

3 코토부키야

도보 2분

4 만다라케

도보 3분

5 애니메이트

도보 1분

6 UDX

도보 5분

7 요도바시 아키바

게마즈

고토부키야

만다라케

UDX

요도바시 아키바

아키하바라에서 한 걸음 나아가기

간다 · 오차노미즈
神田·お茶の水

1 악기 전문상가로 유명한 오차노미즈 2 중고 서점의 천국인 간다

아키하바라에서 전철로 한 정거장 거리. 혹은 남쪽으로 다리를 건너 10~15분 정도 걸어가면 간다 · 오차노미즈 지역이 나온다. 이 지역에는 중고 서적을 파는 고서점 거리, 악기와 스포츠 관련 용품 전문 거리가 있으며 제법 규모도 큰 편이다. 지역 중앙에 있는 메이지 대학을 중심으로 카페, 식당도 많은 편이니 가볍게 둘러보면 좋다.

교통 도쿄메트로 신오차노미즈 新御茶ノ水역 · 아와지초 淡路町역, 도에이 신주쿠선 오가와마치 小川町역에서 내리면 바로. JR 간다 神田역, 오차노미즈 お茶の水역에서도 조금만 걸으면 찾아갈 수 있다.

그럴 듯한 관광 명소가 있는 지역은 아니지만, 도쿄의 소소하고 정겨운 분위기를 느낄 수 있다.

아키하바라
한눈에 보기

아키바타마비21

2 만다라케

1 전기가 출구

아키하바라역 전기가 출구로 나가면 일본에서 가장 큰 전자 상가 거리가 있다. 최근에는 전자 제품보다는 애니메이션, 피규어, 프라모델 등 취미 용품을 판매하는 가게들이 많다. 일본 애니메이션의 성지로 거리에는 메이드들이 호객 행위를 하며, 종종 코스튬 플레이를 하는 사람도 만날 수 있다.

2 만다라케 주변

아키하바라역에서 나와 큰길 건너편 골목에는 만다라케를 비롯해 다양한 애니메이션 캐릭터 숍, 컴퓨터 용품점, 중고 상품 판매점 등이 모여 있다. 주로 가전과 컴퓨터 매장이 많다.

③ 유디엑스 UDX

아키하바라역 광장에서 육교를 통해 연결되는 건물로, 내부의 큰 전시장에서는 건프라 엑스포를 비롯해 아키하바라의 메인 이벤트가 열린다. 건물 안에는 식당도 많아 식사를 즐기기에도 좋다.

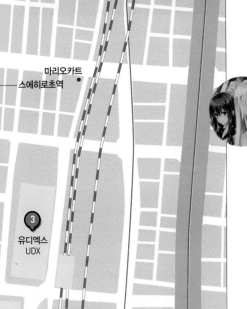

마리오카트
스에히로초역

③ 유디엑스 UDX

④ 요도바시 아키바

④ 요도바시 아키바

초대형 전자 상가로 아키하바라 전자 상가 반대편 출구 쪽에 위치해 있다. 전자 상가와 카페, 레스토랑이 모여 있는 복합 쇼핑 시설이다.

① 전기가 출구
아키하바라역

간다강

SIGHTSEEING

아키하바라의 관광 명소

✪✪✪

아키하바라의 복합 문화 공간

유디엑스
UDX

아키하바라역 광장에서 에스컬레이터로 연결된 다리를 건너면 나오는 대형 건물. 이벤트 스페이스인 아키바 스퀘어, 이벤트 갤러리인 UDX 갤러리, 도쿄 애니메이션 센터, 레스토랑 거리인 아키바 이치로 나뉘며 다양한 전시와 이벤트가 열린다. 2층 인포메이션 센터에서는 아키하바라의 관광 정보를 얻거나 기념품을 구입할 수 있다. 아키바 이치에는 30여 곳의 레스토랑이 모여 있어 식사를 즐기기 좋다.

주소 東京都千代田区外神田4-14-1 전화 03-3252-5091 개방 11:00~23:00 휴무 무휴 홈페이지 udx.jp 교통 JR·도쿄메트로 히비야선 아키하바라 秋葉原역 전기가 電気街 출구에서 도보 3분 지도 별책 P.32-C

폐교를 재활용한
도심 속 전시 공간

아키바타마비21
アキバタマビ21
🔊 아키바타마비 니쥬이치

인구 감소로 학생이 줄어들어 문을 닫게 된 아키하바라 인근 지요다 중학교를 개조해 만든 갤러리 겸 문화 공간. 일본의 명문인 타마 미술학교에서 운영하고 있으며 젊은 아티스트의 작품 발표 공간으로 이용되고 있다. 아트 숍, 렌털 스페이스도 함께 운영한다. 카페와 레스토랑이 있어 쉬었다 가기도 좋다.

주소 東京都千代田区外神田6-11-14 전화 03-5812-4558 개방 12:00~19:00 (금·토요일 ~20:00) 휴무 화요일 홈페이지 akibatamabi21.com 교통 JR 아키하바라 秋葉原역 전기가 電気街 출구에서 도보 12분, 도쿄메트로 긴자선 스에히로초 末広町역 4번 출구에서 도보 1분 지도 별책 P.32-A

대규모 애니메이션 전문 숍
게마즈
ゲーマーズ

일본 애니메이션 코믹 · 게임 전문점으로 아키하바라점이 본점이다. 일본 각 지역에 지점이 있으며 애니메이션과 게임 위주의 상품을 판매하고 있다. 애니메이션 〈디지캐럿〉의 캐릭터가 점원으로 일하고 있다는 설정으로 만든 이야기가 애니메이션으로 방영되었으며, 캐릭터는 이곳의 마스코트로 사용되고 있다. 애니메이션 관련 컬래버레이션 상품이나 한정 상품이 많다.

주소 東京都千代田区外神田1-14-7 **전화** 03-5298-8720 **영업** 09:00~22:00(2~7층 10:00~21:00) **휴무** 1/1 **홈페이지** www.gamers.co.jp **교통** JR · 도쿄메트로 히비야선 아키하바라 秋葉原역 전기가 電気街 출구에서 도보 2분 **지도** 별책 P.32-E

피규어 제작사의 피규어 전문점
코토부키야
Kotobukiya

프라모델, 피규어 등의 기획, 개발, 제조, 판매를 전문으로 하는 기업으로 일본 전국 각지에 직접 매장을 운영하고 있다. 캐릭터 피규어를 중심으로 다양한 상품들이 진열되어 있으며 해외 캐릭터의 피규어도 찾아볼 수 있다.

주소 東京都千代田区外神田1-8-8 **전화** 03-5298-6300 **영업** 10:00~20:00 **휴무** 1/1 **홈페이지** www.kotobukiya.co.jp/store/akiba **교통** JR · 도쿄메트로 히비야선 아키하바라 秋葉原역 전기가 電気街 출구에서 도보 4분 **지도** 별책 P.32-E

다양한 캐릭터 상품을 만날 수 있는 코토부키야. 모르는 사이 지갑을 열게 된다.

아키하바라의 만물상
아키바오
あきばお～

점포 10개가 모여 있는 아키하바라의 잡화 천국. 있으면 좋을 것 같은, 재미있는 아이디어 상품이 가득하며 식료품을 제외한 가전, 가구, 악기, 의료, 뷰티 등 다양한 상품이 제멋대로 진열되어 있다. 정신없이 복잡한 가게지만 잘 찾아보면 숨겨진 보물을 발견할지도 모른다.

주소 東京都千代田区外神田1-8-10 전화 03-3251-6747 영업 11:00~20:00 (토ㆍ일요일 10:30~19:30) 휴무 무휴 홈페이지 www.akibaoo.co.jp 교통 JRㆍ도쿄메트로 히비야선 아키하바라 秋葉原역 전기가 출구에서 도보 4분 지도 별책 P.32-C

중고 취미ㆍ수집품 전문점
만다라케
Mandarake

주소 東京都千代田区外神田3-11-12 전화 03-3252-7007 영업 12:00~20:00 휴무 무휴 홈페이지 mandarake.co.jp 교통 JRㆍ도쿄메트로 히비야선 아키하바라 秋葉原역 전기가 電気街 출구에서 도보 5분 지도 별책 P.32-C

만화와 애니메이션, 코스프레 관련이라면 웬만한 중고는 전부 모인다는 만다라케. 이곳은 만다라케의 지점 중에서도 상당한 규모를 자랑하는 곳으로, 8층 건물 전체를 사용한다. 층별로 테마를 나누어 상품을 판매하고 있다. 지역 특성상 새로 들어오는 중고 물품도 많지만 그만큼 빨리 팔려 나가므로 타이밍을 잘 맞춰야 좋은 상품을 얻을 수 있다.

방대한 양의
게임, 음반, PC 전문 상점
소프맙
ソフマップ

게임, 음반, PC 전문 상점으로 신상품과 중고 상품을 동시에 판매하고 있다. 아키하바라에만 5곳의 매장이 있다. 중고 상품은 컴퓨터 관련 용품, DVD, CD, 게임 등이 대부분이며 가격도 저렴한 편이다.

주소 東京都千代田区外神田3-13-12 전화 03-3253-9190 영업 10:00~20:00 휴무 무휴 홈페이지 www.sofmap.com 교통 JRㆍ도쿄메트로 히비야선 아키하바라 秋葉原역 전기가 電気街 출구에서 도보 5분 지도 P.32-C

애니메이션 전문 복합 쇼핑몰
애니메이트
Animate

애니메이션 관련 모든 상품이 모여 있는 복합 쇼핑몰. 애니메이션
발표회 등 다양한 이벤트가 열린다. 애니메이션 관련 서점, 애니
메이션 캐릭터들로 가득한 카페 등도 함께 운영하고 있다.

주소 東京都千代田区外神田4-3-2 **전화** 03-5209-3330 **영업** 10:00~20:00
휴무 무휴 **홈페이지** www.animate.co.jp **교통** JR·도쿄메트로 히비야선 아키하
바라 秋葉原역 전기가 電気街 출구에서 도보 3분 **지도** 별책 P.32-C

전자 상가 규모의 복합 쇼핑몰
요도바시 아키바
ヨドバシ Akiba

카메라를 시작으로 수많은 가전
제품과 관련 상품이 보기 좋게 진
열되어 있는 쇼핑몰이다. 거의 모
든 제품을 직접 사용해 보고 구입
할 수 있다. 가전 이외에도 미용
용품, 취미 관련 상품을 파는 숍
들이 모여 있으며 유명 카페와 레
스토랑도 입점해 있다.

주소 東京都千代田区神田花岡町1-1 **전화** 03-5209-1010 **영업** 09:30~22:00
휴무 무휴 **홈페이지** www.yodobashi-akiba.com **교통** JR 아키하바라 秋葉原역
쇼와도리 昭和通り 출구에서 도보 1분. 도쿄메트로 히비야선 아키하바라역 3번 출구에
서 도보 1분 **지도** 별책 P.32-F

일본 각 지역의
식재료와 특산물 집합소
차바라
Chabara

일본 각 지역의 특산품, 고급 식재료 등이 모여 있는 전문 숍. 오
키나와에서 홋카이도까지 각 지역의 엄선된 제품들이 진열되어
있다. 이곳의 식재료로 반찬을 만들어 판매하는 일본 가정식 식
당 고마키 쇼쿠도(こまきしょくどう), 식재료 백화점 쇼쿠힌칸(日
本百貨店しょくひんかん), 야나카의 커피 전문점 야나카 커피(や
なか珈琲店)가 입점해 있다.

주소 東京都千代田区神田練塀町8-2 **전화** 03-3258-0051 **영업** 11:00~20:00
휴무 무휴 **홈페이지** www.jrtk.jp/chabara **교통** JR·도쿄메트로 히비야선 아키하
바라 秋葉原역 전기가 電気街 출구에서 도보 3분 **지도** 별책 P.32-D

맛집
RESTAURANT

재미있는 캐릭터 노래방
가라오케 파세라
カラオケ パセラ

〈에반게리온〉, 〈몬스터 헌터〉, 〈파이널 판타지〉, 〈전국 바사라〉 등 게임, 애니메이션 작품을 테마로 방을 꾸민 노래방. 노래를 부르면서 술과 식사를 즐길 수 있으며 한국 노래도 부를 수 있다. 음료, 술을 무제한으로 마실 수 있는 코스도 있다.

주소 東京都千代田区神田佐久間町2-10　**전화** 0120-706-738　**영업** 12:00~다음 날 05:00(금요일 ~다음 날 07:00, 토요일 11:00~다음 날 07:00, 일요일·공휴일 11:00~다음 날 05:00)　**휴무** 무휴　**요금(1인, 30분)** 일반 룸 380엔(토·일요일·공휴일 580엔), 콘셉트 룸 454엔 ※음료 무제한 370엔, 술과 음료 무제한 570엔 추가　**홈페이지** www.pasela.co.jp/shop/akihabara　**교통** JR 아키하바라 秋葉原역 쇼와도리 昭和通り 출구에서 도보 3분. 도쿄메트로 히비야선 아키하바라역 1번 출구에서 도보 1분　**지도** 별책 P.32-F

1 귀여운 고양이 캐릭터 방
2 몬스터 헌터 고기
3 에반게리온 방

아키하바라의 메이드 카페에 도전
앗토호무 카페
@ほぉ～むカフェ

'주인님'을 입에 달고 다니는 메이드들이 안내하는 아키하바라의 카페. 단순 접대 외에도 연주, 공연 등 다양한 퍼포먼스를 보여준다. 음료와 식사 메뉴가 준비되어 있으며 메이드가 직접 케첩으로 원하는 그림을 그려주는 삐뼤요삐요삐요 히요코상 라이스(삐약삐약 병아리 라이스) ぴぴよぴよぴよ ひよこさんライス(990엔) 등 재미있는 메뉴도 있다.

주소 東京都千代田区外神田1-11-4　**전화** 03-5207-9779　**영업** 11:00~22:00(토·일요일·공휴일 10:00~22:00)　**휴무** 부정기　**홈페이지** www.cafe-athome.com　**교통** JR·도쿄메트로 히비야선 아키하바라 秋葉原 역 전기가 電気街 출구에서 도보 4분　**지도** 별책 P.32-C

정갈한 돈가스 맛집
돈카츠 마루고
とんかつ丸五

아키하바라의 돈가스 전문점으로 상점 거리 안쪽 골목에 위치해 있다. 미슐랭 가이드 도쿄편에 빕구르망으로 소개되었으며 다양한 돈가스와 튀김 요리를 판매하고 있다. 저온으로 튀겨낸 부드러운 식감의 돈가스가 인기다. 특 히레카츠 정식 特ヒレカツ定食 2400엔, 특 로스카츠 정식 特ロースカツ定食 2150엔.

주소 東京都千代田区外神田1-8-14 **전화** 03-3255-6595 **영업** 11:30~14:00, 17:00~20:00 **휴무** 월·화요일 **교통** JR·도쿄메트로 히비야선 아키하바라 秋葉原역 전기가 電気街 출구에서 도보 6분 **지도** 별책 P.32-E

1 히레카츠 정식
2 여럿이 둘러앉아 먹을 수 있는 테이블
3 2층 원형 테이블
4 소박한 가게 외관

입에서 살살 녹는
로스트 비프 맛집

로스트 비프 오노
ローストビーフ大野

고급 일본산 와규를 저온으로 7시간 동안 천천히 가열하여 부드러운 식감을 살린 로스트 비프 전문점. 주문을 받은 뒤에 전용 기계로 고기를 한 장 한 장 잘라내며, 균일한 힘과 속도로 자르기 때문에 균일한 두께의 로스트 비프를 맛볼 수 있다. 로스트 비프를 위한 특제 소스도 준비되어 있다. 로스트 비프 정식 ローストビーフ定食 1870엔.

주소 東京都千代田区外神田1-2-3 **전화** 03-3254-7355 **영업** 11:00~23:00 **휴무** 무휴 **홈페이지** roast beef-ohno.com **교통** JR·도쿄메트로 히비야선 아키하바라 秋葉原역 전기가 電気街 출구에서 도보 4분 **지도** 별책 P.32-E

교토에서 시작한
규카츠 전문점

교토 카츠규
京都勝牛

도쿄와 오사카에 지점을 내며 전국적으로 인기를 모으고 있는 규카츠 전문점. 값싼 가공육이 아닌 살치살로 만들어 더욱 맛있다. 아키하바라 지점에서는 종종 애니메이션 작품들과 컬래버레이션한 자그마한 선물을 받을 수도 있다. 규사로인 카츠 교 토로로젠 牛サーロイン京とろろ膳 1969엔.

1 규카츠 로스
2 호바미소 규카츠(된장구이)
3 규카츠 정식

주소 東京都千代田区神田花岡町1-1 **전화** 03-3254-7355 **영업** 11:00~22:00 **휴무** 무휴 **홈페이지** gyukatsu-kyotokatsugyu.com **교통** JR 아키하바라 秋葉原역 쇼와도리 昭和通り 출구에서 도보 1분. 도쿄메트로 히비야선 아키하바라역 3번 출구에서 도보 1분. 요도바시 아키하바라 8층 **지도** 별책 P.32-F

그릇이 넘치도록
담겨 나오는 라멘

야로라멘
野郎ラーメン

코주부 아저씨가 브이 사인을 하고 있는 라멘 전문점. 최근 도쿄 각 지역에 지점을 내며 인기를 모으고 있다. 진한 육수에 숙주 나물과 돼지고기 차슈가 산처럼 쌓여 나오는 부타야로 라멘 豚野郎ラーメン(1260엔)이 주력 메뉴다. 모든 메뉴가 양이 많으니 소식가들은 주의.

주소 東京都千代田区外神田3-2-11 **전화** 050-5872-2614 **영업** 11:00~22:00 **휴무** 무휴 **홈페이지** www.yaroramen.com **교통** JR · 도쿄메트로 히비야선 아키하바라 秋葉原역 전기가 電気街 출구에서 도보 5분 **지도** 별책 P.32-C

1 야로라멘의 츠케멘
2 아키하바라 골목 사거리에 위치

아키하바라의 길거리 간식
아키하바라 케밥과 오뎅 자판기

아키하바라를 걷다 보면 곳곳에서 케밥을 파는 푸드 트럭과 상점을 쉽게 발견할 수 있다. 대부분 터키인이 직접 운영하는 가게로 최근 유행처럼 번져나가고 있다. 또한 아키하바라의 자판기에는 음료 이외에 독특한 캔 요리들을 찾아볼 수 있는데, 보통 캔 안에는 오뎅이나 라멘이 들어있다. 라멘은 곤약으로 만든 면을 사용해 불지 않으며, 따뜻하게 데운 상태로 제공된다.

1 터키인이 직접 운영하는 케밥 가게 2 오뎅 자판기

나카노 · 고엔지
中野·高円寺

JR 주오선의 서쪽, 소박하고 정겨운 마을

신주쿠와 가깝고 교통이 편리한 JR 주오선 노선에는 사람 냄새 물씬 풍기는 주
택가가 이어진다. 나카노, 고엔지, 기치조지 등 역을 중심으로 상권이 형성되어
있고 소박하고 아기자기한 가게들이 많다. 신주쿠와 가까우면서 비교적 저렴한
임대료 때문에 학생과 젊은 직장인이 많으며 이들을 타깃으로 한 가게들이 많은
것이 특징이다. 나카노에는 아키하바라와 함께 일본 애니메이션의 성지라 불리
는 나카노 브로드웨이가 있으며 커다란 아케이드 상가와 직장인들이 가볍게 찾
을 수 있는 라멘집, 이자카야가 많다. 고엔지는 중고 의류점과 카페, 잡화점이
있으며, 역 주변에는 야키토리 가게들이 모여 있어 부담 없이 찾아가 가볍게 한
잔 즐기기 좋다.

여행 포인트		이것만은 꼭 해보자		위치

관광	★★☆	☑ 마니아들의 성지
사진	★☆☆	나카노 브로드웨이 구경
쇼핑	★★☆	☑ 나카노의 인기 라멘 맛보기
음식점	★★☆	☑ 고엔지에서 구제 옷 쇼핑하기
야간 명소	★★☆	

나카노 · 고엔지
기치조지
·신주쿠 ·우에노
·오다이바
지유가오카
하네다 공항·

나카노·고엔지 가는 법

{ 나카노 · 고엔지의 주요 역 }

| JR 주오선
나카노역
中野 | JR 소부선
나카노역
中野 | 도쿄메트로
도자이선
나카노역
中野 | JR 주오선
고엔지역
高円寺 | JR 소부선
고엔지역
高円寺 |

나카노는 JR 주오선 · 소부선과 도쿄메트로 도자이선이 만나는 교통의 요지다. 고엔지는 나카노에서 JR 주오선이나 소부선으로 한 정거장(2분, 140엔) 거리인 바로 옆 동네이다. 철길을 따라 걸으면 15~20분 정도면 도착한다.

{ 각 지역에서 나카노 가는 법 }

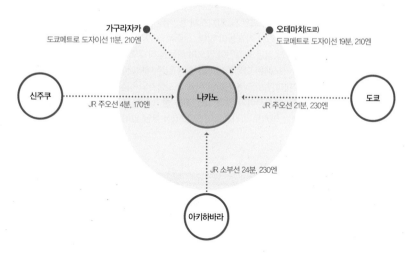

가구라자카
도쿄메트로 도자이선 11분, 210엔

오테마치(도쿄)
도쿄메트로 도자이선 19분, 210엔

신주쿠

나카노

도쿄

JR 주오선 4분, 170엔

JR 주오선 21분, 230엔

JR 소부선 24분, 230엔

아키하바라

분위기가 어떻게 다를까?
나카노 vs 고엔지

나카노역은 북쪽에 아케이드 상가와 함께 상권이 형성되어 있으며 상가 옆 골목마다 식당들이 숨어 있다. 고엔지는 역을 중심으로 넓게 상권이 형성되어 있으며 좁은 골목을 따라 다양한 가게들을 찾을 수 있다.

나카노 · 고엔지 추천 코스

1 고엔지역 남쪽 출구

도보 1분

2 고엔지 파루 상점가

도보 5분

3 신코엔지 상점가

도보 10분

4 고엔지역

도보 1분

5 고엔지 순정 상점가

도보 1분

6 고엔지역

전철 2분

7 나카노역

도보 1분

8 나카노 산모루 상점가

도보 5분

9 나카노 브로드웨이

고엔지 순정 상점가

나카노 산모루
상점가

나카노 브로드웨이

춤으로 거리가 가득차는 여름 축제
고엔지 아와오도리

고엔지 아와오도리(高円寺阿波おどり)는 매년 8월 말에 열리는 축제로, 200여 팀, 1만 명에 달하는 참가자가 경쾌한 음악에 맞춰 춤을 추며 고엔지 거리를 행진한다. 이 축제를 즐기기 위해 매년 100만 명이 넘는 관광객이 찾아와 도쿄의 마지막 여름을 즐긴다.

장소 고엔지 高円寺역
기간 8월 마지막 토 · 일요일 17:00~20:00
홈페이지 www.koenji-awaodori.com

Zoom in
NAKANO · KOENJI

나카노 · 고엔지
한눈에 보기

1 고엔지 순정 상점가

JR 고엔지역 북쪽 출구와 연결되는 미로 같은 골목 길로, 매우 복잡해 길을 잃어버리기 쉽다. 고엔지 순정(준조우) 상점가를 비롯 6곳의 상점 거리가 그물처럼 얽혀 있다. 수많은 상점들이 모여 있으며 식당이 많아 한 끼 해결하기 좋다. 일본의 재래시장 풍경과 마을 주민들의 생활상을 관찰할 수 있다.

고엔지 순정 상점가 **1**

4 기타구치 이치방가이

고엔지역

3 고엔지 파루 상점가

2 신코엔지 상점가

신코엔지역

2 신코엔지 상점가

도쿄메트로 신코엔지역 주변의 거리. 역 출구 북쪽으로 나와 길을 따라 걷다 보면 고엔지역이 나온다. 신코엔지역에서 고엔지역까지는 도보로 20분 정도 소요되므로, 패스나 교통수단에 따라 편리한 역을 이용하면 좋다.

③ 고엔지 파루 상점가 〉

남쪽 출구에서 바로 연결되며 긴 아케이드 상가가 계속된다. 아케이드 상가를 빠져나와 걷다 보면 신코엔지역까지 연결되며 거리 주변에는 중고용품, 중고 의류 상점이 많이 모여 있다. 골목골목 예쁜 카페와 레스토랑도 찾아볼 수 있다.

④ 기타구치 이치방가이 〉

수많은 식당들이 모여 있는 나카노역 북쪽 출구 아케이드 상점가 주변의 골목길은 식당 간판이 만들어내는 풍경이 운치 있다. 이곳에는 특히 도쿄를 대표하는 라멘 가게들이 많으며 골목 입구에는 일본에서 저렴한 중고 카메라 가게 중 하나인 후지야 카메라가 있다.

⑤ 나카노 산모루 상점가 〉

나카노역 북쪽 출구의 아케이드 상점가로 나카노 브로드웨이까지 약 300m의 거리가 이어진다. 다양한 상점들이 모여 있으며 도쿄 중심 지역에 비해 물가도 저렴한 편이라 쇼핑을 즐기기 좋다. 대형 마트, 돈키호테 등이 있으며 아케이드 상가 옆 골목은 식당이 많고 특히 라멘 가게가 많다.

⑥ 나카노 브로드웨이 〉

일본 애니메이션의 성지. 진정한 애니메이션 마니아라면 아키하바라보다는 이곳을 찾는다. 시설 대부분을 차지하고 있는 만다라케를 중심으로 다양한 취미용품 숍들을 발견할 수 있다. 아키하바라에서 찾지 못한 상품이 있다면 이곳에 들러보는 것도 좋다.

SIGHTSEEING

나카노의 관광 명소

⭐

비가 와도 좋은 아케이드 상가

나카노 산모루 상점가

中野サンモール商店街

나카노역 북쪽 출구를 나서면 바로 보이는 아케이드 상가. 다른 아케이드 상가에 비해 폭이 좁은 거리 양옆으로 많은 상점이 빼곡하게 모여 있다. 300m가량의 살짝 굽은 직선 거리에는 드러그 스토어, 마트, 잡화점, 게임센터, 카페 등 다양한 상점들이 모여 있으며 라멘 가게를 비롯해 간단히 식사를 즐길 수 있는 곳이 많다. 유니클로, 돈키호테 등 대형 매장들도 연결되어 있다. 이곳의 마트, 드러그 스토어는 비교적 가격이 저렴한 편이다.

주소 東京都中野区中野5-67-1 **전화** 03-3387-3586 **영업** 가게에 따라 다름 **휴무** 무휴 **교통** JR·도쿄메트로 도자이선 나카노 中野역 북쪽 출구에서 도보 1분 **지도** 별책 P.34-H

⭐⭐

일본 애니메이션 마니아들의 아지트

나카노 브로드웨이

Nakano Broadway

아케이드 상가인 나카노 산모루를 끝까지 걸어가면 나오는 대형 상가. 지하 1층, 지상 4층 건물 안에 300여 곳의 크고 작은 가게들이 입점해 있으며 취미, 수집품 위주의 가게가 많다. 만다라케를 중심으로 모여 있는 취미, 서브 컬처 관련 상점은 상당히 마니악한 가게가 대부분이다. 옛 건물이라 층고가 낮으며 2층을 거치지 않고 한 번에 3층으로 올라가는 에스컬레이터도 있다.

주소 東京都中野区中野5-52 **전화** 03-3388-7004 **영업** 10:00~21:00(가게에 따라 다름) **휴무** 무휴(상점에 따라 다름) **홈페이지** www.nbw.jp **교통** JR·도쿄메트로 도자이선 나카노 中野역 북쪽 출구에서 도보 5분 **지도** 별책 P.34-D

진정한 마니아는 나카노로 간다
만다라케
まんだらけ

마니아가 찾는 귀한 수집품이 가득한 중고 취미·수집품 전문점. 한 건물 안에 만다라케 상점 28개가 모여 있고 각각 테마별로 이름이 나뉜다. 2층에는 구하기 힘든 수집품만 모아 놓은 만다라케 스페셜관, 4층에는 만다라케 신사가 있으며 수집 카드관, 활동 사진관, 코스프레관 등 듣기만 해도 마니악한 가게가 종류별로 나누어져 있다.

1 만다라케의 애니메이션 신사
2 빽빽하게 들어서 있는 진열장

주소 東京都中野区中野5-52-15 전화 03-3228-0007 영업 12:00~20:00 휴무 무휴 홈페이지 mandarake.co.jp 교통 JR·도쿄메트로 도자이선 나카노 中野역 북쪽 출구에서 도보 5분 지도 별책 P.34-D

나카노의 중고 카메라 전문 숍
후지야 카메라
フジヤカメラ

카메라에 관심이 있는 사람이라면 한번쯤 들어 보았을 중고 카메라 전문점. 대부분의 카메라 브랜드를 취급하며 가격 또한 저렴하다. 신제품 또한 거의 최저가로 구입할 수 있다. 중고 상품도 상태가 좋으며 깔끔하게 진열해 놓아 살펴보기도 좋다. 한 골목에 카메라관, 삼각대관, 필름카메라관이 따로 있다. 또한 중고 상품도 면세 혜택을 받을 수 있다.

후지야 카메라의 본점인 나카노 매장

주소 東京都中野区中野5-61-1 전화 03-5318-2241 영업 10:00~20:30 휴무 무휴 카드 가능 홈페이지 www.fujiya-camera.co.jp 교통 JR·도쿄메트로 도자이선 나카노 中野역 북쪽 출구에서 도보 1분 지도 별책 P.34-H

고엔지의 그림책 중고 서점

에혼야 루스반 반스루 카이샤
えほんやるすばんばんするかいしゃ

고엔지 골목의 작은 주택 건물에 자리한 그림책 중고 서점. 삐걱거리는 나무 계단을 올라 가게로 들어서면 매장 벽면을 빼곡하게 채운 그림책들이 눈앞에 펼쳐진다. 점장이 오랜 세월에 걸쳐 수집한 책들로 전 세계의 다양한 그림책을 볼 수 있다. 매달 신간처럼 새로운 그림책을 수집해 판매한다.

주소 東京都杉並区高円寺南3-44-18 **전화** 03-5378-2204 **영업** 14:00~20:00 **휴무** 수요일 **홈페이지** ehonyarusuban.com **교통** JR 고엔지 高円寺역 남쪽 출구에서 도보 7분 **지도** 별책 P.34-E

고엔지 골목길의 작은 책방으로, 실내는 1~2평 남짓한 좁은 공간이다.

소규모 중고 매장이 많은
고엔지의 독특한 분위기

신주쿠에서 10분이면 도착하는 고엔지는 중고 옷가게, 중고 잡화점과 음식점, 고서점, 작은 라이브 하우스가 즐비한 곳으로 휴일이 되면 많은 젊은이가 찾아온다. 특히 고엔지역과 신코엔지역을 사이에 일자로 길게 늘어선 상점가에는 다른 동네에서 찾아 볼 수 없는 독특한 가게가 많이 모여 있어 색다른 분위기를 풍긴다. 2km가 넘는 긴 골목 양옆으로 수많은 상점이 모여 있으며 특히 옷가게가 많다. 꼭 쇼핑을 하지 않더라도 동네 분위기를 즐기며 산책하기 좋다.

맛집
RESTAURANT

나카노를 대표하는 라멘 전문점
주카소바 아오바
中華そば 青葉

나카노의 기타구치 이치방가이 상점가에 자리한 라멘 전문점으로, 1996년 창업했다. '중화소바 본래의 맛을 전하고 싶다'는 생각으로 문을 열었다고 한다. 가다랑어, 고등어, 멸치 등을 우린 육수에 된장을 살짝 가미해 만든, 진하지만 깔끔한 국물은 다른 라멘 국물에 비해 느끼함이 덜하다. 입소문에 힘입어 많은 사람들이 이곳을 찾고 있으며 신주쿠, 기치조지를 비롯해 곳곳에 지점을 늘리고 있다. 중화소바(주카소바) 中華そば 780엔.

주소 東京都中野区中野5-58-1 **전화** 03-3388-5552 **영업** 10:30~21:00 **휴무** 무휴 **홈페이지** www.nakano-aoba.jp **교통** JR · 도쿄메트로 도자이선 나카노 中野역 북쪽 출구에서 도보 4분 **지도** 별책 P.34-D

**소금 버터 빵이 맛있는
귀여운 가게**
봉주르 본
ボンジュール・ボン

나카노 아케이드 상가 깊숙이 숨어 있는 자그마한 빵 가게. 매시간 갓 구워 내는 빵을 기다리는 손님이 끊이지 않는다. 메이플 메론빵, 빅 에그 카레 빵, 소금 버터 빵 등 다양한 빵이 가득 진열되어 있으며 고소한 향기가 넘친다. 소금 버터 빵(시오 바타 빵) 塩バターパン 130엔.

주소 東京都中野区中野5-59-8 **전화** 050-5590-6174 **영업** 08:00~21:30(일요일 · 공휴일 09:00~21:00) **휴무** 무휴 **홈페이지** bonjourbon.com **교통** JR · 도쿄메트로 도자이선 나카노 中野역 북쪽 출구에서 도보 3분 **지도** 별책 P.34-H

소금 버터 빵

1 깔끔한 매장
2 카페라테와 데니시

고급 드립 커피를 맛보자
엑셀시오르 카페 바리스타
EXCELSIOR CAFFÉ BARISTA

일본 전 지역에 매장이 있는 도토루 커피의 고급 커피 전문점. 드립 커피 전문이며 다양한 종류의 음료를 맛볼 수 있다. 칵테일, 맥주 등 주류도 판매한다. 마실 것 이외에도 파니니, 파스타 등 간단한 식사와 빵, 케이크가 준비되어 있다. 모카 예가체프 モカイルガチェフェ 510엔.

주소 東京都中野区中野5-56-7 전화 03-5318-2476 영업 06:30~22:30(토 · 일요일 · 공휴일 07:00~22:30) 휴무 무휴 카드 가능 홈페이지 www.doutor.co.jp/exc 교통 JR · 도쿄메트로 도자이선 나카노 中野역 북쪽 출구에서 도보 4분 지도 별책 P.34-D

나카노의 새로운 라멘 명소
바라소바야
バラそば屋

2015년 오픈한 츠케멘 겸 라멘 전문점. 일본 가와사키에서 인기를 모은 츠케멘 전문점 츠케멘타마(つけ麺玉)의 새로운 브랜드 매장으로, 고기를 얇게 썰어 장

미 모양으로 뭉쳐 놓은 바라 소바 バラそば(850엔)가 인기다. 라멘은 소금 맛과 간장 맛 중 하나를 고를 수 있으며 츠케멘 전문점에서 시작한 가게답게 츠케멘도 맛있다.

주소 東京都中野区中野5-59-14 전화 03-6454-0719 영업 11:00~24:00 휴무 무휴 홈페이지 gyoku.co.jp 교통 JR · 도쿄메트로 도자이선 나카노 中野역 북쪽 출구에서 도보 4분 지도 별책 P.34-H

1 바라소바야의 츠케멘
2 바라소바
3 선술집 같은 작은 입구
4 친절한 점원

동화 속 장면 같은 카페

하티후낫토
HATTIFNATT

고엔지 골목을 걷다 보면 주변 풍경과 분위기가 사뭇 다른 카페가 눈에 띈다. 자그마한 나무 문을 열고 가게로 들어서면 동화 같은 세계가 펼쳐진다. 1층은 주방, 2층은 카페로 운영하며 2층에는 사다리를 타고 올라가는 다락방도 있다. 2층에서 스피커폰을 이용해 주문하는 시스템인데, 일본어에 능숙하지 않아 곤란하다면 메뉴를 들고 아래로 내려가서 직접 주문해도 좋다. 카페의 메뉴도 귀엽고 아기자기해 무엇부터 맛봐야 할지 고민하게 된다. 혼카와 카페라테 ほんわかカフェラテ 550엔.

주소 東京都杉並区高円寺北2-18-10 **전화** 03-6762-8122 **영업** 12:00~24:00(일요일 ~21:00) **휴무** 무휴 **홈페이지** www.hattifnatt.jp **교통** JR 고엔지 高円寺역 북쪽 출구에서 도보 4분 **지도** 별책 P.34-B

고엔지의 일곱 개의 숲

나나츠모리
七つ森

고엔지 상점가를 걷다 보면 주변에 다른 건물 없이 홀로 우뚝 선 건물을 발견할 수 있는데 이곳이 바로 나나츠모리다. 나나츠모리는 일곱 개의 숲이라는 의미로 1978년 개업한 오래된 커피 전문점이다. 오래된 만큼 카페 곳곳에 세월의 흔적이 남아 있으며 메뉴 구성 또한 고풍스럽다. 점심시간에는 간단한 식사도 가능하다. 버터 토스트 バタートースト 545엔(세트 895엔).

주소 東京都杉並区高円寺南2-20-20 **전화** 03-3318-1393 **영업** 11:00~24:00 **휴무** 부정기 **교통** JR 고엔지 高円寺역 남쪽 출구에서 도보 9분. 도쿄메트로 마루노우치선 신코엔지 新高円寺역 북쪽 출구에서 도보 4분 **지도** 별책 P.34-E

첨가물을 넣지 않은 건강한 도넛

플로레스타
Floresta

플로레스타는 숲이라는 의미의 포르투갈어로, 숲을 생각하며 이름 붙였다고 한다. 화학 첨가물을 사용하지 않고 정성스럽게 구운 도넛을 판매한다. 도넛은 홋카이도산 콩으로 만든 두유를 넣어 부드럽고 담백하다. 동물 모양으로 만든 한정 도넛이 인기. 네이처 ネイチャー 172엔.

주소 東京都杉並区高円寺北3-34-14 **전화** 03-5356-5656 **영업** 09:00~21:00 **휴무** 무휴 **홈페이지** www.nature-doughnuts.jp **교통** JR 고엔지 高円寺駅 북쪽 출구에서 도보 6분 **지도** 별책 P.34-A

1 귀여운 고양이 도넛
2 야외 테이블도 있다.
3 다양한 도넛으로 가득한 쇼케이스

지나다 들어가보고 싶은 라멘 가게

멘야 하야시마루
麺屋はやしまる

고엔지 거리를 걷다 가게 분위기에 이끌려 나도 모르게 안으로 들어가 보고 싶어지는 가게. 뿌옇게 김이 서린 유리창 너머로 라멘을 만드는 모습이 눈에 들어온다. 10명 남짓 앉을 수 있는 카운터 자리가 전부. 인기 메뉴는 완탕 라멘. 다양한 완탕을 라멘, 츠케멘과 함께 곁들어 먹을 수 있으며 소금 맛과 간장 맛 중 하나를 고를 수 있는 육수도 깔끔하다. 완탕멘 わんたんめん 1050엔.

주소 東京都杉並区高円寺北2-22-11 **전화** 03-3330-6877 **영업** 11:30~15:30, 18:00~22:30(화요일 11:30~16:00, 토 · 일요일 · 공휴일 11:30~21:00) **휴무** 수요일 **교통** JR 고엔지 高円寺駅 북쪽 출구에서 도보 5분 **지도** 별책 P.34-B

고엔지 골목길의 라멘 전문점. 완탕 츠케멘도 인기 있다.

반숙 달걀튀김덮밥이
유명한 텐동 전문점

텐스케
天すけ

주소 東京都杉並区高円寺北3-22-7
전화 03-3223-8505 **영업** 12:00~
14:00, 18:00~22:00 **휴무** 화요일
교통 JR 고엔지 高円寺역 북쪽 출구에
서 도보 2분 **지도** 별책 P.34-A

반숙 달걀튀김덮밥으로 일본의 다양한 음식 방송에 소개된 고엔
지의 덴푸라(튀김) 天ぷら 전문점. 가게가 넓지 않고 자리가 10석
도 되지 않아 식사 시간에는 긴 줄이 생긴다. 반숙 달걀이 올려
진 덮밥 위에 7종류의 튀김과 된장국이 나오는 타마고 런치 玉
子ランチ(1600엔)가 인기.

3

1, 2 실내는 7~8명이면 꽉 찬다.
3 타마고 런치

꼬치구이 굽는 연기로 가득
고엔지역 주변의 야키토리 골목

고엔지역 굴다리 주변에는 수많은 선술집과 야키토리(꼬치구이) 가게들이 모여 있어 많은 사람들이 이곳
을 찾는다. 낮부터 시원한 맥주 한잔에 야키토리를 즐기는 사람이 많다. 해가 지기 시작하면 더 많은 사람
들이 골목을 가득 채우고, 뿌연 연기로 가득 찬 골목에는 활기가 넘친다. **지도** 별책 P.34-B

어린이와 어른 모두 즐거운 꿈의 테마파크

도쿄 디즈니 리조트

Tokyo Disney Resort

지바현에 위치한 도쿄 디즈니 리조트는 미국의 디즈니랜드를 재현한 곳으로 디즈니 캐릭터를 테마로 만들어진 테마파크다. 도쿄 디즈니 리조트는 디즈니랜드와 디즈니 시로 나뉜다. 디즈니 시는 일본에서만 운영되는 디즈니 놀이 시설이다. 디즈니랜드는 어트랙션의 비중이 커서 어린이들에게 인기가 많은 반면, 디즈니 시는 어트랙션과 쇼가 어우러져 타깃의 연령대가 조금 높다. 그래서 데이트를 즐기는 연인에게는 디즈니랜드보다 디즈니 시가 인기가 더 많다.

디즈니 리조트로 가는
열차의 창문은 미키마우스 얼굴 모양

주소 千葉県浦安市舞浜1-1 **영업** 개장과 폐장 시간은 시기에 따라 유동적이므로 홈페이지를 참조 **홈페이지** www.tokyodisneyresort.jp/kr **지도** 별책 P.3-G
※가는 방법은 다음 페이지 참조

하늘을 나는 덤보

도쿄 디즈니 리조트
가는 법

도쿄 디즈니 리조트는 도쿄, 신주쿠, 이케부쿠로, 아키하바라역에서 직행버스로 연결되며 나리타와 하네다 공항에서도 버스로 갈 수 있다. 열차로 가려면 JR 도쿄역에서 무사시노선과 게이요선을 타고 마이하마 舞浜역에 내려, 다시 도쿄 디즈니 리조트를 일주하는 모노레일을 타고 디즈니랜드 또는 디즈니 시로 이동한다. 마이하마역에서 모노레일을 타는 리조트 게이트웨이 스테이션까지는 걸어서 2분 거리다. 참고로 도쿄역은 규모가 상당히 크기 때문에 야마노테선에서 게이요선으로 승강장까지 도보 15분 정도 걸린다.

{ 각 지역에서 도쿄 디즈니 리조트 가는 법 }

도쿄	JR 무사시노선 또는 게이요선 15분, 230엔	마이하마
신주쿠 버스터미널	디즈니랜드 직행버스 50분, 230엔	도쿄 디즈니랜드
	디즈니랜드 직행버스 50분, 1000엔	도쿄 디즈니 시
도쿄역 야에스 남쪽 출구 5번 정거장	디즈니랜드 직행버스 35분, 730엔	도쿄 디즈니랜드
	디즈니랜드 직행버스 35분, 730엔	도쿄 디즈니 시
이케부쿠로역 서쪽 출구 7번 정거장	디즈니랜드 직행버스 55분, 1000엔	도쿄 디즈니랜드
	디즈니랜드 직행버스 55분, 1000엔	도쿄 디즈니 시

신주쿠 버스터미널

신주쿠 버스터미널 표지판

| 아키하바라역
중앙 개찰구
동쪽 출구 광장 | 디즈니랜드 직행버스
65분, 730엔 | 도쿄 디즈니랜드 |
| | 디즈니랜드 직행버스
55분, 730엔 | 도쿄 디즈니 시 |

| 하네다 공항
국제선 터미널
1층 5번 정거장 | 디즈니랜드 직행버스
45분, 1000엔 | 도쿄 디즈니랜드 ·
디즈니 시 |

| 나리타 공항
제1터미널
5번 정거장 | 디즈니랜드 직행버스
65분, 1900엔 | 도쿄 디즈니랜드 ·
디즈니 시 |

| 나리타 공항
제2터미널
12번 정거장 | 디즈니랜드 직행버스
65분, 1900엔 | 도쿄 디즈니랜드 ·
디즈니 시 |

{ 도쿄 리조트 라인 }

도쿄 디즈니 리조트 내의 이동수단은 모노레일인 도쿄 리조트 라인이다. 역은 리조트 입구인 리조트 게이트웨이와 디즈니랜드, 디즈니 시, 베이사이드로 총 4개다.

운행 시간 06:00~23:55(운행 간격은 4~13분). 시간은 달라질 수 있고 임시 열차가 운행하는 경우도 있다. **요금** 1회 260엔, 1일 자유이용권 650엔, 2일 자유이용권 800엔. 스이카, 파스모 카드도 이용 가능.

| 도쿄 디즈니 시 스테이션 | 3분 → | 리조트 게이트웨이 스테이션 | 2분 → | 도쿄 디즈니랜드 스테이션 |

| 3분 → | 베이사이드 스테이션 | 4분 → | 도쿄 디즈니 시 스테이션 |

1 도쿄 디즈니 리조트 모노레일 2 열차는 창문과 손잡이 등이 미키마우스 머리 모양으로 디자인되었다.

도쿄 디즈니 리조트
이용 팁

{ 출발 전에 이것만은 체크하자 }

넓은 지역에 조성되어 있기 때문에 미리 위치나 어트랙션 정보 등을 수집해 가자. 먼저 여행 일정에 맞는 가장 경제적인 티켓과 테마파크를 즐기는 방법을 알아보자.

{ 내게 맞는 티켓을 고르자 }

원데이 패스포트는 도쿄 디즈니랜드나 디즈니 시 중 한 곳을 하루 동안 둘러볼 수 있는 티켓이다. 얼리 이브닝과 위크 나이트처럼 오후나 야간부터 입장할 수 있는 티켓도 있다. 요금은 시기에 따라 크게 달라지니 홈페이지에서 확인 후에 구매하자.

티켓 종류와 가격(2023년 9월 기준)

종류	18세 이상	12~17세	4~11세	특징
원데이 패스포트	7900~1만 900엔	6600~9000엔	4700~5600엔	입장일과 파크가 지정된 티켓. 파크 개장 시간부터 하루 동안 이용
얼리 이브닝 패스포트	6500~8700엔	5300~7200엔	3800~4400엔	휴일 오후 3시부터 한 곳을 골라 입장 가능
위크 나이트 패스포트	4500~6200엔	4500~6200엔	4500~6200엔	평일 오후 5시부터 입장할 수 있는 티켓. 디즈니랜드, 디즈니 시 중 한 곳을 골라 하루 동안 이용 가능

{ 줄을 서지 않고 즐기는 법, FP와 PS }

FP(Fast Pass)는 어트랙션 이용 시간을 예약하는 시스템이다. PS(Priority Seating)는 디즈니 리조트 내 레스토랑에서 배포하는 시간 예약 카드로, 카드에 지정된 시간대에 가면 기다리지 않고 좌석을 안내받을 수 있다. 모든 곳에서 FP와 PS가 적용되지는 않으므로, 디즈니 리조트에 도착하면 먼저 동선을 짠 후 FP, PS를 사용할 수 있는 곳을 파악하도록 한다.

{ 퍼레이드와 런치, 디너 쇼 예약 }

디즈니 리조트의 볼거리로 빼놓을 수 없는 퍼레이드. 할로윈, 크리스마스 등 시기에 따라 각각 다른 테마로 화려한 퍼레이드가 펼쳐지는데, 퍼레이드 시작 1시간 전부터 루트를 따라 자리를 잡는 사람들로 북적이기 시작한다. 화려한 쇼는 런치, 디너 타임에도 이어진다. 식사와 함께 진행되는 쇼는 대부분 예약제이므로, 입구에 비치된 '엔터테인먼트 스케줄' 브로슈어를 참조해 미리 예약한다.

{ 날짜 지정 예매권의 장점 }

도쿄 디즈니 리조트 홈페이지와 일본 내 디즈니 스토어에서는 2개월 전부터 패스포트를 판매한다. 또한 일본의 주요 여행사에서도 2개월 전부터 예약 관광권(리조트 티켓 부스에서 티켓으로 교환)을 판매한다. 이것은 날짜가 지정된 티켓으로, 사람이 많아 입장을 제한할 때에도 사용할 수 있으며, 특히 인파가 몰리는 여름 휴가 시즌에도 사용할 수 있다.

{ 웰컴 센터에서 모르는 부분을 체크 }

디즈니 리조트에 대해 궁금한 점이 있으면 JR 마이하마역 개찰구 왼쪽에 있는 웰컴 센터 2층의 종합 안내소에 문의하자. 1층은 리조트 안에 있는 호텔 카운터로 숙박 예약도 할 수 있다.

마이하마역

시즌마다 다른 테마로 펼쳐지는 퍼레이드

도쿄 디즈니 시의
추천 어트랙션

FP(패스트 패스) 마크가 붙은 어트랙션은 시간 예약 티켓을 이용할 수 있으므로 적극적으로 활용하자. 줄 서지 않고 입장할 수 있다.

레이징 스피리츠
RAGING SPIRITS

곧 무너질 것 같은 고대 신들의 석상 발굴 현장을 전속력으로 달리는 롤러코스터. 타오르는 불꽃과 자욱한 증기 속을 달리다 360도 회전하는 레일에 이르면 스릴이 절정에 달한다.

위치 로스트 리버 델타 **소요 시간** 약 2분 30초

타워 오브 테러
TOWER OF TERROR
FP

오너가 의문의 실종을 당한 후 폐쇄되었던 낡은 호텔이 배경이다. 관내에는 유물을 비롯한 갖가지 진귀한 물건들이 가득하며, 최상층으로 올라가는 엘리베이터를 타면 스릴 넘치는 초상현상을 체험할 수 있다.

위치 아메리칸 워터프런트 **소요 시간** 약 2분

인디아나 존스
어드벤쳐:
크리스탈 스컬의 미궁
INDIANA JONES
ADVENTURE: TEMPLE OF
THE CRYSTAL SKULL
FP

영화 〈인디아나 존스〉를 모티브로 했다. 차를 타고 고대 신전에 침입하여 차례로 닥쳐오는 위험과 저주를 맹렬한 스피드로 제압하며 전설 속의 '젊음의 샘'을 발견해 낸다.

위치 로스트 리버 델타 **소요 시간** 약 3분

머메이드 라군 시어터
MERMAID
LAGOON THEATER
FP

인어공주 에리얼과 바닷속 친구들이 노래하는 뮤지컬 〈언더 더 시〉를 상영한다. 우아하고 화려한 몸짓으로 에리얼이 공중에서 춤추는 모습은 물속에 있는 것 같은 착각이 들게 한다.

위치 머메이드 라군 **소요 시간** 약 14분

매직 램프 시어터
THE MAGIC LAMP THEATER
FP

마법의 램프를 손에 넣으려는 못된 마법사와 램프의 요정 지니가 펼치는 웃음과 감동의 매직 쇼. '마법의 안경'을 쓰면 지니가 날아오른다.

위치 아라비안 코스트　**소요 시간** 약 9분 30초

캐러밴 카루젤
CARAVAN CAROUSEL
FP

아라비아의 이슬람 사원을 연상케 하는 건물에서 회전차가 빙글빙글 돈다. 아름답게 치장한 낙타와 코끼리, 그리핀 등을 타고 돌 수 있으며 램프의 요정 지니에 탈 수도 있다.

위치 아라비안 코스트　**소요 시간** 약 2분 30초

점핑 젤리피시
JUMPIN' JELLYFISH
FP

컬러풀한 해파리 모양의 기구에 설치된 조개껍데기 모양의 곤돌라를 타고 오르락내리락 바닷속을 떠도는 해파리의 부유감을 느끼는 체험이 즐겁다.

위치 머메이드 라군　**소요 시간** 약 1분

스커틀 스쿠터
SCUTTLE'S SCOOTERS
FP

소라게를 타고 갈매기 스키틀 주위를 빙글빙글 돈다. 울퉁불퉁한 길을 오르락내리락하며 달리는 소라게 스쿠터에서 보는 디즈니 시의 전망이 아름답다.

위치 머메이드 라군　**소요 시간** 약 1분 30초

도쿄 디즈니랜드의
추천 어트랙션

스플래시 마운틴
SPLASH MOUNTAIN
FP

'웃음의 나라'에 가기 위해 플레어 래빗이 길을 떠났다. 여러 위험을 극복하고 높이 16m의 폭포에서 급강하하면, 엄청난 물보라에 비명을 지르게 된다.

위치 크리터컨트리 **소요 시간** 약 10분

스페이스 마운틴
SPACE MOUNTAIN
FP

우주 비행을 실감 나게 체험할 수 있다. 대기권을 빠져나가면 아름답게 빛나는 오로라가 나타나고, 암흑의 우주 공간을 급선회하며 맹렬한 속도로 질주한다. 최고 시속은 50km. 키, 나이에 따라 탑승이 제한된다.

위치 투머로우랜드 **소요 시간** 약 3분

빅 선더 마운틴
BIG THUNDER MOUNTAIN
FP

골드 러시가 끝난 폐광에서 무인 광산 열차가 달린다. 낭떠러지 같은 언덕을 내려와 급커브로 돌진한다. 차례차례 엄습하는 공포에 숨 돌릴 틈조차 없다.

위치 웨스턴랜드 **소요 시간** 약 4분

스타 투어즈
STAR TOURS
FP

스타 투어즈사와 함께 하는 별나라 여행. 트러블이 속출하는 가운데 리얼하고 스릴 넘치는 우주 체험을 할 수 있다. 탑승에 앞서 영화 〈스타워즈〉의 캐릭터와 만날 수 있다.

위치 투머로우랜드 **소요 시간** 약 4분 30초

버즈 라이트이어의 아스트로 블래스터
BUZZ LIGHTYEAR'S ASTRO BLASTERS
FP

영화 〈토이 스토리〉에 등장하는 버즈 라이트이어와 함께 모험을 떠난다. 계속 나타나는 목표물을 아스트로 블래스터(광선총)로 맞춘다.

위치 투머로우랜드 **소요 시간** 약 4분

헌티드 맨션
HAUNTED MANSION
FP

세계의 유령 999명이 사는 곳을 탐험한다. 묘지에서 벌어지는 파티, 마지막에 백골이 되는 초상화 등 괴기스럽고 신비한 세계가 펼쳐진다.

위치 판타지랜드 **소요 시간** 약 7분 30초

푸의 허니 헌트
POOH'S HUNNY HUNT
FP

허니 포트를 타고 아기곰 푸와 친구들이 사는 '100에이커의 숲'을 탐험할 수 있다. 푸의 동화 속 환상으로 빠져보자.

위치 판타지랜드 **소요 시간** 약 4분 30초

SUBURB

★도쿄 근교★

요코하마

横浜

도쿄 근교의 아름다운 항구 도시

요코하마는 도쿄 서쪽에 맞닿아 있는 가나가와현의 중심 도시로 1800년도 후반부터 일본을 대표하는 항만 도시로 발전해 왔다. 도쿄 다음으로 인구가 많은 도시 중 하나로 기업과 상업 시설이 모여 있는 시내는 무척 번화하다.

1990년 이후 항구 주변이 본격적으로 개발되었으며 미나토미라이21을 중심으로 새로운 시설들이 만들어지고 있다. 대부분의 관광 명소가 모여 있는 미나토미라이21 외에도 일본 최대 규모의 차이나타운과 유럽의 상인, 관리들이 모여 살던 야마테 등 이국적인 풍경을 만날 수 있는 곳이기도 하다.

여행 포인트		이것만은 꼭 해보자		위치

관광	★★★
사진	★★★
쇼핑	★★☆
음식점	★★☆
야간 명소	★★★

☑ 요코하마의 야경 감상하기
☑ 이국적인 풍경의 야마테 산책
☑ 요코하마 모토마치 상점가와
   중화 거리에서 쇼핑 즐기기

사이타마
이바라키
도쿄
나리타 공항
가나가와
지바
하코네
요코하마
가마쿠라 · 에노시마

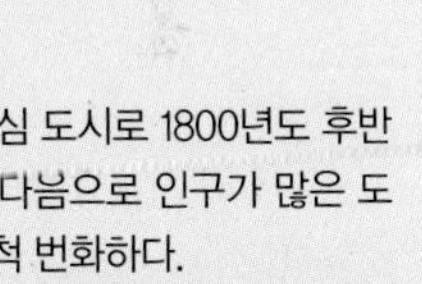

요코하마 가는 법

{ 요코하마의 주요 역 }

JR 요코하마역	게이큐	JR 신요코하마역	도큐 도요코선
横浜	요코하마역	新横浜	미나토미라이역
	横浜		みなとみらい

요코하마는 도큐 도요코선, JR과 바로 연결되며 교통이 잘 정비되어 있어 둘러보기 편하다. 명소 대부분은 요코하마 시내를 운행하는 미나토미라이선과 연결되므로 미나토미라이선 역을 중심으로 둘러보면 편리하다. 상업 시설은 신칸센역인 요코하마역과 신요코하마역 주변에 모여 있다.

{ 각 지역에서 요코하마 가는 법 }

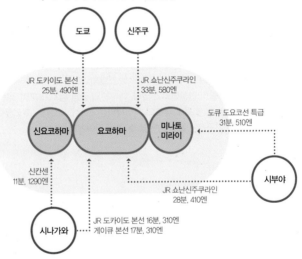

{ 공항에서 요코하마 가는 법 }

하네다 공항	게이큐 공항선	요코하마
	28분, 480엔	
	리무진 버스	
	35분, 590엔	
나리타 공항	나리타 익스프레스	
	1시간 30분, 4370엔	
	리무진 버스	
	1시간 40분, 3600엔	

요코하마 시내 교통

요코하마는 미나토미라이선과 도보로 충분히 관광할 수 있지만, 경우에 따라서는 버스를 이용할 수도 있다. 다양한 프리패스를 이용하면 여행 경비를 절약할 수 있다.

{ 주요 교통수단 }

시영버스

시영버스 市営バス
요코하마 시내버스로 주요 관광지에 정차한다. 기본 요금 210엔으로 거리에 따라 요금이 달라지기 때문에 가능하면 프리패스를 구입하는 것이 좋다.

시영 지하철

시영 지하철
요코하마에서 운행하는 지하철로 미나토미라이 지역과 신요코하마를 연결한다. 블루 라인과 그린 라인 2개 노선을 운영하고 있다. 미나토 부라리 티켓으로 탑승 가능하다. 관광객보다는 요코하마 시민들이 많이 이용하는 노선이다.
요금 210엔~(어린이 110엔~), 구간에 따라 할증된다

아카이쿠츠 あかいくつ
시영버스 노선 중 하나로 인기 관광 명소 위주로 운행하는 노선. 붉은색의 고풍스러운 디자인이 인상적이다. 사쿠라기초역 (4번 승차장)이 기점이자 종점으로, 미나토미라이(M) 노선과 차이나타운/모토마치(C) 노선이 있다. 아카이쿠츠 외에 부라리 버스가 있는데, 보통 아카이쿠츠 버스만 이용해도 요코하마 관광에는 문제가 없다.
요금 220엔(어린이 110엔) **홈페이지** www.city.yokohama.lg.jp/koutuu/kankou/sanrosen/pdf/burari-leaflet-k.pdf

아카이쿠츠

요코하마 여행에 유용한 패스

도쿄-요코하마 구간 및 요코하마 시내에서 이용할 수 있는 교통 패스 정보를 소개한다. 자신의 여행 패턴에 맞는 패스를 선택해 교통비를 줄여보자.

{ 패스의 종류 }

일반　　　　　　와이드

미나토 부라리 티켓 みなとぶらりチケット

요코하마 시영버스(아카이쿠츠)와 시영 지하철(블루 라인)을 하루 동안 자유롭게 이용할 수 있는 패스. 요코하마의 일부 관광지와 상업 시설에서 할인도 받을 수 있다. 신요코하마역까지 이동하려면 미나토 부라리 티켓 와이드를 구입해야 한다.

요금 500엔(어린이 250엔), 와이드 550엔(어린이 280엔)
발매 장소 시영 지하철 요코하마역, 다카시마쵸역, 가쿠라기초역, 간나이역, 이세자키쵸자마치역, 신요코하마역, 사쿠라기초역 관광 안내소

미나토미라이선 1일 승차권 みなとみらい線1日乗車券

미나토미라이선 요코하마역~모토마치·주카가이역 구간을 하루 동안 마음껏 이용할 수 있는 티켓
요금 460엔(어린이 230엔) **발매 장소** 미나토미라이선 각 역의 자동매표기 **홈페이지** www.mm21railway.co.jp/global/korean/

미나토미라이 티켓 みなとみらいチケット

도큐 전철의 각 역에서 요코하마역까지의 왕복 승차권과 미나토미라이선 1일 승차권을 합친 티켓. 도쿄에서 출발할 때 저렴하게 이용할 수 있다. 시부야, 나카메구로, 지유가오카 등에서 이용하면 편리하다.
요금 시부야 출발 시 920엔(어린이 470엔) **유효기간** 1일 **발매 장소** 도큐 전철 각 역 **홈페이지** www.tokyu.co.jp/global/english/

요코하마 시민들의 휴식 장소인 야마시타 공원

요코하마 추천 코스

1 모토마치 · 주카가이역

도보 10분

2 야마테

도보 5분

3 요코하마 모토마치 상점가

도보 3분

4 요코하마 중화 거리

도보 5분

5 야마시타 공원

도보 5분

6 오산바시 국제 여객 터미널

도보 15분

7 아카렌가 창고

도보 5분

8 기샤미치

도보 10분

9 니혼마루 메모리얼 파크

도보 3분

10 스카이가든

도보 2분

11 퀸스 스퀘어 요코하마

도보 3분

12 마크 이즈

야마테

요코하마 모토마치 상점가

오산바시 국제 여객 터미널

퀸스 스퀘어 요코하마

마크 이즈

요코하마
한눈에 보기

1 아카렌가 창고

요코하마항의 상징적인 건축물로 바다에 인접한 창고
를 개조했다. 1~2호관으로 나뉘며 각각 레스토랑, 쇼
핑몰 등이 들어서 있다.

2 미나토미라이21

요코하마 관광의 중심으로 고층
건물과 현대적인 시설이 밀집해 있
다. 호텔, 백화점, 쇼핑몰 등 상업
시설이 모여 있어 가볍게 둘러봐도
제법 시간이 걸린다.

미나토미라이역

다카시마초역

도베역

3 야마시타 공원

요코하마항을 따라 길게 이어진 해변 공원으로 바다를 바
라보며 산책하기 좋다. 항구에는 대형 선박이 정박해 있고,
공원에는 다양한 조각상이 서 있는 잔디밭이 펼쳐져 있다.

④ 요코하마 중화 거리

아시아 최대의 차이나타운으로 일본의 3대 차이나타운(고베, 나가사키, 요코하마) 중 한 곳이다. 수백 개의 음식점과 잡화점이 빼곡하게 밀집되어 있다. 중국 요리를 즐기거나 기념품을 사기 좋다.

⑤ 요코하마 모토마치 상점가

이시가와초역 남쪽 출구에서 모토마치 교차로까지의 상점 거리로 깔끔하고 고급스러운 가게가 모여 있다. 100년 된 가게부터 최신 브랜드 숍까지 함께 둘러볼 수 있다.

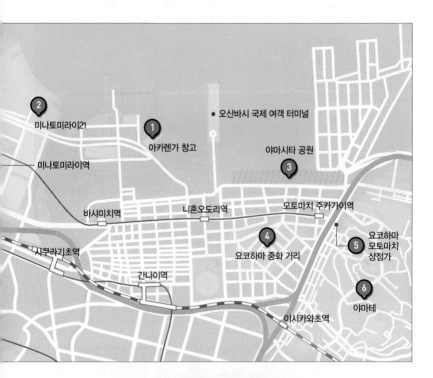

⑥ 야마테

요코하마 남부의 언덕 지역으로 요코하마 개항 후 외국인 거주지로 지정되어 다양한 주택이 건설되었다. 유럽풍 건축물이 많아 유럽에 온 듯한 착각이 든다.

요코하마의 관광 명소
SIGHTSEEING

★★★

요코하마의 미래 도시
미나토미라이21
みなとみらい21

미나토미라이21은 '항구의 미래'라는 뜻으로 요코하마를 독립적으로 발전시키기 위해 1988년 조성된 계획 도시다. 요코하마에서 가장 높은 랜드마크 타워를 중심으로 고층 빌딩들이 늘어서 있고 주변에는 쇼핑몰과 미술관, 공원, 테마파크가 자리한다.

홈페이지 minatomirai21.com **교통** 미나토미라이선 미나토미라이 みなとみらい역 하차 **지도** 별책 P.36-B

★

미나토미라이를 대표하는
복합 문화 공간
요코하마
랜드마크 플라자
ランドマークプラザ

랜드마크 타워에 있는 거대한 쇼핑몰로, 지하부터 5층까지 뚫려 있어 답답하지 않다. 평일 1층에서는 피아노 라이브 공연이 열리고, 2개의 이벤트 공간에서는 각종 이벤트가 열린다. 2층에는 스누피 캐릭터 전문 쇼핑몰인 스누피 타운 숍이 있다.

주소 神奈川県横浜市西区みなとみらい2-2-1 **전화** 045-222-5015 **영업** 11:00~20:00(카페·레스토랑 11:00~22:00) **휴무** 무휴 **홈페이지** yokohama-landmark.jp **교통** 미나토미라이선 미나토미라이 みなとみらい역 5번 출구에서 도보 3분 **지도** 별책 P.36-F

★

요코하마 최고층에서
멋진 전망을!

스카이 가든
SKY GARDEN

지상 70층, 높이 296m의 요코하마 최고층 건물인 랜드마크 타워 69층(높이 273m)에 위치한 전망대로 요코하마항과 미나토미라이를 360도 파노라마로 조망할 수 있다. 날씨가 좋으면 후지산, 도쿄 타워, 도쿄 스카이트리가 보이며 요코하마의 야경을 감상하기에도 좋다.

주소 神奈川県横浜市西区みなとみらい2-2-1 전화 045-222-5030 개방 10:00~21:00 휴무 무휴 요금 1000엔(65세 이상·고등학생 800엔, 초·중학생 500엔, 4세 이상 200엔) 홈페이지 www.yokohama-landmark.jp/skygarden 교통 미나토미라이선 미나토미라이 みなとみらい역 5번 출구에서 도보 3분, 랜드마크 타워 3층 지도 별책 P.36-F

1 요코하마의
최고층 빌딩인 랜드마크 타워에 있다.
2 스카이 가든에서 본 전망
3 매표소는 3층
4 전망대인 스카이 가든

★

미나토미라이의 초대형 복합 시설

퀸스 스퀘어 요코하마
Queen's Square YOKOHAMA

면적 4만 5000㎡의 거대한 복합 시설로 총 4개의 건물로 이루어져 있다. 랜드마크 타워까지 건물이 모두 연결되어 있다. 전문 쇼핑몰 앗토 1st, 2nd, 3rd와 호텔, 전시장 등이 들어서 있다.

주소 神奈川県横浜市西区みなとみらい2-3 전화 045-682-1000 영업 11:00~20:00(카페·레스토랑 ~22:00) 휴무 무휴 홈페이지 qsy-tqc.jp 교통 미나토미라이선 미나토미라이 みなとみらい역 5번 출구에서 바로 연결. 또는 JR 사쿠라기초 桜木町역에서 도보 8분 지도 별책 P.36-B

✪

요코하마의 문화 중심지

요코하마 미술관

橫浜美術館

🔊 요코하마 비쥬츠칸

랜드마크 타워 옆의 미술관으로 1989년 오픈했다. 19세기 후반 미술 작품 위주로 전시하고 있으며 주로 유명 작가나 규모가 큰 전시회가 열린다. 미술관 앞 넓은 광장과 분수대에서 여유롭게 쉬어 가는 사람들이 많다.

주소 神奈川県橫浜市西区みなとみらい3-4-1 **전화** 045-221-0300 **개방** 10:00~18:00 **휴무** 목요일, 연말연시 **요금** 500엔(고등·대학생 300엔, 중학생 100 엔, 초등학생 이하 무료) **홈페이지** yokohama.art.museum **교통** 미나토미라이선 미나토미라이 みなとみらい역 3번 출구에서 도보 1분. 또는 JR 사쿠라기초 桜木町역 에서 도보 10분 **지도** 별책 P.36-B

1 요코하마 미술관 입구 **2** 뮤지엄 숍

✪

기찻길 따라 요코하마 산책

기샤미치

汽車道

주소 神奈川県橫浜市中区新港2 **교통** 미나토미라이선 바샤미치 馬車道역 1번 출구에서 도보 2분 **지도** 별책 P.36-F

1911년 개통한 린코 철도의 일부분(500m)으로 바다를 건너는 산 책로를 만들었는데, 지금도 철교의 흔적이 그대로 남아 있다(열 차는 운행하지 않음). 사쿠라기초역에서 월드 포터즈 방면으로 가는 지름길이다. 랜드마크 타워의 고층 빌딩과 어우러지는 풍 경이 멋지다.

바다를 가로지르는 선로 기샤미치. 주변에 고층 빌딩들이 늘어서 있다.

✪
요코하마의 상징인
대관람차 야경
요코하마 코스모 월드
Yokohama Cosmo World

요코하마의 대표적인 테마파크. 대관람차와 시뮬레이션 극장, 어린이 놀이 시설 등 3개의 존으로 나뉜 도시형 유원지로, 입장료를 따로 받지 않으며 시설별로 티켓을 구입한다. 이곳의 대관람차는 요코하마를 대표하는 풍경이다.

주소 神奈川県横浜市中区新港2-8-1 **전화** 045-641-6591 **영업** 11:00~21:00(토·일요일·공휴일 ~22:00) **휴무** 목요일 **요금** 입장 무료, 어트랙션에 따라 요금이 다름 **홈페이지** cosmoworld.jp **교통** 미나토미라이선 미나토미라이 みなとみらい역 5번 출구에서 도보 4분. 또는 JR 사쿠라기초 桜木町역에서 도보 10분 **지도** 별책 P.36-B

롤러코스터와 대관람차

✪
요코하마항의 역사와
범선 니혼마루
니혼마루
메모리얼 파크
日本丸メモリアルパーク

1930년 만들어진 범선 니혼마루호를 수리해 운하에 정박시키고 내부를 공개하고 있다. 배와 함께 주변의 녹지 공원도 개방했다. 녹지 공원 한편에는 요코하마항의 역사를 소개하는 요코하마 미나토 박물관이 있어, 범선 내부와 함께 구경할 수 있다.

주소 神奈川県横浜市西区みなとみらい2-1-1 **전화** 045-221-0280 **개방** 10:00~17:00 **휴무** 월요일, 연말연시 **요금** 800엔(65세 이상 600엔. 초·중·고등학생 300엔, 미취학 아동 무료) **홈페이지** www.nippon-maru.or.jp/memorial-park/ **교통** 미나토미라이선 미나토미라이 みなとみらい역 5번 출구에서 도보 3분 **지도** 별책 P.36-F

고층 빌딩 사이에 자리한 대형 범선. 주변은 공원으로 꾸며져 있다.

요코하마 **517**

★★

나만의 컵라면을 만들자

요코하마 컵라면 박물관

カップヌードルミュージアム 横浜 🔊 캇뿌 누도루 뮤지아무 요코하마

다양한 전시 자료와 체험을 통해 인스턴트 라면에 대해 배울 수 있는 체험형 음식 교육 시설이다. 세계 최초의 인스턴트 라면인 치킨 라면을 손수 만들 수 있는 '치킨 라멘 팩토리'와 자신이 디자인한 컵에 좋아하는 수프와 건더기를 넣어, 자신만의 컵라면을 만들 수 있는 '마이 컵라면 팩토리(300엔)' 등이 있다.

주소 神奈川県横浜市中区新港2-3-4 **전화** 045-345-0918 **개방** 10:00~18:00 **휴무** 화요일, 연말연시 **홈페이지** www.cupnoodles-museum.jp/ko/yokohama/ **요금** 입장 500엔(고등학생 이하 무료), 시설 이용료 별도(컵라면 만들기 등) **교통** 미나토미라이선 미나토미라이 みなとみらい역 5번 출구에서 도보 5분. JR 사쿠라기초 桜木町역에서 도보 8분 **지도** 별책 P.36-B

★

요코하마에서 만나는 호빵맨

요코하마 호빵맨 어린이 뮤지엄

横浜アンパンマンこどもミュージアム 🔊 요코하마 앙팡만 고도모 뮤지아무

호빵맨의 세계를 동경하는 아이들의 꿈을 이뤄주는 체험·참가형 뮤지엄이다. 일본에서는 호빵맨을 '앙팡만', 세균맨은 '바이킹만'이라고 부른다. 다양한 호빵맨 상품을 판매하는 쇼핑몰과 호빵맨 요리를 맛볼 수 있는 레스토랑도 함께 있다. 종종 이벤트로 열리는 호빵맨과 친구들의 공연을 볼 수 있다.

주소 神奈川県横浜市西区みなとみらい4-3-1 **전화** 045-227-8855 **개방** 10:00~18:00(쇼핑몰 10:00~19:00) **휴무** 1/1 **요금** 2200~2600엔 **홈페이지** www.yokohama-anpanman.jp **교통** 미나토미라이선 미나토미라이 みなとみらい역 1번 출구에서 도보 4분 **지도** 별책 P.36-A

★★★
요코하마항을 대표하는 건축물

아카렌가 창고
赤レンガ倉庫 🔊 아카렌가 소코

1900년대 초기인 일본 메이지, 다이쇼 시대에 건축된 요코하마항의 상징적인 건축물이다. 당시에는 창고로 사용하였으며 지금은 다목적 공간, 콘서트 홀, 잡화점, 레스토랑 등으로 이용되고 있다. 1호관과 2호관으로 나뉘며 그 사이에 자리한 광장에서는 요코하마 옥토버페스트(10월), 크리스마스 마켓(12월) 등 이벤트가 열리고, 겨울에는 스케이트 링크(11~1월)가 설치된다.

주소 神奈川県横浜市中区新港1-1-1 **전화** 045-211-1515 **영업** 1호관 10:00~19:00, 2호관 10:00~20:00, 카페 · 레스토랑 10:00~23:00 **휴무** 무휴 **홈페이지** www.yokohama-akarenga.jp **교통** 미나토미라이선 바샤미치 馬車道역 4 · 6번 출구에서 도보 7분 또는 니혼오도리 日本大通リ역 1번 출구에서 도보 5분 **지도** 별책 P.37-C

항구에 자리한 빨간색 창고 건물

2층 건물이 옹기종기 모여 있고, 그 뒤로 바다가 펼쳐진다.

★★

바다가 보이는 쇼핑몰

마린 앤드 워크 요코하마

Marine & Walk YOKOHAMA

항구의 창고 거리를 리뉴얼하여 만든 복합 쇼핑몰. 2017년에 오픈했다. 요코하마에 처음 입점하는 브랜드 숍과 셀렉트 숍, 레스토랑과 카페가 모여 있으며 바다가 보이는 테라스 자리도 마련되어 있다.

주소 神奈川県横浜市中区新港1-3-1 **전화** 045-680-6101 **영업** 11:00~20:00(카페 · 레스토랑 11:00~23:00) **휴무** 무휴 **홈페이지** www.marineandwalk.jp **교통** 미나토미라이선 바샤미치 馬車道역 6번 출구에서 도보 6분 또는 미나토미라이 みなとみらい역 5번 출구에서 도보 9분 **지도** 별책 P.37-C

★★★

배 모양의 거대한 여객 터미널

오산바시 국제 여객 터미널

大さん橋国際客船ターミナル 🔊 오산바시 고쿠사이 가쿠센 타미나루

요코하마항의 국제 여객 터미널로 배의 형상을 한 건물 디자인이 독특하다. 벽과 바닥이 구분되어 있지 않고 온통 나무로 되어 있는 독특한 건축 구조도 살펴볼 수 있다. 옥상의 잔디 공원은 휴식을 위해 찾는 이들이 많다. 여객선을 타지 않아도 입장할 수 있고, 옥상 공원은 24시간 개방한다. 요코하마의 야경을 감상하기 좋은 곳이기도 하다.

주소 神奈川県横浜市中区海岸通1-1-4 **전화** 045-211-2304 **개방** 09:00~21:30(옥상 공원 24시간) **휴무** 무휴 **홈페이지** osanbashi.jp **교통** 미나토미라이선 니혼오도리 日本大通り역 3번 출구에서 도보 5분 **지도** 별책 P.37-C

★★★

바다를 따라 걷기 좋은 해변 공원

야마시타 공원

山下公園 🔊 야마시타 코-엔

1930년 개장한 공원으로 관동 대지진 때 매립된 지역을 복구하여 만들었다. 바다를 따라 펼쳐져 있어 바다를 바라보며 산책하기 좋다. 공원 내부에는 〈인도 수탑〉, 〈빨간 구두를 신은 소녀〉, 〈물의 수호신〉 등 아기자기한 조형물이 설치되어 있다. 공원 한편에는 옛 호화 유람선인 하카와마루호가 정박되어 있다. 봄에는 아름다운 장미의 명소로도 유명하다.

주소 神奈川県横浜市中区山下町279 **교통** 미나토미라이선 모토마치 · 주카가이 元町 · 中華街역 1번 출구에서 도보 3분 **지도** 별책 P.37-D

1 하카와마루호
2 마린 타워에서 본 야마시타 공원
3 빨간 구두를 신은 소녀
4 잘 정비된 해변 공원

★
요코하마의 전망 타워

요코하마 마린 타워
横浜マリンタワー

요코하마 개항 100주년 기념 사업으로 1961년에 건설된 요코하마의 상징적인 건물로, 최근 리뉴얼 오픈했다. 높이 106m의 2층 전망 플로어에서는 요코하마를 360도 파노라마로 조망할 수 있다. 2층 규모의 홀에는 일본의 화가 야마시타 기요시의 벽화와 마린 타워의 역사를 알 수 있는 자료가 전시되어 있다.

주소 神奈川県横浜市中区山下町15 **전화** 045-664-1100 **개방** 10:00~ 22:30 **휴무** 무휴 **요금** 750엔(중·고등학생 500엔, 초등학생 250엔, 4세 이상 200엔), 생일과 그 전후날은 무료 **홈페이지** marinetower.jp **교통** 미나토미라이선 모토마치·주카가이 元町·中華街역 3·4번 출구에서 도보 1분 **지도** 별책 P.37-D

1, 2 타워 입구와 주변의 공원
3 다양한 전시가 열리는 홀
4 요코하마 마린 타워의 전경

★
전 세계의 인형이 한곳에

요코하마 인형의 집
横浜人形の家
🔊 요코하마 닌교노 이에

야마시타 공원 인근의 박물관으로 세계 140개국 약 1만 3000개 이상의 인형을 소장하고 있다. '요코하마에서 시작하는 세계의 인형' 등 다양한 콘셉트로 기획전을 열고 있다. 뮤지엄 숍과 카페가 있으며 인형을 구입할 수도 있다.

주소 神奈川県横浜市中区山下町18 **전화** 045-671-9361 **개방** 09:30~17:00 **휴무** 월요일, 연말연시 **홈페이지** www.doll-museum.jp **교통** 미나토미라이선 모토마치·주카가이 元町·中華街역 4번 출구에서 도보 3분. 또는 JR 이시카와초 石川町역에서 도보 13분 **지도** 별책 P.37-H

1 요코하마 인형의 집의 외관 **2, 3** 전 세계의 다양한 인형을 전시

✪
일본 프로야구팀의 홈구장
요코하마 스타디움
横浜スタジアム

요코하마 스타디움 주변은 공원으로 조성되어 있다.

일본 야구의 발상지이자 1896년 일본 최초로 국제 시합이 열린 곳이다. 일본 프로야구 DeNA 베이스타즈의 홈구장으로 프로 야구 경기가 열린다. 경기장 주변에 있는 요코하마 공원은 요코하마 시민들의 쉼터로 사랑받고 있다.

주소 神奈川県横浜市中区横浜公園 **전화** 045-661-1251 **홈페이지** www.yokohama-stadium.co.jp **교통** 미나토미라이선 니혼오도리 日本大通り역 2번 출구에서 도보 3분. 또는 JR 간나이 関内역 남쪽 출구에서 도보 2분 **지도** 별책 P.37-G

✪
현대적인 상점 거리
요코하마
모토마치 상점가
横浜元町商店街

🔊 요코하마 모토마치 쇼-텐가이

요코하마의 부유층이 모여 사는 모토마치 인근의 상점 거리로 다양한 브랜드 숍과 레스토랑이 모여 있다. 모토마치 쇼핑 스트리트, 모토마치 크래프트맨십 스트리트가 나란히 뻗어 있으며 오랜 역사를 자랑하는 상점이 모여 있다. 바로 옆으로 요코하마 중화 거리가 이어진다.

홈페이지 www.motomachi.or.jp **교통** 미나토미라이선 모토마치·주카가이 元町·中華街역 5번 출구에서 도보 1분. JR 이시카와초 石川町역 남쪽 출구에서 도보 1분 **지도** 별책 P.37-H

다양한 상점이 모여 있는 요코하마의 상점 거리

1, 2 화려한 간판들이
이곳이 중화 거리임을 말해 준다.
3 길거리 음식이 가득
4, 5 중화 거리 입구의 거대한 문

일본 최대 규모의 차이나타운

요코하마 중화 거리

横浜中華街 🔊 요코하마 주카가이

일본의 3대 차이나타운(요코하마, 고베, 나가사키)
중에서 가장 규모가 크다. 랜드마크인 요코하마 다
이세카이(横浜大世界)를 시작으로 길게 뻗은 길에
는 수많은 중국 상점, 레스토랑이 모여 있다. 곳곳
에 중국식 사당과 커다란 문이 있어 마치 중국의
거리를 걷는 듯한 착각에 빠지게 된다.

홈페이지 www.chinatown.or.jp 교통 미나토미라이라인 모토마치 · 주카가이 元町 · 中華街역 2번 출구에서 도보 1분. JR 이시카
와초 石川町역 북쪽 출구에서 도보 3분 지도 별책 P.37-G

★★★
이국적인 언덕 마을
야마테
山手

요코하마 남동쪽의 언덕 지역으로 공원, 교회, 서양식 건물들이 즐비하게 늘어서 있다. 1867년 외국인 거주지로 지정된 이래 외국인들이 거주하면서 이국적인 모습으로 바뀌었다. 관동 대지진 때 피해를 입어 많은 건물들이 없어졌으나, 복원 후 지금의 아기자기하고 아름다운 모습을 지니게 되었다. 당시 외국인 무역상이나 외교관이 살았던 주택이 그대로 복원되었으며 일반인에게 무료로 개방하고 있다.

주소 神奈川県横浜市中区山手町 **홈페이지** www.hama-midorinokyokai.or.jp/yamate-seiyoukan/ **교통** 미나토미라이선 모토마치 · 주카가이 元町 · 中華街역 5번 출구에서 도보 5분. JR 이시카와초 石川町역 남쪽 출구에서 도보 5분 **지도** 별책 P.37-H

1 이국적인 풍경의 거리
2 멀리 보이는 마린 타워

정원이 아름다운 영국식 건축물
요코하마시 영국관
横浜市イギリス館
🔊 요코하마시 이기리스칸

1937년에 영국 총영사 공저로 건축되었다. 높은 천장과 중후한 문이 돋보이며, 밝고 개방적인 구조. 1990년 요코하마시 지정 문화재로 등록되었으며 소규모 자료실은 견학할 수 있다. 봄에는 건물 앞의 장미 정원이 아름답다.

주소 神奈川県横浜市中区山手町115-3 **전화** 045-623-7812 **개방** 09:30~17:00(7~8월 ~18:00) **휴무** 네 번째 수요일, 연말연시 **교통** 미나토미라이선 모토마치 · 주카가이 元町 · 中華街역 5번 출구에서 도보 7분 **지도** 별책 P.37-D

음악이 흐르는 미국식 주택

야마테 111번관

山手111番館

🔊 야마테 하쿠쥬이치칸

1926년 J.H 모건이 설계한 미국인 J.E 라핀의 주택으로 항구가 보이는 언덕 공원 안에 위치해 있다. 주택 내부가 잘 보존되어 있고 시간이 맞으면 피아노 등 악기 연주도 들을 수 있다. 특히 장미가 만발한 4~5월에는 내부에서 바라보는 공원 모습이 매우 아름답다. 요코하마시 지정 문화재이며 카페도 있다.

주소 神奈川県横浜市中区山手町111 **전화** 045-623-2957 **개방** 09:30~17:00 (7~8월 ~18:00) **휴무** 두 번째 수요일, 연말연시 **교통** 미나토미라이선 모토마치 · 주카가이 元町 · 中華街역 5번 출구에서 도보 7분 **지도** 별책 P.37-D

영국인 무역상의 스페인식 저택

베릭 홀

ベーリック・ホール

1930년에 J.H 모건이 설계한 영국인 무역상 베릭의 저택으로 스페인 양식으로 만들어졌다. 현관의 아치형 입구와 분수대, 클로버 모양의 창문 등 집을 둘러보는 재미가 있다. 야마테의 서양식 건축물 중 최대 규모이며 2000년까지는 인터내셔널 스쿨 기숙사로 이용되었다. 내부에는 영국식 인테리어와 가구들이 잘 보존되어 있다.

주소 神奈川県横浜市中区山手町72 **전화** 045-663-5685 **개방** 09:30~17:00(7~8월 ~18:00) **휴무** 두 번째 수요일, 연말연시 **교통** 미나토미라이선 모토마치 · 주카가이 元町 · 中華街역 5번 출구에서 도보 10분 **지도** 별책 P.37-H

1 30년대 영국식 인테리어의 실내
2 넓은 부지에 세워진 2층 건물

일본인이 설계한 서양식 건축물

야마테 234번관

山手234番館

🔊 야마테 니산욘반칸

1927년 일본의 건축가 아사카 기치조가 설계한 외국인 아파트로 1980년까지 아파트로 사용되었다. 내부에는 자료관이 있고 2층에 갤러리가 있다. 요코하마시 지정 건축물로 보호되고 있다.

주소 神奈川県横浜市中区山手町234-1 **전화** 045-625-9393 **개방** 09:30~ 17:00(7~8월 ~18:00) **휴무** 네 번째 수요일, 연말연시 **교통** 미나토미라이선 모토마치 · 주카가이 元町 · 中華街역 5번 출구에서 도보 10분 **지도** 별책 P.37-H

사제관으로 사용된 목조주택

브라후 18번관
ブラフ18番館
🔊 브라후 주하치반칸

1900년대 초반에 지어진 외국인 주택으로 1991년까지 가톨릭 야마테 교회의 사제관으로 사용되었다. 목조 주택으로 상하 개폐식 창, 발코니, 선룸 등 당시 외국인 주택의 특징이 남아 있다. 1993년에 이탈리아산 정원으로 이축·복원되었으며 건물 내부에는 당시의 가구도 복원되어 있다

주소 神奈川県横浜市中区山手町16 전화 45-662-6318 개방 09:30~17:00(7~8월 ~18:00) 휴무 두 번째 수요일, 연말연시 교통 미나토미라이선 모토마치·주카가이 元町·中華街역 5번 출구에서 도보 20분. JR 이시카와초 石川町역 남쪽 출구에서 도보 5분 지도 별책 P.37-H

안토닌 레이먼드의 건축물

엘리스만 저택
エリスマン邸
🔊 에리스만테이

1926년 일본 건축계에 큰 영향을 준 근대 건축의 아버지인 안토닌 레이먼드가 설계한 건물로, 비단실 무역상인 스위스인 엘리스만의 저택으로 사용되었다. 요코하마 서양식 주택의 특징과 레이먼드의 스승인 프랭크 로이드 라이트의 건축기법도 살펴볼 수 있다. 1990년에 모토마치 공원으로 이축되었으며 2층에는 자료관이 있다.

주소 神奈川県横浜市中区元町1-77-4 전화 045-211-1101 개방 09:30~17:00 (7~8월 ~18:00) 휴무 두 번째 수요일, 연말연시 교통 미나토미라이선 모토마치·주카가이 元町·中華街역 5번 출구에서 도보 10분 지도 별책 P.37-H

도쿄에서 이축된 서양식 주택

외교관의 집
外交官の家
🔊 가이쿄칸노 이에

일본 메이지 정부의 외교관인 우치다 사다즈치의 저택으로 1910년 도쿄 시부야에 있던 것을 1997년에 이곳으로 이축하였다. 미국 건축가 J.M 가디너가 설계했으며 당시의 가스 스토브, 스테인드 글래스, 사이드보드 등의 가구를 복원해 전시하고 있다. 일본의 중요 문화재이며 카페도 있다.

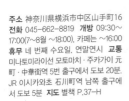

주소 神奈川県横浜市中区山手町16 전화 045-662-8819 개방 09:30~17:00(7~8월 ~18:00), 카페는 ~16:00 휴무 네 번째 수요일, 연말연시 교통 미나토미라이선 모토마치·주카가이 元町·中華街 5번 출구에서 도보 20분. JR 이시카와초 石川町역 남쪽 출구에서 도보 5분 지도 별책 P.37-H

✪
요코하마의 전망 명소

항구가 보이는
언덕 공원

港の見える丘公園

🔊 미나토노 미에루오카 코-엔

요코하마항이 내려다보이는 언덕 위에 있는 공원. 요코하마 항구와 요코하마 베이브리지가 한눈에 보이는 멋진 전망을 자랑한다. 언덕으로 오르는 숲길은 산책로가 잘 조성되어 있고 뒤편에는 장미가 아름다운 정원이 있다.

주소 神奈川県横浜市中区山手町114 **전화** 0466-22-4141 **교통** 미나토미라이선 모토마치 · 주카가이 元町 · 中華街역 5번 출구에서 도보 5분 **지도** 별책 P.37-D

✪
지진을 버텨 낸 목조 건축물

야마테 자료관

山手資料館

🔊 야마테 시료칸

1 녹색의 예쁜 건물
2 주변에 장미 정원이 있다.

1909년에 지어진 서양식 주택으로 요코하마에 있는 목조 건물 중 관동 대지진 때 살아남은 유일한 목조 건물이다. 1층에는 근대 만화의 시조가 된 영국인 찰스 워그먼의 자료가 전시되어 있고, 2층에는 외국인 묘지의 모형과 개화에 공헌했던 사람들의 자료가 전시되어 있다. 요코하마시 지정 건축물로 보호되고 있다.

주소 神奈川県横浜市中区山手町247 **전화** 045-622-1188 **개방** 11:00~16:00 **휴무** 월요일, 연말연시 **홈페이지** www.yamate-jyubankan.yokohama **교통** 미나토미라이선 모토마치 · 주카가이 元町 · 中華街역 5번 출구에서 도보 8분. JR 이시카와초 石川町역 남쪽 출구에서 도보 17분 **지도** 별책 P.37-H

요코하마에 잠든 서양인들

요코하마 외국인 묘지 자료관
横浜外国人墓地資料館

🔊 요코하마
가이코쿠진 보치 시료칸

요코하마 개항 당시 발전에 공헌한 19세기의 사람들을 시작으로 40여 개국의 외국인 약 4,800명이 이곳에 잠들어 있다. 자료관에는 매장되어 있는 사람들의 업적을 소개하는 자료를 전시하고 있다. 평일에는 묘지 내부를 공개하지 않지만, 3월 첫째 주에서 12월까지의 토 · 일요일 · 공휴일에 묘지 유지 관리 비용을 모금하기 위해 공개하고 있다.

주소 神奈川県横浜市中区山手町96 **전화** 045-622-1311 **개방** 10:00~17:00 **휴무** 월요일 **요금** 기부금 입장 200~300엔 **홈페이지** www.yfgc-japan.com **교통** 미나토미라이선 모토마치 · 주카가이 元町 · 中華街역 5번 출구에서 도보 3분 **지도** 별책 P.37-H

1 야마테 교차로 인근의 묘지 자료관
2 외국인 묘지

⭐
골목에 숨어 있는
작은 고양이 미술관

요코하마 고양이 미술관
ヨコハマ猫の美術館

🔊 요코하마 네코노 비쥬츠칸

야마테 골목에 있는 주택을 개조한 작은 미술관으로 주인 할아버지가 평생 모은 고양이 관련 소장품이 전시되어 있다. 전 세계에서 수집한 고양이 관련 잡화 · 작품들을 감상하다 보면 할아버지의 고양이 사랑을 느낄 수 있다.

주소 神奈川県横浜市中区山手町76-1 **전화** 045-662-6821 **개방** 12:00~18:00 (토 · 일요일 · 공휴일만 오픈) **교통** 미나토미라이선 모토마치 · 주카가이 元町 · 中華街역 5번 출구에서 도보 10분 **지도** 별책 P.37-H

★

일본 전국의 인기 라멘 가게가 한곳에

신요코하마 라멘 박물관

新横浜ラーメン博物館 🔊 신요코하마 라멘 하쿠부츠칸

일본의 푸드 테마파크 열풍을 일으킨 원조 테마파크로 1994년 오픈했다. 1958년의 일본 거리를 재현한 내부에는 각 지역의 인기 라멘 가게가 입점해 있어 원하는 라멘을 골라 먹을 수 있다. 라멘의 역사와 문화를 소개하는 전시 코너도 준비되어 있다.

주소 神奈川県横浜市港北区新横浜2-14-21 **전화** 045-471-0503 **개방** 11:00~22:00(토요일 ~22:30, 일요일·공휴일 10:30~22:30) **휴무** 무휴 **요금** 입장권 310엔(어린이 100엔) **홈페이지** www.raumen.co.jp **교통** JR 신요코하마 新横浜역에서 도보 5분

도라에몽을 찾아 떠나는 짧은 여행

가와사키시 후치코 F. 후지오 뮤지엄

川崎市 藤子·F·不二雄ミュージアム

〈도라에몽〉의 작가인 후치코 F. 후지오의 기념 미술관으로 그의 작품과 원화 5만여 점을 보유하고 있다. 3층 규모의 미술관 곳곳에 〈도라에몽〉의 재미있는 장치들과 등장인물이 숨어 있고, 2층의 극장에서는 이곳에서만 공개되는 원화 애니메이션을 상영한다. 3층에는 카페와 기념품 숍이 있으며 〈도라에몽〉에서 나온 요리들도 맛볼 수 있다. 카페 한편에는 정원이 있는데 이곳에도 〈도라에몽〉의 캐릭터들이 숨어 있다.

주소 神奈川県川崎市多摩区長尾2-8-1 **전화** 0570-055-245 **개방** 10:00~18:00 **휴무** 화요일, 연말연시 **요금** 1000엔(중·고등학생 700엔, 4세 이상 500엔) **홈페이지** fujiko-museum.com **교통** JR 난부선, 오다큐선 노보리토 登戸역에서 박물관행 직행버스로 10분(210엔)

여행의 마무리는 야경으로!
요코하마의 야경 명소

오산바시 국제 여객 터미널에서 본 야경

야경이 아름답기로 유명한 요코하마는 도시 곳곳에서 멋진 야경을 감상할 수 있다. 항구와 인접해 있는 미나토미라이 지역의 고층 건물들과 바다가 어우러지는 야경이 특히 멋지다. 야마시타 공원, 오산바시 국제 여객 터미널, 요코하마 마린 타워, 요코하마 랜드마크 타워의 스카이 가든, 항구가 보이는 언덕 공원 등이 멋진 야경을 감상할 수 있는 포인트다. 위치에 따라 다른 야경을 감상할 수 있으며 날씨가 좋은 날에는 야경을 촬영하려는 사람들로 북적인다. 일몰 전후가 가장 아름답고, 겨울에 맑은 날이 많아 더 멋진 야경을 만날 수 있다.

1 스카이 가든에서 본 야경 2 나비오스 호텔 주변에서 본 야경

미나토미라이의 즐거운 쇼핑몰
마크 이즈
MARK IS

1 옥외 정원
2 입구 주변에 넓은 광장이 있다.
3 다양한 브랜드 숍
4 오비 요코하마
5 곳곳에 휴식 공간이 있다.
6 도쿄 가스 요코하마 쇼룸

요코하마 미술관 앞의 쇼핑몰로 라이프 엔터테인먼트 몰을 지향한다. 지하 4층, 지상 6층 규모의 건물에 189개의 크고 작은 상점이 들어서 있다. 자연 체험 엔터테인먼트인 오비 요코하마, 가스를 이용한 생활의 편리함을 이야기하는 도쿄 가스 요코하마 쇼룸 등이 볼만하다. 5층에는 실외 정원이 있으며 각 층마다 휴식 공간이 마련되어 있다. 미나토미라이역과 바로 연결되어 편리하다.

주소 横浜市西区みなとみらい3-5-1 전화 045-224-0650 영업 10:00~21:00 (카페·레스토랑 11:00~23:00) 휴무 1/1 카드 가능 홈페이지 www.mec-markis.jp/mm/ 교통 미나토미라이선 미나토미라이 みなとみらい역 3·4번 출구에서 바로 연결 지도 별책 P.36-B

JR역과 가까운 쇼핑몰
콜레트 마레
Colette Mare

JR 사쿠라기초역 앞의 복합 쇼핑몰로 무인양품, GU 등의 대형 상점을 비롯해 일본의 여러 브랜드 숍과 레스토랑이 들어가 있다. 건물 일부는 호텔과 극장으로 이용되며, 이곳에서 보이는 요코하마항의 전망도 제법 멋지다.

주소 神奈川県横浜市中区桜木町1-1-7 **전화** 045-222-6500 **영업** 11:00~20:00(카페 · 레스토랑 ~23:00) **휴무** 무휴 **카드** 가능 **홈페이지** www.colette-mare.com **교통** 미나토미라이선 미나토미라이 みなとみらい역 5번 출구에서 도보 5분 **지도** 별책 P.36–F

다양한 라이프 스타일을 제안하는 대형 쇼핑몰
요코하마 월드 포터스
横浜 World Porters

'각양각색의 세계가 여기에 있다'라는 콘셉트로 다양한 라이프스타일을 제안하는 쇼핑 공간. 1층은 푸드, 2~3층은 패션, 4층과 6층은 잡화와 인테리어로 나뉘며, 5층에는 이온 시네마와 남코 게임센터, 음식점이 모여 있다. 요코하마 코스모 월드 바로 앞에 있으며 주변의 야경이 멋지다.

주소 神奈川県横浜市中区新港2-2-1 **전화** 045-222-2000 **영업** 10:30~20:00 (카페 · 레스토랑 11:00~23:00) **휴무** 무휴 **카드** 가능 **홈페이지** www.yim.co.jp **교통** 미나토미라이선 바샤미치 馬車道역 4번 출구에서 도보 5분 **지도** 별책 P.36–B

요코하마 중화 거리를 대표하는 시설
요코하마 다이세카이
横浜大世界

1920년대 아시아에서 가장 번영했던 당시의 상하이를 재현해 놓은 곳으로 요코하마 중화 거리에 있다. 중국 관련 기념품을 쇼핑하기 좋고 여러가지 중국 음식을 맛볼 수 있다. 중국 전통 경극 의상을 입고 기념 촬영을 할 수 있으며 경극 공연도 관람할 수 있다.

주소 神奈川県横浜市中区山下町97 **전화** 045-681-5588 **영업** 09:30~21:30 **휴무** 무휴 **카드** 불가 **홈페이지** www.daska.jp **교통** 미나토미라이선 모토마치 · 주카가이 元町 · 中華街역 2번 출구에서 도보 3분 **지도** 별책 P.37–H

맛집
RESTAURANT

100년이 넘는
역사를 자랑하는 제과점
우치키빵
ウチキパン

1 1888년 창업한 우치키빵
2 메론빵

다양한 빵이 진열되어 있다.

모토마치 상점 거리의 제과점으로 1888년 문을 연 이래 요코하마 빵의 대명사로 불린다. 창업주가 영국인에게 직접 배운 비법이 100년이 넘는 지금까지 전해지고 있다. 2층의 공장에서 만든 80여 종의 빵이 1층 매장으로 바로 내려오기 때문에 늘 갓 구운 맛있는 빵을 맛볼 수 있다.

주소 神奈川県横浜市中区元町1-50 전화 045-641-1161 영업 09:00~19:00 휴무 월요일 카드 불가 홈페이지 www.uchikipan.com 교통 미나토미라이선 모토마치 · 주카가이 元町 · 中華街역 2번 출구에서 도보 3분 지도 별책 P.37-H

귀여운 코끼리 코 아이스크림
조노하나 테라스
象の鼻テラス

개항 150주년을 기념해 만들어진 조노하나 공원의 쉼터. 이벤트 공간, 갤러리를 겸한 휴게소로 누구나 자유롭게 이용할 수 있다. 테라스 안에는 테이크아웃 카페 조노하나가 있는데 가나가와산 채소로 만든 메뉴를 판매하고 있다. 코끼리 코 모양의 다양한 메뉴가 있으며 특히 소프트 아이스크림이 인기 있다. 조노하나 소프트크림 ゾウノハナソフトクリーム 480엔.

주소 神奈川県横浜市中区海岸通1-1 **전화** 045-680-5677 **영업** 10:00~18:00 **휴무** 연말연시 **카드** 불가 **홈페이지** www.zounohana.com **교통** 미나토미라이선 니혼오도리 日本大通リ역 1번 출구에서 도보 3분 **지도** 별책 P.37-C

바다 앞 근사한 커피 전문점
제브라
커피 앤 크루아상
Zebra Coffee & Croissant

단일 농가에서 재배된 커피 콩을 혼합하지 않고 싱글 오리진으로 제공하는 커피 전문점. 전 세계 커피 산지에서 최고 품질의 원두를 엄선해 로스팅한다. 고급 밀 산지인 프랑스 보스의 밀가루와 지중해산 소금, 홋카이도산 버터를 사용해 만드는 크루아상이 유명하며, 커피와 빵을 즐기며 바라보는 요코하마의 바다 풍경도 훌륭하다. 카페라테 カフェラテ 570엔, 크루아상 クロワッサン 460엔.

주소 神奈川県横浜市中区新港1-3-1 **전화** 04-5264-6399 **영업** 10:00~20:00 **휴무** 무휴 **홈페이지** zebra-coffee.com **교통** 미나토미라이선 바샤미치 馬車道역 6번 출구에서 도보 6분. 마린 앤드 워크 요코하마 1층 **지도** 별책 P.37-C

알록달록 젤라토의 향연
소라이로 젤라토
SORAiRO gelato

요코하마 오산바시 국제 터미널로 향하는 해안 거리에 있는 젤라토 전문점. 매일 10가지 맛의 젤라토를 준비하며 와플콘이나 컵에 담아 판매한다. 계절마다 다른 다양한 젤라토를 만들고, 요코하마의 다른 가게와 컬래버레이션해 새로운 메뉴를 선보이기도 한다. 요코하마 소라리오 젤라토(두 가지 맛) ヨコハマソライロジェラート 500엔.

주소 神奈川県横浜市中区海岸通1丁目1 **전화** 04-5201-6893 **영업** 10:30~16:00 **휴무** 월요일 **교통** 미나토미라이선 니혼오도리 日本大通リ역 1번 출구에서 도보 4분 **지도** 별책 P.37-C

유부 초밥의 장인
이즈헤이
泉平

1839년 창업한 유부초밥 · 노리마키(김밥) 전문점으로 150년 넘는 세월 동안 한결같은 맛을 유지하고 있다. 간나이역 인근에 위치하며, 내부에서 먹을 수 없고 테이크아웃만 가능하므로 도시락을 테이크아웃해서 요코하마의 해변 공원에서 즐기면 좋다. 유부초밥(이나리) いなり 333엔~.

주소 神奈川県横浜市中区尾上町5-62 **전화** 045-681-1514 **영업** 10:00~20:00 **휴무** 부정기 **카드** 불가 **홈페이지** izuhei.net **교통** 미나토미라이선 바샤미치 馬車道역 5번 출구에서 도보 4분. JR 간나이 関内역 북쪽 출구에서 도보 1분 **지도** 별책 P.37-G

유부초밥과 노리마키 도시락을 구입해 공원 근처에서 먹어도 좋다.

요코하마의 대표 프랜차이즈 베이커리

퐁파두르
POMPADOUR

1968년 요코하마 모토마치 상점가에서 시작한 베이커리로 요코하마 곳곳에 지점이 있다. 예술과 미식을 사랑했던 프랑스의 마담 퐁파두르의 이름을 상호명으로 붙였다. 프랑스 빵 전문점으로 이곳의 파티시에가 프랑스에서 열린 베이커리 월드컵에서 우승한 경력이 있다. 요코하마 크로네 橫濱クロネ 313엔.

주소 神奈川県横浜市中区元町4-171 전화 045-681-3956 영업 09:00~20:00 휴무 무휴 카드 불가 홈페이지 www.pompadour.co.jp 교통 미나토미라이선 모토마치 · 주카가이 元町 · 中華街역 5번 출구에서 도보 8분 지도 별책 P.37-H

정통 프렌치 레스토랑

요코하마 모토마치 무테키로
橫濱元町 霧笛楼

요코하마 모토마치 상점가에 자리한 프렌치 레스토랑으로 1981년 오픈했다. 1층은 레스토랑 겸 바, 2층은 테이블석, 3층은 연회장으로 나뉘며 각각 목적에 맞게 요리를 즐길 수 있다. 층별로 요금이 다르고 코스 요리라 가격이 비싼 편이다. 런치 6930엔~.
무테키로에서 같이 운영하는 1층의 카페 넥스트 도어(カフェ ネクストドア)에서 조금 저렴하게 무테키로 카레나 디저트를 맛볼 수 있다. 케이크 ケーキ 720엔~.

주소 神奈川県横浜市中区元町2-96 전화 0045-681-2926 영업 11:30~15:00, 17:00~22:00 휴무 연말연시 카드 가능 홈페이지 www.mutekiro.com 교통 미나토미라이선 모토마치 · 주카가이 元町 · 中華街역 5번 출구에서 도보 4분 지도 별책 P.37-H

1, 2 유럽풍 건물과 실내 인테리어가 멋지다. 3 무테키로 카레

무난하게 주문하기 좋은 메뉴 중 하나인 마파두부

요코하마 중화 거리의 인기 레스토랑
주케이한텐
重慶飯店

요코하마 중화 거리의 전통 중화요리 레스토랑으로 1959년 창업하였다. 요코하마 외에도 도쿄, 나고야, 오카야마 등 일본 곳곳에 지점이 있는데, 중국 사천요리를 베이스로 한 일본식 전통 중화요리를 맛볼 수 있다. 대부분 코스 요리지만 점심에는 8가지 메뉴 중 하나를 고를 수 있는 슈가와리 런치가 제공되어 저렴하게 음식을 맛볼 수 있다. 슈가와리 런치 週替わりランチ 1800엔.

주소 神奈川県横浜市中区山下町77 **전화** 050-5868-8765 **영업** 11:30~23:00 **휴무** 연말연시 **카드** 가능 **홈페이지** www.jukeihanten.com **교통** 미나토미라이선 모토마치 · 주카가이 元町 · 中華街역 2번 출구에서 도보 2분 **지도** 별책 P.37-H

원탁 테이블에서 즐기는 중국 사천요리

요코하마 대표 라멘을 맛보기 위해 매일 많은 사람이 몰린다.

요코하마 라멘의 대명사
요시무라야
吉村家

요코하마를 대표하는 라멘 가게로 언제나 긴 대기 행렬이 생긴다. 1974년 요시무라 미노루 吉村実가 요코하마 노동자를 위해 개발한 라멘으로, 돈코츠 육수에 간장을 섞어 만든 진한 국물에 굵고 쫄깃한 면이 가득 담겨 나온다. 이곳에서 라멘을 배운 수많은 직원들이 일본 곳곳에 가게를 차려 널리 퍼지게 되었고, 지금은 일본 라멘의 한 종류로 자리 잡았다. 이와 같은 라멘 가게와 라멘을 이에케라멘 家系ラーメン이라 부른다. 목이버섯, 죽순, 파 등 다양한 토핑을 함께 주문할 수 있으면 제법 양이 많다. 면이 익은 정도, 육수의 농도, 기름진 정도를 직접 선택할 수 있다. 라멘 ラーメン 740엔~.

주소 神奈川県横浜市西区南幸2-12-6 **전화** 045-322-9988 **영업** 11:00~22:00 **휴무** 월요일 **홈페이지** ieke1.com **교통** JR 요코하마 橫浜역 서쪽 출구에서 도보 6분 **지도** 별책 P.36-E

가마쿠라 · 에노시마

鎌倉 · 江の島

인기 높은 근교 여행지이자 다양한 작품의 배경이 된 해변 마을

도쿄의 서남쪽 쇼난 해변을 따라 길게 펼쳐지는 마을. 크게 '동쪽의 교토'라 불리는 가마쿠라와, 도쿄 근교 수상 스포츠의 명소인 에노시마로 나뉜다. 가마쿠라는 일본 무사 정권 시절인 가마쿠라 막부 시대(1185~1333)에 일본의 정치·군사 중심지였는데, 당시의 절과 신사, 상점 거리가 잘 보존되어 있다. 에노시마는 쇼난 해안의 작은 섬으로 섬 곳곳에 관광 명소가 있으며 해수욕은 물론 여러 가지 수상 스포츠를 즐길 수 있다.

에노시마와 가마쿠라는 노면전차인 에노덴으로 연결되며 에노덴의 각 역들은 관광 명소로 유명하다. 일본의 영화, 드라마, 만화 등 다양한 작품의 배경이 된 지역으로 도쿄 근교의 관광지로 인기가 높다.

여행 포인트		이것만은 꼭 해보자	위치
관광	★★★	☑ 에노시마섬 둘러보기	
사진	★★☆	☑ 〈슬램덩크〉, 〈바닷마을 다이어리〉	
쇼핑	★☆☆	의 배경지 둘러보기	
음식점	★☆☆	☑ 에노덴 타고 가마쿠라,	
야간 명소	★☆☆	에노시마 일주	

사이타마

이바라키

도쿄

나리타 공항

가나가와

지바

하코네

요코하마

가마쿠라 · 에노시마

Access
KAMAKURA·ENOSHIMA

가마쿠라·에노시마 가는 법

{ 가마쿠라의 주요 역 }

JR 가마쿠라역
鎌倉

에노덴
가마쿠라역
鎌倉

{ 에노시마의 주요 역 }

에노덴
에노시마역
江ノ島

가타세
에노시마역
片瀬江ノ島

쇼난에노시마역
湘南江の島

가마쿠라는 JR·에노덴 가마쿠라역을 중심으로, 에노시마는 쇼난 모노레일·에노덴 에노시마역을 중심으로 둘러보면 편리하다. 도쿄에서는 오다큐 전철, JR과 연결되며 1시간~1시간 30분 정도 소요된다. 만일 도쿄에서 에노시마로 바로 간다면, JR역인 후지사와역이나 오후나역으로 간 후 각각 에노덴이나 쇼난 모노레일로 갈아탄다.

이 지역을 다니는 에노덴 열차는 후지사와 藤沢역(JR 환승역)을 출발, 에노시마역을 거쳐 가마쿠라역과 연결된다. 에노시마역은 에노덴, 오다큐 전철, 쇼난 모노레일의 각 역이 따로 떨어져 있으며, 오다큐 전철은 가타세에노시마역, 쇼난 모노레일은 쇼난에노시마역이라고 불린다.

1 가마쿠라의 운치 있는 골목길
2 〈슬램덩크〉의 배경이 된 에노덴 교차로 3 에노시마섬으로 가는 다리 4 에노시마 신사의 참배길

{ 각 지역에서 가마쿠라 · 에노시마 가는 법 }

시나가와
- JR 요코스카선 · 47분, 740엔 → **가마쿠라**
- JR 도카이도 본선 · 38분, 770엔 → **후지사와**
  - 오다큐 에노시마선 · 7분 170엔 → **가타세에노시마**
  - 에노덴 · 11분, 220엔 → **에노시마**
- JR 도카이도 본선 · 32분, 660엔 → **오후나**
  - 쇼난 모노레일 · 14분, 320엔 → **쇼난에노시마**

도쿄
- JR 요코스카선 · 56분, 950엔 → **가마쿠라**
- JR 도카이도 본선 · 48분, 990엔 → **후지사와**
  - 오다큐 에노시마선 · 7분 170엔 → **가타세에노시마**
  - 에노덴 · 11분, 220엔 → **에노시마**
- JR 도카이도 본선 · 43분, 830엔 → **오후나**
  - 쇼난 모노레일 · 14분, 320엔 → **쇼난에노시마**

신주쿠
- 쇼난신주쿠라인 · 56분, 950엔 → **가마쿠라**
- 오다큐 오다와라선 쾌속급행 · 57분, 610엔 / 쇼난신주쿠라인 · 52분, 990엔 → **후지사와역**
  - 오다큐 에노시마선 · 7분, 170엔 → **가타세에노시마 (630엔)**
  - 에노덴 · 11분, 220엔 → **에노시마**
- 쇼난신주쿠라인 · 47분, 950엔 → **오후나**
  - 쇼난 모노레일 · 14분, 320엔 → **쇼난에노시마**
- 오다큐 특급 에노시마 · 1시간 9분, 1250엔 → **가타세에노시마**

요코하마
- JR 요코스카선 · 24분, 360엔 → **가마쿠라**
- JR 도카이도 본선 또는 쇼난신주쿠라인 · 21분, 420엔 → **후지사와**
  - 오다큐 에노시마선 · 7분 170엔 → **가타세에노시마**
  - 에노덴 · 11분, 220엔 → **에노시마**
- JR 도카이도 본선 또는 쇼난신주쿠라인 · 17분, 320엔 → **오후나**
  - 쇼난 모노레일 · 14분, 320엔 → **쇼난에노시마**

가마쿠라
- 에노덴 · 23분, 260엔 → **에노시마**

{ 에노덴 江ノ電 }

가마쿠라역부터 후지사와역까지 총 10km를 운행하는 노면전차로, 에노시마, 유이가하마를 비롯해 쇼난 지역의 해변과 마을을 지난다. 2량의 작은 녹색 열차는 일본의 영화, 드라마 등 다양한 작품 속에 등장한다. 스이카(Suica)를 비롯한 IC 카드 이용이 가능하며 하루 동안 무제한 사용 가능한 1일 승차권 노리오리쿤도 별도로 판매하고 있다. **홈페이지** www.enoden.co.jp **노선 정보** 별책 P.39

{ 유용한 교통 패스 }

에노덴 1일 승차권 노리오리쿤 江ノ電1日乗車券のりおりくん
에노덴 열차 전 구간을 하루 동안 자유롭게 이용할 수 있는 패스
요금 650엔(어린이 330엔)
홈페이지 www.enoden.co.jp/kr/tourism/ticket/noriorikun/

가마쿠라 에노시마 애프터눈 패스 鎌倉江の島アフタヌーンパス
13시 이후부터 이용 가능. 에노덴 1일 승차권과 에노시마의 3개 시설(에노시마 에스컬레이터, 에노시마 사무엘 코킹 정원, 시 캔들 전망 등대) 무료 입장 가능
홈페이지 www.enoden.co.jp/kr/tourism/ticket/afternoon-pass/

가마쿠라 프리 간쿄 데카타 鎌倉フリー環境手形
하세~가마쿠라 구간의 에노덴과 가마쿠라 인근의 버스를 하루 동안 자유롭게 이용할 수 있는 패스
홈페이지 www.enoden.co.jp/kr/tourism/ticket/free/

Zoom in
ENOSHIMA

에노시마의
이동 수단

1 유람선 선착장 2 자리는 자유석

벤텐마루 유람선 べんてん丸

에노시마섬과 육지를 연결하는 벤텐바시(에노시마 대교) 입구에서 출발하는 소형 유람선. 에노시마섬 뒤편인 지고가후치와 연결된다. 에노시마섬 안에는 길이 하나뿐이라 섬을 다 둘러보고 나서 왔던 길로 되돌아가야 하는데, 이 배를 이용하면 되돌아가지 않고 편하게 이동할 수 있다. 다리에서 배를 타면 섬 뒤편부터 둘러보며, 섬을 다 둘러보고 마지막에 지고가후치에서 편하게 육지로 이동할 수 있다. 배는 7~8분 정도 에노시마 주변의 바다를 가로질러 이동한다.

전화 0466-22-4141 **운행** 10:00~(10~15분 간격으로 운행. 날씨에 따라 운항 여부 결정) **요금** 편도 400엔(어린이 200엔) **위치** 벤텐바시 弁天橋 입구에서 출발 **지도** 별책 P.42-E, 43-J

1 마치 신사 같은 분위기의 입구 2 편하게 언덕을 오르는 에스컬레이터

에노시마 에스컬레이터 江の島エスカー

에노시마 신사 입구부터 시 캔들 전망 등대 바로 아래까지 이어지는 언덕을 오르는 에스컬레이터. 줄여서 '에노시마 에스카'라고 부른다. 46m의 언덕을 에스컬레이터로 오를 수 있으며, 총 3구간으로 나뉘어 있다. 참고로 내려오는 에스컬레이터는 없다.

전화 0466-25-3525 **요금** 전 구간 360엔(어린이 180엔), 1구간 200엔(어린이 100엔), 2~3구간 180엔(어린이 90엔), 3구간 100엔(어린이 50엔) **지도** 별책 P.43-K

가마쿠라 추천 코스

1   가마쿠라역

⋮ 도보 15분

2   쓰루가오카 하치만구

⋮ 도보 1분

3   고마치 도리

⋮ 도보 15분

4   가마쿠라역

⋮ 에노덴 5분

5   하세역

⋮ 도보 5분

6   고토쿠인(가마쿠라 대불)

⋮ 도보 5분

7   하세역

⋮ 에노덴 2분

8   유이가하마역

⋮ 도보 3분

9   유이가하마 해수욕장

쓰루가오카 하치만구

고마치 도리

고토쿠인(가마쿠라 대불)

유이가하마 해수욕장

Course
ENOSHIMA

에노시마 추천 코스

1 에노시마역

도보 5분

2 신에노시마 수족관

도보 1분

3 가타세하마 해수욕장 (가타세 니시하마)

도보 15분

4 에노시마섬

도보 15분

5 시 캔들 전망 등대

도보 20분

6 가타세하마 해수욕장 (가타세 히가시하마)

도보 5분

7 에노시마역

에노덴 5분

8 가마쿠라코코마에역

신에노시마 수족관

가타세 니시하마 해수욕장

에노시마섬

시 캔들 전망 등대

가마쿠라
한눈에 보기

오후나역

후지미초역

엔초지

1 기타카마쿠라역

① 기타카마쿠라역

가마쿠라역에서 한 정거장 떨어진 가마쿠라 북쪽의 작은 역. 역 주변에는 시설이 많지 않다. 엔가쿠지, 겐초지 등 수많은 불교 사찰에 둘러싸여 있으며, 길을 따라 한참 걸어 내려오면 쓰루가오카 하치만구가 나온다.

가마쿠라역 **2**

고토쿠인

하세데라 **4**

하세역

에노시마 방향

② 가마쿠라역

JR 가마쿠라역과 에노덴 가마쿠라역이 만나는 곳으로 각각 다른 플랫폼을 이용한다. 역 주변에 여러 시설이 모여 있으며 규모도 제법 크다. 상점 거리인 고마치 도리를 따라 걸어가면 쓰루가오카 하치만구에 다다른다.

③ 쓰루가오카 하치만구

가마쿠라의 중심이 되는 신사로 규모가 상당히
크다. 가나가와 현립 미술관, 가마쿠라구와 함께
둘러보면 좋다.

● 겐초지

● 가마쿠라구

③ 쓰루가오카 하치만구

④ 하세역

가마쿠라에서 에노덴으로 세 정거장 가면 나오는 역. 인근에 가마쿠
라 대불로 유명한 고토쿠인, 하세데라가 있다. 유이가하마 해수욕장
과도 가까워 이곳에서 내려 같이 둘러보면 좋다.

에노시마
한눈에 보기

① 가타세하마 해수욕장

에노시마의 해수욕장으로 에노시마 다리를 중심으로 동서로 나뉜다. 동쪽은 가타세 히가시하마, 서쪽은 가타세 니시하마로 불리며 서핑, 요트 등 다양한 수상 스포츠를 즐길 수 있다.

② 에노시마섬

섬이지만 다리로 연결되어 있어 걸어서 들어갈 수 있다. 섬 중앙에는 전망대와 신사가 있으며 다양한 상업 시설이 모여 있다. 계단이 많고 언덕이 가파르기 때문에 올라갈 때는 에스컬레이터를 이용하자.

① 가타세 니시하마 해수욕장

벤텐마루 유람선 선착장

지고가후치

③ 에노시마역

에노덴 에노시마역으로 에노시마 교통의 중심이다. 북쪽으로는 모노레일인 쇼난에노시마역과 가깝다. 에노덴 열차가 다니는 역 주변과 철도 건널목의 풍경이 예쁘다. 에노시마로 가는 길에는 상점들이 모여 있다.

쇼난에노시마역

③ 에노시마역

④ 가타세 에노시마역

신에노시마
수족관

① 가타세 히가시하마
해수욕장

벤텐마루
유람선 선착장

에노시마 대교

벤텐바시

② 에노시마섬

④ 가타세에노시마역

오다큐 전철 에노시마역으로 바다, 에노시마섬과 가장 가까운 역이다. 용궁을 이미지화하여 만든 붉은색 건물이 독특하다.

에노시마의 지고가후치 주변 산책로

가마쿠라 해변에서 바라본 에노시마

가마쿠라의 관광 명소
SIGHTSEEING

● ★

가마쿠라의 상점 거리
고마치 도리
小町通り

가마쿠라역 앞 골목길로 신사의 붉은 기둥인 도리이를 시작으로 600m 정도 이어진다. 쓰루가오카 하치만구로 가는 길로 양옆으로 다양한 상점들이 늘어서 있어 재래시장 같은 친근한 느낌도 든다.

홈페이지 www.kamakura-komachi.com **교통** 가마쿠라 鎌倉역 동쪽 출구에서 도보 1분 **지도** 별책 P.40-C, 41-H

★

쓰루가오카 하치만구로 가는 길
와카미야 오지
若宮大路

쓰루가오카 하치만구 앞의 참배길로 중앙의 길 단카즈라(段葛)를 중심으로 세 개의 길이 나란히 뻗어 있다. 이 지역의 영주가 아내의 순산을 기원하며 만들었다고 하며 언제나 관광객으로 붐빈다. 봄이 되면 벚꽃 터널이 생겨 벚꽃 명소로도 유명하다.

교통 가마쿠라 鎌倉역 동쪽 출구에서 도보 2분 **지도** 별책 P.40-B, 41-H

★★★

가마쿠라의 상징

쓰루가오카 하치만구

鶴岡八幡宮

1063년 지어진 신사로 화재 피해를 입어 1191년에 재건했다. 본전과 900년
이 넘은 은행나무 등이 유명하며, 건물 전체가 일본 국가 사적으로 지정되
어 있다. 일본의 대규모 신사 중 하나로 연중 행사가 끊이지 않는다. 본당
으로 가려면 제법 높은 계단을 올라야 하며 본당에서 보이는 가마쿠라의
풍경이 멋지다.

주소 神奈川県鎌倉市雪ノ下2-1-31 **전화** 0467-22-0315 **개방** 06:00~20:30 **휴무** 무휴
홈페이지 www.hachimangu.or.jp **교통** 가마쿠라 鎌倉역 동쪽 출구에서 도보 15분 **지도** 별
책 P.41-H

1, 2 쓰루가오카 하치만구 본당 3, 5 에마에 소원을 적어 비는 사람들 4 신사 입구의 도리이

국보와 중요 문화재를 전시한다

가마쿠라 코쿠호칸
鎌倉国宝館

쓰루가오카 하치만구의 중요 문화재인 벤자이텐 좌상을 비롯해 하치만구와 가마쿠라 지역에 있는 국보와 중요 문화재 3500여 점이 전시되어 있다. 종종 특별 전시가 열리며 전시회에 따라 요금이 달라진다.

전화 0467-22-0753
개방 09:00~16:30
휴무 월요일
요금 300엔(어린이 150엔)

연꽃이 피어 있는 두 개의 연못

겐페이이케 · 헤이케이케
源平池 · 平家池

쓰루가오카 하치만구에 들어서면 양쪽으로 자리하고 있는 연못. 궁을 바라보는 방향을 기준으로 오른쪽이 겐페이이케, 왼쪽이 헤이케이케다. 이 지역의 영주 미나모토노 요리토모가 부인의 요청으로 만들었으며, 겐페이이케에는 흰 연꽃을, 헤이케이케에는 붉은 연꽃을 심었다고 한다.

900살이 넘은 은행나무

가쿠레이초
隠れ銀杏

본전으로 올라가는 계단 왼쪽에 자리하고 있는 은행나무로 900년이 넘는 수명과 엄청난 크기를 자랑했으나, 태풍으로 쓰러지고 말았다. 그러나 남은 밑동에 새로운 싹이 나면서 이곳을 찾는 사람들의 기대를 한 몸에 받고 있다.

미술관 건물과 주변 정원. 정원에는 조각상이 서 있다.

★

현대적인 건축물이 유명

가나가와 현립 근대 미술관(가마쿠라 별관)

神奈川県立近代美術館 鎌倉別館 🔊 가나가와 켄리츠 킨다이비쥬츠칸(가마쿠라 벳칸)

가나가와를 대표하는 미술관 중 하나인 가나가와 현립 근대 미술관의 별관. 1951년에 지어진 미술관으로 70여 년 전에 지어졌다는 것이 믿기지 않을 만큼 현대적인 디자인으로 유명하다. 쓰루가오카 하치만구 서쪽에 위치해 있으며 다양한 전시를 감상할 수 있다.

주소 神奈川県鎌倉市雪ノ下2-8-1 **전화** 0467-22-5000 **개방** 09:30~17:00 **휴무** 월요일, 연말연시, 전시 교체 기간 **요금** 700엔(대학생 550엔, 고등학생 100엔) **홈페이지** www.moma.pref.kanagawa.jp **교통** 가마쿠라 鎌倉역 동쪽 출구에서 도보 20분 **지도** 별책 P.41-H

흰색 도리이의 신사

가마쿠라구

鎌倉宮

1869년에 지어진 신사로 일반적인 신사에서 볼 수 있는 붉은색 도리이(입구의 문)가 아닌 흰색 도리이가 인상적이다. 본당에는 붉은색 사자탈이 놓여 있는데 전쟁으로 희생된 사람들의 안위를 기원하는 의미라고 한다. 쓰루가오카 하치만구 동쪽에 위치해 있으며 한적한 주택가를 걷다 보면 만날 수 있다.

주소 神奈川県鎌倉市二階堂154 **전화** 0467-22-0318 **개방** 09:00~16:00 **휴무** 무휴 **홈페이지** www.kamakuraguu.jp **교통** 가마쿠라 鎌倉역 동쪽 출구에서 도보 24분 **지도** 별책 P.41-I

숲속의 작은 신사. 신사 입구의 흰색 도리이가 독특하다.

1 절 앞의 노송 2 잘 가꾸어진 정원

★

수국 밭이 아름다운 절

하세데라

長谷寺

8세기 초에 세워진 절로 9.18m의 금박 목조 불상을 보관하고 있다. 일본의 중요 문화재로 지정되어 있는 본당과 보물관이 있으며 수국이 많고 정원이 아름답기로 유명하다. 경내에는 가마쿠라의 어촌 풍경을 내려다볼 수 있는 전망 산책로가 있으며, 입구의 노송도 아름답다.

주소 神奈川県鎌倉市長谷3-11-2 전화 0467-22-6300 개방 08:00~17:00(10~2월 08:00 ~16:30) 휴무 무휴 요금 400엔(초등학생 200엔) 홈페이지 www.hasedera.jp 교통 에노덴 하세 長谷역에서 도보 5분 지도 별책 P.41-J

절 앞의 수국 밭이 아름답다.

★★

가마쿠라 대불을 모시는 절

고토쿠인

高德院

대불의 뒷모습

가마쿠라에서 가장 큰 불상이 있는 절. 가마쿠라의 상징 중 하나로 수많은 관광객이 찾는다. 대불의 정식 명칭은 '아미타여래좌상'으로 '가마쿠라 대불', '하세 대불'로도 불린다. 처음에 만든 목조 불상이 붕괴되어 1250년경에 청동으로 다시 만들었다고 한다. 원래 불상은 건물 안에 있었지만 해일로 인해 건물이 무너지고 불상만 남아 있다. 높이 11m로 보존 상태가 좋아 일본의 국보로 지정되어 있다. 불상 내부에 들어가 관람할 수 있다.

주소 神奈川県鎌倉市長谷4-2-28 **전화** 0467-22-0703 **개방** 08:00~17:30(10~3월 ~17:00) **휴무** 무휴 **요금** 300엔(초등학생 200엔), 대불 관람 별도 요금 20엔 **홈페이지** www.kotoku-in.jp **교통** 에노덴 하세 長谷역에서 도보 9분 **지도** 별책 P.41-G

거대한 불상은 매우 디테일하게 조각되어 있다. 불상 내부에 들어가 볼 수도 있다.

✪
전망 좋은 언덕 위의 문학관
가마쿠라 문학관
鎌倉文学館
🔊 가마쿠라 분가쿠칸

1985년에 개관한 곳으로 가마쿠라를 연고로 하는 문학자와 문학 관련 자료들을 보존하고 전시한다. 가마쿠라의 서양식 보존 건축물 1호로 지정된 본관과 155종의 장미가 피어 있는 아름다운 정원이 있다. 관내에서 바다와 어우러진 가마쿠라의 풍경을 감상할 수 있다.

주소 神奈川県鎌倉市長谷1-5-3 **전화** 0467-23-3911 **개방** 09:00~17:00(10~2월 ~16:30) **휴무** 무휴 **요금** 400엔(20세 이하 280엔) **홈페이지** www. kamakurabungaku.com **교통** 에노덴 유이가하마 由比ヶ浜역에서 도보 7분 **지도** 별책 P.41-G

언덕에 위치해 전망이 좋다.

✪
돈을 씻어 부자되는 곳
제니아라이 벤텐
銭洗弁財天

입구가 터널이며 동굴 안에 본당이 있는 재미있는 신사. 재물의 신을 모시는 곳으로, 본당에는 샘이 흐르는데 이 샘에 돈을 씻어 지니고 있으면 부자가 된다고 한다.

주소 神奈川県鎌倉市佐助2-25-16 **전화** 0467-25-1081 **개방** 08:00~16:30 **휴무** 무휴 **교통** 가마쿠라 鎌倉역 서쪽 출구에서 도보 18분 **지도** 별책 P.41-G

⭐⭐
가마쿠라를 대표하는 5개 절 중 하나

엔가쿠지
円覚寺

가마쿠라를 대표하는 5개의 절을 일컫는 가마쿠라오산(鎌倉五山) 중 두 번째 절이다. 전사자들을 위로하기 위해 1282년에 지어진 절로 화재와 지진에 의해 소실되었다가 재건되었다. 6만 평의 넓은 부지에는 산몬 三門, 묘코지 妙香寺, 일본의 국보인 종 고우쇼 洪鐘 등이 있다. 둘러보는 데만 30분이 걸릴 정도로 넓은 절이다.

주소 神奈川県鎌倉市山ノ内409 **전화** 0467-22-0478 **개방** 08:00~16:30(12~2월 ~16:00) **휴무** 무휴 **요금** 500엔(어린이 200엔) **홈페이지** www.engakuji.or.jp **교통** JR 기타카마쿠라 北鎌倉역 동쪽 출구에서 도보 1분 **지도** 별책 P.40-E

1 엔가쿠지의 돌담길
2 부적을 신청할 수도 있다.
3 곳곳의 불상 위에는 동전들이 놓여 있다.
4 절의 내부 모습

★
가마쿠라 최대 규모의 절
겐초지
建長寺

가마쿠라오산 중 첫 번째 절로 규모가 크고 웅장하다. 1253년에 세워진 당시의 모습을 잘 보존하고 있으며 절 곳곳의 건물들이 일본의 중요 문화재와 국보로 지정되어 보호받고 있다. 절 뒤쪽을 통해 산으로 올라가면 바닷가가 한눈에 들어오는 전망대 두 곳에서 아름다운 풍경을 감상할 수 있다.

주소 神奈川県鎌倉市山ノ内8 **전화** 0467-22-0981 **개방** 08:30~16:30 **휴무** 무휴 **요금** 500엔(어린이 200엔) **홈페이지** www.kenchoji.com **교통** JR 기타카마쿠라 北鎌倉역 동쪽 출구에서 도보 15분. 가마쿠라 鎌倉역 동쪽 출구에서 도보 30분 **지도** 별책 P.40-E

거대한 규모의 사찰. 가마쿠라의 5개 대표 사찰 중 하나다.

절 안의 목조 불상

★
가마쿠라의 인기 해수욕장
유이가하마 해수욕장
由比ガ浜海水浴場
🔊 유이가하마 가이스이요쿠조

여름이 되면 도쿄의 젊은이들이 해수욕을 즐기기 위해 찾는 곳. 젊음의 열기를 느끼며 다양한 해양 스포츠를 즐길 수 있다. 다른 계절에는 한가로운 가마쿠라의 바다 풍경을 감상하기 좋다. 날씨가 좋으면 멀리 에노시마와 후지산까지 보인다.

주소 神奈川県鎌倉市由比ヶ浜4-4 **홈페이지** yuigahama.sos.gr.jp **교통** 에노덴 유이가하마 由比ヶ浜역에서 도보 5분 **지도** 별책 P.41-J

가마쿠라 · 에노시마 561

에노시마의 관광 명소

SIGHTSEEING

⭐⭐

에노시마를 수호하는 신사

에노시마 신사

江島神社

🔊 에노시마 진자

1 에노시마 신사의 본당 광장
2 신사에서 내려다 본 에노시마 풍경
3 신사 입구의 빨간 도리이

섬 입구에서부터 시작되는 에노시마 신사는 '오쿠츠노미야', '나카츠노미야', '헤츠노미야'로 불리는 세 개의 신전을 통칭하는 말이다. 552년 바다의 신을 모시기 위해 지었으며, 현재는 바다의 신, 물의 신, 행복의 신을 모시고 있다. 붉은색 도리이(신사 입구의 기둥 문)를 지나 계단을 오르면 본당이 나온다. 신사 앞의 골목길은 상점이 늘어서 있고 에노시마의 특산품으로 만든 군것질거리를 판매하고 있다.

주소 神奈川県藤沢市江の島2-3-8 **전화** 0466-22-4020 **개방** 08:30~17:00 **휴무** 무휴 **홈페이지** enoshimajinja.or.jp **교통** 에노덴 에노시마 江ノ島역에서 도보 20분 **지도** 별책 P.43-K

바다의 평안을 지키는 신전

오쿠츠노미야
奥津宮

에노시마 신사는 세 명의 자매 여신을 모시고 있는데 이곳에서는 첫째 타키리히메노미코토를 모시며, 바다의 평안을 지킨다. 신사 천장의 그림 속 거북이는 보는 방향에 따라 시선이 움직인다고 하여 유명하다.

물의 신을 모시는 신전

나카츠노미야
中津宮

1 신사의 본당
2 나무판에 소원을 적어 걸어 둔다.

물의 신인 이치키시마히메노미코토를 모시는 곳으로 853년에 창건되었다. 1996년 개축하였으며 강렬한 붉은색이 화려해서 유독 눈에 띈다.

에노시마 신사의 본전

헤츠노미야
辺津宮

바다의 여신인 타키즈히메노미코토를 모시는 곳으로 에노시마 신사의 본전이다. 1206년에 세워졌으며 1976년에 개축되었다. 에노시마 신사 입구에 위치해 있으며 좌측 맞은편에는 바구니가 놓인 작은 연못이 있는데, 여기에 돈을 씻으면 부자가 된다는 이야기가 있다.

1 헤츠노미야 신사의 본당
2 돈을 씻으면 부자가 된다.
3 본당의 복주머니 동상

✿✿

에노시마의 상징

시 캔들 전망 등대

江の島 Sea Candle

에노시마의 랜드마크라고 할 수 있는 전망 등대. 2003년 에노시마 전철 100주년 기념 사업으로 재건되었다. 해발 119.6m에 있는 높이 59.8m의 타워로 에노시마섬 주변 풍경을 360도 파노라마로 감상할 수 있다. 날씨가 좋으면 후지산과 이즈 반도, 하코네까지 보인다.

주소 神奈川県藤沢市江の島2-3 **전화** 0466-23-2444 **개방** 09:00~19:30 **휴무** 무휴 **요금** 500엔(어린이 250엔) **홈페이지** enoshima-seacandle.com **교통** 에노덴 에노시마 江ノ島역에서 도보 25분 **지도** 별책 P.43-K

에노시마의 상징이 된 전망 등대. 에노시마의 멋진 파노라마 전망이 펼쳐진다.

장미가 아름다운 식물원
사무엘 코킹 정원
サムエルコッキング苑 🔊 사무에르 코킹구엔

1883년 일본 최초의 서양식 정원을 만든 영국의 무역상 사무엘 코킹(Samuel Cocking)이 지은 광대한 식물원. 곳곳에 옛 흔적이 보존되어 있다. 천연기념물을 비롯한 열대 식물들이 자라고 있으며 특히 4~5월에는 장미가 만발한다. 중국과의 우호를 다지기 위해 세운 중국 전통 건축물인 빙벽정과 한국의 무궁화도 있다. 내부에는 카페가 있으며 곳곳에 전망 장소가 있다.

주소 神奈川県藤沢市江の島2-3 **개방** 09:00~20:00 **휴무** 무휴 **요금** 500엔(어린이 250엔) **위치** 시 캔들 전망 등대 주변 **지도** 별책 P.43-K

에노시마 연인의 성지
연인의 언덕
恋人の丘 🔊 코이비토노오카

에노시마 신사의 오쿠츠노미야에서 산길을 따라 올라가면 멋진 바다가 눈앞에 펼쳐진다. 이곳에는 바다에 사는 다섯 마리의 용이 섬에 나타난 선녀를 사랑했다는 전설이 깃든 '류렌노 카네(龍恋の鐘)'라는 종이 있는데, 이 종을 울린 연인은 절대 헤어지지 않는다는 이야기가 전해진다. 주변 나무와 철조망에는 사랑을 맹세한 연인들의 자물쇠가 가득하다.

주소 神奈川県藤沢市江の島2-5 **교통** 에노덴 에노시마 江ノ島역에서 도보 30분. 또는 시 캔들 전망 등대에서 도보 5분 **지도** 별책 P.43-J

✪
에노시마 끝의 해식동굴
에노시마 이와야
江の島岩屋

6000년의 역사를 자랑하는 에노시마 이와야는 오랜 세월 동안 파도에 의한 침식으로 만들어진 동굴이다. 1동굴과 2동굴로 나뉘며 내부에는 불상과 용신 조각이 있다. 예부터 고승들의 수행 장소로 유명하다. 양초를 들고 내부를 관람한다.

주소 神奈川県藤沢市江の島2 **전화** 0466-22-4141 **개방** 09:00~17:00(11~2월 ~16:00) **휴무** 무휴 **요금** 500엔(중학생 이하 200엔) **교통** 에노덴 에노시마 江ノ島역에서 도보 40분. 또는 시 캔들 전망 등대에서 도보 10분 **지도** 별책 P.43-J

✪
자연이 만들어낸 신비
지고가후치
稚児ヶ淵

관동 대지진 때 만들어진 바위 지형으로 에노시마 동굴 앞에 펼쳐져 있다. 시원한 바다와 파도를 바로 앞에서 느낄 수 있으며 낚시를 즐기는 사람들도 많다. 바닷물이 파고든 바위 사이로 작은 조개나 물물을 발견할 수 있다. 날씨가 좋은 날은 잠시 바위에 앉아 파도치는 바다를 보며 쉬어 가기 좋다. 에노시마 입구와 바로 연결되는 벤텐마루 유람선의 선착장이기도 하다.

주소 神奈川県藤沢市江の島2-5-2 **교통** 에노덴 에노시마 江ノ島역에서 도보 40분. 에노시마 이와야 바로 옆 **지도** 별책 P.43-J

✪
쇼난 해안의 수중 생물이 한곳에
신에노시마 수족관
新江ノ島水族館
🔊 신에노시마 스이조쿠칸

1 해변가의 멋진 수족관
2 에노시마 주변 바다의 수상 생물을
관찰할 수 있다.

수족관의 명물 이벤트인 돌고래 쇼

에노시마 주변 바다인 쇼난 해변에 서식하는 바다 생물을 관찰할
수 있는 수족관이다. 직접 만져보며 놀면서 배울 수 있는 체험형
수족관이라 아이들에게 인기가 높다. 고래, 돌고래 쇼도 감상할
수 있으며 규모도 제법 큰 편이다.

주소 神奈川県藤沢市片瀬海岸2-19-1 전화 0466-29-9960 개방 09:00~
17:00(12~2월 10:00~17:00) 휴무 무휴 요금 2500엔(고등학생 1700엔, 초등ㆍ중학
생 1200엔, 3세 이상 800엔) 홈페이지 www.enosui.com 교통 가타세에노시마 片
瀬江ノ島역에서 도보 5분 지도 별책 P.42-B

✪✪
만화 〈슬램덩크〉의 배경지
가마쿠라코코마에
鎌倉高校前

주소 神奈川県鎌倉市腰越1-1-25
교통 에노덴 가마쿠라코코마에 鎌倉
高校前역 지도 별책 P.39-C

에노덴 가마쿠라코코마에역 주변에는 만화 〈슬램덩크〉의 배경이
된 장소가 있다. 바다가 바로 보이는 에노덴역 바로 옆의 철도 건
널목과 역 아래의 해변이 만화에 등장해 유명세를 탔으며 많은 관
광객들이 이곳에서 기념사진을 찍는다. 가마쿠라와 에노시마 사
이에 있어 이동 중에 들르면 좋다.

〈슬램덩크〉 성지 순례에
빠지지 않는 명소

검은 모래 해변. 특히 여름에는 해수욕을 하러 오는 관광객으로 북적인다.

★★

수상 스포츠의 명소

가타세하마 해수욕장

片瀬浜海水浴場 🔊 가타세하마 가이스이요쿠죠

에노시마의 해수욕장으로 에노시마 대교(벤텐바시)를 중심으로 동
서로 나뉜다. 동쪽은 가타세 히가시하마, 서쪽은 가타세 니시하마
로 불리며 서핑, 요트를 비롯해 다양한 수상 스포츠를 즐길 수 있
다. 7~8월에는 '우미노미치(海の道)'라는 축제가 열리는데 여러 상
업 시설이 해변가에 모여 여름밤의 활기를 더한다.

주소 神奈川県藤沢市片瀬海岸東浜　**전화** 0466-22-4141　**홈페이지** www.enoshima-beach.com　**교통** 가타세에노시마 片
瀬江／島역에서 도보 5분　**지도** 별책 P.42-A, 43-F

1 서핑의 명소로도 유명
2 여름에는 야타이(포장마차)도 들어선다.
3 해변에서 에노시마섬이 보인다.

에노시마의 대형 이벤트
불꽃놀이
花火

1 해변에서 불꽃놀이를 기다리는 사람들　2,3 바닷가의 화려한 불꽃놀이

에노시마에서는 섬과 바다를 배경으로 매년 두 번의 불꽃놀이(하나비, 花火) 축제가 열린다. 여름 해변의 열기를 그대로 담은 에노시마노료 하나비 대회(江ノ島納涼花火大会, 8월경, 토요일 18:00~18:45), 가을을 앞두고 열리는 후지사와 에노시마 하나비 대회(ふじさわ江の島花火大会, 10월경, 토요일 18:00~18:45)가 있으며, 규모는 10월의 불꽃놀이가 더 크다. 8월의 불꽃놀이는 수영복을 입고 해변에서 파티를 즐기면서 감상하며, 10월의 불꽃놀이는 일본 전통 의상인 유카타를 입고 해변가에 앉아 조용히 감상하곤 한다. 불꽃놀이가 열리는 날은 수많은 사람이 몰려들기 때문에 조금 일찍 방문하거나 가마쿠라코코마에 등 에노시마에서 조금 떨어진 장소에서 감상하는 것도 좋다. 태풍이나 우천 시는 다음 날로 연기되며, 다음 날도 날씨가 좋지 않다면 취소될 수 있다.

〈홈페이지〉
일본 불꽃놀이 정보 hanabi.walkerplus.com
후지사와시 이벤트 www.fujisawa-kanko.jp/event/fujisawahanabi.html

가마쿠라 · 에노시마를 색다르게 보는 법

일본 영화 · 드라마의 배경지 투어

우리나라에도 잘 알려진 농구 만화 〈슬램덩크〉의 배경지인 에노시마에서는 만화 속의 풍경을 곳곳에서 찾아볼 수 있다. 슬램덩크 이외에도 〈핑퐁〉, 〈태양의 노래〉, 〈유성(나가레보시)〉, 〈푸른 불꽃〉 등 다양한 만화, 영화, 드라마의 배경지로 등장하고 있으며 작품 속에서 가마쿠라 · 에노시마의 분위기를 그대로 느낄 수 있다. 최근에는 국내에서도 인기 있는 고레에다 히로카즈 감독의 영화 〈바닷마을 다이어리〉의 배경지로 가마쿠라 · 에노시마 지역이 등장하여 많은 팬들이 이곳을 찾고 있다.

{ 가마쿠라 · 에노시마가 배경이 된 작품 }

〈바닷마을 다이어리〉
에노시마를 배경으로 펼쳐지는
배다른 네 자매의 이야기.
고레에다 히로카즈 감독의 작품이다.

〈태양의 노래〉
불치병에 걸린
소녀 가수의 노래 이야기.
영화와 드라마로 제작되었다.

〈슬램덩크〉
이노우에 다케히코 작품. 이 지역 고교생들의 농구 이야기가 펼쳐진다. 한국에서도 큰 인기를 모은 만화.

〈핑퐁〉
중학생 탁구 선수들의
이야기로 만화, 애니메이션,
영화로 제작되었다.
에노시마가 배경이다.

{ 만화 · 영화 · 드라마의 배경이 된 곳 }

영화 〈바닷마을 다이어리〉의
마지막 장면에 등장한 가마쿠라의
시치리가하마 해변

만화 〈슬램덩크〉에 등장한 가마쿠라 고교 앞 해변(가마쿠라코코
마에역 부근)

만화 〈슬램덩크〉에
등장한 가마쿠라코코마에

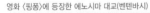

만화 〈슬램덩크〉와
영화 〈바닷마을 다이어리〉에 등장한
노면 전차 에노덴

영화 〈핑퐁〉에 등장한 에노시마 대교(벤텐바시)

영화 〈태양의 노래〉에서
여주인공이 라이브 공연을 하던 곳은
가마쿠라역 후문 광장이다.

귀여운 비둘기 사블레
토시마야 본점
豊島屋

1 전통 가옥을 그대로 사용하는 본점
2 비둘기 모양의 사블레 쿠키
3 기념품을 사려는 손님들로 가득

가마쿠라의 명물인 비둘기 과자로 1897년에 처음 판매되었다. 프랑스의 사블레 맛과 비슷하고 쓰루가오카 하치만구에 있는 비둘기 모양을 하고 있어 '하토(비둘기) 사브레'라는 이름으로 불리게 되었다. 버터와 설탕을 듬뿍 넣어 만든 과자로 손바닥만큼 큼직해서 선물용으로 인기가 많다. 가마쿠라의 곳곳에서 판매되고 있다. 하토 사브레 鳩サブレー 4개 540엔.

주소 神奈川県鎌倉市小町2-11-19 **전화** 0467-25-0810 **영업** 09:00~19:00 **휴무** 수요일 **카드** 가능 **홈페이지** www.hato.co.jp **교통** 가마쿠라 鎌倉역 동쪽 출구에서 도보 4분 **지도** 별책 P.40-B

가마쿠라 승려들을 위한 요리
하치노키
鉢の木

가마쿠라의 승려들을 위한 요리로 고기를 전혀 사용하지 않는 쇼진 요리 전문점. 가마쿠라의 채소와 곡물로 만든 다양한 반찬을 맛볼 수 있으며 정갈하고 깔끔한 플레이팅이 인상적이다. 가격이 제법 비싼 편이며 저녁에는 예약 손님만 받으니 참고하자. 쇼진 요리 精進料理 3630엔~.

주소 神奈川県鎌倉市山ノ内350 **전화** 0467-23-3723 **영업** 11:30~14:30(토·일요일·공휴일 11:00~15:00), 17:00~19:00(저녁은 예약 필수) **휴무** 수요일 **카드** 가능 **홈페이지** www.hachinoki.co.jp **교통** JR 기타카마쿠라 北鎌倉역 동쪽 출구에서 도보 3분 **지도** 별책 P.40-E

1 넓고 쾌적한 실내
2 쇼진 요리

다양한 일본식 면 요리
차야카도
茶屋かど

일본식 면 요리 전문점으로 소바, 우동, 소면 등 다양한 면 요리를 맛볼 수 있다. 여름이 되면 대나무 통에 물을 흐르게 하고 소면을 풀어 건져 먹는 나가시소멘을 체험할 수 있다. 나가시소멘 流しそうめん 1280엔~.

주소 神奈川県鎌倉市山ノ内1518 전화 0467-23-1673 영업 10:00~17:00 휴무 무휴 교통 JR 기타카마쿠라 北鎌倉역 동쪽 출구에서 도보 10분 지도 별책 P.40-E

1 길가의 작은 입구 2 의외로 넓은 실내 3 나가시 소멘

가마쿠라의 명물
자색고구마 전문점
이모요시 야카타
いも吉館

가마쿠라에는 자색고구마(무라사키이모, 紫芋)로 만든 식품들을 많이 볼 수 있으며 특히 아이스크림이 인기가 많다. 이곳에서는 아이스크림 외에도 고구마 고로케 등 고구마로 만든 요리를 가볍게 맛볼 수 있다. 인근에 지점이 여러 곳에 있다. 소프트크림 ソフトクリーム 380엔~.

주소 神奈川県鎌倉市小町2-8-4 전화 0467-25-6220 영업 09:30~18:00 휴무 무휴 교통 가마쿠라 鎌倉역 동쪽 출구에서 도보 7분 지도 별책 P.40-C

1 자색 고구마 소프트 아이스크림
2, 3 이모요시 야카타 입구

가마쿠라의 콘셉트 스타벅스

스타벅스 커피 가마쿠라 오나리마치

Starbucks Coffee 鎌倉御成町

일본의 콘셉트 스타벅스 중 한 곳으로 만화가 요코야마 유이치(横山隆一, 1909~2001)가 살던 자택 터에 건물을 세웠다. 카페 곳곳에 그의 작품들이 그려져 있으며 그가 아끼던 벚나무와 정원이 그대로 남아있다. 카페 옆에는 수영장과 갤러리가 있다.

주소 神奈川県鎌倉市御成町15-11 **전화** 0467-61-2161 **영업** 08:00~21:00 **휴무** 무휴 **홈페이지** www.starbucks.co.jp **교통** 가마쿠라 鎌倉역 서쪽 출구에서 도보 5분 **지도** 별책 P.41-H

1 독특한 외관 2 요코야마 유이치의 작품

귀여운 젤라토 가게

젤라테리아 산티

GELATERIA SANTi

가마쿠라역 바로 옆에 있는 젤라토 전문점. 이탈리아 젤라토의 맛 그대로를 일본에 전하고 싶어 시작한 가게로, 가마쿠라산 재료로 만든 여러 가지 젤라토를 판매하고 있다. 메뉴가 정해져 있지 않고 계절마다 가장 맛있는 재료를 젤라토로 만들어 판매한다. 철길 바로 옆에 있어 에노덴 전차가 다니는 모습을 보면서 젤라토를 즐길 수 있다. 젤라토 더블 DOUBLE 550엔~.

주소 神奈川県鎌倉市御成町2-14 **영업** 12:00~17:00 **휴무** 월요일 **홈페이지** gelateriasanti.com/about **교통** 가마쿠라 鎌倉역 동쪽 출구에서 도보 3분 **지도** 별책 P.41-H

1 두 가지 맛 젤라토를 소담하게 담아 준다.
2 젤라테리아 산티의 외관
3 가게 안에서 보이는 에노덴 전차

맛집
RESTAURANT
— 에노시마 —

에노시마의 명물 만주와 양갱
나카무라야 요우칸텐
中村屋羊羹店

1 에노시마 골목의 상점
2 만주 세트
3 작고 아담한 실내

1902년 창업해 120년이 넘은 연륜 있는 과자 전문점. 에노시마의 명물인 메오토만주 女夫饅頭와 가이소요우칸(양갱) 海苔羊羹을 맛볼 수 있다. 가게 한편의 작은 공간에서 따뜻한 차와 함께 여유를 즐길 수 있다. 말차가 함께 나오는 만주 세트 まんじゅうセット 500엔.

주소 神奈川県藤沢市江ノ島2-5-25 **전화** 0466-22-4214 **영업** 09:00~18:00 **휴무** 무휴 **홈페이지** www.noriyoukan.com **교통** 에노덴 에노시마 江ノ島역에서 도보 30분. 또는 에노시마 전망 등대에서 도보 5분 **지도** 별책 P.43-K

에노시마에서 갓 잡은 해산물 요리
우오하나
魚華

에노시마의 해산물로 만든 다양한 요리를 맛볼 수 있는 곳. 특히 에노시마의 명물인 뱅어(시라스, しらす) 요리가 인기다. 본점 바로 옆에 2호관이 있으며 해변을 바라보며 식사를 즐길 수 있는 테라스 좌석도 있다. 뱅어튀김덮밥(시라스 카키아게동) しらすかき揚げ丼 1380엔~.

주소 神奈川県藤沢市江の島1-3 **전화** 0466-28-9570 **영업** 11:00~20:00 **휴무** 목요일 **카드** 불가 **홈페이지** www.uohana.com **교통** 에노덴 에노시마 江ノ島역에서 도보 20분 **지도** 별책 P.43-H

1 깔끔한 분위기의 식당 2 뱅어튀김덮밥

1 에노시마 신사 가는 길에 위치
2 이세에비(새우) 센베이

간식으로 좋은 문어 센베이
아사히 혼텐
あさひ本店

문어, 새우, 오징어 등을 밀가루 반죽과 함께 프레스기에 압축해서 만드는 센베이 전문점. 종이처럼 납작하게 구워진 센베 과자가 별미다. 일본의 방송에도 자주 소개되었으며 언제나 긴 행렬이 생긴다. 에노시마 곳곳에 지점이 있다. 문어 센베이(타코 센베이) たこせんべい 400엔~.

주소 神奈川県藤沢市江の島1-4-10 **전화** 0466-23-1775 **영업** 09:00~18:00 **휴무** 목요일 **카드** 불가 **홈페이지** www.murasaki-imo.com **교통** 에노덴 에노시마 江ノ島역에서 도보 22분 **지도** 별책 P.43-H

뱅어로 만드는
다양한 요리와 간식
토빗초
とびっちょ

1

에노시마 주변에서 많이 잡히는 뱅어(시라스)를 전문으로 파는 곳으로 다양한 뱅어 요리를 맛볼 수 있다. 뱅어는 생으로도 먹을 수 있으며 보통 찌거나 튀겨서 많이 먹는다. 우리에게도 친숙한 뱅어포구이 아게타타미와시 揚げたたみいわし(350엔)도 맛볼 수 있으며, 테이크아웃으로 시라스 고로케 しらすブラックコロッケ(200엔), 시라스 빵 しらすパン(3개 300엔) 등을 맛볼 수 있다.

1 테이크아웃도 가능
2 시라스 고로케 3 시라스 빵

주소 神奈川県藤沢市江の島2-1-9 **전화** 0466-29-9090 **영업** 11:00~20:00 **휴무** 무휴 **카드** 불가 **홈페이지** tobiccho.com **교통** 에노덴 에노시마 江ノ島역에서 도보 20분 **지도** 별책 P.43-H

뱅어와 만난 피자
피코
PICO

에노시마의 이탈리안 레스토랑으로 전통 이탈리아 요리와 화덕 피자를 전문으로 한다. 에노시마의 특산물인 뱅어(시라스)로 만든 피자, 파스타가 인기이며 그 외에도 다양한 이탈리안 퓨전 요리를 맛볼 수 있다. A코스 A코ー스 1628엔(피자나 파스타 중 한 가지 선택, 샐러드와 음료 포함).

주소 神奈川県藤沢市片瀬海岸1-11-30 **전화** 050-5594-3659 **영업** 11:00~22:00 **휴무** 무휴 **카드 가능 교통** 에노덴 에노시마 江ノ島역에서 도보 2분 **지도** 별책 P.42-C

이탈리안 퓨전 요리 전문점으로, 뱅어가 토핑된 시라스 피자가 인기 있다.

차슈가 맛있는 라멘
하레루야
晴れる屋

에노시마역 인근에 자리한 라멘 전문점으로 돈코츠, 미소, 쇼유 등 다양한 종류의 라멘을 맛볼 수 있다. 면은 굵고 꼬불꼬불하며 시금치가 토핑으로 함께 나온다. 반숙 달걀과 차슈(고기)가 맛있다. 반숙 달걀 라멘(라멘 니타마고이리) らーめん煮たまご入り 900엔~.

주소 神奈川県藤沢市片瀬海岸1-8-33 **전화** 0466-26-8335 **영업** 11:30~15:00, 18:00~21:00 **휴무** 목요일 **카드 불가 교통** 에노덴 에노시마 江ノ島역에서 도보 1분 **지도** 별책 P.42-C

1 반숙 달걀 라멘
2 선술집 같은 입구

하코네

箱根

화산 활동으로 생성된 호수와 계곡이 절경을 이루는 온천 휴양지

도쿄에서 서쪽으로 80km 가량 떨어져 있는 하코네는 곳곳에 온천지대가 형성되어 있고 화산 활동으로 생성된 호수와 계곡이 절경을 이루는 도쿄 근교의 관광지다. 예부터 일본의 옛 수도인 교토와 에도(도쿄)를 연결하는 중요한 육상 통로 역할을 한 까닭에 사람들의 왕래가 활발해지면서 점차 발전하게 되었다. 현재는 이곳 특유의 자연 경관과 온천을 즐기기 위해 일본인은 물론이고 외국 관광객의 방문이 끊이지 않는다. 아름다운 자연 속에서 노천 온천을 즐길 수 있으며, 케이블카를 비롯한 다양한 교통 수단으로 마을 곳곳을 둘러볼 수 있다. 또한 하코네 각 지역 곳곳에 자리한 미술관과 박물관에서는 다양한 작품 전시와 기획전이 열리고 있어 함께 둘러보면 좋다.

여행 포인트		이것만은 꼭 해보자		위치

관광	★★★
사진	★★★
쇼핑	★☆☆
음식점	★★☆
야간 명소	★☆☆

☑ 일본의 온천 료칸 체험하기
☑ 케이블카, 유람선 등으로
　하코네 일주하가
☑ 미술관과 박물관 둘러보기

사이타마　이바라키
도쿄　나리타 공항
가나가와　지바
하코네★
요코하마
가마쿠라 · 에노시마

하코네 가는 법

{ 하코네의 주요 역 }

**오다큐선
하코네유모토역**
箱根湯本

JR 오다와라역
小田原

도쿄 신주쿠역에서 하코네까지 오다큐 특급 열차 로만스카로 바로 연결된다. 오다큐의 일반 열차(신주쿠역)나 JR(도쿄역)을 이용할 경우는 오다와라역에서 하코네 등산 전차로 갈아타고 들어간다. 하코네유모토역을 중심으로 상업 시설이 모여 있으며 등산 전차, 등산 케이블카, 로프웨이, 관광선(해적선), 버스 등을 타고 산을 넘고 하코네를 둘러볼 수 있다.

{ 도쿄에서 하코네 가는 법 }

신주쿠	오다큐 특급 로만스카 1시간 20분, 2470엔		하코네유모토
	오다큐 오다와라 급행 1시간 30분, 910엔	오다와라	하코네 등산 전차 15분, 910엔

도쿄	JR 신칸센 35분, 3280엔	오다와라	하코네 등산 전차 15분, 360엔	하코네유모토
	JR 도카이도 본선 1시간 23분, 1520엔			

오다큐 특급 로만스카 小田急 特急ロマンスカー

도쿄의 신주쿠와 하코네 사이를 최단 1시간 20분에 연결하는 오다큐의 특급 열차. 1980년에 처음 운행한 LSE를 시작으로 2018년에 운행하기 시작한 GSE까지 총 6종의 열차가 다니고 있으며 요금은 동일하다. 로만스카 열차 도시락(1130엔)을 비롯해 다양한 기내 메뉴가 마련되어 있다. **홈페이지** www.odakyu.jp/romancecar/features/

하코네 등산 전차 箱根登山電車

오다와라를 출발해 하코네유모토에서 고우라까지 8.9km의 산길을 40분에 걸쳐 운행하는 열차. 지그재그로 산을 오르는 스위치백 형식의 등산 열차이다. 하코네의 주요 관광 명소를 들른다. **홈페이지** www.hakone-tozan.co.jp

하코네 등산 케이블카 箱根登山ケーブルカー

고우라에서 소운잔까지 1.2km 거리의 산을 9분 동안 오르는 케이블카로, 20분 간격으로 운행한다.
운행 시간 07:41~19:05 **홈페이지** www.hakone-tozan.co.jp.

360도 파노라마로 하코네의 멋진 풍경을 감상할 수 있는 하코네 로프웨이

하코네 로프웨이 箱根ロープウェイ

소운잔에서 도겐다이까지를 연결하는 로프웨이로 온천 증기를 뿜고 있는 산을 넘어간다. 날씨가 좋은 날에는 중간 역인 오와쿠다니에서 내려 아시노호와 후지산이 만들어내는 멋진 풍경을 감상할 수 있다.

운행 시간 09:00~17:00(12/1~2/28는 ~16:15) **홈페이지** www.hakoneropeway.co.jp

하코네 해적선 箱根海賊船

하코네의 명소인 아시노호를 일주하며 도겐다이와 모토하코네, 하코네마치를 연결하는 유람선으로 3가지 디자인의 배가 있다. **운행 시간** 10:00~16:10 **홈페이지** www.hakone-kankosen.co.jp

하코네 버스 箱根バス

하코네의 주요 관광지를 순환하는 버스로 산을 오르는 등산 버스와 도심과 연결하는 고속버스가 있다. 등산 버스는 15분 간격으로 운행하며 기본요금은 170엔이다.

홈페이지 하코네 등산 버스 www.hakone-tozanbus.co.jp   하코네 고속버스 www.odakyu-hakonehighway.co.jp

{ 유용한 교통 패스 }

하코네 프리패스 箱根フリーパス

하코네 등산 전차, 하코네 등산 버스, 하코네 등산 케이블카, 하코네 로프웨이, 하코네 관광선(해적선) 등 오다큐 철도회사 계열의 8개 교통수단을 무제한으로 이용할 수 있는 프리패스. 오다와라에서 하코네 전 지역으로 이동할 수 있고, 도쿄 도심에서 오다와라까지의 왕복 요금도 포함되어 있다. 또한 하코네의 명소와 온천 시설, 식당, 상점 등 프리패스 마크가 붙어 있는 곳에서 할인을 받을 수 있다.

프리패스는 2일권과 3일권이 있으며, 신주쿠와 시모키타자와는 물론 오다큐선의 주요 역과 자동발매기에서 구입할 수 있다(단 자동발매기는 당일부터 사용할 때만 구입 가능). 로만스카 등 특급 열차를 타려면 추가 요금(신주쿠에서 출발 시 1200엔)을 내야 한다.

요금 신주쿠 출발 시 2일권 6100엔, 3일권 6500엔. 오다와라 출발 시 2일권 5000엔, 3일권 5400엔 **홈페이지** www.hakonenavi.jp/korean/freepass/

하코네 주요 관광지의 교통 요금과 소요 시간

출발지	교통수단	소요 시간	요금	도착지
하코네유모토 箱根湯本	하코네 등산 전차	31분	420엔	고와키다니 小涌谷
	하코네 등산 버스	17분	580엔	
	하코네 등산 전차	35분	460엔	조코쿠노모리 彫刻の森
	하코네 등산 버스	18분	680엔	
	하코네 등산 전차	39분	460엔	고우라 強羅
	하코네 등산 버스	19분	750엔	
	하코네 등산 버스	23분	980엔	센고쿠하라 仙石原
	하코네 등산 버스	34분	1180엔	도겐다이 桃源台
	하코네 등산 버스	34분	1080엔	모토하코네 元箱根
고와키다니 小涌谷	하코네 등산 전차	6분	160엔	고우라 強羅
	하코네 등산 버스	3분	220엔	
고우라 強羅	하코네 등산 케이블카	10분	430엔	소운잔 早雲山
소운잔 早雲山	하코네 로프웨이	8분	1500엔	오와쿠다니 大涌谷
	하코네 로프웨이	24분	1500엔	도겐다이 桃源台
오와쿠다니 大涌谷	하코네 로프웨이	16분	1500엔	
도겐다이 桃源台	하코네 등산 버스	12분	350엔	센고쿠하라 仙石原
	하코네 해적선	40분	530엔	모토하코네 元箱根
모토하코네 元箱根	하코네 등산 버스	17분	650엔	고와키다니 小涌谷
	하코네 등산 버스	3분	180엔	하코네마치 箱根町

하코네의 명소인 아시노호. 뒤쪽으로 후지산이 보인다.

해적선 선착장인 모토하코네. 초여름에는 주변에 수국이 피어 아름답다.

하코네 추천 코스

1 하코네유모토역

하코네 등산 전차 39분

2 고우라

하코네 등산 케이블카 10분

3 소운잔

하코네 로프웨이 8분

4 오와쿠다니

하코네 로프웨이 16분

5 도겐다이

하코네 해적선 40분

6 모토하코네

하코네 등산 버스 34분

7 하코네유모토

하코네유모토역

고우라

오와쿠다니

하코네유모토

하코네
한눈에 보기

① 하코네유모토

일본 나라시대(710~794)부터 온천 마을로 알려지기 시작했다. 토산품 가게와 전통 있는 료칸들이 모여 있다. 하코네 교통의 중심지로 로만스카, 등산 전차가 다니며 하코네 대부분의 관광지를 연결하는 하코네 등산 버스가 출발한다.

④ 센고쿠하라

② 조코쿠노모리

③ 고우라

③ 소운잔

⑤ 우비코역

오와쿠다니

도겐다이역

② 고와쿠다니

하코네 신사

⑥ 아시노호

⑥ 모토하코네

하코네마치

② 고와키다니 · 조고쿠노모리

하코네 온천 테마파크인 유넷상이 있는 곳으로 크고 작은 온천 료칸이 모여있다. 인근에는 하코네를 대표하는 미술관 중 하나인 조각의 숲(조고쿠노모리) 미술관이 있다.

④ 센고쿠하라

해발 700m의 고원으로 어린왕자 박물
관 등 미술관과 문화 시설이 많이 모여
있다. 봄 여름에는 고산식물이, 가을에는
참억새가 아름다운 습원 공원이 있다.

③ 고우라 · 소운잔

하코네 등산 케이블카가 운행하는 지
점. 가파른 하코네산을 거침없이 오른
다. 고우라 공원의 단풍이 아름답고, 온
천 시설도 많다.

⑤ 오와쿠다니

지옥 계곡으로 불리는 곳으로 지금도
끓고 있는 화산의 온천 수증기가 자욱
하다. 별미로 검은색 온천 달걀을 맛볼
수 있다. 로프웨이를 타고 이동할 때 보
이는 전망이 아름답다. 악천후에는 로프
웨이 운행이 중지된다.

오다와라역

하코네유모토
①

⑥ 아시노호 · 모토하코네

하코네 화산이 만들어낸 칼데라 호수로
하코네의 인기 관광 명소. 7㎢의 제법
넓은 호수에는 하코네 해적선이라는 유
람선이 다닌다. 호수와 함께 보이는 후
지산이 아름답다.

✪✪

하코네 온천 마을의 시작

하코네유모토
箱根湯本

주소 神奈川県足柄下郡箱根町湯本
211-1 전화 0460-85-7751 홈페이지
www.hakoneyumoto.com 교통
P.580 참조 지도 별책 P.45-H

로만스카의 종점이자 하코네의 현관. 수많은 온천 료칸과 상점들
이 모여 멋진 풍경을 만들어낸다. 하코네 교통의 중심지로 이곳에
서 버스와 등산 전차를 타고 하코네의 관광지로 이동한다. 역 앞의
관광 안내소에서는 관광 시설 할인권과 하코네 지도를 받을 수 있
다. 상점 거리를 따라 강이 흐르는 풍경도 아름답다.

✪

하코네의 온천 테마파크

하코네
고와키엔 유넷상
箱根小涌園ユネッサン

95가지의 온천욕을 즐길 수 있는 곳으로 14만㎡의 숲속에 자리한
다. 고대 신화를 배경으로 만든 40종 이상의 온천탕이 모여 있는
유넷상, 일본의 옛 정취가 느껴지는 정원 노천탕인 모리노유로 나
뉜다. 수영복을 입고 들어가기 때문에 커플이나 가족들이 많이 찾
는다.

전화 0460-82-4126 영업 09:00~19:00(모리노유 온천 11:00~20:00) 휴무
무휴 요금 유넷상 2500엔(3세~초등생 1400엔), 모리노유 1500엔(3세~초등
생 1000엔), 패스포트 3500엔(3세~초등생 1800엔) 홈페이지 www.yunessun.
com 교통 하코네유모토 箱根湯本역에서 하코네 등산 버스로 18분(680엔), 고와키
다니 小涌谷에서 하코네 등산 버스로 2분(180엔), 고와키엔 小涌園 하차 후 도보 1분
지도 별책 P.44-F

✪ 하코네에서 만나는 피카소

조각의 숲 미술관
彫刻の森美術館
🔊 조코쿠노모리 비쥬츠칸

일본의 첫 야외 미술관으로 7만㎡의 넓은 부지에 펼쳐진 야외 전시장과 6개의 실내 전시장으로 구성되어 있다. 야외 전시장에는 약 120점 이상의 조각 작품이 전시되어 있는데 같은 작품이라도 계절에 따라 다른 분위기를 연출한다. 로댕, 헨리 무어, 미로, 부르델 등 유명 조각가의 작품이 주를 이루며 피카소의 작품을 모아둔 전시관이 따로 있다.

주소 神奈川県足柄下郡箱根町ニノ平1121 전화 0460-82-1161 개방 09:00~17:00 휴무 무휴 요금 1600엔(고등 · 대학생 1200엔, 중학생 800엔), 홈페이지에 100엔 할인쿠폰 있음 홈페이지 www.hakone-oam.or.jp 교통 하코네 등산 전차 조코쿠노모리 彫刻の森역에서 도보 2분. 또는 하코네 등산 버스 니노히라이리구치 仁の平入口 하차 후 도보 5분 지도 별책 P.44-F

✪ 1914년 개원한 프랑스식 공원

고우라 공원
強羅公園
🔊 고우라 코-엔

분수가 있는 연못을 중심으로 좌우 대칭 구조로 조성되어 있다. 1만 평의 공원에는 100여 종의 장미를 볼 수 있는 로즈 가든, 향료와 약용 식물을 모아 놓은 열대 허브관, 따뜻한 남쪽 나라의 식물들이 모여 있는 부겐빌리아관 등이 있다. 일 년 내내 다채로운 꽃이 피어나며 일본 유형 문화재로 지정된 하쿠운도 白雲洞 다원에서는 말차(500엔)를 마시며 정원을 감상할 수 있다.

주소 神奈川県足柄下郡箱根町強羅1300 전화 0465-32-6827 개방 09:00~17:00 휴무 무휴 요금 550엔 홈페이지 www.hakone-tozan.co.jp/gorapark/ 교통 하코네 등산 케이블카 고엔시모 公園下역에서 도보 1분. 또는 고우라 強羅역에서 도보 5분 지도 별책 P.44-B

단풍의 명소로 인기

하코네 미술관

箱根美術館 🔊 하코네 비쥬츠칸

1952년에 설립된 도자기 전문 미술관으로 약 1,500평의 부지에는 전시관과 함께 아름다운 정원이 자리하고 있다. 미술관으로 들어서면 멋진 조경을 자랑하는 정원이 있으며 잘 정비된 정원에는 200여 그루의 단풍나무와 대나무가 사계절 다채로운 모습을 보여준다.

주소 神奈川県足柄下郡箱根町強羅1300 **전화** 04-6082-2623 **영업** 09:30~16:30 **휴무** 목요일 **홈페이지** www.moaart.or.jp/hakone **교통** 하코네 등산 케이블카 고엔카미 公園上역에서 도보 2분 **지도** 별책 P.44-B

1 하코네 미술관 정원
2 일본 옛 도자기와 전통 공예품

✪

르네 랄리크를 사랑한 미술관

하코네 랄리크 미술관

箱根ラリック美術館 🔊 하코네 라릿쿠 비쥬츠칸

프랑스의 보석, 유리 디자이너인 르네 랄리크의 작품을 전시한 미술관. 랄리크를 비롯 1,500점의 작품을 보유하고 있으며 200~300여 점씩 돌아가며 전시하고 있다. 미술관 한편에는 랄리크의 세공이 들어간 오리엔트 급행열차가 있는데, 열차 한 칸을 직접 유럽에서 가지고 왔다고 한다. 열차는 레스토랑 겸 카페로 이용하고 있다.

주소 神奈川県箱根町仙石原186-1 **전화** 0460-84-2255 **개방** 09:00~17:00 **휴무** 무휴, 전시교체 기간은 임시 휴무 **요금** 1500엔 (고등·대학생 1300엔, 초등·중학생 800엔) **홈페이지** www.lalique-museum.com **교통** 센고쿠하라행 하코네 등산 버스 센고쿠안나이소마에 仙石案内所前 하차 후 도보 1분 **지도** 별책 P.44-A

★★
하코네의 아름다운 유리 정원
하코네 유리의 숲 미술관
箱根ガラスの森美術館 🔊 하코네 가라스노 모리 비쥬츠칸

중세 유럽 귀족을 열광시킨 베네치안 글라스 100여 점이 전시되어 있는 미술관. 중앙에 연못이 있는 약 8천 평의 정원에서는 유리 공예 전시가 열리고 있으며, 정원 곳곳의 건물에는 유럽에서 직수입한 유리 제품 등을 모아 놓은 뮤지엄 숍과 카페가 있다. 카페에서는 매 시간마다 이탈리아인들의 칸초네 공연이 열린다.

주소 神奈川県足柄下郡箱根町仙石原940-48 **전화** 0460-86-3111 **개방** 10:00~17:30 **휴무** 무휴 **요금** 1800엔(고등 · 대학생 1300엔. **홈페이지** www.hakone-garasunomori.jp **교통** 센고쿠하라행 하코네 등산 버스 하코네하이란도호테루 箱根ハイランドホテル 하차 후 도보 1분 **지도** 별책 P.44-A

1 정원에 자리한 연못
2, 3, 4 유리의 숲 미술관의 다양한 전시물

★★★
하코네 대자연의 신비
오와쿠다니
大涌谷

하코네 로프웨이를 타고 산 사이를 지나다 보면 뭉게뭉게 피어 오르는 하얀 연기를 발견할 수 있다. 지옥 계곡, 대지옥이라 불리는 이곳은 약 3000년 전 하코네 화산이 분화하여 생긴 분화구의 흔적으로 지금도 유황 냄새를 풍기며 끓어오르고 있다. 이곳의 온천물로 익힌 검은 달걀을 먹으면 수명이 길어진다고 한다.

주소 神奈川県足柄下郡箱根町仙石原1251 **전화** 0460-84-9605 **개방** 08:30~17:00 **휴무** 무휴 **홈페이지** www.hakonenavi.jp/info/hakone_re/winter/oowakudani/ **교통** 하코네 로프웨이 오와쿠다니 大涌谷역 하차 **지도** 별책 P.44-E

먹을수록 수명이 늘어나는(?) 검은 달걀
오와쿠다니 쿠로다마고칸
大涌谷くろたまご館

오와쿠다니의 기념품 전문점으로, 1개를 먹으면 수명이 7년 길어진다는 검은 달걀 쿠로다마고 黒玉子(5개 500엔)를 판매하고 있다. 달걀 껍데기는 날씨가 맑으면 새까맣게, 비가 오면 잿빛으로 변하는데, 이것은 달걀을 담근 온천수의 황화수소 성분과 철분이 결합하여 황화철로 변하기 때문이라고 한다.

영업 09:00~(폐점 시간은 불특정) **휴무** 부정기 **홈페이지** www.owakudani.com **지도** 별책 P.44-E

멀리 보이는 후지산과 함께 멋진 절경을 만들어내는 아시노호

★ ★

화산 활동으로 만들어진 칼데라 호수

아시노호

芦ノ湖 🔊 아시노코

하코네 화산이 만들어낸 칼데라 호수로 하코네의 인기 관광 명소. 7㎢의 제법 넓은 호수로 하코네 해적선이라는 유람선이 다닌다. 호반 산책로가 형성되어 있으며, 보트를 빌려 뱃놀이를 즐길 수도 있다. 호수의 항구인 모토하코네 元箱根, 숙박 시설이 많은 하코네마치 箱根町에 상업 시설이 모여 있으며 이곳에서 후지산과 함께 보이는 호수 풍경이 아름답다.

모토하코네항에서 하코네마치까지는 걸어서 20분 정도 걸리며, 모토하코네항 앞에는 하코네 등산 버스 정류장이 있다.

지도 별책 P.44-ㅣ

1 일몰이 아름답다. 2 호수 주변의 산책로

호수 주변에 선명하게 보이는 빨간색의 도리이의 신사. 호숫가를 따라 걸어가면 된다.

★

아시노호의 신사

하코네 신사

箱根神社 🔊 하코네 진자

아시노호에서 보이는 빨간 도리이의 신사로 모토하코네항에서 걸어갈 수 있다. 삼나무 가로수길로 이어진 산책로가 잘 꾸며져 있으며 돌계단과 함께 멋진 풍경을 만들어낸다.

주소 神奈川県足柄下郡箱根町元箱根80-1 **전화** 0460-83-7123 **개방** 09:00~17:30 **휴무** 무휴 **홈페이지** hakonejinja.or.jp **교통** 모토하코네항행 하코네 등산 버스 하코네신사이리구치 箱根神社入口 하차 후 도보 2분. 모토하코네항에서 도보 5분 **지도** 별책 P.44-ㅣ

★

후지산이 멋진 모습을 볼 수 있는 곳

나루카와 미술관

成川美術館 🔊 나루카와 비쥬츠칸

아시노호가 내려다보이는 언덕 위에 세워진 미술관. 일본을 대표하는 화가 야마모토 큐진과 히가시야마 가이이, 실크로드를 그린 히라야마 이쿠오 등의 작품을 전시하고 있다. 후지산과 아시노호가 보이는 전망대와 차와 음료를 즐길 수 있는 라운지가 있다.

주소 神奈川県足柄下郡箱根町元箱根570 **전화** 0460-83-6828 **개방** 09:00~17:00 **휴무** 무휴 **요금** 1500엔(고등 · 대학생 1000엔, 초등 · 중학생 500엔) **홈페이지** www.narukawamuseum.co.jp **교통** 모토하코네항에서 도보 1분 **지도** 별책 P.44-ㅣ

아시노호와 후지산 전망이 아름답다.

하코네의 명과와 함께 티타임

차노 치모토
茶のちもと

오차 세트

1 차노 치모토의 노렌(입구의 커튼)
2 독특하고 깔끔한 실내 분위기

창업 60년이 넘는 화과자 전문점에서 운영하는 카페. 찹쌀가루에 꿀을 섞어 쪄낸 부드러운 떡에 양갱을 잘라 넣어 만든 유모치湯もち에서는 은은한 유자 향이 난다. 화과자 1개와 말차 또는 녹차가 나오는 오차 세트 お茶セット 1000엔.

주소 神奈川県足柄下郡箱根町湯本690 **전화** 0460-85-5632 **영업** 10:00~16:00 **휴무** 부정기 **홈페이지** chanochimoto.com **교통** 하코네유모토 箱根湯本역에서 도보 5분 **지도** 별책 P.45-H

화과자를 곁들여 차를 마시며 여유로운 시간을 보낼 수 있다.

84년 전통의 소바 가게
하츠하나 본점
はつ花 本店

유모토바시(다리) 근처에 있는 인기 소바 가게로, 1934년 오픈 후 2002년에 리뉴얼했다. 달걀과 자연산 마로 반죽하여 면발이 쫄깃한 세이로소바 せいろそば(1300엔)는 마를 갈아 맑은 장국으로 묽게 만든 도로로 とろろ와 함께 먹는다. 근처에 지점인 신관이 있다.

주소 神奈川県足柄下郡箱根町湯本635 전화 0460-85-8287 영업 10:00~19:00 휴무 수요일 홈페이지 www.hatsuhana.co.jp 교통 하코네유모토 箱根湯本역에서 도보 8분 지도 별책 P.45-H

간식으로 좋은 일본식 디저트
만주야 나노하나
まんじゅう屋・菜の花

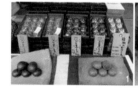

'달의 토끼'라는 뜻의 츠키노 우사기 月のうさぎ(밤이 들어간 만주, 240엔)를 비롯해 화과자와 만주, 떡 등 다양한 일본식 디저트를 판매하는 곳. 고쿠로우상 ご黒うさん(검은깨가 들어간 만주, 120엔), 하코네노 오츠키사마 箱根のお月さま(온천 만주, 120엔) 등 가볍게 맛볼 수 있는 메뉴들이 많으며 2층의 카페에서 음료와 함께 즐길 수도 있다.

1, 2 고쿠로우상, 하코네노 오츠키사마
3 츠키노 우사기

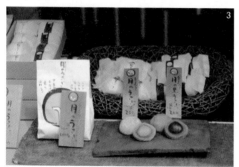

주소 神奈川県足柄下郡箱根町湯本705 전화 0460-85-7737 영업 08:30~17:30 (토·일요일·공휴일 ~18:00) 휴무 부정기 홈페이지 www.nanohana.co.jp 교통 하코네유모토 箱根湯本역에서 도보 2분 지도 별책 P.45-H

수제 라멘이 유명한 중화요리집
니신테이 본점
日清亭 本店

수제 라멘(手打ちラーメン)으로 유명한 라멘 전문점으로 손수 반죽해 칼로 썰어 만든 면을 사용한다. 라멘과 함께 완탕이 유명한데, 특히 튀김 완탕은 별미이다. 니쿠소바 肉そば 990엔, 아게완탕(튀김 완탕) 8개 揚げワンタン 770엔.

주소 神奈川県足柄下郡箱根町湯本703 **전화** 0460-85-5244 **영업** 11:00~15:00, 17:00~20:00(토·일요일·공휴일 11:00~21:00) **휴무** 화요일 **홈페이지** www.hakone-yumoto.com **교통** 하코네유모토 箱根湯本역에서 도보 2분 **지도** 별책 P.45-H

하코네에서 만나는 에반게리온
에바야
えゔぁ屋

일본의 인기 애니메이션 〈에반게리온〉의 배경이 된 하코네를 기념하여 만든 에반게리온 기념품 전문점. 하코네와 콜라보한 에반게리온의 다양한 상품들이 진열되어 있으며 에바소프트 エヴァソフト(400엔, 아이스크림), 네루후야키 ねるふ焼き(220엔, 도라야키) 등 다양한 군것질거리를 맛볼 수 있다.

주소 神奈川県足柄下郡箱根町湯本707 **전화** 0460-85-9881 **영업** 09:00~18:00 **휴무** 부정기 **홈페이지** www.evastore2.jp/evaya/ **교통** 하코네유모토 箱根湯本역에서 도보 1분 **지도** 별책 P.45-H

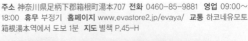

1 하코네유모토역 아래에 있는 상점
2, 3 하코네, 에반게리온 콜라보 포스터

두부를 넣은 돈가스 버거로 인기

타무라 긴카츠테이

田むら 銀かつ亭

고우라역 동쪽에 위치한 돈가스 전문점. 두부 사이에 저민 고기를 끼워 넣은 인기 메뉴 토후카츠니 정식 とうふカツ煮定食(1730엔)은 하루 50인분만 한정 판매한다. 저녁에는 히레카츠(안심), 새우 튀김 등을 맛볼 수 있다. 카페처럼 운영하는 긴카츠 코우보 銀かつ工房에서는 음료와 함께 돈가스 샌드위치, 햄버거를 맛볼 수 있다. 긴카츠 버거 銀かつバーガー 770엔.

주소 神奈川県足柄下郡箱根町強羅1300-739 **전화** 0460-82-1440 **영업** 11:00~14:30 **휴무** 화요일 저녁, 수요일 **카드** 가능 **홈페이지** ginkatsutei.jp **교통** 하코네 등산 전차 고우라 強羅역에서 도보 2분 **지도** 별책 P.44-B

좋은 재료로 만드는 숯불구이 맛집

키노스케

喜之助

하코네 인근에서 나는 신선한 재료로 만든 숯불 생선구이 전문점. 건어물과 생선, 돼지고기 등을 고급 비장탄으로 구워 내는데 맛이 훌륭하다. 제철 채소를 사용하며 200년 전부터 하코네유모토에서 직접 만들어온 두부도 맛볼 수 있다. 스미비야키 세잇파이노 오모테나시 키노스케 테이쇼쿠 炭火焼き精一杯のおもてなし喜之助定食 1500엔.

주소 神奈川県足柄下郡箱根町湯本703-19 **전화** 04-6083-8838 **영업** 11:30~14:00, 17:30~20:00 **휴무** 월요일 **홈페이지** www.kinosuke.co.jp **교통** 하코네유모토 箱根湯本역에서 도보 3분 **지도** 별책 P.45-H

1 기차역을 떠올리는 오래된 나무 간판 2 다양한 스타일의 교자 요리

맥주 안주로 좋은 다양한 교자 요리

교자 센타

餃子センター

고우라역과 조코쿠노모리역 사이에 있는 교자 전문점으로, 게, 새우, 오징어, 문어, 낫토, 김치 등을 넣은 다양한 교자와 교자 요리를 맛볼 수 있다. 교자는 1인분에 7개씩 제공된다. 하코네교자 はこね餃子 770엔, 기무치스이교자(김치만둣국) キムチすい餃子 990엔.

주소 神奈川県足柄下郡箱根町強羅1300-5371 **전화** 0460-82-3457 **영업** 11:30~15:00, 17:00~20:00 **휴무** 목요일 **교통** 하코네 등산 전차 조코쿠노모리 彫刻の森역에서 도보 3분 **지도** 별책 P.44-F

오와쿠다니의 전망을 보면서 식사

오와쿠다니에키 쇼쿠도

大涌谷駅食堂

오와쿠다니역 2층에 위치한 레스토랑으로 오와쿠다니의 멋진 전망과 함께 요리를 즐길 수 있다. 맥주와 커피 등 가볍게 음료만 주문할 수도 있다. 추천 메뉴는 특제 오와쿠다니 카츠 카레 大涌谷カツカレー(1450엔).

주소 神奈川県足柄下郡箱根町仙石原1251 **전화** 050-5571-6639 **영업** 10:00~16:00 **휴무** 무휴 **카드** 가능 **홈페이지** www.hakoneropeway.co.jp **교통** 하코네 로프웨이 오와쿠다니 大涌谷역 2층 **지도** 별책 P.44-E

1 부드러운 온천 달걀이 들어있는 검은색 카레 2 오와쿠다니의 전망은 보너스

일본 여행의 백미
온천과 료칸 이용법

아무 땅이나 파도 온천이 나온다고 할 정도로, 일본은 온천의 천국이다. 특히 도쿄 근교의 유명한 온천 지역 하코네에는 다양한 온천과 료칸이 자리해 일본인은 물론 외국에서 온 관광객이 끊이지 않는다. 기본적인 온천 정보와 이용법을 알고 가면 한층 더 편안하게 여행을 즐길 수 있을 것이다.

온천

〈 온천의 종류 〉

누구나 안심하고 들어갈 수 있는 부드러운 온천

● 단순온천 単純温泉 항상 25도 이상의 온도를 유지. 온천 성분이 온천수 1kg 중 1g 이하의 온천
● 방사능천 放射能泉 라듐 온천이라고도 부른다. 온천에 라듐, 라돈, 혹은 아스타틴에서 수은까지 방사선동위체가 함유되어 있는 것이 특징. 암 치료 및 건강 유지에 효과가 있다고 한다.

혈액순환에 좋고 미백 효과가 기대되는 온천

● 유황천 硫黄泉 온천에 유황이 녹아 들어가 달걀 썩는 냄새가 난다. 주로 알칼리 성분의 온천이 많다.
● 염류천 塩類泉 염소 이온을 가진 염류가 다량 함유된 온천
● 이산화탄소천 二酸化炭素泉 탄산천으로 불리며 입욕 시에 피부에 기포가 생기는 온천
● 탄산수소염천 炭酸水素塩泉 탄산수소나트륨을 함유한 화합물이 주성분인 온천으로 주로 알칼리성 온천이 많다. 미인 온천 美人の湯이라고 불리며 입욕 시 피부가 미끌거린다.

살균 · 보온효과가 있으나 피부가 약한 사람은 주의해야 하는 온천

●염화물천 塩化物泉 염분이 함유된 온천으로 땀의 증발을 막아주는 효과가 있어 보온 효과가 뛰어나다. 살균 효과가 있어 외상 치료에도 효과가 있다. 단, 피부가 약한 사람은 주의해야 하는 온천
●유산염천 硫酸塩泉 황산나트륨이 함유되어 있다. 쓴맛이 나는 알칼리성 금속 성분이 있는 온천
●산성천 酸性泉 다량의 수소이온, 황산, 염산을 함유한 온천. 산성이기 때문에 살균 효과가 있다. 피부에 침투하기 때문에 신진대사 촉진에도 좋다. 단, 자극이 강하기 때문에 피부가 약한 사람에게는 악효과를 불러일으킬 수 있다.

〈 저렴하게 이용하는 방법 〉

보통 온천이 있는 료칸에서 숙박을 하며 시간을 보내는 경우가 많은데, 료칸은 비교적 비싼 편이라 부담스럽다. 하지만 온천 료칸이라도 숙박하지 않고 온천만 즐길 수 있는 히가에리 日帰り(당일치기) 온천을 운영하는 곳이 많고, 대규모의 온천 지역에서는 온천만 즐길 수 있도록 시설을 만들어 두기도 한다. 요금은 보통 100~300엔, 테마파크처럼 다양한 시설을 갖춘 곳은 500~1000엔 정도로 부담 없이 온천을 부담없이 즐길 수 있다. 족욕 온천은 대부분 무료이다.

〈 온천의 입욕 방법 〉

❶ 입욕 전 깨끗하게 샤워를 한다.
❷ 자신의 취향에 맞춰 반신욕이나 전신욕으로 온천을 즐긴다.
❸ 입욕을 마치고 다시 몸을 씻는다(일반 온천의 경우 몸을 씻지 않아도 상관없다. 단 유황 온천이나 염분이 많이 함유된 온천의 경우 몸을 씻어주는 것이 좋다).
❹ 입욕을 마친 후에는 충분한 수분을 보충해 준다. 온천에서 판매하는 우유를 마셔도 좋다.

1 프라이빗한 온천을 갖춘 곳도 있다. 2 마실 수 있는 온천수는 대개 무료 3 노천 온천 4 남탕과 여탕을 구분하는 천

료칸

료칸(旅館)이란 일본식 전통 여관으로 일본 전국에는 다양한 규모의 료칸이 있다. 가격은 다른 숙박 시설에 비해 비싼 편이지만 일본의 전통적인 분위기와 일본 코스 요리인 가이세키 요리를 경험할 좋은 기회이므로 한 번쯤은 료칸에서 숙박하는 것을 추천한다. 료칸 요금은 1박에 1인당 6000엔~ 3만 엔 사이로 다양하지만, 추가 서비스를 제공하지 않는 시설은 더 저렴하다. 저렴한 료칸을 제외 하고, 대부분 저녁 식사와 아침 식사가 숙박료에 포함되어 있다. 좀 더 좋은 료칸에서는 객실에서 식사를 한다. 식사는 일반적으로 전통 일식이며, 메뉴는 지방 고유의 특성에 따라 다르다.

〈 료칸 이용법 〉

●체크인 료칸의 체크인 시간은 대개 오후 3시부터, 저녁 식사는 저녁 6시나 7시부터다. 늦더라도 저녁 식사 시간 1시간 전에는 도착하는 것이 좋으며, 저녁을 먹기 전에 온천도 즐길 수 있도록 여유 롭게 도착하는 것이 제일 좋다. 몇몇 료칸에서는 저녁 식사를 미루거나, 취소하는 식으로 늦은 시간 에 체크인을 받기도 한다. 대신 예약할 때 필히 상담해야 한다.

일본식 객실

●객실 객실은 보통 2~4명이 머물지만, 더 많은 사 람이 머물 수 있는 큰 방도 있다. 거의 모든 객실이 다 다미방으로 방 한가운데에는 낮은 티테이블이 하나 놓여 있다. 창가에는 작은 거실이 마련되어 있는데, 미닫이 문으로 방과 구분한다. 보통 작은 거실은 다다 미가 아니라 카페트가 깔린 서양식으로 되어 있으며, 이곳에는 작은 탁자와 의자가 놓여있다. 보통 신발은 슬리퍼가 준비되어 있는 료칸의 현관(또는 객실 현관) 에서 벗는다. 다다미방에서는 슬리퍼를 신지 않는다.

●이부자리 일본식 침대인 후통(일본식 이부자리)은 다다미방의 바닥 바로 위에 놓는다. 후통은 손 님이 처음 들어왔을 때는 장롱 안에 있고, 저녁 식사를 마치면 직원이 잠자리를 마련해 주고, 오전에 도 직원이 치워준다. 또 다른 옷장은 개인의 옷, 짐, 유카타 등을 넣을 수 있다.

●유카타 유카타(일본 전통 옷)는 료칸에서 묵는 동안 입을 수 있도록 제공된다. 유카타를 입고 료 칸 주변을 산책할 수 있고, 파자마로도 이용할 수 있다. 대다수의 온천 리조트에서는 유카타를 입 고 료칸 밖을 산책해도 괜찮다. 하지만 일반 호텔에서 제공하는 유카타는 방 밖에서 입지 않는 것 이 좋다.

이부자리

유카타

〈 가이세키 요리 〉

가이세키 会席는 '모임의 좌석'이라는 뜻으로 일본의 정식 코스 요리를 말한다. 보통 1즙3채 一汁三菜, 1즙5채 一汁五菜, 2즙5채 二汁五菜로 구성된다. 즙 汁은 국을 뜻하며, 채 菜는 반찬을 이르는 말로, 요리는 손님의 취향에 맞추어 계절에 어울리는 것으로 준비한다. 음식마다 서로 같은 재료, 같은 요리법, 같은 맛이 중복되지 않도록 구성하며, 음식의 맛은 물론이고 색깔과 모양을 감안하여 요리하고, 그릇에 담을 때도 그릇의 모양과 재질까지 고려하는 것이 특징이다.

요리가 나오는 순서

❶ 사키즈케 先付
식욕을 돋우기 위한 식전 요리로, 다양한 재료로 예쁘게 멋을 내며 보통 3~5가지 요리를 선보인다. 매실주와 같은 가벼운 술(식전주)과 함께 먹는다.

❷ 완모노 椀物
생선회를 먹기 전 속을 데우고 입안을 깨끗하게 하기 위해 나오는 요리. 보통 국 吸物(스이모노)이 나온다.

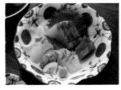

❸ 무코즈케 向付
본격적인 요리의 시작으로 생선회 刺身(사시미)가 나오며 흰살 생선을 먼저 먹고 붉은살 생선을 나중에 먹는다.

❹ 하키자카나 鉢魚
주로 제철 생선을 구운 요리 燒物(야키모노)가 나온다. 지역에 따라 지역 특산 요리가 나오기도 한다.

❺ 시이자카나 强肴
조림 요리 煮物(니모노)가 주로 나오고, 료칸에 따라 일품요리가 나오기도 한다.

❻ 도메자카나 止め肴
식초로 조미한 요리 酢の物(스노모노)로 입 안의 기름기를 제거하고 입맛을 돋운다.

❼ 쇼쿠지 食事
요리가 모두 끝나고 된장국과 함께 갓 지은 밥, 면 요리가 나온다.

❽ 미즈가시 水菓子
디저트 菓子(오카시). 일본 과자나 아이스크림, 푸딩, 과일 등이 나온다.

미인온천으로 유명

킨토엔
金湯苑

킨토엔의 가이세키 요리

편백나무로 만든 온천탕

두 개의 원천에서 솟아나는 온천수는 맑고 투명하다. 이곳의 온천은 피부에 좋다고 알려져 있어 인기가 높다. 편백나무로 만들어진 노천탕에서는 하코네산과 산기슭에 자리한 온천 마을이 한눈에 보인다.

주소 神奈川県足柄下郡箱根町湯本520-1 **전화** 0460-85-5526 **요금** 1인 1박 2만 엔~ **홈페이지** www.kintoen.com **교통** 하코네유모토 箱根湯本역에서 도보 15분. 또는 역에서 공동 셔틀버스로 5분 **지도** 별책 P.45-H

멋진 노천 온천과 넓고 세련된 객실은 킨토엔의 인기 요인

숲으로 둘러싸인 소박한 분위기

유신테이
遊心亭

하코네유모토 온천 거리 한가운데에 자리한 온천 료칸으로 주변이 숲으로 둘러싸여 있으며 옆으로는 계곡이 흐른다. 객실은 11개로 규모는 비교적 작은 편이나, 요금이 저렴하며 수질도 좋아 가볍게 머무르기에 좋다.

주소 神奈川県足柄下郡箱根町湯本茶屋193 **전화** 0460-85-5757 **요금** 1인 1박 1만 5000엔~ **홈페이지** www.yushintei. co.jp/ja-jp **교통** 하코네유모토 箱根湯本역에서 도보 19분. 또는 역에서 공동 셔틀버스로 5분 **지도** 별책 P.45-H

별장에 온 듯한 기분

야마가소
山家荘

하코네 온천 료칸 체인인 센케이의 별관 숙소. 계절마다 다채로운 꽃이 피는 일본식 정원 안에 있는 6채의 일본식 집이 객실이다. 1930년에 각각 다른 구조로 지은 이 집들은 지금도 옛 모습을 그대로 유지하고 있다. 겨울에는 마루를 뚫어 옛날 일본식 난방인 고타츠를 설치한다.

주소 神奈川県足柄下郡箱根町湯本592 **전화** 0460-85-5355 **요금** 1인 1박 2만 5000엔~ **홈페이지** www.senkei.net/ yamagaso/ **교통** 하코네유모토 箱根湯本역에서 도보 17분. 또는 역에서 공동 셔틀버스로 5분 **지도** 별책 P.45-H

400년 역사의 전통 료칸

칸스이로
環翠楼

1614년 오픈한 오랜 역사 온천 료칸으로 4층의 목조 건물인 본관이 유형 문화재로 등록되어 있다. 시설 곳곳에서 중후한 료칸의 역사와 품격이 느껴진다. 유명 정치인이 많이 묵은 곳으로 유명하며, 노송나무로 된 노천탕에서는 하코네 계곡이 보인다.

주소 神奈川県足柄下郡箱根町塔之沢88 **전화** 0460-85-5511 **요금** 1인 1박 1만 8000엔~ **홈페이지** www.kansuiro.co.jp
교통 하코네유모토 箱根湯本역에서 도보 15분. 또는 역에서 공동셔틀버스로 5분 **지도** 별책 P.45-H

세련된 대형 호텔식 료칸

오다큐 호텔 하츠하나
小田急ホテルはつはな

하코네 교통의 중심인 오다큐에서 운영하는 호텔식 료칸으로 규모가 큰 편이다. 호텔 곳곳에 피어있는 예쁜 꽃들이 여행객들을 반갑게 맞이하며, 매달 메뉴가 바뀌는 가이세키 요리가 맛있다. 수질이 좋고 넓은 노천 온천도 인기 있다.

주소 神奈川県足柄下郡箱根町須雲川20-1 **전화** 0460-85-7321 **요금** 1인 1박 2만 2000엔~ **홈페이지** www.hakone-hotelhatsuhana.jp **교통** 하코네유모토 箱根湯本역에서 택시로 7분 **지도** 별책 P.45-G

아우라 타치바나
あうら橘

눈앞이 탁 트인 전망 테라스와 노천 온천이 있는 온천 료칸으로 하코네의 풍경을 감상하며 온천을 즐길 수 있다. 다양한 부대시설이 있으며 2층의 카페 겸 바에서 커피와 음료를 즐길 수 있다. 옥상의 스카이 테라스에서는 석양과 하코네 마을의 소소한 풍경을 감상하기 좋다.

주소 神奈川県足柄下郡箱根町湯本574 **전화** 0460-85-5541 **요금** 1인 1박 2만 엔~ **홈페이지** www.aura-tachibana.com **교통** 하코네유모토 箱根湯本역에서 도보 10분. 또는 역에서 택시 5분 **지도** 별책 P.45-H

숲속에 자리한 전통 료칸

미카와야
三河屋

1883년에 개관한 오래된 온천 료칸으로 본관 건물은 유형 문화재로 지정되어 있다. 2015년에 대욕장과 기타 시설을 리뉴얼하여 깔끔하고 수질도 뛰어나다. 숲에 둘러싸여 있어 가을에는 아름다운 단풍을 감상하기 좋다.

주소 神奈川県足柄下郡箱根町小涌谷503 **전화** 0460-82-2231 **요금** 1인 1박 2만 3000엔~ **홈페이지** www.hakone-mikawaya.com **교통** 하코네유모토 箱根湯本역에서 버스 20분 **지도** 별책 P.44-F

계곡 깊은 곳의 힐링 료칸

호시노 리조트 카이 하코네
星野リゾート 界 箱根

하코네 계곡 깊은 곳에 위치한 온천 리조트 시설로 한 폭의 그림 같은 노천 온천의 풍경이 아름다운 곳이다. 저녁 메뉴인 와규 전골 요리가 맛있으며 전반적으로 요리가 깔끔하다. 저녁에는 하코네 전통 나무 공예인 요세기자이쿠(寄木細工)를 직접 체험할 수 있다.

주소 神奈川県足柄下郡箱根町湯本茶屋230 **전화** 0570-073-011 **요금** 1인 1박 3만 2000엔~ **홈페이지** kai-ryokan.jp/hakone/ **교통** 하코네유모토 箱根湯本역에서 택시로 5분 **지도** 별책 P.45-G

1 요세이자이쿠 공예 **2, 3** 직접 전골 요리를 만들어준다 **4** 노천 온천이 딸려있는 객실

노천 온천이 딸린 객실이 인기
유토리로안
ゆとりろ庵

단풍이 아름다운 하코네 미술관과 고우라 공원 인근 료칸으로 따뜻한 온천에서 소소한 풍경을 즐길 수 있다. 화실(다다미), 양실 등 다양한 방이 있으며 대부분의 방에 노천 온천이 딸려 있다. 방에 노천 온천은 없지만 가격이 비교적 저렴한 별관도 나쁘지 않다.

주소 神奈川県足柄下郡箱根町強羅1300-119 **전화** 0570-783-244 **요금** 1인 1박 1만 5000엔~ **홈페이지** www.yutoreloan.jp **교통** 하코네 등산 케이블카 나카고우라 中強羅역에서 도보 1분 **지도** 별책 P.44-F

아시노호의 전망이 매력적
와신테이 호우게츠
和心亭豊月

하코네산 고지대에 있어 전망이 좋으며 달빛이 잔잔하게 비치는 아시노호와 계절마다 바뀌는 아름다운 풍광이 매력적인 곳. 바위와 노송나무로 된 2개의 노천 온천이 있고, 모든 객실에는 마루를 뚫어 일본식 난방인 고타츠를 설치해 두었다. 매달 메뉴가 바뀌는 가이세키 요리도 일품이다.

주소 神奈川県足柄下郡箱根町元箱根90 **전화** 0460-83-7788 **요금** 1인 1박 3만 엔~ **홈페이지** hakone-hougetu.com **교통** 모토하코네항에서 도보 3분 **지도** 별책 P.44-I

TOKYO HOTEL GUIDE

▶ ★ ◀

호텔 예약하기

직원이 상주하고 있는 호텔 프런트. 체크인과 체크아웃은 물론 호텔 관련 각종 문의 사항을 해결해 준다.

도쿄는 전 지역에 수많은 숙박업소가 골고루 분포되어 있다. 1박 요금이 수백만 원에 달하는 초호화 호텔부터 3만 원 정도에 하룻밤을 쉬어 갈 수 있는 저렴한 호스텔이나 게스트 하우스 등 숙소의 형태 또한 다양하다. 단, 인구 밀도가 높아 다른 지역에 비해 방이 좁고 가격이 비싼 편이다. 일본 숙박 요금은 대부분 인원 기준으로 계산하기 때문에, 객실 1개라도 투숙 인원에 따라 가격이 다르다. 세미 더블 룸은 가격 차이가 적은 편이지만, 보통 1인 요금보다 2인 요금이 1.5배 정도 더 비싸다.

숙소는 오래된 고급 호텔보다 깔끔하고 편리하며 가성비도 뛰어난 신축 시티 호텔로 선택할 것. 또한 공항과 바로 연결되는 교통편이 있는 지역이나 지하철 역 주변 등 교통이 편리한 숙소를 고르는 편이 좋다.

{ 예약하기 }

일본의 숙소는 날짜에 따라 요금이 달라진다. 보통 평일과 일요일, 휴일의 마지막 날에 가격이 저렴해진다. 단, 일본은 대체공휴일로 월요일에 쉬는 경우가 많으므로 미리 확인하고 숙소를 예약하자.

일본어를 할 수 있다면 야후 트래블, 자란, 라쿠텐 등 일본의 숙소 예약 사이트에서 예약을 하는 것이 좋다. 특기 요금이나 이벤트가 많고, 숙박 4일 전까지는 예약 취소도 할 수 있다. 힐튼이나 하얏트 등 체인 호텔은 호텔 홈페이지에서 직접 예약할 때 요금이 저렴한 경우가 많고, 최저가 보상제를 적용하는 곳도 있으므로 꼼꼼히 살펴보자. 호텔 가격 비교 사이트나 전문 예약 사이트는 이용하기 편리하지만, 일부 사이트는 실제와는 다른 요금이 표시되어 있거나, 결제 단계에서 요금이 오르기도 하며, 예약 취소가 되지 않는 경우도 있으므로 주의해야 한다.

야후 트래블 travel.yahoo.co.jp **자란** www.jalan.net
라쿠텐 travel.rakuten.co.jp **스사사(호텔, 항공, VIP카드, 여행, 마일리지 정보 카페)** cafe.naver.com/hotellife

도쿄 숙소의 종류

{ 체인 호텔 }

최근 일본에서는 다양한 브랜드의 체인 호텔이 늘어나고 있다. 세계적으로 유명한 체인 호텔은 물론이고 일본만의 독특한 체인 호텔들도 많다. 비즈니스호텔, 시티 호텔, 고급 호텔 등 다양한 등급의 호텔이 있으며, 최근에는 비즈니스호텔과 시티 호텔의 중간 규모 호텔이 유행하고 있다.

{ 시티 호텔 }

호텔 규모나 서비스를 최소화하는 반면 레스토랑이나 편의 시설에 중점을 둔 호텔로 비즈니스호텔보다는 크고, 고급 호텔보다는 작다. 보통 지하철역과 인접해 있어 교통이 편리하고 깔끔해 도시 관광을 위한 숙소로 적합하다.

{ 비즈니스호텔 }

비즈니스 방문자를 위해 최소한의 편의 시설을 갖춘 호텔로 일본의 독특한 호텔 양식 중 하나다. 방은 잠만 잘 수 있을 정도로 좁은 편이지만, 그만큼 요금도 저렴하다. 최근에는 대욕장 등의 편의 시설을 갖춘 비즈니스호텔이 늘어나고 있다. 대부분 체인 호텔로 운영된다.

{ 호스텔 · 게스트 하우스 · 캡슐 호텔 }

커다란 방에 2층 침대 여러 개를 두고 여러 사람이 함께 이용하는 게스트하우스, 침대 크기의 캡슐에 들어가 투숙하는 캡슐 호텔, 호텔과 게스트 하우스를 반반 섞은 듯한 호스텔은 가격이 저렴해 젊은 여행객들이 많이 찾는다. 최근에는 대욕장을 비롯한 다양한 편의 시설을 갖추고, 라운지나 바, 카페 등을 함께 운영하며, 감각적으로 꾸민 공용 공간을 제공하는 곳이 늘어나고 있다.

1 캡슐 호텔(예시) 2 게스트하우스 누이의 카페 라운지 3 비즈니스호텔의 트윈 룸(예시) 4 고급 호텔 호시노야 도쿄의 조식

도쿄의 시티 호텔
CITY HOTEL

호텔 류메이칸 도쿄
ホテル龍名館東京

100년이 넘은 도쿄의 유명 료칸에서 운영하는 호텔. 도쿄역에서 가까워 인기가 높다. 최상층에는 도쿄역 주변을 조망할 수 있는 로비와 식당이 있다. 객실은 화이트보드, 알람 기능이 있는 침대 등 비즈니스 방문객을 위한 시설을 갖추고 있다.

주소 東京都中央区八重洲1-3-22 **전화** 03-3271-0971 **요금** 1인 1실 1만 5000엔~ **홈페이지** www.ryumeikan-tokyo.jp **교통** JR 도쿄 東京역 야에스 八重洲 북쪽 출구에서 도보 3분 **지도** 별책 P.16-F

더 게이트 호텔
THE GATE HOTEL

아사쿠사 가미나리몬 인근의 시티 호텔로 시설이 깔끔하고 고급스럽다. 호텔의 로비에서는 센소지, 가미나리몬 등 아사쿠사의 멋진 전망과 도쿄 스카이트리, 아사히 맥주 빌딩을 조망할 수 있다.

주소 東京都台東区雷門2-16-11 **전화** 03-5826-3877 **요금** 1인 1실 1만 2000엔~ **홈페이지** www.gate-hotel.jp **교통** 도쿄메트로 긴자선 아사쿠사 浅草역 2번 출구에서 도보 2분 **지도** 별책 P.12-E

시퀀스
미야시타 파크 호텔
sequence
MIYASHITA PARK HOTEL

미야시타 파크와 함께 2020년에 오픈한 시부야의 복합 시설 겸 호텔이다. 도쿄의 핫 플레이스로 인기가 높은 미야시타 파크와 바로 연결되고 시부야역과 가까워서 도쿄 여행을 위한 최적의 위치에 있다. 로비는 카페와 작업을 하기 좋은 워크스테이션 공간으로 나뉘며, 호텔 곳곳에 다양한 작가의 오브제가 숨어 있어 찾아보는 재미를 더한다. 호텔의 뷰가 좋기로 유명하며 미야시타 파크 뷰와 신주쿠, 하라주쿠 뷰로 나뉘는데 둘 다 넓고 탁 트인 뷰를 자랑한다.

주소 東京都渋谷区神宮前6-20-10 **요금** 1인 1실 2만 엔~ **홈페이지** www.sequencehotels.com/miyashita-park **교통** JR 시부야 渋谷역에서 도보 5분, 미야시타 파크 내부에 위치 **지도** 별책 P.7-G

호시노 리조트
오모 파이브
HOSHINO RESORTS OMO5

2018년 5월에 오픈한 호텔로 고급 료칸·리조트 호텔 체인인 호시노 리조트의 시티 호텔이다. 방 안이 위 아래로 나뉘는 로프트 형식의 객실이 독특하며 주변 관광지와 맛집을 안내하는 오모 레인저라는 서비스를 제공하고 있다.

주소 東京都豊島区北大塚2-26-1 **전화** 03-5961-4131 **홈페이지** omo-hotels.com **요금** 1인 1실 1만 엔~ **교통** JR 오쓰카 大塚역 북쪽 출구에서 도보 1분

롯폰기 호텔 에스
ROPPONGI HOTEL S

디자인 호텔로 전 객실이 각기 다른 디자인으로 꾸며져 있다. 롯폰기의 관광 명소를 둘러보기에 좋으며 호텔의 카페와 바 등 부대시설도 뛰어나다. 방 크기에 비해 가격은 살짝 비싼 편.

주소 東京都港区西麻布1-11-6 **전화** 03-5771-2469 **요금** 1인 1실 1만 2000엔~ **홈페이지** hr-roppongi.jp/hotelS/ **교통** 도쿄메트로 히비야선·오에도선 롯폰기 六本木역 2번, 4b번 출구에서 도보 6분 **지도** 별책 P.20-E

그랜드 닛코
도쿄 다이바
Grand Nikko Tokyo Daiba

오다이바에 위치한 고층 호텔로 호텔 안에서 오다이바와 도쿄 타워, 도쿄만의 야경을 감상하기에 좋다. 유리카모메 다이바역과 바로 연결되어 있어 편리하며, 하네다 공항과 나리타 공항과의 직행 버스가 운행하고 있다.

주소 東京都港区台場2-6-1 **전화** 03-5500-6711 **요금** 1인 1실 1만 2000엔~ **홈페이지** www.tokyo.grand-nikko.com **교통** 유리카모메 다이바 台場역에서 바로 연결 **지도** 별책 P.30-E

호텔 센추리 서던 타워
Hotel Century
Southern Tower

신주쿠 서던 테라스에 위치한 호텔로, 전철과 백화점 회사인 오다큐에서 운영하는 곳이다. 시설은 살짝 오래된 편이지만 신주쿠를 중심으로 도쿄의 전망을 감상하기 좋다. 따로 숙박하지 않아도 로비와 화장실에서 전망을 감상할 수 있다.

주소 東京都渋谷区代々木2-2-1 **전화** 03-5354-0111 **요금** 1인 1실 1만 엔~ **홈페이지** www.southerntower.co.jp **교통** JR, 오다큐선 신주쿠 新宿역 남쪽 출구에서 도보 3분 **지도** 별책 P.11-K

세루리안 타워
도큐 호텔
Cerulean Tower Tokyu Hotel

시부야 남서쪽에 위치한 고층 호텔. 도쿄의 전망을 감상하기 좋으며 고급 레스토랑과 바 등 부대시설이 다양하다. 숙박 요금은 제법 비싼 편이다.

주소 東京都渋谷区桜丘町26-1 **전화** 03-3476-3000 **요금** 1인 1만 2000엔~ **홈페이지** www.ceruleantower-hotel.com **교통** JR 시부야 渋谷역 서쪽 출구에서 도보 5분 **지도** 별책 P.6-J

도쿄의 체인 호텔
CHAIN HOTEL

호텔 그레이스리 신주쿠
Hotel Gracery Shinjuku

최근 일본 전역에 지점을 늘려나가고 있는 워싱턴, 르와지르 체인의 비즈니스 겸 시티 호텔이다. 고질라 동상이 로비에 있어 고질라 호텔로 유명하며 가부키초에 위치해 있다. 시설이 깔끔하다.

주소 東京都新宿区歌舞伎町1-19-1 **전화** 03-6833-1111 **요금** 1인 1실 1만 엔~ **홈페이지** gracery.com/shinjuku/ **교통** JR 신주쿠 新宿역 동쪽 출구에서 도보 5분 **지도** 별책 P.10-E

호텔 그레이스리 긴자
Hotel Gracery Ginza

도쿄 교통의 요지에 있으며 긴자의 새로운 쇼핑몰인 긴자 식스 바로 옆에 위치해 쇼핑에 최적의 숙소이다. 시설이 깔끔하며 다양한 편의 시설이 준비되어 있다.

주소 東京都中央区銀座7-10-1 **전화** 03-6858-1011 **요금** 1인 1실 1만 엔~ **홈페이지** gracery.com/ginza/ **교통** 도쿄메트로 긴자선 긴자 銀座역 A4번 출구에서 도보 4분 **지도** 별책 P.18-E

호텔 몬트레이 긴자
Hotel Monterey Ginza

유럽의 건축물을 보는 듯한 건물 디자인과 화려하고 예쁜 내부 인테리어로 인기를 모으고 있는 호텔. 긴자에만 두 곳의 호텔이 있다. 방도 예쁘게 꾸며져 있지만 비즈니스호텔처럼 좁은 편이다.

주소 東京都中央区銀座2-10-2 **전화** 03-3544-7111 **요금** 1인 1실 9000엔~ **홈페이지** www.hotelmonterey.co.jp/ginza/ **교통** 도쿄메트로 유라쿠초선 긴자잇초메 銀座一丁目역 10번 출구에서 도보 1분 **지도** 별책 P.18-C

머스터드 호텔
시모키타자와
MUSTARD HOTEL

SHIMOKITAZAWA

'거리의 숨겨진 멋'이라는 콘셉트에 맞게, 호텔에 머무는 동안 음악, 연극, 패션 등 시모키타자와 지역의 문화를 체험할 수 있다. 호텔에 있는 약 300장의 레코드를 무료로 대여해 각 객실에 마련된 레코드플레이어로 음악을 감상할 수 있다. 호텔 로비에는 나카메구로의 유명 커피점 사이드워크 커피와 주점 구라게 〈らげ가 있다.

주소 東京都渋谷区神宮前6-20-10 **전화** 03-6407-9077 **요금** 1인 1실 1만 엔~ **홈페이지** mustardhotel.com/shimokitazawa **교통** 오다큐선 시모키타자와 下北沢역에서 도보 7분, 히가시키타자와 東北沢駅역에서 도보 3분 **지도** 별책 P.26-B

1 호텔 로비에 자리한 사이드워크 커피 매장 **2** 소박하고 깔끔한 룸 컨디션 **3** 레코드를 대여해 객실의 플레이어로 들을 수 있다.

더 프린스
사쿠라 타워 도쿄
The Prince

Sakura Tower Tokyo

일본을 대표하는 세계적인 체인 호텔. 도쿄의 고급 호텔 중 하나로 도쿄 타워와 함께 멋진 도쿄의 전망을 감상할 수 있다. 시설이 오래되었지만 최근 리뉴얼을 하여 깔끔한 편이다.

주소 東京都港区高輪 3-13-1 **전화** 03-5798-1111 **요금** 1인 1실 1만 8000엔~ **홈페이지** www.princehotels.co.jp/sakuratower/p **교통** JR 시나가와 品川역에서 호텔 셔틀로 5~10분

힐튼 도쿄 오다이바
Hilton Tokyo Odaiba

세계적인 호텔 체인인 힐튼은 더블 트리, 힐튼, 콘래드 등으로 등급이 나뉘며 도쿄에서는 신주쿠, 오다이바 힐튼이 인기가 좋다. 오다이바 지점은 전 객실에서 도쿄만의 전망과 도쿄 타워, 레인보우 브리지의 야경을 감상할 수 있다.

주소 東京都港区台場1-9-1 **전화** 03-5500-5500 **요금** 1인 1실 1만 5000엔~ **홈페이지** hiltonhotels.jp **교통** 유리카모메 다이바 台場역에서 도보 2분 **지도** 별책 P.30-E

미츠이 가든 호텔
시오도메 이탈리아가이
Mitsui Garden Hotel
Shiodome Italia-gai

일본의 금융·부동산 그룹인 미츠이에서 운영하는 호텔. 비즈니스호텔보다는 살짝 고급스러운 느낌이다. 시오도메점은 주변의 풍경과 어울리게 이탈리아 건축물 느낌으로 꾸며져 있다.

주소 東京都港区東新橋2-14-24 **전화** 03-3431-1131 **요금** 1인 1실 1만 엔~ **홈페이지** www.gardenhotels.co.jp/shiodome-italiagai/ **교통** 도에이 오에도선 시오도메 汐留역에서 도보 4분 **지도** 별책 P.19-J

미츠이 가든 호텔
우에노
Mitsui Garden Hotel Ueno

비즈니스호텔보다는 살짝 고급스러운 느낌의 호텔로 시설이 깔끔하다. 우에노점에서는 팬더 장식으로 꾸며진 팬더 룸이 있어 인기를 모으고 있다. 방에서 도쿄 스카이트리를 볼 수 있는 객실도 있다.

주소 東京都台東区東上野3-19-7 **전화** 03-3839-1131 **요금** 1인 1실 1만 엔~ **홈페이지** www.gardenhotels.co.jp/ueno/ **교통** JR 우에노 上野역 중앙 출구에서 도보 2분 **지도** 별책 P.15-D

토세이 호텔 코코네
TOSEI HOTEL COCONE

도쿄역 다음 역인 간다역에 위치한 트렌디한 비지니스 호텔이다. 사계절을 테마로 한 일본풍의 모던한 디자인으로 객실과 플로어를 층마다 다르게 꾸며 두었다. 레이디 플로어 등 여성 고객을 위한 서비스가 준비되어 있다. 1층에서는 커피 등의 음료가 무료로 제공된다.

주소 東京都千代田区内神田3-2-10 **전화** 03-5209-5541 **홈페이지** tosei-hotel.co.jp **요금** 1인 1실 8000엔~ **교통** JR 간다 神田역 서쪽 출구에서 도보 3분 **지도** 별책 P.16-C

도쿄의 비즈니스호텔
BUSINESS HOTEL

도미 인
핫초보리 도쿄
Dormy Inn Hatchobori Tokyo

일본을 대표하는 비즈니스 겸 시티 호텔 중 하나로 일본 전국에 지점이 있다. 조식이 충실하며 저녁에는 라멘을 서비스로 제공한다. 호텔 내 대욕장을 완비하고 있고 다양한 편의 시설이 갖추어져 있어 편리하다.

주소 東京都中央区新川2-20-4 전화 03-5541-6700 요금 1인 1실 8000엔 ~ 홈페이지gwww.hotespa.net/hotels/tokyohatchobori/ 교통 JR 핫초보리 八丁堀역 B2번 출구에서 도보 4분

윙 인터내셔널
셀렉트
아사쿠사코마카타
Wing International
Select Asakusakomagata

일본의 저가형 비즈니스호텔로 일본풍으로 꾸며진 객실과 시설이 재미있다. 스미다강과 인접해 있어 주변 전망을 감상하기 좋으며 옥상의 루프탑에서는 도쿄 스카이트리가 보이는 풍경을 감상할 수 있다.

주소 東京都台東区駒形2-7-5 전화 03-6777-1188 요금 1인 1실 6800엔~ 홈페이지 www.hotelwing.co.jp/select/asakusa/ 교통 도에이 아사쿠사선 아사쿠사 浅草역 A2번 출구에서 도보 1분 지도 별책 P.12-E

더 투어리스트
호텔 앤 카페
THE TOURIST
HOTEL & CAFÉ

아파트를 개조한 호텔로 저렴한 가격에 숙박 서비스를 제공한다. 모던한 디자인, 합리적인 가격, 편안한 객실로 호평을 얻고 있다. 엄선된 원두로 만든 커피를 무료로 즐길 수 있는 카페 라운지가 있어 아늑하게 휴식을 취할 수도 있다. 객실에는 일본식 다다미 위에 침대가 놓여 있으며 깔끔한 디자인이 특징이다.

주소 東京都台東区台東1-6-6 전화 전화 03-6806-0308 요금 1인 1실 7500엔~ 홈페이지 www.tourist-hotel.com/akihabara 교통 JR 아키하바라 秋葉原역 쇼와도오리 昭和道リ 출구에서 도보 7분, 도쿄 메트로 히비야선 아키하바라역 1번 출구에서 도보 1분 지도 별책 P.32-D

컴포트 호텔 도쿄 히가시니혼바시
Comfort Hotel
東京東日本橋

JR역 바로 옆에 위치하여 접근이 편리하다. 심플한 디자인을 갖춘 아담한 객실은 공간을 잘 활용해 지내기에 불편함이 없다. 가격이 저렴한 편이며 커피 머신 등 간단한 편의 시설도 완비되어 있다.

주소 東京都中央区日本橋馬喰町1-10-11 **전화** 03-5645-3311 **요금** 1인 1실 6000엔~ **홈페이지** www.choice-hotels.jp/higashinihombashi/ **교통** JR 소부선 바쿠로초 馬喰町역 동쪽 출구에서 도보 1분

렘 아키하바라
remm 秋葉原

오사카의 대기업 한큐에서 운영하는 비즈니스호텔. 다양한 시설을 갖추고 있으나 가격에 비해 방이 상당히 좁다. 전자상가 한가운데 있어 쇼핑과 아키하바라 관광을 즐기기에 좋다

주소 東京都千代田区神田佐久間町1-6-5 **전화** 03-3591-4123 **요금** 1인 1실 9000엔~ **홈페이지** www.hankyu-hotel.com/hotel/remm/akihabara **교통** JR 아키하바라 秋葉原역 중앙 출구에서 바로 연결 **지도** 별책 P.32-F

호텔 빌라퐁테누 도쿄 시오도메
Hotel Villa Fontaine
東京汐留

역 근처에 위치해 교통이 편리하며 시설이 깔끔하다. 간단한 조식이 기본으로 제공된다. 고층 빌딩이 모여 있는 시오도메 시티 센터에 있어 다른 지점에 비해 로비가 넓고 고급스럽다.

주소 東京都港区東新橋1-9-2 **전화** 03-3569-2220 **요금** 1인 1실 7000엔~ **홈페이지** www.hvf.jp/shiodome/ **교통** 도에이 오에도선 시오도메 汐留역에서 도보 1분 **지도** 별책 P.19-J

도쿄의 호스텔·게스트 하우스·캡슐 호텔
HOSTEL · GUEST HOUSE · CAPSULE HOTEL

누이
Nui.

도쿄 게스트 하우스의 트렌드를 제시한 곳이라 평가받는다. 일본 전통 가옥을 개조한 게스트 하우스 토코와 함께 1층에 예쁜 바와 카페를 운영하고 있다. 카페와 바는 누구나 이용 가능하며 서양인 손님들이 많다.

주소 東京都台東区蔵前2-14-13 전화 03-6240-9854 요금 도미토리 3500엔~ 홈페이지 backpackersjapan.co.jp/nuihostel/ 교통 도에이 아사쿠사선 · 오에도선 구라마에 蔵前역 A2, A7 출구에서 도보 2분

트레인 호스텔 호쿠토세이
Train Hostel 北斗星

지금은 사라진 도쿄~홋카이도 간 침대열차 호쿠토세이를 모델로 꾸민 게스트 하우스. 도미토리 시스템으로 객실은 열차 내부의 모습과 똑같이 재현해 두었으며 혼자만의 공간이 있는 특등실도 마련되어 있다.

주소 東京都中央区日本橋馬喰町1-10-12 전화 03-6661-1068 요금 도미토리 3000엔~ 홈페이지 www.hotelwing.co.jp/select/asakusa/ 교통 도에이 아사쿠사선 히가시니혼바시 東日本橋역 B4번 출구에서 도보 3분

그리즈 도쿄 아사쿠사바시
GRIDS TOKYO ASAKUSABASHI

도미토리와 개인실이 마련되어 있으며 1층의 카페, 최상층의 라운지를 공용으로 이용 가능하다. 시설이 깔끔한 편이며 다른 게스트 하우스에 비해 도미토리 공간이 넓은 편이다.

주소 東京都台東区浅草橋4-11-6 전화 03-5687-7131 요금 도미토리 3500엔~ 홈페이지 grids-hostel.com/hostels/asakusabashi/ja/ 교통 JR 아사쿠사바시 浅草橋역 A3번 출구에서 도보 5분

망가 아트 호텔 도쿄
MANGA ART HOTEL
TOKYO

도쿄 간다 테라스 빌딩 4, 5층에 위치한 도미토리 호텔로 만화책에 둘러싸여 하루를 보낼 수 있다. 남녀가 각각 다른 층 객실을 사용하며, 만화책이 가득 꽂힌 책장과 커튼으로 공간을 나눠 개인 침실 공간을 보장하고 있다. 약 5000

권의 만화책이 있으며 실내에 진열된 책은 자유롭게 읽을 수 있다.

주소 東京都千代田区神田錦町1-14-13 5F **요금** 1인 1실 5000엔~ **홈페이지** mangaarthotel.com **교통** 도쿄메트로 마루노우치선 아와지초 淡路町역, 치요다선 신오차노미즈 新御茶ノ水역, 도에이신주쿠선 오가와마치 小川町역 B7 출구에서 도보 1분

북 앤드 베드 도쿄
BOOK AND BED TOKYO

도서관을 콘셉트로 책과 서재 사이에서 누워서 책을 읽고 잠을 잘 수 있게 꾸며두었다. 도미토리 시스템이며 이용 방법도 일반 게스트 하우스와 동일하다. 최근 빠르게 지점을 늘려나가고 있다

주소 東京都豊島区西池袋1-17-7 **전화** 03-6914-2914 **요금** 도미토리 4000엔~ **홈페이지** bookandbedtokyo.com **교통** JR 이케부쿠로 池袋역 서쪽 출구에서 도보 2분 **지도** 별책 P.24-A

사쿠라 호텔
이케부쿠로
SAKURA HOTEL 池袋

4명 이상 공동으로 사용하는 저렴한 도미토리 룸과 보통의 싱글, 더블, 트윈 룸 등 선택의 폭이 넓다. 공동으로 사용하는 다양한 편의 시설이 완비되어 있다. 1층의 카페는 24시간 운영된다.

주소 東京都豊島区池袋2-40-7 **전화** 03-3971-2237 **요금** 도미토리 3500엔~ **홈페이지** www.sakura-hotel.co.jp/jp/ikebukuro **교통** JR 이케부쿠로 池袋역 서쪽 출구에서 도보 6분 **지도** 별책 P.24-A

니혼바시 무로마치 베이 호텔
日本橋室町
BAY HOTEL

일본 료칸을 콘셉트로 만든 캡슐 호텔로 시설이 깔끔하며 일본풍으로 꾸며져 있다. 라운지, 로비 등 공용 공간이 잘 갖춰져 있다.

주소 東京都中央区日本橋本町2-4-7 **전화** 03-3242-2777 **요금** 도미토리 4000엔~ **홈페이지** www.bay-hotel.jp/muromachi/ **교통** 도쿄메트로 긴자선·한조몬선 미츠코시마에 三越前역 A6번 출구에서 도보 3분 **지도** 별책 P.16-C

카오산 도쿄 오리가미
KHAOSAN TOKYO ORIGAMI

일본의 대표적인 게스트 하우스 체인으로, 닌자, 기모노 등의 콘셉트로 꾸며져 있다. 일본 문화에 관심이 있는 외국인 관광객들이 즐겨 찾는 게스트 하우스이다.

주소 東京都台東区浅草3-4-12 **전화** 03-3871-6678 **요금** 도미토리 3000엔~ **홈페이지** origami.khaosan-tokyo.com/ja-jp/ **교통** 도쿄메트로 긴자선 아사쿠사 浅草역 6번 출구에서 도보 12분 **지도** 별책 P.12-A

퍼스트 캐빈 아키하바라
First cabin 秋葉原

항공기의 퍼스트 클래스를 모델로 꾸며둔 캡슐 호텔 겸 호스텔로 일반 캡슐 호텔에 비해 방이 넓고 수납 공간도 많은 편이다. 대욕장이 있어 목욕을 할 수 있으며 라운지 등 편의 공간도 깔끔하게 꾸며져 있다.

주소 東京都千代田区神田佐久間町3-38 **전화** 03-6240-9798 **요금** 도미토리 4500엔~ **홈페이지** first-cabin.jp/hotels/10 **교통** JR 아키하바라 秋葉原역 쇼와도리 출구에서 도보 4분 **지도** 별책 P.32-F

도쿄의 고급 호텔
LUXURY HOTEL

콘래드 도쿄
CONRAD TOKYO

세계적인 호텔 체인 힐튼의 최상위 등급 호텔로 전 객실이 고층에 자리하고 있다. 객실은 하마리큐온시 정원과 레인보우 브리지, 도쿄만의 풍경을 감상할 수 있는 가든과, 도쿄 타워 등 도쿄 시내의 전망을 감상할 수 있는 시티로 나뉜다.

주소 東京都港区東新橋1-9-1 **전화** 03-6388-8000 **요금** 1인 1실 3만 2000엔~ **홈페이지** www.conrad tokyo.co.jp **교통** 도에이 오에도선 시오도메 汐留역에서 바로 연결 **지도** 별책 P.19-K

불가리 호텔 도쿄
Bulgari Hotel Tokyo

럭셔리 브랜드 불가리의 8번째 호텔이자 일본에서 가장 비싼 호텔 중 하나. 밀라노, 두바이, 발리에 이어 2023년 도쿄에 오픈했다. 이탈리아 건축가 안토니오 시테리오 패트리샤 비엘의 건축·인테리어 디자인 회사인 ACPV ARCHITECTS에서 디자인했으며 호텔 곳곳에 불가리 제품을 전시하고 있다.

주소 東京都中央区八重洲2-2-1 **전화** 전화 03-6262-3333 **요금** 1인 1실 32만 엔~ **홈페이지** www.bulgari hotels.com **교통** JR 도쿄 東京역 야에스 중앙 지하 출구에서 바로 연결. 도쿄 미드타운 야에스 빌딩과 바로 연결 **지도** 별책 P.17-I

포시즌 호텔 마루노우치 도쿄
Four Seasons Hotel
丸の内 東京

세계적인 고급 호텔 체인 포시즌에서 운영하는 호텔. 인공 온천에서 즐기는 스파를 비롯해 차분한 분위기에서 받는 최고급 서비스가 감동을 자아낸다. 도쿄역에서 바로 연결되어 교통도 편리하다.

주소 東京都千代田区丸の内1-11-1 **전화** 03-5222-7222 **요금** 1인 1실 4만 5000엔~ **홈페이지** www.fourseasons.com/jp/tokyo/ **교통** JR 도쿄 東京역에서 바로 연결 **지도** 별책 P.17-H

호시노야 도쿄
星のや東京

일본의 고급 료칸 체인인 호시노 리조트에서 운영하는 도심형 료칸으로 리조나레, 카이, 호시노야 등으로 등급이 나뉘는 호시노야의 최상위 료칸이다. 입구에서부터 신발을 벗고 들어갈 수 있도록 모든 공간에 다다미가 깔려 있으며 투숙객 이외에는 입장할 수 없으므로 조용한 분위기다. 각 층에는 다양한 서비스가 제공되는 공용 공간과 바가 있으며, 각 층마다 담당자가 상주해 상시 서비스를 제공한다. 최상층 온천에서는 도쿄의 하늘을 바라보며 온천을 즐길 수 있다. 기본 1일 2식이 제공되며 생선만을 이용하여 제공되는 퓨전 프렌치 코스는 꼭 맛봐야 할 별미이다.

주소 東京都千代田区大手町1-9-1 **전화** 0570-073-066 **요금** 1인 1실 6만 3000엔~ **홈페이지** hoshinoya.com/tokyo/ **교통** 도쿄메트로 도자이선 오테마치 大手町역 C1 출구에서 도보 2분 **지도** 별책 P.16-B

아만 도쿄
AMAN TOKYO

도쿄의 최고급 호텔을 꼽는다면 이곳을 말하는 사람이 많을 정도로 최상위의 서비스를 제공한다. 높은 천장의 웅장한 로비, 도쿄의 고층에서 전망을 즐길 수 있는 레스토랑과 바, 스파와 수영을 즐길 수 있는 웰레스 등 모든 것이 최고급으로 꾸며져 있다. 가격 또한 일본에서 가장 높은 편이다.

주소 東京都千代田区大手町1-5-6 **전화** 03-5224-3333 **요금** 1인 1실 7만 8000엔~ **홈페이지** www.aman.com/ia-jp/resorts/aman-tokyo **교통** 도쿄메트로 도자이선 오테마치 大手町역에서 바로 연결 **지도** 별책 P.16-E

요코하마의 호텔

HOTEL

나비오스 요코하마
Navios Yokohama

가운데가 뻥 뚫려 있는 독특한 구조의 호텔로 미나토미라이 한 복판에 위치해 있다. 객실 내의 야경이 아름다우며 요금은 비교적 저렴한 편이다.

주소 神奈川県横浜市中区新港二丁目 1-1 **전화** 045-633-6000 **요금** 2인 1실 1만 엔~ **홈페이지** www.navios-yokohama.com **교통** 미나토미라이 선 바샤미치 馬車道역 4번 출구에서 도보 5분 **지도** 별책 P.36-B

뉴오타니 인 요코하마
New Otani Inn Yokohama

사쿠라기초역 바로 앞의 코렛토 마레 위의 호텔로 시설이 깔끔하고 전망이 아름다운 곳이다. 특히 호텔에서 바로 보이는 미나토미라이의 야경이 아름답다.

주소 神奈川県横浜市中区桜木町1-1-7 **전화** 045-210-0707 **요금** 2인 1실 1만 5000엔~ **홈페이지** www.newotani.co.jp/innyokohama/ **교통** JR 사쿠라기초 桜木町역에서 도보 1분 **지도** 별책 P.36-F

요코하마 베이 호텔 도큐
Yokohama Bay Hotel Tokyu

미나토미라이의 고급 호텔로 퀸즈 스퀘어 요코하마와 바로 연결된다. 요코하마항 미나토미라이가 보이는 객실에서는 낮은 물론 밤에도 전망을 감상할 수 있다.

주소 横浜市西区みなとみらい2-3-7 **전화** 045-682-2222 **요금** 2인 1실 1만 8000엔~ **홈페이지** ybht.co.jp **교통** 미나토미라이선 미나토미라이 みなとみらい 역 5번 출구에서 도보 1분 **지도** 별책 P.36-B

{ 일본 여행 준비 }

PREPARE TRAVEL

미리 알아두고 가자

일본 여행의 기초 정보

시차와 비행시간

일본과 우리나라는 시차가 없다. 한국에서 도쿄로 가려면 항공편을 이용해야 하며, 도쿄에는 나리타·하네다 두 곳의 공항이 있다. 인천·김포 공항에서 하네다·나리타 공항까지의 비행시간은 약 2시간 전후, 대구·김해·제주 공항에서도 시간은 비슷하며 공항에 따라 10분 정도 차이가 있다.

통화와 환율

일본은 엔화(円, ¥)를 사용하며, 지폐는 1만 엔, 5000엔, 2000엔, 1000엔의 4종류가 있고, 동전은 500엔, 100엔, 50엔, 10엔, 5엔, 1엔의 6종류가 있다. 2023년 10월 현재 환율은 100엔에 약 908원. 환율 변동이 심하므로 여행 전 반드시 체크해야 한다.

일본의 물가(예)

종류	가격
녹차음료 500ml	120〜150엔
롯데리아 치즈버거	210엔
스타벅스 카푸치노(쇼트)	330엔
마츠야 규동(보통)	290엔
JR 승차권	140엔〜
택시(소형차) 기본요금	410엔

바겐세일 기간

일본의 백화점과 쇼핑센터는 여름과 겨울 2번의 정기 바겐세일이 있다. 업체마다 차이는 있지만 보통 1월 2일〜1월 말과 7월 초〜8월 말 정도에 세일을 실시한다. 초반에는 30〜50%의 할인율로 시작하다가 막판에는 80%까지 할인율이 올라간다. 세일 초반에는 많은 인파가 몰리기 때문에 인기 아이템은 금방 동이 난다.

1만 엔

5000엔

2000엔

1000엔

500엔

100엔

50엔

10엔

5엔

1엔

날씨와 기후
일본은 작은 섬 나라이지만 섬이 남북으로 길게 뻗어 있어 북쪽의 홋카이도에서 봄 기운이 느껴질 때 남쪽의 오키나와에서는 해수욕을 시작한다. 도쿄의 날씨는 우리나라와 비슷하나 여름과 가을이 길고, 겨울은 짧고 비교적 따뜻한 편이다. 여름은 38~39도까지 오르고 습한 편이며, 겨울은 거의 영하로 떨어지지 않고 눈도 잘 내리지 않는다.

전압과 플러그
일본은 우리나라와 달리 110V를 사용한다. 따라서 전자제품을 사용할 때에는 콘센트 모양이 달라지므로 일명 '돼지코'라 불리는 변환 플러그를 사용해야 한다. 최근 전자제품은 100~220V의 프리볼트 제품이 많아서 변환 플러그만 연결하면 바로 사용할 수 있다. 220V 전용 제품을 바로 사용하면 전력이 부족해 제대로 작동하지 않고 기기가 망가질 가능성도 있으니 사용 전 제대로 확인해야 한다.
변환 플러그는 일본 현지에서도 구입할 수 있지만 국내에서 사는 것보다 몇 배는 더 비싸므로 미리 준비해 가자. 요즘은 핸드폰, 태블릿 PC 등 전자기기를 많이 사용하므로 변환 플러그는 2개 이상 준비하는 편이 좋다.

명절
일본의 명절에는 쉬는 상점이나 음식점이 있어 다소 불편할 수 있지만, 일본 전통 행사를 볼 수 있어 여행자에게 더 즐거운 경험이 될 수도 있다. 단, 이 시기에는 일본인들도 여행을 많이 가므로 숙소를 미리 예약해 두는 것이 좋다.

● 오쇼가츠(お正月)
일본 최대의 명절인 오쇼가츠는 우리나라의 설에 해당하는 것으로 양력 1월 1일에서 3일까지다. '오조니'라는 일본식 떡국과 '오세치'라는 정월 음식을 먹으며 설을 보내며, 신사나 절에 소원을 빌러 가기도 한다.

1 일본의 떡국, 오조니 2 정월 음식인 오세치

● 오본(お盆)
백중맞이로, 일본의 추석이라 할 수 있다. 이 시기에는 전국에서 많은 민속 행사가 열린다. 오본은 원래 음력 7월 15일이지만, 요즘은 양력 8월 15일경에 대부분의 행사가 펼쳐진다.

공휴일

일본에서는 대체 공휴일 제도를 시행하고 있다. 그래서 공휴일이 일요일과 겹치면 그 다음 날인 월요일이 공휴일이 된다. 또 공휴일과 공휴일 사이에 있는 평일, 즉 샌드위치 데이도 공휴일이 된다. 또한 12월 29일에서 1월 3일 사이는 관공서와 기업이 쉰다.

● 골든위크

골든위크는 매년 조금씩 달라진다. 5월의 3, 4, 5일이 휴일이라서 여기에 주말이 붙고 회사에 따라 휴가를 더 주면 일주일 정도의 긴 휴일이 생기기 때문에 이것을 골든위크라고 부른다.

참고로 5월 4일에 쉬는 것은 5월 3일의 헌법기념일과 5월 5일의 어린이날 사이에 끼는 샌드위치 데이이기 때문에, 공휴일은 아니지만 국민휴일이라 하여 언제나 쉰다.

※2024년 골든위크는 4/29~5/5

※일 년 중 가장 긴 연휴는 골든위크와 오본으로, 이때에는 3~4개월 전부터 미리 예약을 하지 않으면 호텔을 확보하기가 어렵다. 그 외에도 오른쪽 표에 소개된 공휴일이 금요일이나 월요일과 겹치는 경우 주말을 포함해 3~4일 정도의 연휴가 생기며 1~2개월에 한 번 정도 있으므로 미리 체크한 후 준비하는 것이 좋다.

일본의 공휴일

날짜	공휴일
1월 1일	정월 초하루
1월 둘째 주 월요일	성년의 날
2월 11일	건국기념일
3월 21일 (혹은 20일)	춘분
4월 29일	쇼와의 날
5월 3일	헌법기념일
5월 5일	어린이날
7월 셋째 주 월요일	바다의 날
9월 셋째 주 월요일	경로의 날
9월 23일 (혹은 24일)	추분
10월 둘째 주 월요일	체육의 날
11월 3일	문화의 날
11월 23일	근로감사의 날

출근 시간대의 신주쿠역 플랫폼

업무 시간

우리나라와 마찬가지로 출퇴근 시간에는 대중교통 이용을 피하는 게 편하다. 쇼핑을 목적으로 나오는 경우는 영업시간에 맞춰서 가도록 하자. 일반 상점은 업종과 주인의 영업 방침에 따라서 문을 열고 닫는 시간에 차이가 있을 수 있다. 단, 대도시의 번화가가 아닌 이상, 특히 지방은 번화가라도 일반 상점은 저녁 8시면 서서히 문

업종별 업무 시간의 예

업종	평일	토요일	일요일, 국경일
은행	09:00~15:00	휴무	휴무
우체국	09:00~17:00	휴무	휴무
백화점	10:00~19:30	10:00~19:30	10:00~19:30
상점	10:00~20:00	10:00~20:00	10:00~20:00
회사	09:00~17:00	휴무	휴무
관공서	09:00~17:00	휴무	휴무

을 닫기 시작한다. 물론 일반 음식점은 더 늦게까지 영업을 한다.

우체국 중에는 토요일과 일요일, 공휴일에도 문을 여는 곳이 있으며, 백화점은 한 달에 2~3번 부정기적으로 쉰다. 대부분의 미술관이나 박물관은 월요일이 휴관일인 경우가 많다.

전화

한국에서 일본으로 걸기

001, 00700 등 국제 전화 서비스 번호-81(일본 국가번호)-앞의 0을 뺀 지역 번호-전화번호의 순서로 누르면 된다.

만약 001을 이용해 03-1234-5678(도쿄)로 전화를 건다면 아래와 같다.

001-81-3-1234-5678

일본에서 한국으로 걸기

001 등 국제 전화 서비스 번호-82(한국 국가번호)-앞의 0을 뺀 지역 번호-전화번호의 순서로 누르면 된다.

만약 001을 이용해 02-1234-5678(서울)로 전화를 건다면 아래와 같다.

001-82-2-1234-5678

일본 내 긴급 연락처

경찰 ☎ 011 화재, 앰뷸런스 ☎ 119

*비상 사태 시 공중 전화를 이용할 때는 전화를 걸기 전 붉은 버튼을 누르면 무료이다.

우편

일본에서 한국으로 편지나 엽서를 보낼 때는 우체국까지 가지 않고도 가까운 편의점 등에서 우표를 사 붙인 후 거리에 있는 빨간 우체통에 넣으면 된다. 소포는 우체국에 가서 부쳐야 되는데 소포 1개가 20kg을 넘으면 안 된다. 운송료는 배편으로 부치는 것이 항공편으로 부치는 것보다 싸지만 운송 시간이 몇 배가 걸리므로 이 점을 잘 생각해서 선택한다.

거리 곳곳에 빨간 우체통이 있다.

일본의 우체국

여권과 각종 증명서

PASSPORT & CERTIFICATE

여권의 종류와 신청

일반적으로 복수 여권과 단수 여권으로 나뉜다. 복수 여권은 특별한 사유가 없는 한 유효 기간인 10년 동안 횟수에 제한 없이 외국에 나가는 것이 가능하다. 단수 여권은 단 한 번만 외국에 나갈 수 있으므로 유효 기간이 1년이다. 만 18세 이상, 30세 이하인 병역 미필자 등에게 발급한다.

여권 발급 신청은 자신의 본적이나 거주지와 상관없이 가까운 발행 관청(서울 25개 구청과 광역 시청, 지방 도청의 여권과)에서 신청할 수 있다. 신분증을 소지하고 직접 방문해야 하며 대리 신청은 불가피한 경우(만 18세 미만 미성년자, 질병·장애, 의전상 필요)에만 가능하다. 평일 오전 9시부터 오후 6시까지 접수가 가능하다.

그러나 직장인들을 위해 관청별로 특정일을 지정해 야간 업무를 보거나 토요일에 발급하기도 한다. 여권 발급 소요 기간은 보통 3~4일 정도 걸리지만, 성수기에는 10일까지 소요될 수 있으니 여행을 가기로 마음먹었다면 바로 신청한다. 여권을 분실했거나 훼손한 경우, 사증(비자)란이 부족할 경우, 주민 등록 기재 사항이나 영문 성명의 변경·정정의 경우는 재발급을 받아야 한다.

여권 발급에 필요한 서류

① 여권 발급 신청서
② 여권용 사진 1매
③ 신분증
④ 여권 발급 수수료(복수 여권 26면 5만 원, 58면 5만 3,000원)
⑤ 병역 의무 해당자는 병역 관련 서류(전화 1588-9090 홈페이지 www.mma.go.kr에서 확인)
※ 18세 미만 미성년자는 법정 대리인의 인감증명서와 동의서, 가족관계증명서(단, 미성년자 본인이 아닌 법정대리인이 직접 신청 시 발급 동의서, 인감증명서 생략 가능)

TIP

일본 여행 중 여권 분실 시

일본에서 여권을 분실했다면 즉시 주재국 경찰서나 파출소에 여권 분실 신고 후, 경찰기관이 발행한 분실 접수증을 받아야 한다. 그 다음 아래 서류를 준비해 한국 귀국을 위한 긴급 여권을 신청한다. 서류만 모두 구비했다면 긴급 여권은 업무일 기준 1~2일 안에 발급된다. 만일의 경우에 대비해 여행 전 항공권 사본, 신분증 사본, 여권용 사진 등을 준비해 두는 것이 좋다.

긴급 여권 발급 시 기본 구비 서류

· 여권 발급 신청서 ┐
· 긴급 여권 발급 신청 사유서 ├ 영사부 비치
· 여권 분실 신고서 ┘
· 여권 발급 수수료(현금 6360엔)

· 경찰기관 분실 신고 접수증
· 신분증
· 여권용 사진 1매(3.5×4.5cm, 6개월 이내 촬영)
· 귀국편 항공권 사본

일본의 비자

현재 일본과 한국은 무비자 협정 체결국이어서 체류 기간이 90일 이내라면 비자 없이 입국이 가능하다. 그러나 이보다 긴 여행이나 체류를 준비하고 있다면 주한 일본 대사관을 통해 장기 비자를 발급받아야 한다.

국제 운전면허증

도쿄에서 자동차 여행을 할 계획이라면 국제 운전면허증이 필수다. 대한민국 운전면허증을 가지고 있다면 가까운 운전면허 시험장이나 경찰서에 들러 즉시 발급받을 수 있다. 위임장을 구비하면 대리 신청도 가능하다. 일본에서 자동차를 렌트할 경우 원칙적으로는 한국의 운전면허증, 국제 운전면허증, 여권을 반드시 구비하고 있어야 한다. 국내 운전면허증 뒷면에 운전면허 정보를 영문으로 표기해 발급하는 영문 면허증이 2019년부터 발급되기 시작했으나, 일본에서는 국제 운전면허증만 인정하고 있다.

발급처 운전면허 시험장

준비 서류 여권(사본 가능), 운전면허증, 여권용 사진 1매(반명함판 사진 가능)

비용 8,500원 **유효 기간** 발급일로부터 1년 **전화** 1577–1120 **홈페이지** 도로교통공단 운전면허 서비스 www.safedriving.or.kr

중요 연락처

주일본 대한민국 대사관

주소 대사관 東京都港区南麻布 1-2-5

영사과 東京都港区南麻布1-7-32

전화 대사관 03–3452–7611

영사과 03–3455–2601

긴급 연락처 070–2153–5454 *24시간

홈페이지 overseas.mofa.go.kr/jp-ko/index.do

교통 도쿄메트로 도에이 지하철 아자부주반 麻布十番역에서 도보 5~6분

일본에서 운전할 때 주의할 점 일본은 우리나라와 반대로 차량 주행 방향이 왼쪽이므로, 익숙해질 때까지 긴장을 늦추지 말아야 한다. 렌터카는 국내 여행사나 인터넷 사이트를 통해 예약할 수 있으며, 차량을 인수할 때는 국제 운전면허증과 여권을 지참한다.

TIP

여행자 보험

보험 설계사, 보험사 영업점, 대리점, 각 보험 회사의 온라인 사이트에서 가입할 수 있다. 미리 보험을 준비하지 못했다면 비행기에 탑승하기 전 공항 내 보험 서비스 창구를 이용한다. 보상을 받기 위해서는 현지 병원이 발급한 진단서와 치료비 영수증, 약제품 영수증, 처방전 등을 챙긴다. 도난 사고가 발생했다면 현지 경찰이 발급한 도난 증명서(사고 증명서)가 필요하다. 여행 중 구입한 상품을 도난당했다면 물품 구입처와 가격이 적힌 영수증을 준비한다(가입한 보험 상품에 따라 내용이 다르므로 계약서 내용을 꼼꼼히 읽어볼 것).

발급처 • DB손해보험 다이렉트 www.directdb.co.kr • 현대해상 다이렉트 direct.hi.co.kr
• 삼성화재 다이렉트 direct.samsungfire.com

현금 환전

일본의 엔화는 우리나라의 공항 은행과 시내 은행에서 환전할 수 있다. 환전할 때는 매번 수수료가 붙기 때문에 예산을 잘 파악해 한 번에 바꾸는 것이 좋다. 10일 미만의 여행 일정이라면 엔화를 많이 바꾸기보다는 적정 금액만 환전하고 신용카드를 함께 사용하는 것이 엔화를 남기지 않는 방법이다.

공항은 환율이 가장 불리하게 적용되는 곳이므로, 미리 시내 은행에서 환전하는 것이 좋다. 또 대부분의 은행이 인터넷뱅킹이나 모바일앱을 통해 환전 서비스를 하고 있으며, 이 때 환율이 가장 유리하게 적용된다. 온라인으로 환전 신청을 한 후 시내 은행이나 공항 은행 중 자신이 가기 편한 곳을 지정해서 엔화를 찾으면 된다. 단 공항 은행은 시간에 따라 무척 붐빌 수 있으니 유의해야 한다.

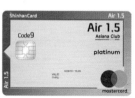

외국에서도 사용 가능한 카드인지 확인!

신용카드

현금만 가져가는 것이 조금 불안하다면 신용카드를 준비하자. 보안상 문제점이나 약간의 수수료 부담이 있지만 가장 편리한 보조 결제 수단이다. 게다가 신분증 역할까지 한다. 호텔, 렌터카, 단거리 항공권을 예약할 때 대부분 신용카드 제시를 요구한다. 현지에서 현금이 필요할 때 ATM을 통해 현금 서비스를 받을 수도 있다.

국제 카드 브랜드 중 가맹점이 많은 비자(Visa), 마스터(Master) 카드가 무난하다. 자신의 카드가 외국에서도 사용 가능한지도 반드시 확인하자. 또 한국과는 달리 외국은 카드 뒷면의 사인을 반드시 확인하므로 꼭 서명해 둔다.

체크카드

신용카드를 감당하기 어렵다면 해외 사용이 가능한 체크카드를 준비한다. 본인의 계좌 잔액 한도 내에서 결제 및 ATM을 통한 현금 인출이 가능하다. 물론 해외용 신용카드처럼 비자, 마스터 등 해당 카드 브랜드 사용이 가능한 곳이어야 한다. 단, 신용카드처럼 준 신분증 기능은 하지 못한다.

우체국 안내판

우체국 간판

세븐일레븐 ATM 프레스티아 ATM

우체국 ATM

일본에서 현금 인출하기

해외 사용이 가능한 카드로 일본에서 현금(엔화)을 인출할 수 있다. 우체국(영어 가능), 편의점 세븐일레븐(한글 가능)의 ATM 기기에서 현금 인출 서비스를 받을 수 있으며, 최근에는 편의점 패밀리마트와 로손의 ATM 기기(일부 기기는 불가)에서도 서비스를 시작했다. 시티은행 카드를 소지한 경우는 프레스티아(Prestia) ATM 기기를 이용하면 되지만, 수가 적으니 이용할 사람은 위치를 검색해두는 것이 좋다.

여행 특화 카드

환전과 현금 인출을 한 번에 해결할 수 있는 여행 상품으로 트래블월렛, 트래블로그가 대표적이다. 신용카드처럼 사용하거나 체크카드처럼 현금을 충전해 ATM에서 현지 통화로 인출할 수 있어 편리하고, 무엇보다도 환전 수수료, 해외 결제 수수료, 해외 ATM 인출 수수료가 할인 또는 면제되어 최근 여행 전 준비해야 할 필수 요소로 자리 잡았다. 단, 상품별로 혜택, 한도, 환전 가능한 통화가 다르니 잘 알아보고 여행 상황에 맞게 이용하자.

> **TIP**
>
> ### 일본에서 신용카드를 편하게 사용할 수 있을까
>
> 예전에 비해 신용카드를 취급하는 곳이 상당히 많이 늘어난 것이 사실이지만, 일본의 도쿄, 오사카 같은 대도시는 물론이고 특히 지방으로 갈수록 신용카드를 받지 않는 가게는 여전히 많은 편이다. 그래서인지 일본인들도 신용카드보다는 현금 사용을 선호하는 편이기도 하다. 상점이나 식당에서는 신용카드를 사용할 수 있는지 미리 물어보는 것도 방법이다. 여행 도중에 현금이 바닥났다면 ATM 기기에서 현금을 인출하면 된다.

휴대폰으로
인터넷 하기

INTERNET

포켓 와이파이 Pocket Wi-Fi

해당 국가 이동통신사의 3G/4G LTE 신호를 Wi-Fi 신호로 바꿔주는 휴대용 와이파이 단말기. 국내에서 미리 예약한 후 출국하는 국내 공항에

포켓 와이파이 단말기

서 수령, 일본 도착 후 단말기의 아이디와 비밀번호로 와이파이에 접속하면 된다. 단말기 1대로 2~3명(최대 5명)이 동시 접속할 수 있기 때문에 비용도 저렴한 편. 단, 단말기를 매일 충전해야 하며 하루 종일 이용 시에는 보조 배터리도 필요하다. 국내 업체 이용 시 3GB 기준 1일 요금이 8000~9000원대.

유심칩(심 카드) Sim Card

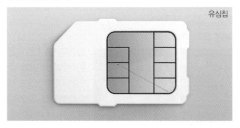

유심칩

이동통신사 가입자의 식별 정보를 담고 있는 유심칩은 휴대폰 사용 시 반드시 필요한 신분증과 같은 역할을 한다. 선불 유심칩(Prepaid Sim Card)은 선불 요금의 개념으로 지정된 기간에 지정된 데이터 용량이나 통화량을 사용하는 것이다. 단 해외 유심칩으로 교체 시 번호 자체가 해외 번호로 바뀌므로 국내에서 걸려오는 전화나 문자를 받을 수 없다. 데이터 제공량에 따라 요금은 달라지며, 국내 업체의 데이터 전용 유심칩은 5일간 하루 1GB 제공 시 9천 원대. 간사이 공항의 자동판매기에서도 구입 가능하나 몇 배는 비싸므로, 국내에서 미리 구입해 두자.

이심 eSIM

최근 젊은 여행자 사이에서 대세로 자리 잡은 데이터 이용 방법. 기존 단말기에 내장된 유심을 활용하는 방식으로 서비스 신청 후 제공받은 QR코드를 인식한 뒤 설정을 변경하면 바로 사용할 수 있다. 물리적인 유심칩을 사용하는 방식이 아니기 때문에 따로 수령하거나 갈아 끼울 필요가 없고, 비용이 저렴하며 보안면에서 안전하지만 이심을 지원하는 통신사와 스마트폰 기종, 사용 가능한 국가가 한정적이라 신청 전 확인이 필요하다.

휴대폰 설정

이용 방법에 따라 휴대폰 설정 등을 일부 변경해야 하는 경우도 있으니 서비스 신청 시 업체의 설명을 잘 숙지해두자.

정말 '데이터 무제한'일까?

오른쪽에서 소개하는 방법은 모두 '데이터 무제한'이라고 하지만, 실제로는 일정 데이터를 소진한 후에는 3G로 변환되어 속도가 많이 느려진다는 것을 알아두자. 하지만 동영상 시청이나 대용량 파일 다운로드 등으로 과도하게 사용하지만 않는다면 해외에서 충분한 이용 가치를 발휘한다.

리무진 버스

인천 국제공항으로 가는 가장 대표적인 교통수단. 서울, 수도권, 인천은 물론 경기 북부와 충청도, 경상도, 전라도, 강원도에서 인천 국제공항까지 한 번에 오는 노선이 있다. 서울 시내에서 출발하는 리무진 버스는 김포 공항 또는 주요 호텔을 경유해 공항까지 오는데, 제1터미널까지 50분, 제2터미널까지 65분 정도 걸린다. 요금은 1만 6,000원~1만 8,000원. 정류장 위치, 시간표, 배차 간격, 요금 등은 인천 국제공항 홈페이지(www.airport.kr)나 공항 리무진 홈페이지(www.airportlimousine.co.kr)를 참고할 것. 공항 철도 서울 도심과 김포 공항, 인천 국제공항을 최단 시간에 연결하는 교통수단. 공항 철도는 모든 역에 정차하는 일반 열차와 서울역에서 인천 국제공항까지 무정차로 운행하는 직통열차로 나뉜다. 일반 열차는 6~12분 간격 운행에 60분 소요되고, 요금은 서울역에서 출발할 경우 인천 공항 제1터미널역까지 4,150원, 인천 공항 제2터미널역까지 4,750원이다. 직통 열차는 일반 열차와 달리 지정좌석제로 승무원이 탑승해 안내 서비스를 제공한다. 40분 간격 운행에 44분 소요되고 요금은 9,500원이다.

자가용

인천 국제공항에 가려면 공항 전용 고속도로인 인천 국제공항 고속도로를 이용해야 한다. 제2터미널을 이용할 경우에는 표지판을 따라 신설 도로로 진입한다. 일단 진입한 뒤에는 인천 국제공항과 영종도 외에는 다른 곳으로 가는 것이 불가능하다. 공항 내에는 차량 이용자를 위한 유료 주차장이 운영되고 있는데, 공간이 부족한 경우에 대비해 홈페이지를 통해 주차 예약도 미리 해놓을 수 있다. 주차장마다 진입 가능한 차량 높이가 다르니 차고가 높은 차를 이용한다면 미리 체크할 것.

택시

급한 경우에 선택할 수 있는 최후의 교통수단. 인천에서 이용할 경우 3만~3만 2,000원 정도 나오고, 서울 도심에서 출발할 경우에는 미터 요금만 5만~6만 원에 공항 고속도로 통행료까지 내야 한다.

인천 공항 가는 법

TO THE AIRPORT

국제선을 타려면 늦어도 비행기 출발 2시간 전에는 공항에 도착해야 한다. 공항으로 가는 방법도 여러 가지. 나에게 맞는 교통편을 찾아보자.

출발 전 터미널 확인은 필수

2018년 1월부터 인천 국제공항 터미널이 제1터미널, 제2터미널로 나뉘어 운영되고 있다. 두 터미널이 멀찍이 떨어져 있고 각각 취항 항공사가 다르므로, 출발 전 반드시 전자 항공권(e-티켓)을 통해 어느 터미널로 가야 하는지 확인해야 한다. 자칫 터미널을 잘못 찾을 경우 비행기를 놓치는 불운이 생길 수도 있다. 터미널 간 이동은 10~15분 간격으로 운행되는 무료 순환 버스를 이용할 수 있으며 15~18분 소요된다. 공항 철도와 리무진 버스는 두 터미널에 모두 정차한다.

인천 국제공항 제2터미널 이용 항공사(2023년 10월 기준)
· 대한항공
· 진에어
· 델타항공
· 에어프랑스
· KLM네덜란드항공
· 가루다인도네시아
· 샤먼항공
· 중화항공

트러블 대처하기

TROUBLE

여행 사고를 피하기 위해서는 무엇보다 신중하게 행동하는 것이 중요하다. 범죄자의 표적이 되지 않는 것도 중요하지만 교통 사고나 추락 사고 등의 안전사고에도 유의해야 즐거운 여행이 된다는 점을 잊지 말자.

수첩에 꼭 적어두어야 할 필수 메모

여권 번호와 발행일. 여행 증명서 발급 시 필요한 사진 2장과 함께 여권의 사진이 있는 페이지를 복사해 수첩에 끼워두면 좋다.

영사 콜센터

해외에서 사건, 사고 또는 긴급한 상황에 처한 우리 국민들에게 외교부가 도움을 주기 위해 연중무휴 24시간 상담 서비스를 제공한다. 현지 입국과 동시에 자동으로 수신되는 영사콜센터(+82-2-3210-0404)의 안내문자에서 통화 버튼으로 연결하면 된다(이용 시 휴대폰 요금 발생).

주일본 대한민국 대사관 정보는 P.635 참조

현금·여권의 도난이나 분실 사고를 당한 경우

즉시 경찰에 연락한다. 현금은 되찾을 수 없더라도 여권 재발행 시 경찰의 도난 또는 분실 증명서가 필요하다. 신용카드는 카드 발행사에 연락하여 분실 신고를 한 후 카드사의 현지 사무소에 가서 긴급 대체 카드 발행 수속을 받는다. 통상 1~2일의 시간이 걸린다.

물건을 분실했을 때

지하철이나 열차에서 물건을 분실했을 경우에는 역의 승무원에게 부탁해 유실물 센터에 연락한다. 가까운 경찰서에 가서 도움을 청해도 된다. 공항이라면 공항 터미널에 있는 유실물 센터에서 절차를 밟는다. 일본에서는 물건을 분실했을 때 찾을 확률이 비교적 높으니 적극적으로 찾아보자.

지진이 났을 때

지진이 일어났을 때에는 먼저 위에서 떨어지는 물건에 다칠 위험이 있으므로 책상이나 테이블 밑에 숨는다. 그리고 규모가 큰 지진일 경우 문이 열리지 않아 밖으로 피신할 수 없는 경우도 있으므로 문 또는 창문을 열어 출구를 확보한다. 그리고 벽이나 담이 무너질 위험도 있으니 당황하여 무조건 밖으로 나가려고 하면 안 된다. 엘리베이터에는 갇힐 수 있으니 비상계단을 이용해야 하는 것도 잊지 말자.

TIP

여행 증명서 발급 방법

여권을 분실하거나 도난당하면 심각한 상황에 처하게 된 것이다. 여권이 없으면 계속 여행하는 것은 물론 귀국하는 것도 불가능하다. 이럴 때는 우선 경찰서로 간다. 경찰서에서 분실 또는 도난 증명서를 받은 후 한국 대사관으로 가서 여행 증명서를 발급받는다. 관광 목적으로 단기 체류 중일 때는 여권을 재발급하지 않고 대신 여행 증명서를 발급해 준다. 발급받는 데 필요한 서류는 경찰서에서 받은 증명서와 여권용 사진 2장, 신분증인데 대사관에서 기입하는 신청서에 여권 번호와 발행일을 써야 한다. 이것을 모르면 수속하는 데 시간이 많이 걸린다. 여행 증명서를 발급받기까지는 일반적으로 4일이 소요되고, 수수료는 2160엔이다. 따라서 귀국 당일이나 귀국 예정일 전날에 분실한 경우에는 여행 증명서를 발급받을 수 없으므로 여권 분실이나 도난에 각별히 유의하자.

일본은 의약 분업이 실시되고는 있지만 감기약이나 위장약 같은 일반적인 약품은 의사의 처방없이 약국에서도 살 수 있다. 그러나 전문적인 약은 의사의 처방 없이는 약국에서 살 수 없으므로 지병이 있는 사람이라면 여행 준비물에 약을 반드시 챙겨 넣고 체력 유지에 신경을 쓰자.

다치거나 병이 났을 때

호텔에서 병이 나면 프런트에 연락해 의사를 불러 달라고 요청한다. 또 여행자 보험을 가입한 보험사에서 긴급 지원 서비스 등을 운영하고 있다면 보험사 긴급 지원 센터로 연락해 한국어가 가능한 의사가 있는 병원을 소개받는다. 호텔이 아닌 외부 여행지에서의 사고 등으로 긴급을 요하는 경우에도 여행자 보험에 가입되어 있으면 각 보험사의 긴급 지원 센터로 연락해 도움을 받는다. 보험사마다 조금씩 다르기는 하지만 현지 의사와 언어 소통을 할 수 있도록 도움을 주고, 진료 예약 등을 알선해 준다.

드러그 스토어

만일 보험에 가입하지 않았다면 치료비는 전액 본인 부담으로 비싼 진료비를 감수해야 한다. 일본의 경우 맹장 수술로 입원하면 비용이 300만 원 정도 든다. 지불 능력 증명을 요구하는 병원도 있으므로, 보험에 가입하지 않았다면 한국에서의 치료비 송금 방법을 나름대로 생각해 두어야 한다. 하지만 송금받기까지 걸리는 시간 등을 고려하면 만일의 사태에 대비해 여행자 보험에 드는 것이 가장 좋은 방법이다.

보험금은 치료비를 내고 받은 의사 진단서, 치료비 명세서, 영수증 등을 잘 챙겨 한국으로 돌아와 보험사에 청구하면 된다. 치료비는 현지에서도 청구가 가능하다.

긴급하게 입원할 때

구급차를 부를 때는 우리나라와 마찬가지로 119를 누르면 된다. 전화 요금과 구급차 비용은 무료이다. 공중전화에서도 동전 없이 걸 수 있다(빨간색 긴급용 버튼을 누른 뒤 119번을 누른다). 119번은 화재와 구급 시 이용하는 전화이므로 교환수에게 구급이라는 사실을 당황하지 말고 분명하게 말해야 한다. 일본어를 할 줄 모르면 영어로 말해도 된다.

구급차를 기다리는 동안 여권, 여행자 보험 보험증 등을 미리 챙겨둔다. 구급차는 무료이지만 병원에서의 진료비는 전액 본인 부담이다. 또 병원에 따라서는 입원 보증금도 필요하다.

INDEX

저스트고 도쿄

개정6판 1쇄 발행일 2023년 10월 11일
개정6판 2쇄 발행일 2024년 11월 29일

지은이 박용준

발행인 조윤성

발행처 ㈜SIGONGSA **주소** 서울시 성동구 광나루로 172 린하우스 4층(우편번호 04791)
대표전화 02-3486-6877 **팩스(주문)** 02-598-4245
홈페이지 www.sigongsa.com / www.sigongjunior.com

글 ⓒ 박용준, 2023

ISBN 979-11-7125-175-9 14980
ISBN 979-89-527-4331-2 (세트)

*SIGONGSA는 시공간을 넘는 무한한 콘텐츠 세상을 만듭니다.
*SIGONGSA는 더 나은 내일을 함께 만들 여러분의 소중한 의견을 기다립니다.
*잘못 만들어진 책은 구입하신 곳에서 바꾸어 드립니다.

WEPUB 원스톱 출판 투고 플랫폼 '위펍' _wepub.kr
위펍은 다양한 콘텐츠 발굴과 확장의 기회를 높여주는
SIGONGSA의 출판IP 투고·매칭 플랫폼입니다.

TOKYO
MINI MAP BOOK

도쿄 미니 지도책

· 도쿄 광역 지도 및 구역별 지도
· 여행 일본어

Contents
TOKYO

지도의 기호	지도 찾는 법

Ⓗ 숙박시설   **─₂** 역 출구 번호

Ⓡ 음식점   **卅** 신사

Ⓢ 상점   **卍** 절

Ⓤ 우체국   **⛪** 교회

Ⓟ 주차장   0   100m 축척

✚ 병원   **①** 방향

지도 별책 P.12-A
별책의 12쪽 A구역에 찾고자 하는 장소가 있습니다.

※책에 소개하고 있는 관광 명소는 빨간색 점으로 표기해 찾기 쉽도록 했습니다.
※교통의 요지가 되는 주요 전철역과 지하철역은 검은색 상자로 구별해 알아보기 쉽도록 했습니다.
※규모가 큰 대형 역사의 경우는 핑크색으로 칠하여 구별하였습니다.

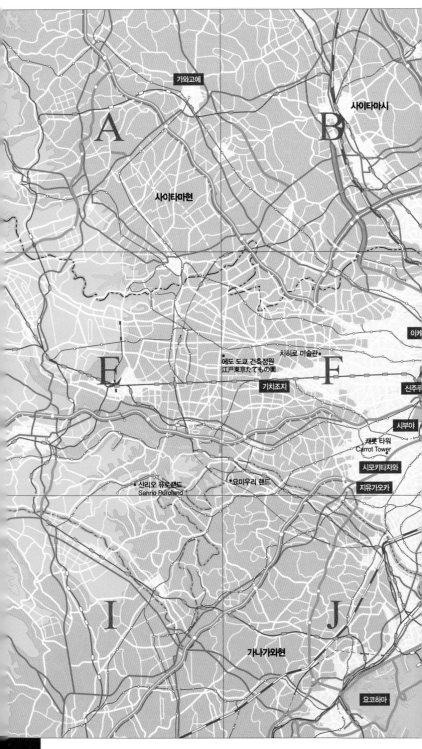

이케부쿠로

야나카 ● 도쿄 스카이트리

가구자라카 우에노 ● 아사쿠사

고엔지 ● 나카노 ●

← 신주쿠 아키하바라

기치조지 방향 도쿄역

하라주쿠 ● 기요스미시라카와

아오야마 긴자

시모키타자와 ● 오모테산도 ● 롯폰기 →

에비스 시부야 나리타 공항 방향

산겐자야 ● 나카메구로

지유가오카 오다이바

하네다 공항

도쿄 타워

4

시부야 하치만역
代々木八幡

요요기코엔역
代々木公園

요요기 공원
代々木公園

도쿄메트로 지요다선

하라주쿠역
原宿

메이지진구마에역
明治神宮前

오모테산도역 방향

토미가야 테라스
tomigaya TERRACE

푸글렌 도쿄
Foglen Tokyo

국립 요요기 경기장
国立代々木競技場

B

모노클 숍
Monocle Shop

콘서트홀

카멜백 샌드위치 앤드 에스프레소
Camelback sandwich & espresso

NHK 스튜디오 파크

트렁크
Trunk

시부야 퍼블리싱 앤드 북셀러즈
SHIBUYA PUBLISHING &
BOOKSELLERS

쿠시부

핸즈

분카무라
Bunkamura

도큐 백화점

시부야 마루큐
SHIBUYA 109

스크램블 교차로

큐프런트
QFRONT

오모테산도역 방향

C

시부야 · 하라주쿠

0   200m

시부야
클럽 거리

하치코 동상
ハチ公像

시부야역
渋谷

시부야 히카리에
渋谷ヒカリエ

D

게이오 이노카시라선

신센역
神泉

도큐 덴엔토시선

시부야 마크시티
Shibuya Mark City

다이칸야마역
방향

고마바토다이마에역 방향

이케지리오하시역
방향

고속도로

에비스역 방향

시부야의 스크램블 교차로

요요기 공원

5

시부야

0   200m

N

카메라 카바레 그랜드 숍
Camera Cabaret Grand Shop

오쿠시부
방향

Shibuya Creston Ⓗ A

B

시부야 토부 호텔 Ⓗ

Tabela Ⓡ

진난 소학교
神南小学校

Ⓢ KAMO

세븐일레븐

mont-bell Ⓢ

제이에스 버거 카페
J.S. BURGERS CAFE

핸즈 Ⓢ

Ⓢ 시부야 파르
渋谷 PARC

TRUNK BY SHOTO GALLERY

스페인자카
스페인 坂

만다라케 Ⓢ

⛩ 大山稲荷神社

브이알 파크 도쿄

비오 카페
Bio Cafe

이키나리 스테이크
いきなりステーキ

야후오프 Ⓢ
ヤフ off

ZERO GATE

Ⓢ 로
LC

분카무라
Bunkamura

시부야 교자

이노카시라 도리

E

도큐 백화점

Ⓢ 이케아 시부야
IKEA 渋谷

F

메가 돈키호테 Ⓢ

ABC마트
그랜드 스테이지

패밀리마트 Ⓢ

에스비
ASBE

세븐일레븐 Ⓢ

시부야 109
SHIBUYA 109

유니클로
Ⓢ

Ⓢ 로손

클럽 아시아
club asia
Ⓝ

로손 Ⓢ

Ⓢ

BIC CAM

히키쿠토 고메 Ⓡ
挽肉と米

Ⓡ 롯데리아

• TSUTAYA O-EAST

우메가오카 스시노 미도
梅丘寿司の美登利

KFC

멘야무사시
麺屋武蔵

Ⓝ 옴 WOMB

세븐일

아톰 도쿄
ATOM TOKYO Ⓝ
할렘 Ⓝ
Harlem

도겐자카 맘모스
道玄坂マンモス

Ⓢ 시부야 마크시티
Shibuya Mark City

I

시부야 도겐자카 니쿠스시
渋谷道玄坂 肉寿司

게이오 이노카시라선

북쪽 출구

J

토리
鳥

신센역 神泉

시아와세노 팬케이크 Ⓡ
幸せのパンケーキ

남쪽 출구
←
고마바토다이마에역 방향

Cafe de Crie
Ⓡ

어바웃 라이프 커피 브루어스 Ⓡ
ABOUT LIFE COFFEE BREWERS

고속도로

↙이케지리오하시역 방향

세루리안 타워 도큐 호텔 Ⓗ

하라주쿠역 방향↑

↑메이지진구마에역 방향

🅗 트렁크
Trunk

시부야 중고등학교•

Ⓡ Streamer Coffee Company

C

D

Ⓢ Pink Dragon

me

ⓈABC-MART

Ⓢcocoti

|부야

파출소
Koban

시부야
모디

•시부야 미야시타 파크
Miyashita Park

FREEMAN CAFÉ

디즈니 스토어

🅗시퀀스 미야시타 파크 호텔
sequence MIYASHITA PARK HOTEL

|에이부 소고
Ⓢ

Ⓢ시부야 마루이

세븐일레븐Ⓢ

모우얀 카레
もうやんカレー
Ⓡ

Kua Aina

마츠야

G

H

오모테산도역
방향→

Ⓢ도토루커피

도큐 덴엔토시 선

쿠프런트
NFRONT

Ⓢ원피스 무기와라 스토어

규카츠 모토무라
牛かつもと村

Ⓡ
Sakura Fleur Aoyama

도겐자카 道玄坂

크리에이티브 스페이스 8

스크램블
교차로

Ⓢ클라스카 갤러리 & 숍 DO

Ⓢ이데 숍 바리에네

하치코 동상
ハチ公像

Ⓡ파티스리 사다하루 아오키 파리

Ⓢ시부야 히카리에
渋谷ヒカリエ

시부야역
渋谷

Ⓢ패밀리마트

시부야 모야이상

시부야 스카이
SHIBUYA SKY

스시잔마이
すしざんまい
Ⓡ

시부야 스크램블 스퀘어•
スクランブルスクエア

고속도로

부야 후쿠라스
谷フクラス

K

L

롯폰기 도리 六本木通り

시부야 스트림
渋谷ストリーム

마츠야

조토 카레
上等カレー

규카츠 모토무라
牛かつもと村

에비스역 방향

↓다이칸야마역 방향

7

하라주쿠 · 오모테산도 · 아오야마

0　　　　　　　　　　　200m

N

에스토니아 대사관

C

● glamb Tokyo

ne Hearts

Jnited Arrows

D

메이지 신궁 가이엔
明治神宮 外苑

와타리움 미술관 ●
ワタリウム美術館

가이엔니시도리 外苑西通り

Ⓢ 마스나가 1905
MASUNAGA1905

가이엔마에역
外苑前

2

3

1a

배기지 커피
BAGGAGE COFFEE
Ⓡ

Ⓢ 스타벅스 Ⓡ

도큐스테이
아오야마 프리미어

KOFFEE MAMEYA

팡토 에스프레소토
パンとエスプレッソと
Ⓡ

Olympic Ⓢ

LOUNGE by Francfranc
青山

돈카츠 마이센
とんかつまい泉 青山本店
G

시아와세노 팬케이크
幸せのパンケーキ

아오야마 도리 青山通り

텐마 카페
天馬
H

Ⓢ 스기 약국
スギ薬局

언리얼 에이지
Anrealage

플라잉 타이거 코펜하겐 Ⓢ

패밀리마트

포르쉐 센터

타마나 쇼쿠도
たまな食堂
Ⓡ

애플스토어 오모테산도

BEACH

라운 라이스
own Rice

Ⓡ 아니베르세르 카페
ANNIVERSAIRE Café

A1

Sunny Hills Ⓡ

웨스트우드 플래그십 스토어
e Westwood Flagship Store
Ⓢ

B6

오모테산도역 表参道

블루 보틀 커피
Blue Bottle Coffee

Aranzi Aronzo

세븐일레븐

B4

A4

퀼 페 봉
Qu il Fait Bon

카페 키츠네
CAFE KITSUNE

AMI BURGER

로손

B5

글라시엘
Glaciel

Ⓢ ZARA HOME

꼼데가르송

B3

아오 Ⓢ
Ao

B2

B1

K

스파이럴
スパイラル

프라다 부티크 Ⓢ

COS
Ⓢ

L

츠모리 치사토

Found MUJI

Porte Aoyama

SUMMERBIRD ORGANIC
Ⓡ

FRAPBOIS Ⓢ

8ablish

Ⓡ 에이투지 카페
A to Z cafe

crisscross

미야카와 덴푸라
みや川天ぷら店

Ⓡ

아오야마 플라워 마켓 티 하우스
Aoyama Flower Market Tea House

네즈 미술관
根津美術館

피에르 에르메 파리
PIERRE HERME PARIS

오카모토 타로 기념관
岡本太郎記念館

신주쿠

N

200m

0

A

B

C

E

D

10

↑니시와세다역 방향

S 드라쿠에스토아 (드럭스토어)

三浦屋 (슈퍼마켓)
S 三浦屋

H 호텔 선루트 히가시신주쿠
Hotel Sunroute Higashi-Shinjuku

외카마쓰가와다역 방향 →

S 신주쿠 이스트사이드 스퀘어
Shinjuku Eastside Square

신주쿠 문화센터
新宿文化センター

H 도쿄 비즈니스 호텔
Tokyo Business Hotel

S 세븐일레븐

H 호텔 선라이트 신주쿠
Hotel Sunlight Shinjuku

다이소 S

H 호텔 비아 인 신주쿠
Hotel Via In Shinjuku

S 마쓰모토요시

S 세븐일레븐

히가시신주쿠역
東新宿

가부키초

S 스시잔마이
すしざんまい

S 세븐일레븐

H 신주쿠 그란벨 호텔
SHINJUKU GRANBELL HOTEL

H 신주쿠 도쿄
토요코인 가부키초

리벤 존도우안
ラーメン凌駕すんどう里

신주쿠 콜맨거리
新宿ゴールデン街

花園神社 신주쿠 하나조노 신사

H 호텔 그레이스리 신주쿠

H 신주쿠보 포정특청 R

Can☆Do R

신주쿠보 포정특청 R

ヨクリの物種 R

H 나인 아워즈
9 Hours

マッシリの物種 R

세븐일레븐 R

아야이코 시오라멘
タイカハド人 신주쿠 본점

초돈부리 S
つるとんたん

신주쿠 도쿄 빌딩
SHINJUKU TOHO BLDG

Robot Restaurant R

돈키호테 R
ドン・キホーテ

스텔파크 R

H 도쿄 기부기초

도에이 오에도선

世つ里 메리 R 세메이롤카페

도쿄 기부기초 타워
Tokyu Kabukicho Tower

신주쿠 닝교야키
日本橋魚申鶴岡船万店

세이부신주쿠 역
西武新宿

페페 S
PePe

오모이데요코초
思い出横丁

신주쿠보역
新大久保

신주쿠역
新大久保

↑히가시나카노역 방향

JR 야마노테선

JR 주오선

이큐아 무사시
釀麗武蔵

H 홀리데이 뷰 인

오쿠보역
大久保

오모코 타멘 나가모모
兼古タンメン中本 R

도쿄 멘츠우단 R
東京麺通団

H 아배스 도쿄 신주쿠
ibis Tokyo Shinjuku

멘야 쇼 본점 R
麺屋 翔本店

신주쿠도리
新宿通り R

D

니시신주쿠역 방향

신주쿠역
西新宿

신주쿠 아이랜드 타워
新宿アイランドタワー

도쿄메트로 마루노우치선

아사쿠사・도쿄 스카이트리

0   500m

N

이마도 신사
今戸神社

카오산 도쿄 오리가미

아사쿠사 하나야시키
花やしき

센소지
浅草寺 卍

아사쿠사역

A

스미다 공원
隅田公園

B

스미다 공원
隅田公園

니이미 상점
ニイミ

도부 스카이트리선

도쿄스카이트리역
とうきょうスカイツリー

아사쿠사역
浅草

아사히 맥주 타워
アサヒビールタワー

도쿄 스카이트리
東京スカイツリー

오시아게역
押上

다와라마치역
田原町

도쿄메트로 긴자선

혼조아즈마바시역
本所吾妻橋

도에이 아사쿠사선

아사쿠사

0   200m

N

아사쿠사 하나야시키
花やしき

센소지
浅草寺
卍

소방서

東京都立産業貿易セン터台東館

이마한
今半

아사쿠사역
(츠쿠바 익스프레스)

아사쿠사 요코초
浅草横町

C

아사쿠사 카게츠도
浅草花月堂

D

아사쿠사 소학교
浅草小学校

돈키호테

Asakusa
Rox

S ROX 3G

다이고쿠야
大黒家

R

요로이야
与ろゐ屋

마츠야
아사쿠사
松屋浅草

도부 스카이트리선

도쿄스카이트리역
방향

텐동 텐야
天井てんや

오와리야
尾張屋

아사쿠사
센트럴 호텔

R

아사쿠사 실크 푸린
浅草シルクプリン

산사다
三定

카미야 바
神谷バー

아사쿠사 우나테츠
浅草うな鐵

자전거 대여소

스타벅스 R

더 게이트 호텔

가미나리몬
雷門

카메주
亀十

간소즈시
元祖寿司

도쿄 크루즈(히미코) 선착장

E

세븐일레븐 S

아사쿠사 문화관광센터
浅草文化観光セン터

아사쿠사역
浅草

아사히 맥주 빌
アサヒビールタワ

다와라마치역 방향

하츠오가와
初小川

나미키
並木藪蕎麦

R

세븐일레븐 S

도쿄메트로 긴자선

야부소바

도에이 아사쿠사선

혼조아즈마바시역 방향

윙 인터내셔널 H
셀렉트 아사쿠사코마카타

喜多方라면坂内

코마가타 마에가와
駒形 前川

패밀리마트 S

코마가타바시
駒形橋

세계 가방 박물관
世界のカバン博物館

12

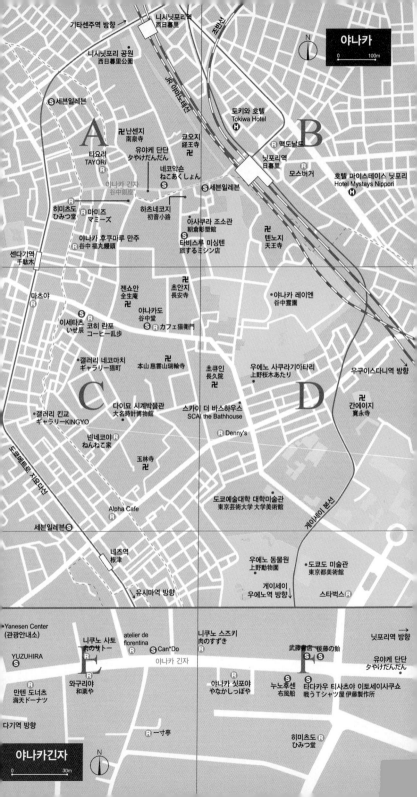

0   200m

N

이치조지
一乗寺 卍

카야바 코히
カヤバ珈琲

나노하나 R
菜の花

국립 박물관 서두

도쿄 예술대학 미술관
東京芸術大学 大学美術館

黒田記念館

도쿄 국립 박물
東京国立博物館

카마치쿠 R
釜竹

센다기역
방향

네즈역
根津

코히칸
珈琲館

도쿄도 미술관
東京都美術館

H
HOTEL GRAPHY NEZU

우에노 동물원
上野動物園

히가시엔
東園

스타벅스 커피 R
우에노온시 공원점

Park Side Café

우에노 공원
上野公園

국립 서양 미술
国立西洋美術館

도쿄메트로 치요다선

니시엔
西園

모노레일

A

C

왕인 박사비
王仁博士の碑

SUNKUS S

우에노의 숲 미술관
上野の森美術館

UENO3153

보트 타는 곳

도쿄대학병원
東京大学医学部附属病院

시노바즈 연못
不忍池

게이세이우에노역
京成上野

야마시
ヤマシ

토텐코
東天紅

시무라
상점

니쿠
肉の

아메요코 시장
アメ横市場

구 이와사키 저택 정원
旧岩崎邸庭園

정문

세븐일레븐 S

미나토야 쇼쿠힌
みなとや食品

트
TRU

돈키호테

니카노 오카시 S
二木の菓子

오레노소사쿠 라멘 키와미야

하나
판다

도에이 오에도선

우에노히로코지역
上野広小路

오카치마치역
御徒町

호라이야 R
蓬莱屋

고라쿠엔역 방향

유시마역
湯島

아키하바라역
방향

신오차노미즈역 방향

나카미세 주변(아사쿠사)

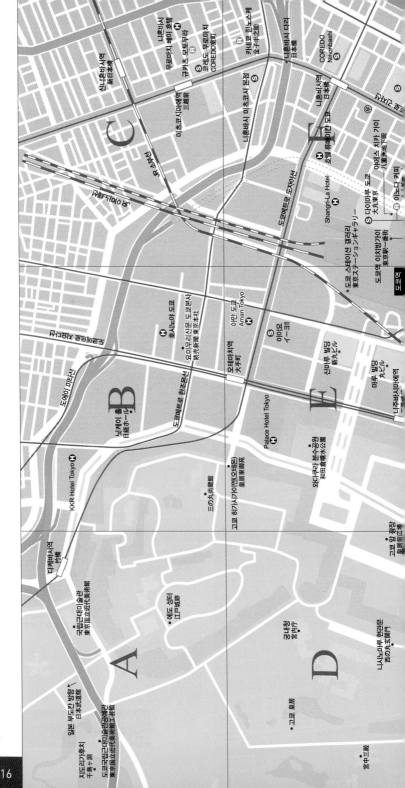

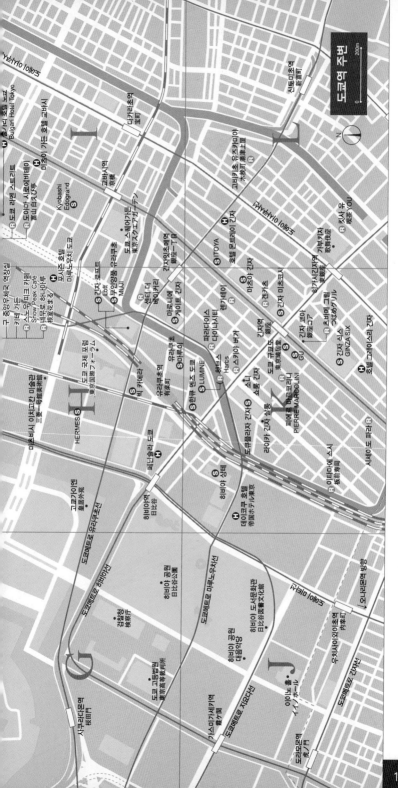

불가리 호텔 도쿄 Bulgari Hotel Tokyo ℍ
도쿄 라벨 스트리트 ℝ
도오야 시로에비야 ℝ
富山白えび亭 Kyobashi Edogrand S

다카라초역
宝町

교바시역
京橋

미즈이 가든 호텔 교바시 ℍ

도쿄 스퀘어가든 ℝ
東京スクエアガーデン

긴자잇초메역
銀座一丁目
S ITOYA
호텔 몬트레이 긴자 ℍ

코비키초 우치카이우 ℝ
木挽町靨雕土屋

킷사 유 ℝ
喫茶 YOU

가부키자 ℝ
歌舞伎座

포시즌 호텔 ℍ
마루노우치 도쿄

긴자식스 S
L.oft
무인양품 유라쿠초
MUJI

센터 더 R
베이쿠리

긴자 ℝ
마로니에 게이트 긴자 ℝ

긴자 미츠코시 S
레가텔리

구 중앙우체국 역참실
기타 기든
스노 우피크 카페
Snow Peak Café
우메노 하나비루 ℝ
梅花亭お3

도쿄 국제 포럼 ℍ
東京国際フォーラム

빅 카메라 ℝ

미츠비시 이치고칸 미술관 ℍ
三菱一号館美術館
HERMES S

유라쿠초
S 마루이

파라다이스 ℝ
다이나시에

긴자역
銀座

파라다이스 ℝ
다이나시에

렌가테이 ℝ

니초메 긴자 S

긴자 미츠코시 S

스바미 그릴 ℝ
うまびぐりル

긴자 ℝ
긴자 식스
GINZA SIX

호텔 그라시어스타 긴자 ℍ

R 한규 멘즈 도쿄
R LUMINE

유라쿠초역
有楽町

R 하토스 S
Haros

소니 S
緁晨 긴자

도쿄 규쿄도 ℝ
東京鳩居堂
GU

고쿄가이엔
皇居外苑
도쿄메트로 유라쿠초선

R 스키야 바거

도큐플라자 긴자 S
패션슈드 도쿄 ℍ

라이아 긴자 S 성룡
피에르 마르코리니 ℝ
PIERRE MARCOLINI

R 이타마에 스시

시세이도 파리 ℝ

히비야역
日比谷

S 긴자 성빅

데이코쿠 호텔 ℍ
帝国ホテル東京

검찰청
検察庁

히비야 공원
日比谷公園

도쿄메트로 히비야선

도쿄 고등법원
東京高等裁判所

히비야 공원
대음악당

히비야 도서문화관
日比谷図書文化館

히비야 공원
日比谷公園
도쿄메트로 마루노우치선

우치사이와이초역
内幸町
도에이미타선

S 우나기몬역

가스미가세키역
霞ヶ関
도쿄메트로 지요다선

이노 홀
八ノ-ホール

사쿠라다몬역
桜田門

도라노몬역
虎ノ門

도쿄메트로 긴자선

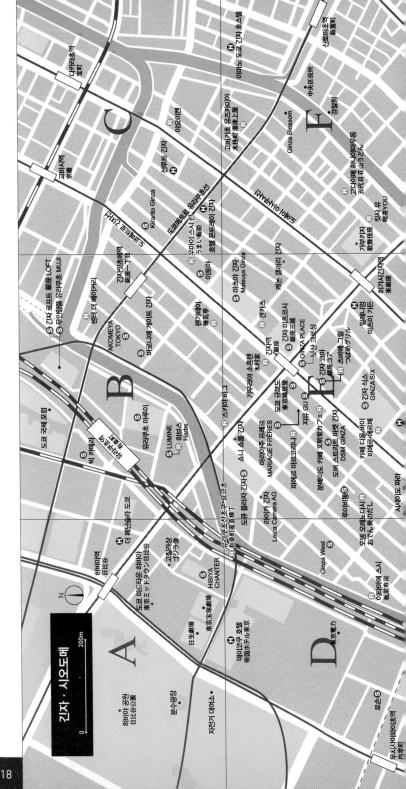

긴자 · 시오도메

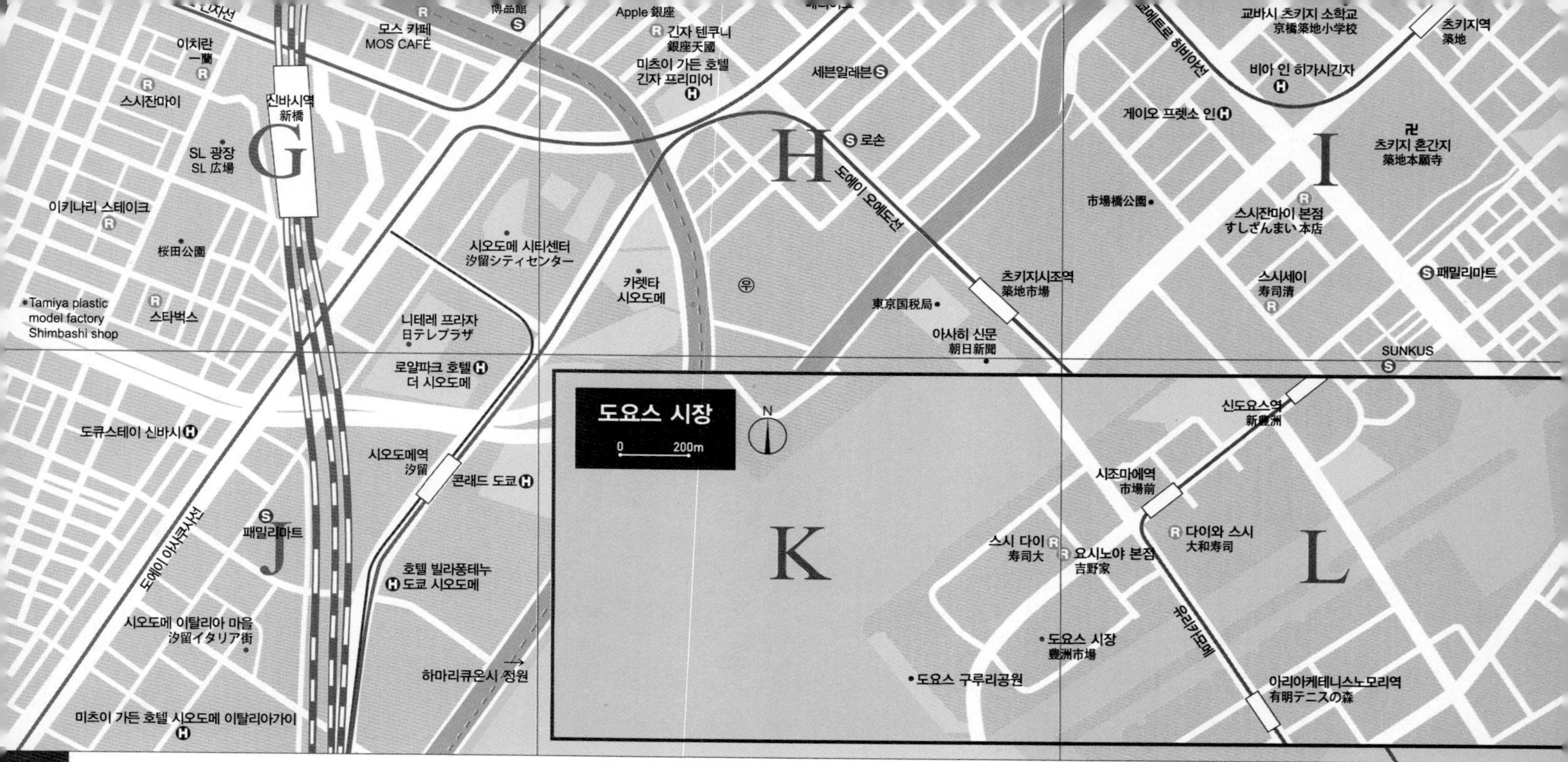
도요스 시장
0 200m
N
G
H
I
J
K
L
신바시역
新橋
이치란
一蘭
스시잔마이
SL 광장
SL 広場
이키나리 스테이크
桜田公園
Tamiya plastic model factory Shimbashi shop
스타벅스
모스 카페
MOS CAFÉ
Apple 銀座
긴자 텐쿠니
銀座天國
미츠이 가든 호텔 긴자 프리미어
세븐일레븐
로손
도에이 오에도선
시오도메 시티센터
汐留シティセンター
카렛타 시오도메
니테레 프라자
日テレプラザ
로얄파크 호텔 더 시오도메
도큐스테이 신바시
시오도메역
汐留
콘래드 도쿄
패밀리마트
도에이 아사쿠사선
호텔 빌라퐁테누 도쿄 시오도메
시오도메 이탈리아 마을
汐留イタリア街
하마리큐온시 정원
미츠이 가든 호텔 시오도메 이탈리아가이
東京国税局
아사히 신문
朝日新聞
츠키지시조역
築地市場
市場橋公園
게이오 프렐소 인
도쿄메트로 히비야선
교바시 츠키지 소학교
京橋築地小学校
츠키지역
築地
비아 인 히가시긴자
츠키지 혼간지
築地本願寺
스시잔마이 본점
すしざんまい本店
스시세이
寿司清
패밀리마트
SUNKUS
신도요스역
新豊洲
시조마에역
市場前
다이와 스시
大和寿司
스시 다이
寿司大
요시노야 본점
吉野家
유리카모메
도요스 시장
豊洲市場
도요스 구루리공원
아리아케테니스노모리역
有明テニスの森

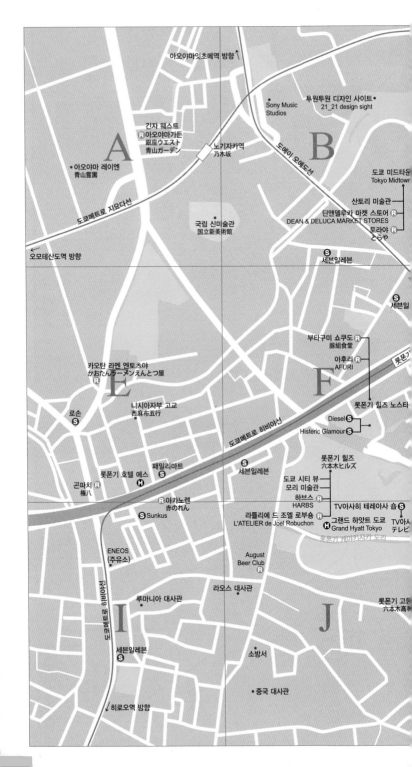

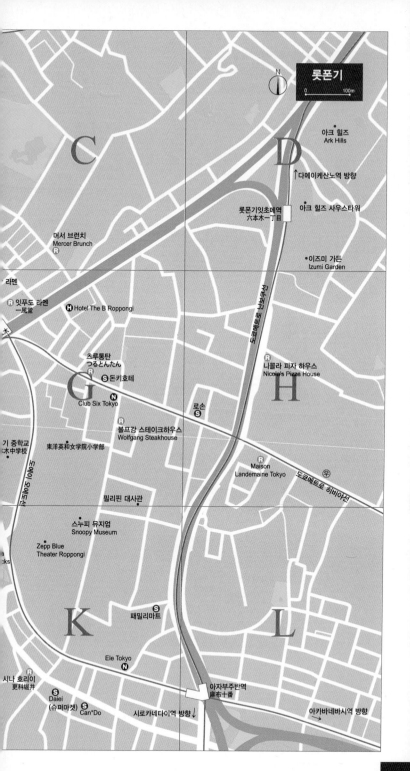

롯폰기

N

0   100m

C

D

• 아크 힐즈
  Ark Hills

↑다메이케산노역 방향

롯폰기잇초메역
六本木一丁目

• 아크 힐즈 사우스타워

머서 브런치
Mercer Brunch
ⓡ

• 이즈미 가든
  Izumi Garden

라멘

ⓡ 잇푸도 라멘
  一風堂

ⓗ Hotel The B Roppongi

초루통탄
つるとんたん
Ⓢ 돈키호테

Ⓝ
Club Six Tokyo

G

로손
Ⓢ

H

니콜라 피자 하우스
Nicola's Pizza House
ⓡ

기 중학교
木中学校
•

볼프강 스테이크하우스
Wolfgang Steakhouse
ⓡ

東洋英和女学院小学部

Maison
Landemaine Tokyo
ⓡ

도쿄메트로 히비야선

ⓤ

필리핀 대사관

스누피 뮤지엄
Snoopy Museum
•

Zepp Blue
Theater Roppongi
cks

Ⓢ
패밀리마트

K

L

Ele Tokyo
Ⓝ

시나 호리이
更科堀井
ⓡ

a

Ⓢ
Daiei
(슈퍼마켓) Ⓢ Can*Do

아자부주반역
麻布十番

시로카네다이역 방향↓

아카바네바시역 방향
→

21

다이칸야마 · 나카메구로 · 에비스

0   200m

N

A
LOOP
(공연장)
Madame Toki
사이고야마 공원
西郷山公園
도쿄도립
제일상업고등학교
일 프루 슈 라 센
IL PLEUT SUR
LA SEINE
Ivy Place
이집트 대사관

B
Hacienda de Cielo
King Georg
Sandwich E
세븐일레븐
다이칸야마 라펜테
La Fuente Daikanyama
Oliver People's
팬케이크 카페 클로버즈
Clover's

다이칸야마 티사이트
DAIKANYAMA T-SITE
다이칸야마
어드레스

Ristorante ASO

카우 북스
COW BOOKS
후쿠사야
福砂屋
우레시이 푸린야산 마히카라
うれしいプリン屋さん マハカラ
SIDEWALK STAND
세븐일레븐
中目黒ひつじ本店

다이칸야마
힐사이드 테라스
구 아사쿠라 주택
旧朝倉家住宅

다이칸야마역
代官山
세븐일레
세인트 제임스
SAINT JAMES

E

F
Perch by Woodberry
Coffee Roasters
고마자와 도리
패밀리마트

야마테 도리

GLOURMARIN MARKET&
GALLERY
Moke's Bread &
Breakfast
세키야 스파게티
関谷スパゲティ
Traveler's Factory
五星鶏飯

Taste AND
Sense

AUTOBACS

메구로 가쿠인 고등학교
目黒学院高等学校

Tokyu Store
(슈퍼마켓)
츠타야
나카메구로 고가 밑 상가

I
미츠야도 세이멘
三ツ矢堂製麺
세븐일레븐

LIFE(슈퍼마켓)

나카메구로역
中目黒

도큐 도요코선
ONIBUS
COFFEE

中目黒GT
패밀리마트

사사 버거
SASA BURGER

야마테 도리

あきら
yakitori grill

J

ENEOS
(주유소)

유텐지역 방향

패밀리마트
메구로 구청
目黒区役所

고마자와 도리

東京共済病院

메구로가와

22

시부야역 방향
시부야역 방향

도큐 도요코선
JR 야마노테선

드 다이칸야마
ード 代官山

쿠시테이
串亭

G 로손

SPRING VALLEY
BREWERY TOKYO

브라카우
BLACOWS

쿠시테이
串亭

소라토 무기토
空と麦と

えびす 今井屋

나가야토 소학교
長谷戸小学校

호텔 엑셀런트
에비스

도쿄메트로 히비야선

마츠야

G

BATICA

UISHIGORO
Bambina

세븐일레븐

Peacock Store
(슈퍼마켓)

쉐이크 쉑
SHAKE SHACK

龜戸ホルモン

UISHIGORO
Bambina

페루 대사관

히로오 소학교
広尾小学校

D

로손

Bistro Shiloh R

초쿠모 라멘
九十九ラーメン

성심여자대학 방향
聖心女子大学

린센 소학교
臨川小学校

앤더프릿 방향
AND THE FRIET

LIQUIDROOM
(공연장)

로손

메이지 도리

잇푸도
一風堂

히로오역 방향

AFURI

타코 공원
たこ公園

에비스역
恵比寿

H

Tsunami

Burger Mania

Da Michele

M HOUSE

패밀리마트

패밀리마트

입구

MLB café TOKYO

Crisp Salad Works Ebisu

에비스 맥주 기념관
ヱビスビール記念館

K

L 에비스 가든 플레이스
恵比寿ガーデンプレイス

도쿄도 사진미술관
東京都写真美術館

H The Westin Tokyo

메구로역 방향

시모키타자와

HAIGHT & ASHBURY ⓢ

ⓗ 머스터드 호텔 시모키타자와 ↗ 이치방가이 一番街
시모키타자와 리ⓡ
下北沢 Rele

카레식당 코코로
カレー食堂心

A

앤티크 라이프 진
ANTIQUE LIFE JIN ⓡ

B ⓡ Rag Tag

웨고
WEGO ⓢ

모스버거 ⓡ

선데이 브런치 ⓢ
Sunday Brunch

FLIPPER'S ⓡ

바즈스토어 ⓢ
BAZZSTORE

ⓢIPPONDO

프레시니스 버거
Freshness Burger

동양백화점 ⓢ
東洋百貨店

칼디 커피 팜
KALDI COFFEE FARM
ⓢ

오오제키 ⓢ
(슈퍼마켓)
オオゼキ

서쪽 출구1

MUJI ⓢ

MIZUHO

돈코츠라멘 샤부톤 ⓡ
Chabuton

서쪽 출구2

시모키타자와역
下北沢

북쪽 출구

혼다 극장
本多劇場

빌리지 뱅가드 ⓢ
Village Vangua

ⓢ 로손

C

D

세이조이시이 ⓢ
(슈퍼마켓)
成城石井

남쪽 출구

게이오 이노카시라선

미칸 시모키타
ミカン下北

시모키타자와역 下北沢

간소즈시 ⓡ
元祖寿司

레시피 시모키타
Recipe SHIMOKITA

프랭키 멜버른 에스프레소 ⓡ
FRANKIE Melbourne Espresso

다이소 ⓢ
Daiso
유니클로 ⓢ
UNIQLO
푸디움(슈퍼마켓) ⓢ
Foodium

타바사 ⓡ
TABATHA

모나레코드 ⓡ
モナレコード

시루베에
汁べゑ

패밀리마트

히로키
ヒロキ
ⓡ

몰디브 ⓡ
MALDIVE

츠키지 스시코 ⓡ
築地すし好

E

ⓢ디자인 티셔츠 스토어 그라니프
Design Tshirt Store graniph

F

토요타
렌터카

토부사카나 ⓡ
とぶさかな

토리소바 소루토
鶏そばそると
ⓡ

나스오야지
茄子おやじ

산사토
三叉灯
ⓡ

라멘 세이야
らーめん せい家
ⓡ

우오신
魚真

교자노오쇼
餃子の王将

시카고 ⓢ
CHICAGO

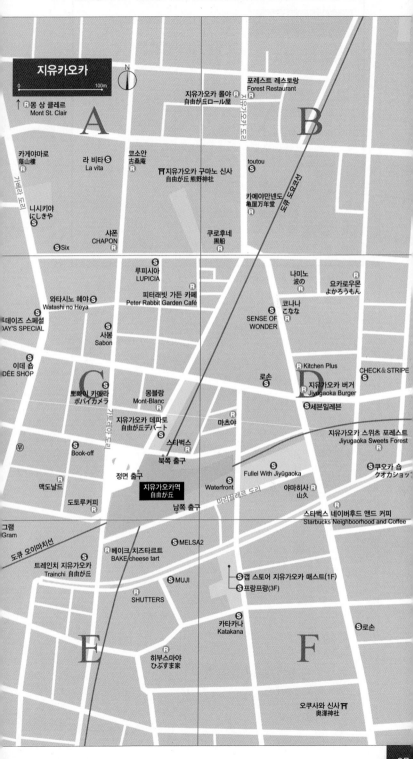

지유카오카

0   100m

N

↑ 몽 상 클레르
Mont St. Clair

포레스트 레스토랑
Forest Restaurant

지유가오카 롤야
自由が丘ロール屋

A

B

카게야마로
蔭山樓

라 비타
La vita Ⓡ

코소안
古桑庵
Ⓡ

ⓉⓉ지유가오카 구마노 신사
自由が丘 熊野神社

toutou

니시키야
にしきや
Ⓢ

카메야만넨도
亀屋万年堂

샤폰
CHAPON

쿠로후네
黒船
Ⓡ

Ⓢ Six

루피시아
LUPICIA
Ⓢ

나미노
波の

요카로우몬
よかろうもん
Ⓡ

와타시노 헤야
Watashi no Heya Ⓢ

피터래빗 가든 카페
Peter Rabbit Garden Café

코나나
こなな

…데이즈 스페셜
DAY'S SPECIAL

SENSE OF
WONDER

사봉
Sabon
Ⓢ

이데 숍
…DÉE SHOP

Ⓡ Kitchen Plus

CHECK & STRIPE
Ⓢ

뽀빠이 카메라
ポパイカメラ
Ⓢ

몽블랑
Mont-Blanc

로손
Ⓡ

지유가오카 버거
Jiyūgaoka Burger
Ⓡ

C

D

지유가오카 데파토
自由が丘デパート

세븐일레븐
Ⓢ

마츠야
Ⓡ

스타벅스
Ⓡ

우
⊛

북쪽 출구

지유가오카 스위츠 포레스트
Jiyugaoka Sweets Forest
Ⓢ

Book-off
Ⓢ

정면 출구

쿠오카 숍
クオカショッ
Ⓢ

Fullel With Jiyūgaoka
Ⓢ

맥도날드

지유가오카역
自由が丘

Waterfront
Ⓢ

야마히사
山久

도토루커피

남쪽 출구

마르멜레르 도리

스타벅스 네이버후드 앤드 커피
Starbucks Neighborhood and Coffee

그램
Gram

MELSA2
Ⓢ

도큐 오이마치센

트레인치 지유가오카
Trainchi 自由が丘
Ⓡ

베이크 치즈타르트
BAKE cheese tart
Ⓡ

MUJI
Ⓢ

갭 스토어 지유가오카 매스트(1F)
Ⓢ
프랑프랑(3F)
Ⓢ

SHUTTERS
Ⓡ

로손
Ⓢ

E

카타카나
Katakana

F

히부스마야
ひぶすま家

오쿠사와 신사 ⓉⓉ
奥澤神社

27

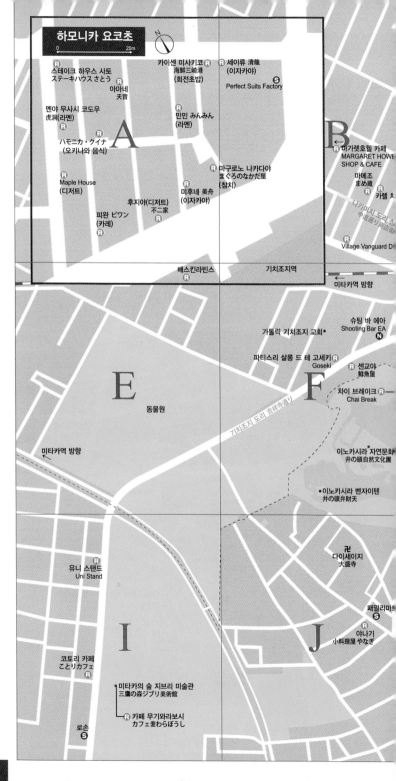

하모니카 요코초

0   20m

N

스테이크 하우스 사토
ステーキハウスさとう

아마네
天音

카이센 미사키코
海鮮三崎港
(회전초밥)

세이류 淸龍
(이자카야)
Perfect Suits Factory

멘야 무사시 코도우
虎洞(라멘)

민민 みんみん
(라멘)

ハモニカ・クイナ
(오키나와 음식)

A

B

마가렛호웰 카페
MARGARET HOWE
SHOP & CAFE

마메조
まめ蔵

Maple House
(디저트)

마구로노 나카다야
まぐろのなかだ屋
(참치)

카렐 え

나가미치 도리 상
中道通り商店街

피완 ビワン
(카레)

후지야(디저트)
不二家

미후네 美舟
(이자카야)

Village Vanguard D

배스킨라빈스

기치조지지역

미타카역 방향

슈팅 바 에아
Shooting Bar EA

가톨릭 기치조지 교회

파티스리 살롱 드 테 고세키
Goseki

센교야
鮮魚屋

E

동물원

F

기치조지 도리 吉祥寺通り

차이 브레이크
Chai Break

이노카시라 자연문화
井の頭自然文化園

미타카역 방향

이노카시라 벤자이텐
井の頭弁財天

다이세이지
大盛寺

유니 스탠드
Uni Stand

패밀리마

야나기
小料理屋 やなぎ

I

코토리 카페
ことりカフェ

J

미타카의 숲 지브리 미술관
三鷹の森ジブリ美術館

카페 무기와라보시
カフェ麦わらぼうし

로손

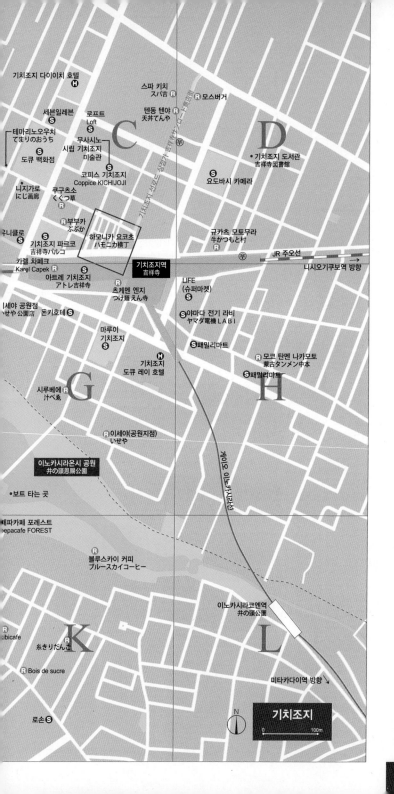

기치조지 다이이치 호텔 **H**

세븐일레븐 **S**

로프트
Loft **S**

스파 키치
スパ吉 **R**

R 모스버거

테마리노오우치
てまりのおうち

무사시노
시립 기치조지
미술관

텐동 텐야
天丼てんや

C

D

도큐 백화점 **S**

코피스 기치조지
Coppice KICHIJOJI

기치조지 도서관
吉祥寺図書館

니지가로
にじ画廊

쿠구츠소
くぐつ草

요도바시 카메라

R 부부카
ぶぶか

하모니카 요코초
ハモニカ横丁

규카츠 모토무라
牛かつもと村

유니클로

기치조지 파르코
吉祥寺パルコ

R 카렐 차페크
Karel Capek

JR 주오선

R 기치조지역
吉祥寺

니시오기쿠보역 방향

아트레 기치조지
アトレ吉祥寺

츠케멘 엔지
つけ麺えん寺

LIFE
(슈퍼마켓)
S

이세야 공원점
いせや公園店

돈키호테 **S**

야마다 전기 라비
ヤマダ電機 LABI **S**

마루이
기치조지

S 패밀리마트

모코 탄멘 나카모토
蒙古タンメン中本 **R**

H 기치조지
도큐 레이 호텔

S 패밀리마트

시루베에
汁べゑ

G

H

R 이세야(공원지점)
いせや

이노카시라온시 공원
井の頭恩賜公園

•보트 타는 곳

페파카페 포레스트
pepacafe FOREST

케이오 이노카시라선

R 블루스카이 커피
ブルースカイコーヒー

이노카시라코엔역
井の頭公園

K

L

ibicafe

糸きりだんご

R Bois de sucre

미타카다이역 방향

로손 **S**

N

기치조지

0   100m

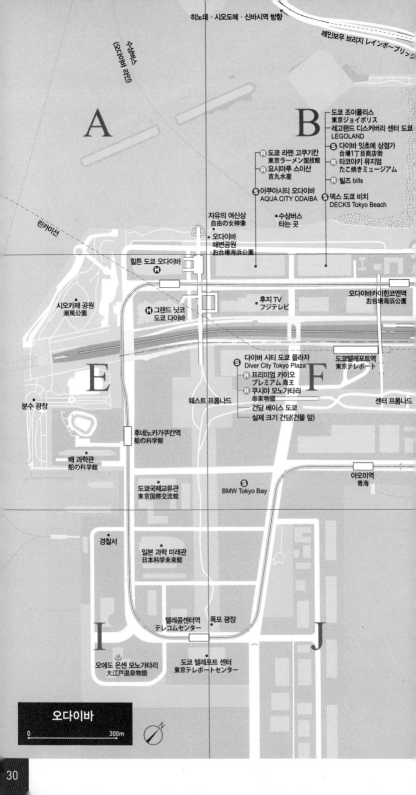

히노데 · 시오도메 · 신바시역 방향

레인보우 브리지 レインボーブリッジ

수상버스
(오다이바 라인)

린카이선

A

B

도쿄 조이폴리스
東京ジョイポリス
레고랜드 디스커버리 센터 도쿄
LEGOLAND
다이바 잇초메 상점가
台場1丁目商店街
타코야키 뮤지엄
たこ焼きミュージアム
빌즈 bills

도쿄 라멘 고쿠기칸
東京ラーメン国技館
요시마루 스이산
吉丸水産
아쿠아시티 오다이바
AQUA CITY ODAIBA

덱스 도쿄 비치
DECKS Tokyo Beach

자유의 여신상
自由の女神像
오다이바
해변공원
お台場海浜公園

수상버스
타는 곳

힐튼 도쿄 오다이바
H

오다이바카이힌코엔역
お台場海浜公園

시오카제 공원
潮風公園

그랜드 닛코
H 도쿄 다이바

후지 TV
フジテレビ

도쿄텔레포트역
東京テレポート

E

다이버 시티 도쿄 플라자
Diver City Tokyo Plaza
프리미엄 카이오
プレミアム 海王
쿠시야 모노가타리
串家物語
건담 베이스 도쿄
실제 크기 건담(건물 앞)

F

센터 프롬나드

웨스트 프롬나드

분수 광장

후네노카가쿠칸역
船の科学館

배 과학관
船の科学館

도쿄국제교류관
東京国際交流館

BMW Tokyo Bay

아오미역
青海

경찰서

일본 과학 미래관
日本科学未来館

I

텔레콤센터역
テレコムセンター

폭포 광장

J

오에도 온센 모노가타리
大江戸温泉物語

도쿄 텔레포트 센터
東京テレポートセンター

오다이바

0   300m

30

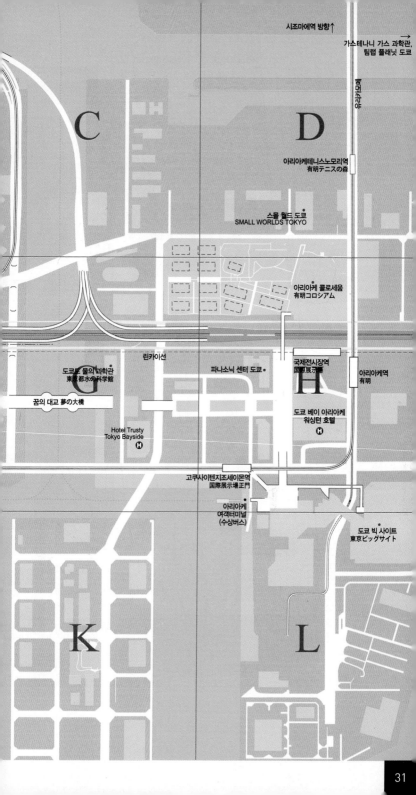

C

D

시조마에역 방향↑

→
가스테나니 가스 과학관,
팀랩 플래닛 도쿄

아리아케테니스노모리역
有明テニスの森

스몰 월드 도쿄
SMALL WORLDS TOKYO

아리아케 콜로세움
有明コロシアム

G

린카이선

도쿄도 물의 과학관
東京都水の科学館

꿈의 대교 夢の大橋

Hotel Trusty
Tokyo Bayside

파나소닉 센터 도쿄 •

국제전시장역
国際展示場駅

H

아리아케역
有明

도쿄 베이 아리아케
워싱턴 호텔

고쿠사이텐지조세이몬역
国際展示場正門

아리아케
여객터미널
(수상버스)

도쿄 빅 사이트
東京ビッグサイト

K

L

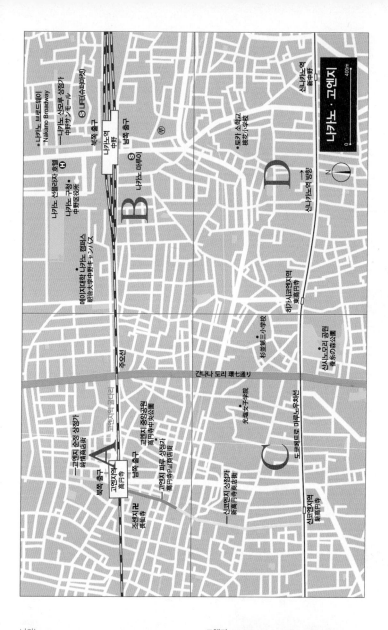

나카노

고엔지

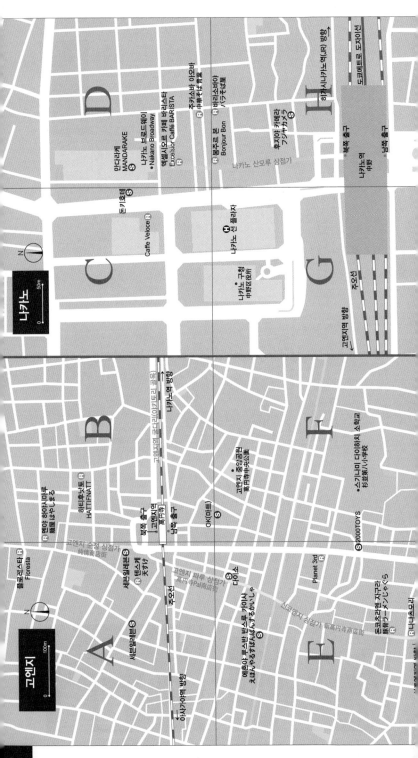

고엔지

0 ___ 100m

N

플로레스타 R
Floresta

세븐일레븐 S
세븐일레븐 S

R 엔니 히아시미푸쿠
麺屋はやしまる

텐스케 R
天すけ

고엔지 순정 상점가
純情商店街

하티후낫토 R
HATTIFNATT

B

D

나카노

0 ___ 50m

N

돈키호테 S

만다라케
MANDARAKE S

나카노 브로드웨이
●Nakano Broadway

엑셀시오르 카페 바리스타
Excelsior Caffè BARISTA R

주가쿠바 이오바
中華そば 青葉

R 바리스바이아
バリスタバイア S

Caffe Veloce R

C

북쪽 출구
고엔지역
高円寺

남쪽 출구

고엔지
중앙공원
高円寺中央公園

OK마트 S

R 봉주르 본
Bonjour Bon

호지야 카메라
フジヤカメラ S

나카노 구청
中野区役所

나카노 선 플라자

H

하가시나카노역(JR) 방향 →

도쿄메트로 도자이선

북쪽 출구

나카노역
中野

남쪽 출구

이사가야역 방향

2000TOYS S

고엔지 방향

스기나미 다이하치 소학교
杉並第八小学校

Planet 3rd R

신코엔지 상점가 新高円寺商店街

S 다이소

에몬야 후스반 반스루 키이사
えほんやるすばんばんするところ S

주오선

고엔지 파루 상점가
高円寺Pal商店街

E

F

도쿄토리멘 자구라
豚骨ラーメンじゃぐら

R 나나츠모리

고엔지역 방향

나카노역 방향
(야카노데리 골목)
중앙선

주오선

고엔지 방향

G

주오선

고엔지 방향

나카노역
中野

34

폰기역
本木

폰기 힐즈
리 정원

스누피 뮤지엄 도쿄
Snoopy Museum Tokyo

도쿄메트로 히비야선

가미야초역
神谷町

우치사이와이초역 방향

오나리몬역
御成門

도쿄메트로 난보쿠선

A

자전거
대여소

도쿄 타워
東京タワー

B

조조지
增上寺

아자부주반역
麻布十番

도에이 오에도선

아카바네바시역
赤羽橋

시바 공원
芝公園

시바코엔역
芝公園

N

더 프린스 파크타워 도쿄

도쿄 타워 주변

0   200m

미타역 방향 ↓

도다이마에역 방향 ↑

고라쿠엔역
後楽園

도쿄 돔 주변

N

0   100m

고가다니역 방향

도에이 오에도선

레키센 공원
礫川公園

분쿄 시빅 센터
文京シビックセンター

분쿄 구청
文京区役所

C

도쿄메트로 마루노우치선

D

라쿠아
LaQua

돈키호테

고이시카와 고라쿠엔
小石川後楽園

고라쿠엔
後楽園

도쿄 돔
東京ドーム

도에이 미타선

이다바시역 방향

도쿄 돔 시티 어트랙션

도쿄메트로 난보쿠선

텐큐
宇宙ミュージアム
TeNQ

도쿄 돔 호텔

도쿄 돔 시티 홀

스이도바시역
水道橋

E

고속도로

F

간다강

바시역 방향

JR 주오 본선

스이도바시역 水道橋

오차노미즈역 방향 →

패밀리마트

로손

진보초역 방향 ↘

이다바시 아이가든 테라스
飯田橋 I- Garden Terrace

35

요코하마역
横浜

신타카시마역
新高島

미나토미라이선

미나토미라이21

요코하마 베이 호텔 도큐

B 인터콘티넨탈
요코하마 그랜드 H

요코하마 컵라면 박물관
カップヌードルミュージアム 横浜

미나토미라이역
みなとみらい

퀸즈 스퀘어 요코하마
Queen's Square YOKOHAMA

요코하마
월드 포트스 S

마크 이즈 S
MARK IS

요코하마 코스모 월드
Yokohama Cosmo World

나비오스 요코하

JR 네가시선

요코하마 호빵맨
어린이 뮤지엄

요코하마 미술관
横浜美術館

요코하마 랜드마크 플라자

기사미치
汽車道

스카이 가든
SKY GARDEN

니혼마루 메모리얼 파크
日本丸メモリアルパーク

바샤미치
馬車道

R 요시무라야 방향
(도보 6분 직진) →

다카시마초역
高島町

H 뉴오타니 인 요코하마

지하철 블루라인

S 콜레트 마레
Colette Mare

도베역
戸部

시쿠라기초역
桜木町

E

F

게이큐 본선

요코하마

0   200m

N

미나토미라이21

아카렌가 소코

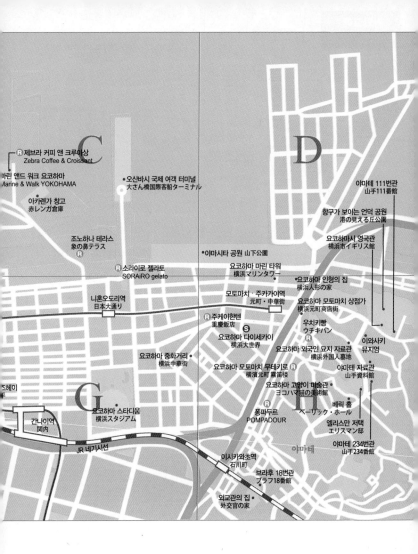

제브라 커피 앤 크루아상
Zebra Coffee & Croissant

마린 앤드 워크 요코하마
Marine & Walk YOKOHAMA

아카렌가 창고
赤レンガ倉庫

조노하나 테라스
象の鼻テラス

소라이로 젤라토
SORAiRO gelato

오산바시 국제 여객 터미널
大さん橋国際客船ターミナル

니혼오도리역
日本大通り

요코하마 중화거리
横浜中華街

주케이한텐
重慶飯店

요코하마 다이세카이
横浜大世界

요코하마 모토마치 무테키로
横濱元町霧笛楼

야마시타 공원 山下公園

요코하마 마린 타워
横浜マリンタワー

모토마치·주카가이역
元町·中華街

요코하마 고양이 미술관·
ヨコハマ猫の美術館

폼파두르
POMPADOUR

요코하마 스타디움
横浜スタジアム

간나이역
関内

JR 네기시선

이시카와초역
石川町

브라후 18번관
ブラフ18番館

외교관의 집·
外交官の家

야마테 111번관
山手111館

항구가 보이는 언덕 공원
港の見える丘公園

요코하마시 영국관
横浜市イギリス館

요코하마 인형의 집
横浜人形の家

요코하마 모토마치 상점가
横浜元町商店街

우치키빵
ウチキパン

이와사키
뮤지엄

요코하마 외국인 묘지 자료관
横浜外国人墓地

야마테 자료관
山手資料館

베릭 홀
ベーリック・ホール

엘리스만 저택
エリスマン邸

야마테 234번관
山手234番館

야마테

C

D

G

요코하마 인형의 집

기샤미치

가와고에

N

0   200m

A

베이커리 라쿠라쿠
Bakery Raku Raku

가시야 요코초
菓子屋横丁

미나미마치 커피
MINAMIMACHI COFFEE

고에도 가와고에
관광협회

토키노 카네
時の鐘

B

가와고에 히카와 신사
川越 氷川神社

가와고에 시립박물관
川越市立博物館

가와고에 시청
川越市役所

가와고에성 혼마루 고텐
川越城本丸御殿

랜드마크 스타벅스 가와고에

川越第一小学校

시립 중앙박물관

세븐일레븐 S

C

렌케이지
蓮馨寺

가와고에 구마노 신사
川越 熊野神社

나가시마 주택
永島家住宅
(旧武家屋敷)

郵

D

키타인
喜多院

고에도 쿠다리
小江戸 蔵里

郵

가와고에 여고
川越女子高

도로

가와고에시역
川越市

혼카와고에역
本川越

도부 도조선

JR 가와고에선

마츠모토
키요시 S

마루히로 백화점
丸広百貨店

docomo

가와고에 하치만구
川越八幡宮

세이부 신주쿠선

E

아트레
Atre

가와고에역 관광 안내소

가와고에역
川越

가미이구사역 주

0   200m

F

치히로 미술관
ちひろ美術館

가미이구사역
上井草   북쪽 출구

세이부 신주쿠선

N

38

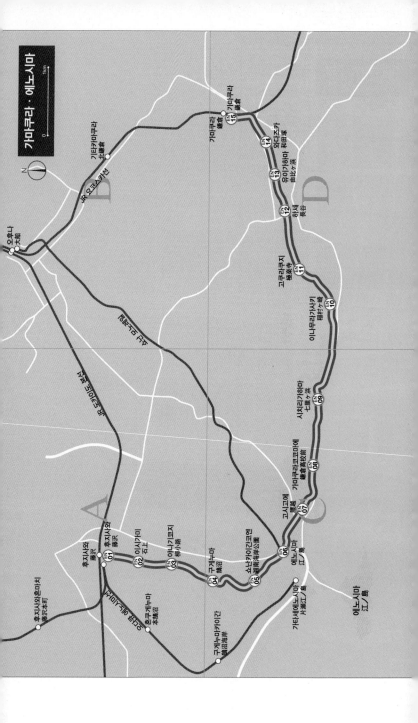

가마쿠라·에노시마

N

1km
0

가마쿠라 鎌倉
JR 요코스카선

기타카마쿠라 北鎌倉

오후나 大船

가마쿠라 鎌倉

가마쿠라 鎌倉
EN 15

와다즈카 和田塚
EN 14

유이가하마 由比ヶ浜
EN 13

하세 長谷
EN 12

고쿠라쿠지 極楽寺
EN 11

이나무라가사키 稲村ヶ崎
EN 10

시치리가하마 七里ヶ浜
EN 09

가마쿠라고코마에 鎌倉高校前
EN 08

JR 도카이도선

고시고에 腰越
EN 07

후지사와 藤沢

후지사와 藤沢
EN 01

이시가미 石上
EN 02

야나기코지 柳小路
EN 03

구게누마 鵠沼
EN 04

쇼난카이간코엔 湘南海岸公園
EN 05

에노시마 江ノ島
EN 06

후지사와혼마치 藤沢本町

혼쿠게누마 本鵠沼

에노덴 江ノ電선

구게누마카이간 鵠沼海岸

가타세에노시마 片瀬江ノ島

에노시마 江ノ島

에노시마 江ノ島

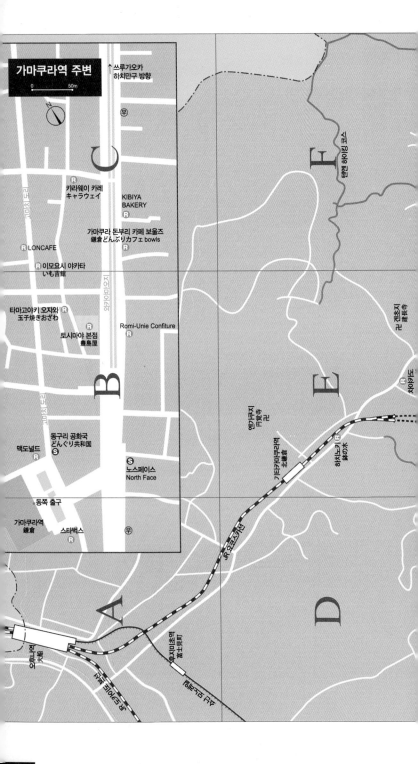

가마쿠라역 주변

0   50m

↑ 쓰루가오카 하치만구 방향

C

R 카라웨이 카레
캬라웨이

KIBIYA
BAKERY

R LONCAFE

가마쿠라 돈부리 카페 보울즈
鎌倉どんぶりカフェ bowls

R 이모요시 야카타
いも吉館

타마고야키 오자와 R
玉子焼きおざわ

토시마야 본점 R
豊島屋

Romi-Unie Confiture

B

동구리 공화국
どんぐり共和国

맥도널드

S 노스페이스
North Face

동쪽 출구

가마쿠라역
鎌倉

스타벅스

A

오후나역
大船

JR 요코스카선

후지미초역
富士見町

에기구미초 JR

F

단벤 하이킹 코스

건 겐초지
建長寺

E

엔가쿠지
円覚寺

기타가마쿠라역
北鎌倉

하치노키
鉢の木

JR 요코스카선

D

치야가도

가마쿠라구
鶴岡宮

I

쓰루가오카 하치만구
鶴岡八幡宮

스루바야미도

L

조시 방향

가마쿠라시 하치만구
鶴岡八幡宮

JR 요코스카선

아치린토 센터
浅草弁天大宇賀福神社

가마쿠라역 동북쪽 출구
鎌倉

H

가마쿠라역 서쪽 출구 S
세븐일레븐

젤라테리아 산티
GELATERIA SANTI
스타벅스 커피
가마쿠라 오나리마치

K

오다즈키역
和田塚

가마쿠라 문학관
鎌倉文学館

고토쿠인
高徳院

유이가하마역
由比ヶ浜

유이가하마 해수욕장
由比ヶ浜海水浴場

G

하세역
長谷

하세데라
長谷寺

J

고쿠라구지역
極楽寺

N

고쿠라구지지역
極楽寺

에노시마 방향

가마쿠라

0 200m

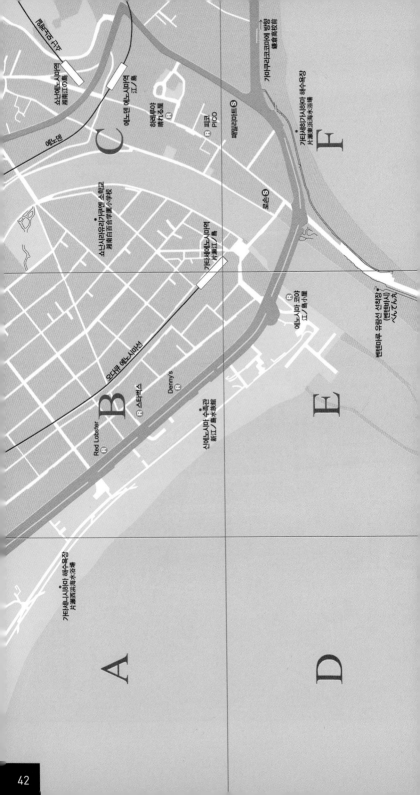

소난에노시마역
湘南江の島

에노덴

에노덴 에노시마역
江の島

하테루야
麻比る屋

R 피코
PICO

파밀리마트 S

소난시라유리구엔 쇼학교
湘南白百合学園小学校

C

가타세에노시마역
片瀬江ノ島

R

룬슨 S

가메쿠로코마에 방향
鎌倉高校前

가타세히가시하마 해수욕장
片瀬東浜海水浴場

F

R 스타벅스

오다큐 에노시마선

B

Denny's R

Red Lobster R

신에노시마 수족관
新江ノ島水族館

에노시마 코아 R
江ノ島小屋

벤텐바시 유람선 선착장
(벤텐바시)
べんてんばし

E

D

가타세니시하마 해수욕장
片瀬西浜海水浴場

A

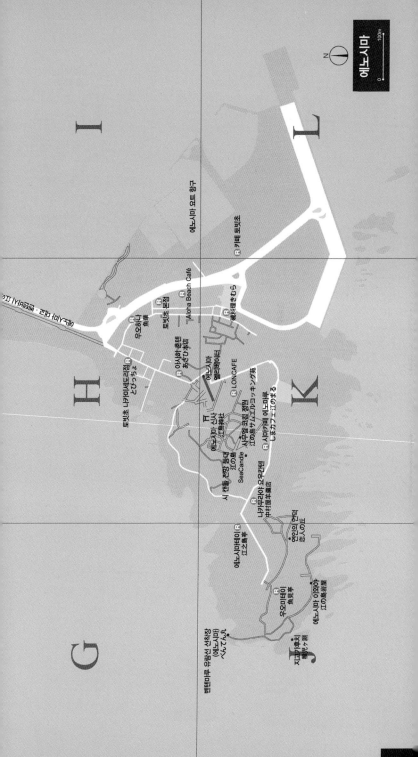

에노시마

G   H   I

J   K   L

벤텐마루 유람선 선착장 (에노시마)
べんてん丸

지고가후치
稚児ヶ淵

에노시마 이와야
江の島岩屋

우오미테이
魚見亭

에노시마 데테이
江之島亭

R

시 캔들 전망 등대
SeaCandle

에노시마 사무엘 코킹 정원
江の島サムエル・コッキング苑

에노시마 신사
江島神社

나카무라야 요우칸텐
中村屋羊羹店

시마카페 에노마루
しまカフェ 江のまる

에노시마 엘메메이터
LONCAFE

연인의 언덕
恋人の丘

아사히혼텐
あさひ本店

R

토비쵸 나가미세도리쵸
とびっちょ

우오하나
魚華

토비쵸 본점

R

「Aloha Beach Café

조개요리 츠무라
貝料理きむら

에노시마 오토 항구

R 7가메 토비쵸

N
0   100m

에노시마

43

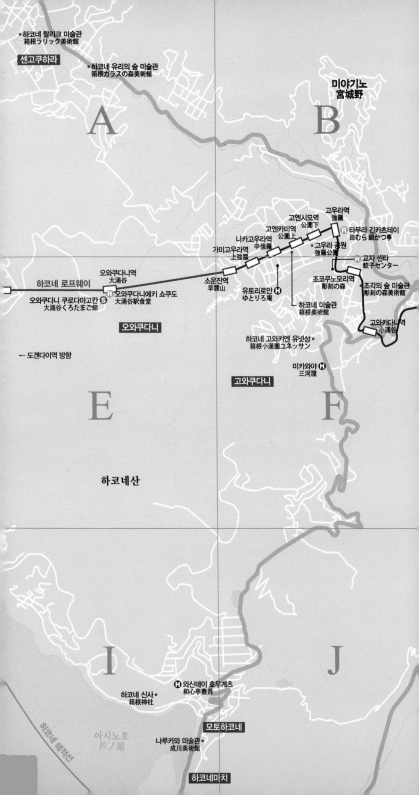

• 하코네 랄리크 미술관
箱根ラリック美術館

センゴクハラ
센고쿠하라

• 하코네 유리의 숲 미술관
箱根ガラスの森美術館

미야기노
宮城野

A

B

고우라역
強羅

고엔시모역
公園下

고엔카미역
公園上

나카고우라역
中強羅

타무라 긴카츠테이
田むら 銀かつ亭

가미고우라역
上強羅

• 고우라 공원
強羅公園

교자 센타
餃子センター

하코네 로프웨이
하코네 로프웨이

오와쿠다니역
大涌谷

소운잔역
早雲山

조코쿠노모리역
彫刻の森

조각의 숲 미술관
彫刻の森美術館

오와쿠다니 쿠로다마고칸
大涌谷くろたまご館

오와쿠다니에키 쇼쿠도
大涌谷駅食堂

유토리로안
ゆとりろ庵

고와키다니역
小涌谷

오와쿠다니
오와쿠다니

하코네 미술관
箱根美術館

← 도겐다이역 방향

하코네 고와키엔 유넷상 •
箱根小涌園ユネッサン

미카와야
三河屋

고와쿠다니
고와쿠다니

E

F

하코네산

하코네산

I

J

와신테이 호우게츠
和心亭豊月

하코네 신사 •
箱根神社

모토하코네
모토하코네

아시노호
芦ノ湖

나루카와 미술관 •
成川美術館

하코네마치
하코네마치

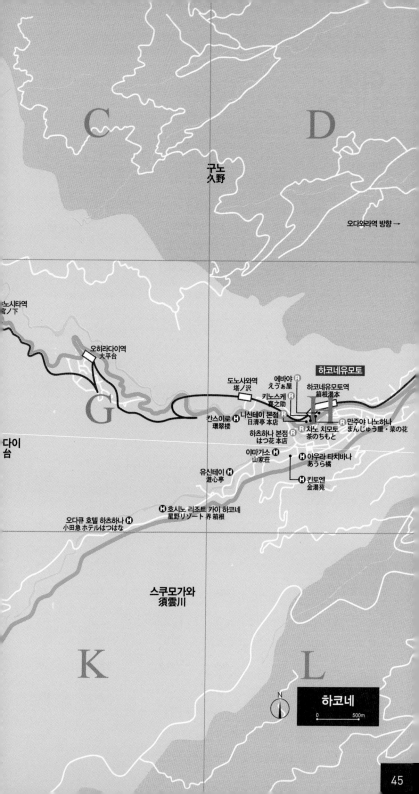

C

D

구노
久野

오다와라역 방향 →

노시타역
下

오히라다이역
大平台

도노사와역
塔ノ沢

에바야
えゔ♭屋 ®

하코네유모토

G

키노스케
喜之助

하코네유모토역
箱根湯本

다이
台

칸스이로 니신테이 본점
環翠楼 日清亭 本店

차노 치모토
茶のちもと ®

만주야 나노하나
まんじゅう屋・菜の花 ®

하츠하나 본점
はつ花 本店

야마가소
山家荘

아우라 타치바나
あうら橘

유신테이
遊心亭

킨토엔
金湯苑

호시노 리조트 카이 하코네
星野リゾート 界箱根

오다큐 호텔 하츠하나
小田急 ホテルはつはな

스쿠모가와
須雲川

K

L

하코네

N

0   500m

45

여행
일본어

기본 인사

おはようございます 오하요 고자이마스 안녕하세요(아침)	こんにちは 콘니치와 안녕하세요(점심)	こんばんは 콤방와 안녕하세요(저녁)
はい　いいえ 하이　이이에 네　　아니요	ありがとうございます 아리가토 고자이마스 감사합니다	すみません 스미마센 실례합니다
ごめんなさい 고멘나사이 미안합니다	ごちそう様でした 고찌소우사마 데시타 잘 먹었습니다	

자기 소개

私は韓国人です
와타시와 칸코쿠진 데스
나는 한국인입니다

私の名前は○○です
와타시노 나마에와 ○○데스
나의 이름은 ○○입니다

日本語が話せません
니혼고가 하나세마센
일본어를 못합니다

기본 단어

パスポート 파스포-토 여권	旅行 료코- 여행	トイレ 토이레 화장실	お水 오미즈 물
警察 케이사츠 경찰	領事館 료-지칸 영사관	コーヒー 코-히- 커피	ビール 비-루 맥주
現金 겡킨 현금	レシート 레시-토 영수증	一人 히토리 1명(혼자)	二人 후타리 2명
クレジットカード 크레짓또 카-도 신용카드		暑い 아쯔이 덥다	寒い 사무이 춥다

호텔에서

カギを部屋に忘れました
카기오 헤야니 와스레마시타
키를 방에 두고 나왔습니다

カギを無くしました
카기오 나쿠시마시타
키를 분실했습니다

お湯が出ません
오유가 데마센
온수가 안 나옵니다

トイレが故障しています
토이레가 코쇼ー시테 이마스
화장실이 고장 났습니다

荷物を預かって頂けますか
니모츠오 아즈캇떼 이타다케마스까?
(체크인 전 또는 체크아웃 후) 짐을 맡길 수 있을까요?

대중교통

このバスは○○に行きますか
고노 바스와 ○○니 이키마스카
이 버스가 ○○에 갑니까?

○○に着いたら教えてもらえませんか
○○니 츠이타라 오시에테 모라에마센카
○○에 도착하면 알려 주시겠습니까?

タクシー乗り場はどちらですか
타쿠시 노리바와 도찌라데스카
택시 타는 곳은 어디입니까

○○までお願いします
○○마데 오네가이시마스
○○까지 가주세요

ここで止めてください
코코데 토메테 쿠다사이
여기서 세워주세요

레스토랑에서

予約した○○ですが
요야쿠 시타 ○○데스가
예약한 ○○입니다만

おすすめは何ですか
오스스메와 난데스카
뭐가 맛있어요?

レシートを下さい
레시ー토오 쿠다사이
영수증 주세요

喫煙できますか
키츠엔 데키마스카
담배 피울 수 있나요

韓国語のメニューはありますか
칸코쿠고노 메뉴ー와 아리마스카
한국어 메뉴판 있습니까?

とりあえず生ビールください
토리아에즈 나마비ー루 쿠다사이
우선 생맥주를 주세요

쇼핑하기

試着してもいいですか
시챠쿠시테모 이이데스카
입어봐도 됩니까?

いくらですか
이쿠라데스카
얼마입니까?

クレジットカードは使えますか
크레짓토 카-도와 츠카에마스카
신용카드 되나요?

別々に包んで下さい
베츠베츠니 츠츤데 쿠다사이
따로따로 포장해 주세요

交換してください
코-칸 시테 쿠다사이
교환해 주세요

返品できますか
헴삥 데키마스카
환불 되나요?

거리에서

トイレはどこですか
토이레와 도코데스카
화장실은 어디입니까?

(ここで)写真を撮ってもいいですか
(고코데) 샤신오 톳테모 이이데스카
(여기에서) 사진을 찍어도 됩니까?

切符売り場はどこですか
킵뿌 우리바와 도코데스카
표 파는 곳은 어디입니까?

문제가 생겼을 때

迷子になりました
마이고니 나리마시타
길을 잃었습니다

助けて!
타스케테
살려주세요!

ドロボウ!
도로보-
도둑이야!

やめてください
야메테 쿠다사이
하지 마세요

パスポートを無くしました
파스포-토오 나쿠시마시타
여권을 잃어버렸습니다

警察を呼んで下さい
케이사츠오 욘데 쿠다사이
경찰을 불러주세요

病院に連れていって下さい
뵤-인니 츠레테 잇테 쿠다사이
병원에 데려가 주세요

韓国語が話せる人を呼んで下さい
칸코쿠고가 하나세루 히토오 욘데 쿠다사이
한국어를 할 수 있는 사람을 불러주세요